“十四五”普通高等教育输电线

中国电力教育协会高校电气类专业精品教材

输电杆塔及基础设计

（第三版）

主编　陈祥和　刘在国　肖　琦

编写　杜　轩　罗玉鹤

主审　张忠亭

中国电力出版社
CHINA ELECTRIC POWER PRESS

内 容 提 要

全书共分十三章，主要内容包括杆塔荷载的分析计算、杆塔外形尺寸的确定、环形截面钢筋混凝土构件承载能力计算、环形截面钢筋混凝土电杆、铁塔材料及其构件的计算、铁塔的结构布置及选择原则、铁塔的内力计算、铁塔的稳定计算、钢管杆的计算、杆塔基础设计、杆塔其他部件的计算以及计算机在杆塔及基础设计中的应用。本书内容理论性强，编者在多年的教学中，不断征求相关工程单位的意见，注重理论联系实际，把重点放在基本概念，基本原理，基本方法上，尽量避开复杂的理论分析。书中各章后均附有思考题和习题，以加深巩固学习过程中掌握的基本概念和计算方法。

本书主要作为高等院校输电线路工程专业的教学用书，也可作为电力工程相关专业技术人员的参考用书。

图书在版编目（CIP）数据

输电杆塔及基础设计/陈祥和，刘在国，肖琦主编 .—3 版 .—北京：中国电力出版社，2020.7（2024.1 重印）

“十四五”普通高等教育规划教材

ISBN 978-7-5198-4220-8

Ⅰ.①输… Ⅱ.①陈…②刘…③肖… Ⅲ.①输电线路—线路杆塔—设计—高等学校—教材 Ⅳ.①TM753

中国版本图书馆 CIP 数据核字（2020）第 022737 号

出版发行：中国电力出版社
地　　址：北京市东城区北京站西街 19 号（邮政编码 100005）
网　　址：http://www.cepp.sgcc.com.cn
责任编辑：乔　莉（010-63412535）
责任校对：黄　蓓　闫秀英
装帧设计：郝晓燕
责任印制：吴　迪

印　　刷：三河市百盛印装有限公司
版　　次：2008 年 5 月第一版　2020 年 7 月第三版
印　　次：2024 年 1 月北京第十五次印刷
开　　本：787 毫米×1092 毫米　16 开本
印　　张：19.5
字　　数：468 千字
定　　价：54.00 元

前　言

由于各方面技术不断地发展和更新，近几年，与本教材相关的新规范标准 DL/T 5154—2012《架空输电线路杆塔结构设计技术规定》、DL/T 5219—2014《架空输电线路基础设计技术规程》、GB 4623—2014《环形混凝土电杆》、GB 50010—2010《混凝土结构设计规范》相继实施，为使本教材能满足课堂教学并适应工程设计、建设的需要，遵循新规范标准对第二版教材进行了修订。

参加本次修订的人员：三峡大学陈祥和（第一、二、三章），东北电力大学李日兵（第四、五章），三峡大学王彦海（第六、十一、十二章），三峡大学李旭（第七、八、九章），宁波市电力设计院罗玉鹤（第十、十三章）。全书由陈祥和统稿。

在本书的修订过程中参考了一些文献，在此对其作者表示感谢。

由于编者水平有限，不妥之处在所难免，欢迎读者批评指正。

编　者

2020年5月

第一版前言

为贯彻落实教育部《关于进一步加强高等学校本科教学工作的若干意见》和《教育部关于以就业为导向深化高等职业教育改革的若干意见》的精神，加强教材建设，确保教材质量，中国电力教育协会组织制订了普通高等教育“十一五”教材规划。该规划强调适应不同层次、不同类型院校，满足学科发展和人才培养的需求，坚持专业基础课教材与教学急需的专业教材并重、新编与修订相结合。本书为新编教材。

本书除了介绍钢筋混凝土电杆、铁塔基本计算理论外，着重阐述了钢筋混凝土电杆、铁塔及其基础的构造特点和受力分析方法，对常用的杆塔和基础设计计算作了详细介绍。

本书内容理论性强，编者在多年的教学中，不断征求相关工程单位的意见，注重理论联系实际，把重点放在基本概念、基本原理、基本方法上，尽量避开复杂的理论分析。书中各章均附有思考题和习题，以加深巩固学习过程中掌握的基本概念和计算方法。

本书编写时依据我国现行的DL/T 5154—2002《架空送电线路杆塔结构设计技术规定》、DL/T 5092—1999《110kV～500kV架空送电线路设计技术规程》、DL/T 5130—2001《架空送电线路钢管杆设计技术规定》、DL/T 5219—2005《架空送电线路基础设计技术规定》等新标准、新规范，参考了业内专家编撰的部分专业书籍，并融合了编者的教学经验及工程实践积累的经验。

本书由三峡大学陈祥和、厦门电业局刘在国和东北电力大学肖琦主编，第一至三章由陈祥和编写，第六、十一、十二章由刘在国编写，第四、五章由肖琦编写，第七至九章由三峡大学杜轩编写，第十章由宁波市电力设计院罗玉鹤编写。陈祥和负责全书统稿。本书由武汉大学张忠亭教授主审。

在本书的编写过程中还参考了一些文献，在此对其作者致谢。

由于编者水平所限，书中难免有不妥、错漏之处，恳切希望读者批评指正。

编　者

2008年2月

第二版前言

近几年，随着我国经济建设飞速发展，电力建设的发展也是日新月异。为使教材结合实际，满足新形势下经济建设的需要，对《输电杆塔及基础设计》教材重新修订。本次修订，保持了第一版的教材体系，主要修订的内容是：

（1）全书按 GB 50061—2010《66kV 及以下架空电力线路设计规范》、GB 50545—2010《110kV～750kV 架空输电线路设计规范》两个新规范对相关内容作了修改；

（2）为了增强学生计算机知识的应用，增加了计算机在杆塔及基础设计中的应用一章；

（3）为帮助学生理解教材的知识内容，本次修订中增加了例题和每章所附的思考题和习题。

本书由原作者进行修订。三峡大学陈祥和、厦门电业局刘在国和东北电力大学肖琦主编，第一至三章由陈祥和编写，第六、十一、十二章由刘在国编写，第四、五章由肖琦编写，第七至九章由三峡大学杜轩编写，第十章、第十三章由宁波市电力设计院罗玉鹤编写。陈祥和负责全书统稿。

在本书的编写过程中参考了一些文献，在此对其作者致谢。

限于编者水平，书中难免存在疏漏与不足之处，恳切希望读者批评指正。

编　者

2012 年 12 月

目　录

第一章　概　　述

电力系统中发电厂的位置，主要取决于动力资源的分布。发电厂所用的水力、风力、煤炭等资源是天然形成的，一般远离用电负荷中心。因此从建电厂的可靠性、运行的经济性、环境的相容性等综合考虑，现代大型电厂宜建设在能源基地，然后用高压输电线路将电能送往各用电负荷中心。

高压输电线路根据导线放置位置的不同，可分为电缆输电线路和架空输电线路。电缆输电线路是将电缆埋设在地底下，不占空间，不影响地面环境，但是给线路的施工和维护带来不方便，因此多用在城市和跨江河线路中。架空输电线路采用输电杆塔将导线和地线悬挂在空间，使导线与导线之间、导线与地线之间、导线与杆塔之间、导线与地面障碍物之间保持一定的安全距离，完成输电任务。架空输电线路的优点是造价低，施工维护方便，因而被广泛采用。杆塔是架空输电线路中最重要组成部分之一，杆塔结构是否设计合理和正确使用，直接影响输电线路的建设速度、经济性、可靠性以及施工、维护、检修等各个方面。

用于架空输电线路的杆塔型式很多。杆塔型式的选择，要通过技术经济方案的比较，因地制宜地合理选择。对于运输和施工条件较好的平地、丘陵地区，应优先采用钢筋混凝土电杆或预应力混凝土电杆。并且要大力推广使用预应力混凝土电杆，逐步用预应力混凝土电杆代替普通钢筋混凝土电杆。在运输和施工条件困难、对杆塔强度要求较高的，或者采用铁塔具有显著优越性的采用铁塔。目前，在城网改造中钢管杆已得到了广泛应用。

架空输电线路杆塔（简称为杆塔）的类型较多，一般按杆塔的材料、受力不同、用途不同等进行分类。

一、按材料不同分类

1. 钢筋混凝土电杆

钢筋混凝土电杆合理地利用了钢筋和混凝土两种不同材料的物理特性和力学性能，因此它具有耐久性好、运行维护方便、节约钢材等优点，在我国平原和运输条件好的地区得到了广泛的应用。钢筋混凝土电杆又分为普通钢筋混凝土电杆、预应力混凝土电杆和薄壁钢管混凝土电杆（简称钢管混凝土电杆）。预应力混凝土电杆具有节约钢材、自重轻、抗裂性能好等优点，它将取代普通钢筋混凝土电杆。钢管混凝土电杆具有体积小、承载能力大、刚度大、具有良好的塑性和韧性、抗震性能好、耐疲劳、结构连接简单等优点，因此综合经济效益非常显著，在城市电网中部分得到使用。

普通钢筋混凝土电杆、预应力混凝土电杆有锥形电杆和等径电杆。电杆又分整体电杆（即单杆）和组装电杆两种，组装电杆由整体电杆组成。整体电杆的杆段已形成系列，各种不同锥形电杆主要杆段系列示意图见图 1 - 1。

2. 铁塔

铁塔是采用型钢制成的钢结构件。铁塔具有强度高、制造方便等优点。在受力较大的耐张型杆塔、转角杆塔、跨越杆塔和 500kV 以上线路及运输和施工条件困难的山区线路部分

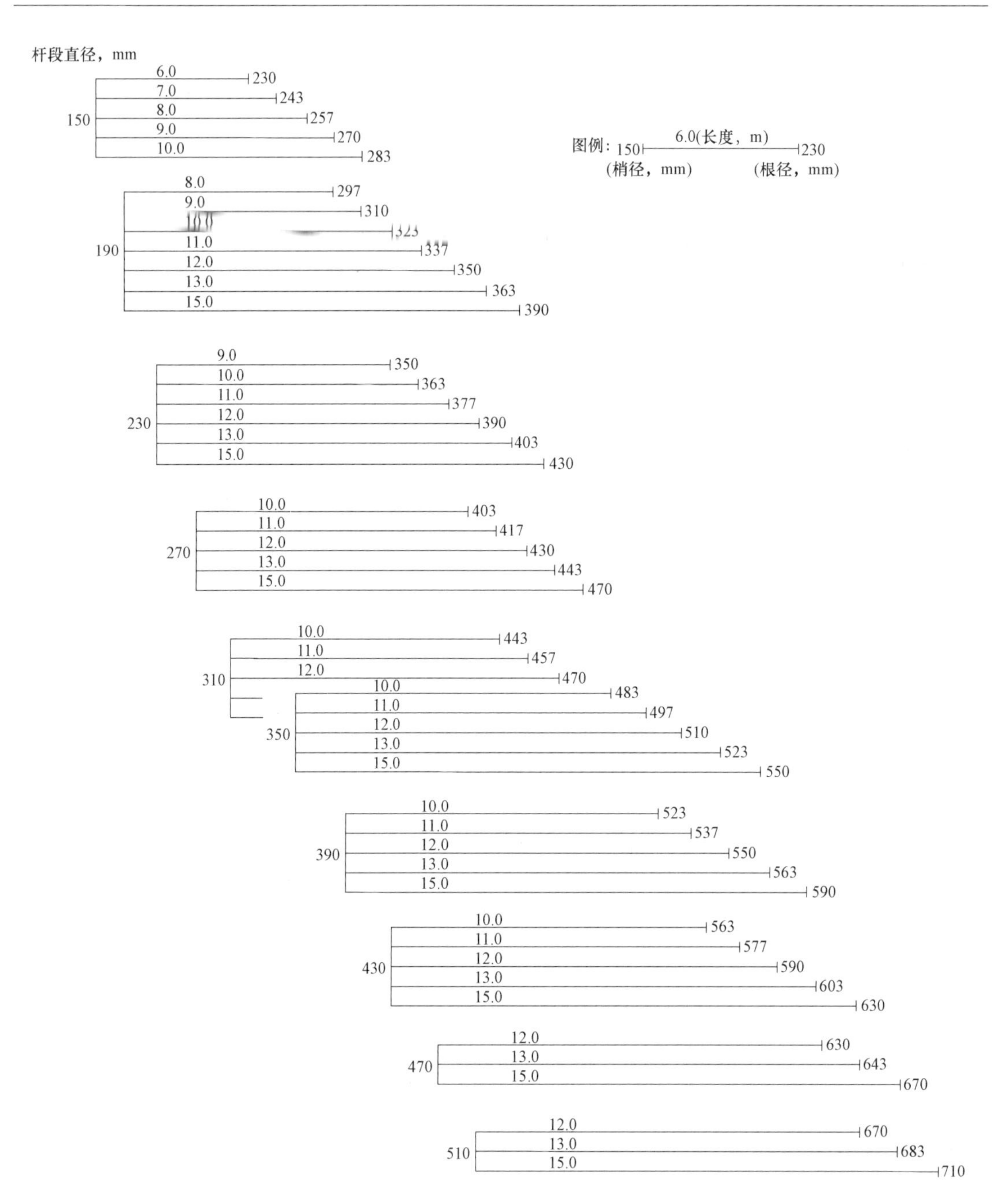

图 1-1 锥形电杆主要杆段系列示意图（锥度 1∶75）

或全部采用铁塔。国内外铁塔大多采用热轧等边角钢制造，用螺栓连接组装的空间桁架结构。近年来，用钢管制造的铁塔（称钢管铁塔）也开始在部分线路中采用。钢管铁塔的空气动力性能好，截面力学特性及承载能力优于角钢铁塔，但加工工艺复杂，因而造价高于角钢铁塔。

3. 钢管式杆塔

钢管式杆塔（简称钢管杆）。钢管杆是用截面为圆形或正多边形钢管做成杆。具有结构简单、强度高、耐外力冲击、易实现多回路输电、施工安装方便、挺拔美观等优点，近几年在城网改造中得到了广泛使用。

二、按受力不同分类

1. 直线型杆塔

在正常运行情况下，仅承受导线、地线、绝缘子和金具等重量的垂直荷载以及横向水平风荷载，而不承受顺线路方向张力的杆塔称为直线型杆塔（又称为中间杆塔）。直线型杆塔用于线路的一个耐张段之间，在架空线路中用的数量最多，约占杆塔总数的 80%。直线型杆塔采用悬垂绝缘子串（见图 1-2 中的直线型杆塔 Z1、Z2）。直线型杆塔在因某种原因发生断线时，纵向产生不平衡拉力（称为断线张力），绝缘子串偏斜，直线型杆塔才承受不平衡张力。

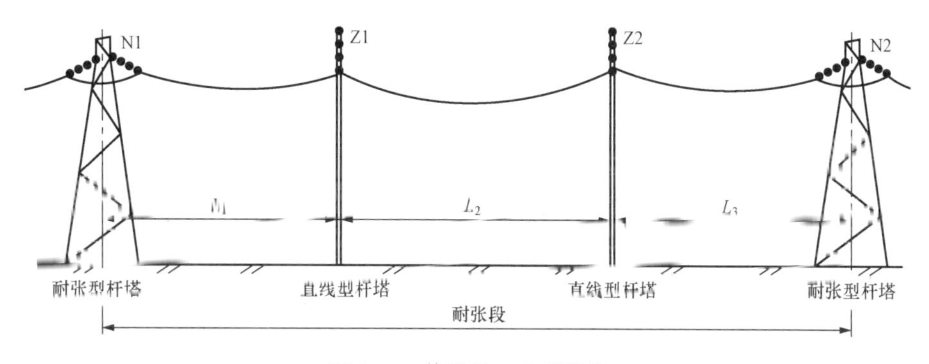

图 1-2　线路的一个耐张段

由于直线型杆塔承受顺线路方向不平衡张力的强度较差，因此在发生事故断线时直线型杆塔可能被逐个拉倒（见图 1-3）。

2. 耐张型杆塔

耐张型杆塔（如图 1-2 中 N1、N2），又称为承力杆塔，除具有与直线型杆塔同样的荷载承载能力外，还能承受更大的顺线路方向的拉力，以支持事故断线时产生纵向不平衡张力，或者承受因施工、检修时锚固导线和地线引起的顺线路方向荷载的杆塔。耐张型杆塔又分为耐张直线、耐张转角杆塔和终端杆塔。耐张型杆塔采用耐张绝缘子串，在发生事故断线时，导线悬挂点不产生位移，以限制事故断线影响范围（见图 1-3）。

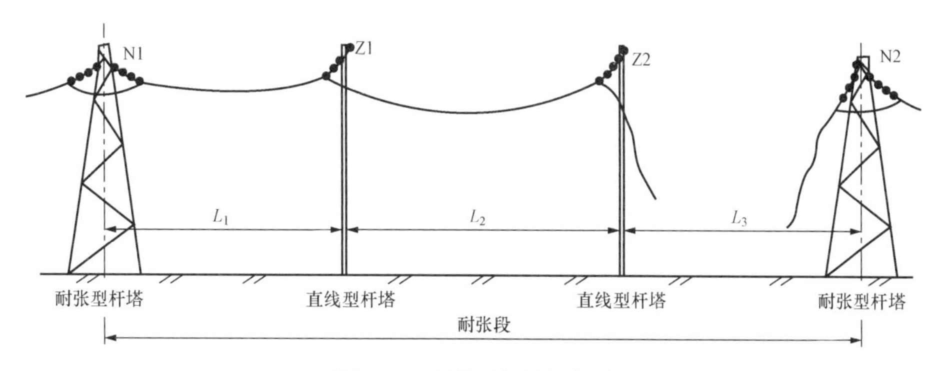

图 1-3　断线时杆塔的变化

三、按用途不同分类

1. 换位杆塔

在线路中用于改换同一回路导线位置的杆塔称为换位杆塔。GB 50545—2010《110～750kV 架空输电线路设计规范》规定，在中性点直接接地的电网中，长度超过 100km 的输电线路均应换位，换位循环长度不宜大于 200km。一个变电站某级电压的每回出线虽小于 100km，但其总长度超过 200km，可采用换位或变换各回路输电线路的相序排列的措施来平衡不对称电流。换位杆塔有直线型和耐张型两种。如图 1-4 所示，线路的第一段至第三段通过换位杆塔改变了导线的位置。

2. 跨越杆塔

当线路跨越江河、山谷、铁路、公路、通信线及其他电力线路时所采用的杆塔，称为跨越杆塔。跨越杆塔的档距一般在 1000m 以上，杆塔高度一般在 100m 以上，跨越杆塔也有直线型和耐张型两种。

3. 转角杆塔

根据实际要求，线路走向有时需要改变。用于改变线路方向的杆塔（见图 1-5），称为转角杆塔。转角杆塔又分为直线型转角杆塔和耐张型转角杆塔。

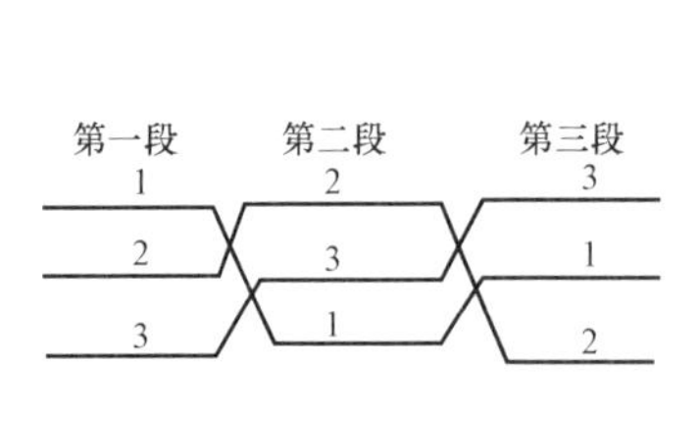

图 1-4 导线换位示意图

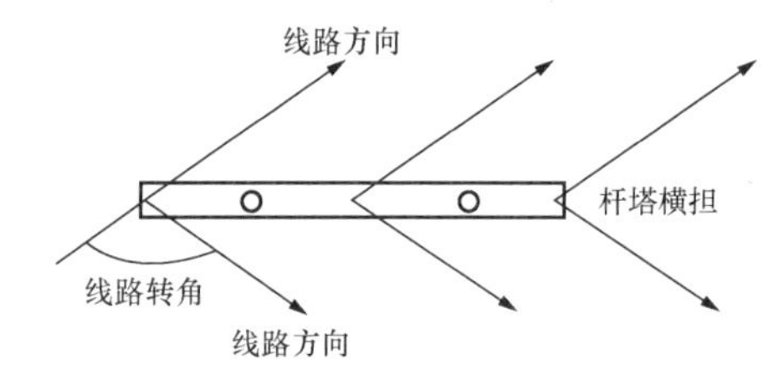

图 1-5 输电线路的转角

GB 50545—2010 规定了直线型转角杆塔的转角度数，对于 330kV 及以下线路杆塔不宜大于 10°，对于 500kV 及以上线路杆塔不宜大于 20°；GB 50545—2010 还规定，对于直线型杆塔，当需要兼作小角度转角杆塔，且不增加杆塔头部尺寸时，其转角度数不宜大于 3°。

4. 终端杆塔

设置在靠近发电厂及变电站的第一座杆塔，称为终端杆塔。终端杆塔用来承受杆塔一侧的水平拉力。终端杆塔必须是耐张型杆塔。

四、按线路回路分类

按线路回路多少可分为单回路杆塔、双回路杆塔和多回路杆塔。双回路和多回路杆塔能节省杆塔数目，减少线路事故。

思考题

1. 高压输电线路有哪些类型？各有什么特点？

2. 输电杆塔分哪些类型？各种杆塔具有何特点？

3. 何谓直线型杆塔、耐张型杆塔？GB 50545—2010 对直线型转角杆塔和兼作小角度转角杆塔的直线型杆塔有何规定？

4. 何谓线路的一个耐张段？为何要设置耐张段？

第二章　杆塔荷载的分析计算

在进行杆塔结构设计计算时，对作用在杆塔外部荷载的分析及选定计算是否合理，直接影响杆塔结构的安全性及经济性，因此在杆塔设计计算时必须对作用在杆塔上的荷载认真地进行分析计算。GB 50061—2010《66kV及以下架空电力线路设计规范》、GB 50545—2010《110～750kV架空输电线路设计规范》规定，对各类杆塔均应计算线路正常运行情况、断线情况、不均匀覆冰情况和安装情况下的荷载组合，必要时还应验算地震等稀有情况。对于重冰区，应按DL/T 5440—2009《重覆冰架空输电线路设计技术规程》规定计算杆塔荷载。

第一节　杆塔荷载类型

一、荷载的类型

作用在杆塔上的荷载按随时间的变异可分为永久荷载、可变荷载。

1. 永久荷载

在结构使用期间，其值不随时间变化，或其变化与平均值相比可以忽略不计，或其变化是单调的并能趋于限值的荷载。它包括导线及地线、绝缘子及其附件、杆塔结构、各种固定设备、基础及土石方等的重力荷载，拉线或纤绳的初始张力、土压力及预应力等荷载。

2. 可变荷载

在结构使用期间，其值随时间变化，且其变化与平均值相比不能忽略不计的荷载。它包括风和冰（雪）荷载，导线、地线及拉线的张力，安装检修的各种附加荷载，结构变形引起的次生荷载以及各种振动动力荷载。

二、荷载作用方向

根据计算需要，杆塔承受的荷载一般分解为作用在杆塔上的垂直荷载（垂直荷载是垂直于地面方向的荷载）、横向水平荷载（平行杆塔平面即沿横担方向）、纵向水平荷载（垂直杆塔平面即垂直横担方向），如图2-1所示。

1. 垂直荷载

垂直荷载G包括：

（1）导线、地线、绝缘子串和金具的重量；

（2）杆塔自重荷载；

（3）安装、检修时的垂直荷载（包括工人、工具及附件等重量）。

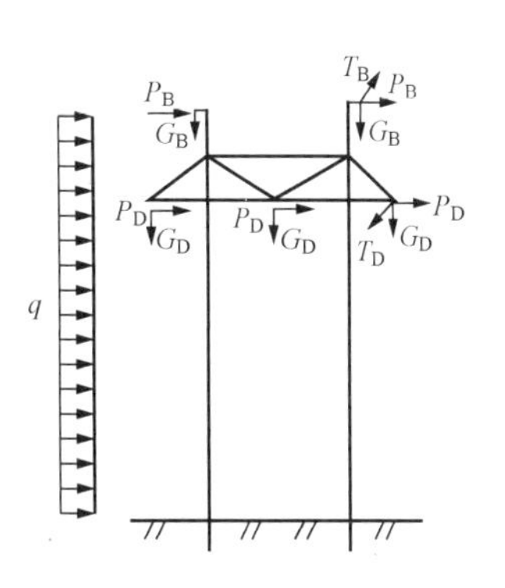

图2-1　荷载示意图

2. 横向水平荷载

横向水平荷载P包括：

（1）导线、地线、绝缘子串和金具的风压；

（2）杆塔身风载；

（3）转角杆塔的导线及地线的角度力。

3. 纵向水平荷载

纵向水平荷载 T 包括：

（1）导线、地线的不平衡张力（对无转角的杆塔不平衡张力为顺线路方向，对有转角的杆塔不平衡张力则与杆塔横担垂直）；

（2）导线、地线的断线张力和断导线时地线对杆塔产生的支持力；

（3）安装导线时的紧线张力。

第二节 杆塔设计原则

杆塔设计除了要保证合理的结构外，还要必须保证结构的强度，其计算内容有：

（1）结构承载能力极限状态计算。该计算是用来核算结构或构件在各种不同荷载作用下会不会发生破坏。它包括强度、稳定与承载重复荷载时的疲劳计算。显然此项计算是非常重要的。

（2）结构正常使用极限状态计算。该计算是用来核算结构或构件是否满足正常使用情况下的各项规定的限值，比如变形、裂缝等。

一、荷载组合的原则

110～750kV 架空输电线路各类杆塔均应计算线路正常运行情况、断线情况、不均匀覆冰情况和安装情况下的荷载组合，必要时还应验算地震等稀有情况。

（1）各类杆塔的正常运行情况。

1）基本风速、无冰、未断线（包括最小垂直荷载和最大水平荷载组合）。

2）设计覆冰、相应风速及气温、未断线。

3）最低气温、无冰、无风、未断线（适用于终端和转角杆塔）。

（2）各类杆塔的断线情况。

1）直线型杆塔（不含大跨越直线型杆塔）的断线情况，应按－5℃、有冰、无风的气象条件，计算下列荷载组合：

a. 对于单回路杆塔，单导线断任意一相导线（分裂导线任意一相导线有纵向不平衡张力），地线未断；断任意一根地线，导线未断。

b. 对于双回路杆塔，同一档内，单导线断任意两相导线（分裂导线任意两相导线有纵向不平衡张力）；同一档内，断一根地线，单导线断任意一相导线（分裂导线任意一相导线有纵向不平衡张力）。

c. 对于多回路杆塔，同一档内，单导线断任意三相导线（分裂导线任意三相导线有纵向不平衡张力）；同一档内，断一根地线，单导线断任意两相导线（分裂导线任意两相导线有纵向不平衡张力）。

2）耐张型杆塔的断线情况应按－5℃、有冰、无风的气象条件，计算下列荷载组合：

a. 对于单回路和双回路杆塔，同一档内，单导线断任意两相导线（分裂导线任意两相导线有纵向不平衡张力）、地线未断；同一档内，断任意一根地线，单导线断任意一相导线（分裂导线任意一相导线有纵向不平衡张力）。

b. 对于多回路塔，同一档内，单导线断任意三相导线（分裂导线任意三相导线有纵向不平衡张力）、地线未断；同一档内，断任意一根地线，单导线断任意两相导线（分裂导线任意两相导线有纵向不平衡张力）。

（3）10mm及以下冰区断导、地线情况的垂直冰荷载取100%设计覆冰荷载。

（4）10mm冰区不均匀覆冰情况的导、地线的垂直冰荷载按75%设计覆冰荷载计算。相应的气象条件按−5℃、10m/s风速的气象条件计算。

（5）各类杆塔均应考虑所有导、地线同时同向有不均匀的不平衡张力，使杆塔承受最大弯矩。

（6）各类杆塔在断线情况下的断线张力（分列导线纵向不平衡张力），以及不均匀覆冰情况下的不平衡均按静态荷载计算。

（7）各类杆塔的安装情况，应按10m/s风速、无冰、相应气温的气象条件下考虑下列荷载组合：

1）悬垂型杆塔的安装荷载应符合下列规定：

a. 提升导、地线及其附件时的作用荷载。包括提升导、地线、绝缘子和金具等重量（一般按2.0倍计算）、安装工人和工具的附加荷载，应考虑动力系数1.1。附加荷载标准值宜符合表2-1的规定。

b. 导线及地线锚线作业时的作用荷载。锚线对地夹角不宜大于20°，正在锚线相的张力应考虑动力系数1.1。挂线点垂直荷载取锚线张力的垂直分量和导、地线重力和附加荷载之和，纵向不平衡张力分别取导、地线张力与锚线张力纵向分量之差。

2）耐张型杆塔的安装荷载应符合下列规定：

a. 导线及地线荷载：

锚塔：锚地线时，相邻档内的导线及地线均未架设；锚导线时，在同档内的地线已架设。

紧线塔：紧地线时，相邻档内的地线已架设或未架设，同档内的导线均未架设；紧导线时，同档内的地线已架设，相邻档内的导、地线已架设或未架设。

b. 临时拉线所产生的荷载：锚塔和紧线塔均允许计及临时拉线的作用，临时拉线对地夹角不应大于45°，其方向与导、地线方向一致，临时拉线一般可平衡导、地线张力的30%。500kV及以上杆塔，对四分裂导线的临时拉线按平衡导线张力标准值30kN考虑，六分裂及以上导线的临时拉线按平衡导线张力标准值40kN考虑，地线临时拉线按平衡地线张力标准值5kN考虑。

c. 紧线牵引绳产生的荷载：紧线牵引绳对地夹角宜按不大于20°考虑，计算紧线张力时应计及导、地线的初伸长、施工误差和过牵引的影响。

d. 安装时的附加荷载按表2-1的规定取值。

表2-1　附加荷载标准值　kN

电压（kV）	导线		地线	
	悬垂型杆塔	耐张型杆塔	悬垂型杆塔	耐张型杆塔
110	1.5	2.0	1.0	1.5
220～330	3.5	4.5	2.0	2.0
500～750	4.0	6.0	2.0	2.0

3）导、地线的架设次序，按自上而下逐相（根）架设。对于双回路及多回路杆塔，应按实际需要计及分期架设的情况。

4）终端杆塔应计及变电站（或升压站）侧导线及地线已架设或未架设的情况。

5）与水平面夹角不大于30°。且可以上人的铁塔构件，应能承受设计值1000N人重荷载，且不应与其他荷载组合。

（8）对地线，除无冰区段外，设计冰厚应较导线冰厚增加5mm（注：仅针对地线支架的机械强度设计）。

66kV及以下架空电力线路设计，各类杆塔均应计算线路正常运行情况、断线情况和安装情况下的荷载组合，具体要求见GB 50061—2010规定。

二、杆塔结构和构件设计表达式

对杆塔的设计，应根据GB 50068—2001《建筑结构可靠度设计统一标准》规定的极限状态（分项系数法）计算原则进行计算。其表达式如下：

（1）结构和构件承载能力极限状态表达式

$$\gamma_0 S \leqslant R \tag{2-1}$$

$$S = \gamma_G C_G G_K + \psi \sum \gamma_{Qi} C_{Qi} Q_{Ki}$$

即

$$\gamma_0(\gamma_G C_G G_K + \psi \sum \gamma_{Qi} C_{Qi} Q_{Ki}) \leqslant R \tag{2-2}$$

式中　S——荷载效应组合设计值；

γ_0——结构重要性系数，按安全等级选定；一级：特别重要的杆塔结构，应取$\gamma_0=1.1$；二级：各级电压线路的各类杆塔，应取$\gamma_0=1.0$；三级：临时使用的各类杆塔，应取$\gamma_0=0.9$；

γ_G——永久荷载分项系数，对结构受力有利时宜取$\gamma_G=1.0$，不利时应取$\gamma_G=1.2$；

γ_{Qi}——第i个可变荷载分项系数，应取$\gamma_{Qi}=1.4$；

G_K——永久荷载标准值；

Q_{Ki}——第i个可变荷载标准值；

C_G、C_{Qi}——永久荷载和可变荷载的荷载效应系数；

ψ——可变荷载组合系数，110kV及以上电压等级正常运行情况取1.0，断线情况、安装情况和不均匀覆冰情况取0.9，验算情况取0.75，66kV及以下电压等级按GB 50061—2010规定取值；

R——结构构件的抗力设计值。

（2）结构和构件正常使用极限状态表达式

$$C_G G_K + \psi \sum C_{Qi} Q_{Ki} \leqslant \delta \tag{2-3}$$

式中　δ——结构或构件的裂缝宽度或变形的规定限值；

其他符号含义与式（2-2）相同。

（3）抗震验算的荷载效应组合与设计表达式

$$\gamma_G S_{GE} + \gamma_{Eh} S_{Ehk} + \gamma_{EV} S_{EVK} + \gamma_{EQ} S_{EQk} + \psi_{WE} S_{WK} \leqslant R/\gamma_{RE} \tag{2-4}$$

式中　γ_G——重力荷载分项系数，一般取$\gamma_{GE}=1.2$，当重力荷载对结构承载能力有利时，宜取$\gamma_{GE}=1.0$，当验算结构抗倾覆或抗滑移时，宜取$\gamma_{GE}=0.9$；

S_{GE}——重力荷载代表值效应，应取结构构件、固定设备和导线、地线及绝缘子等的标准值；

γ_{Eh}、γ_{EV}——水平、竖向地震作用分项系数，当仅计算水平地震作用时，宜取$\gamma_{Eh}=1.3$，$\gamma_{EV}=0$；当仅计算竖向地震作用时，宜取$\gamma_{Eh}=0$，$\gamma_{EV}=1.3$；当两者同时计算时，如以水平作用为主，宜取$\gamma_{Eh}=1.3$，$\gamma_{EV}=0$；如以竖向作用为主，宜取$\gamma_{Eh}=0.5$，$\gamma_{EV}=1.3$；

S_{Ehk}——水平地震作用标准值效应；

S_{EVK}——竖向地震作用标准值效应；

γ_{EQ}——导线及地线张力可变荷载的分项及组合综合系数，取 $\gamma_{EQ}=0.5$；

S_{EQk}——导线及地线张力可变荷载的代表值效应；

S_{WK}——风荷载标准值效应；

ψ_{WE}——风荷载分项与组合综合系数，宜取 $\psi_{WE}=0.3$；

γ_{RE}——承载力抗震调整系数，应按照表 2-2 确定。

表 2-2　承载力抗震调整系数 γ_{RE}

材料	结构构件	γ_{RE}	材料	结构构件	γ_{RE}
钢材	跨越塔	0.85	钢筋混凝土	跨越塔	0.90
	除跨越塔以外的其他铁塔	0.80		钢管混凝土杆塔	0.80
				钢筋混凝土杆	0.80
	焊接和螺栓	1.00		各类受剪构件	0.85

第三节　杆塔荷载标准值的计算方法

一、架空线比载的计算

作用在架空线上的荷载有自重荷载、冰重荷载和风荷载。为了计算的方便，将架空线的荷载折算成单位长度、单位面积的数值，定义为架空线的比载，单位是 N/(m·mm²)。

1. 垂直比载

架空线垂直比载有自重比载和冰重比载，作用方向垂直向下。

（1）自重比载。

自重比载是架空线自身质量的比载。各种架空线规格参数中都给出了百米或者千米质量，其计算式为

$$\gamma_{1(0,0)}=\frac{qg}{A}\times10^{-3} \tag{2-5}$$

式中　q——架空线的单位长度质量，kg/km；

g——重力加速度，$g=9.80665\text{m/s}^2$；

A——架空线截面积，mm²。

（2）冰重比载。

架空线上覆冰时引起的比载为冰重比载，计算式为

$$\gamma_{2(b,0)}=27.728\frac{b(d+b)}{A}\times10^{-3} \tag{2-6}$$

式中　b——覆冰厚度，mm；

d——架空线外直径，mm；

A——架空线的截面积，mm²。

（3）垂直总比载。

架空线垂直总比载是自重比载与冰重比载之和，即

$$\gamma_{3(b,0)}=\gamma_{1(0,0)}+\gamma_{2(b,0)} \tag{2-7}$$

2. 风压比载

（1）110kV 以上电压等级风压比载的计算。

1）无冰风压比载计算式为

$$\gamma_{4(0,v)} = \alpha\beta_c\mu_{sc}\mu_z d\frac{W_0}{A} \tag{2-8}$$

式中 α——风压不均匀系数，设计杆塔时按表 2-3 规定取值，当校验杆塔电气间隙时，α 随水平档距变化取值按表 2-4 的规定确定；

β_c——导线及地线风荷载调整系数，按表 2-3 规定取值；

μ_{sc}——风载体形系数，线径小于 17mm 或覆冰时应取 $\mu_{sc}=1.2$，线径大于或等于 17mm 时 μ_{sc}取 1.1；

μ_z——风压高度变化系数，按表 2-5 取值；

d——导线、地线的外径，分裂导线取所有子导线外径的总和，m；

W_0——基准风压标准值，$W_0=V^2/1600$（kN/m^2）$=0.625V^2$，N/m^2；

A——架空线的截面积，mm^2。

表 2-3　风压不均匀系数 α 及导线和地线风载调整系数 β_c

风速 V（m/s）		≤20	20<V<27	27≤V<31.5	≥31.5
α	计算杆塔荷载	1.00	0.85	0.75	0.70
	设计杆塔（风偏计算用）	1.00	0.75	0.61	0.61
β_c	计算 500、750kV 杆塔荷载	1.00	1.10	1.20	1.30

注　1. 计算 110～330kV 杆塔荷载 β_c 取 1.0。
　　2. 对于跳线，α 宜取 1.0。

表 2-4　风压不均匀系数 α 随水平档距变化取值

水平档距（m）	≤200	250	300	350	400	450	500	≥550
α	0.80	0.74	0.70	0.67	0.65	0.63	0.62	0.61

表 2-5　风压高度变化系数 μ_z

离地面或海平面高度（m）	地面粗糙度类别			
	A	B	C	D
5	1.17	1.00	0.74	0.62
10	1.38	1.00	0.74	0.62
15	1.52	1.14	0.74	0.62
20	1.63	1.25	0.84	0.62
30	1.80	1.42	1.00	0.62
40	1.92	1.56	1.13	0.73
50	2.03	1.67	1.25	0.84
60	2.12	1.77	1.35	0.93
70	2.20	1.86	1.45	1.02
80	2.27	1.95	1.54	1.11
90	2.34	2.02	1.62	1.19

续表

离地面或海平面高度（m）	地面粗糙度类别			
	A	B	C	D
100	2.40	2.09	1.70	1.27
150	2.64	2.38	2.03	1.61
200	2.83	2.61	2.30	1.92
250	2.99	2.80	2.54	2.19
300	3.12	2.97	2.75	2.45
350	3.12	3.12	2.94	2.68
400	3.12	3.12	3.12	2.91
≥450	3.12	3.12	3.12	3.12

2）覆冰风比载计算式为

$$\gamma_{5(b,v)} = \alpha\beta_{c}\mu_{sc}\mu_{z}B(d+2b)\frac{W_0}{A} \tag{2-9}$$

式中　b——覆冰厚度，mm；

B——覆冰时风荷载增大系数，5mm 冰区取 1.1，10mm 冰区取 1.2；

其他符号与式（2-8）相同。

（2）66kV 以下电压等级风压比载的计算。

1）无冰风压比载计算式为

$$\gamma_{4(b,v)} = \alpha_{f}\mu_{sc}d\frac{W_0}{A} \tag{2-10}$$

2）覆冰风压比载计算式为

$$\gamma_{4(b,v)} = \alpha_{f}\mu_{sc}(d+2b)\frac{W_0}{A} \tag{2-11}$$

式中　α_f——风荷载档距系数，按表 2-6 取值；

d——导线或地线外径（m），对于分裂导线，不应考虑线间的影响；

其他符号与式（2-8）、式（2-9）相同。

表 2-6　风荷载档距系数（66kV 及以下）

设计风速（m/s）	20 以下	20～29	30～34	35 及以上
α_f	1.0	0.85	0.75	0.7

3. 综合比载

（1）无冰综合比载。

无冰综合比载是自重比载和无冰风压比载的矢量和，即

$$\gamma_{6(0,v)} = \sqrt{\gamma_{1(0,0)}^2 + \gamma_{4(0,v)}^2} \tag{2-12}$$

（2）覆冰综合比载。

覆冰综合比载是垂直总比载和覆冰风压比载的矢量和，即

$$\gamma_{7(b,v)} = \sqrt{\gamma_{3(b,0)}^2 + \gamma_{5(b,v)}^2} = \sqrt{(\gamma_{1(0,0)} + \gamma_{2(b,0)})^2 + \gamma_{5(b,v)}^2} \tag{2-13}$$

二、自重荷载标准值 *G*

1. 导、地线的自重荷载标准值

无冰时
$$G = n\gamma_{1(0,0)}AL_V \tag{2-14}$$

覆冰时
$$G = n\gamma_{2(b,0)}AL_V \tag{2-15}$$

式中 G——导、地线的自重荷载标准值，N；

n——每相导线子导线的根数；

L_V——导、地线垂直档距，m；

$\gamma_{1(0,0)}$——导、地线无冰垂直比载，N/(m·mm²)；

$\gamma_{2(b,0)}$——导、地线覆冰垂直比载，N/(m·mm²)；

A——导、地线截面面积，mm²。

2. 绝缘子串、金具的垂直荷载标准值

无冰时为绝缘子串、金具自重 G_J，可查绝缘子及各组合绝缘子串的金具重量表。

覆冰时
$$G'_J = KG_J \tag{2-16}$$

式中 G_J、G'_J——无冰、覆冰时绝缘子串、金具的重量，N。

K——覆冰系数，按以下经验取值：设计冰厚 5mm 时，$K=1.075$；设计冰厚 10mm 时，$K=1.150$；设计冰厚 15mm 时，$K=1.225$。

【例 2-1】 已知某线路采用 LGJ—150/35 单导线，正常运行情况Ⅱ（覆冰工况）下，导线覆冰厚度 $b=5$mm，导线自重比载 $\gamma_{1D(0,0)}=35.8\times10^{-3}$N/(m·mm²)，导线覆冰比载 $\gamma_{2D(5,0)}=17.5\times10^{-3}$N/(m·mm²)，导线垂直档距 $L_V=368$m，导线水平档距 $L_P=350$m，导线截面面积 $A_D=181.62$mm²，绝缘子串和金具的总重量为 520N（7 片 X—4.5），求导线作用在杆塔上的垂直标准荷载值和设计值。

解 （1）垂直荷载标准值 G_D。

因单导线 $n=1$，覆冰厚 $b=5$mm，$K=1.075$，则

$$\begin{aligned} G_D &= (n\gamma_{1D(0,0)}A_DL_V + G_{JD}) + [n\gamma_{2D(5,0)}A_DL_V + G_{JD}(1.075-1)] \\ &= (1\times35.8\times10^{-3}\times181.62\times368+520) \\ &\quad + [1\times17.5\times10^{-3}\times181.62\times368+520\times(1.075-1)] \\ &= 2912+1208 = 4120(\text{N}) \end{aligned}$$

（2）垂直荷载设计值 G_D。

因永久荷载分项系数 $\gamma_G=1.2$，可变荷载分项系数 $\gamma_Q=1.4$，则

$$\begin{aligned} G_D &= \gamma_G(n\gamma_{1D(0,0)}A_DL_V + G_{JD}) + \gamma_Q[n\gamma_{2D(0,0)}A_DL_V + G_{JD}(K-1)] \\ &= 1.2\times2912+1.4\times1208 = 5186(\text{N}) \end{aligned}$$

3. 杆塔自重荷载标准值

杆塔自重荷载标准值可根据杆塔的设计资料而得，也可根据设计经验，参照其他同类杆塔资料，做适当假定获得。

三、导、地线张力引起的荷载标准值计算

导、地线张力引起的荷载，对于不同型式杆塔会引起不平衡张力或角度荷载。

对于直线型杆塔，在正常运行情况下要求绝缘子串铅垂，即杆塔两侧架空线的水平张力相等，因此不产生不平衡张力。但当架空线因某种原因，如气象条件改变，或因档距、

高差不等引起荷载改变，两侧架空线的水平张力不再相等，直线型杆塔将产生不平衡张力。

对于转角杆塔及兼有小转角的直线型杆塔，在张力的作用下，产生横向水平荷载（称为角度荷载）和纵向水平荷载（称为不平衡张力）。

对于耐张型杆塔，因耐张段档距一般不相等等因素，将产生不平衡张力。

断线时，无论何种杆塔都将在纵向产生断线张力。

1. 转角杆塔

（1）角度荷载（角度力）。

如图 2-2（a）所示，一相导线的角度荷载为

$$P_J = T_1\sin\alpha_1 + T_2\sin\alpha_2 \tag{2-17}$$

式中　T_1、T_2——杆塔前后导、地线张力，N；

α_1、α_2——导线与杆塔横担垂线间的夹角，(°)。

如图 2-2（b）所示，当 $\alpha_1=\alpha_2=\alpha/2$（$\alpha$ 为线路转角）时

$$P_J = (T_1 + T_2)\sin\alpha/2 \tag{2-18}$$

当 $\alpha=0$ 时，$P_J=0$，为直线型杆塔或耐张型杆塔。

（2）不平衡张力。

如图 2-3（a）所示，一相导线的不平衡张力为

$$\Delta T = T_1\cos\alpha_1 - T_2\cos\alpha_2 \tag{2-19}$$

如图 2-3（b）所示，当 $\alpha_1=\alpha_2=\alpha/2$ 时

$$\Delta T = (T_1 - T_2)\cos(\alpha/2) \tag{2-20}$$

当 $\alpha=0$ 时，$T_1\neq T_2$，$\Delta T=T_1-T_2$，为耐张型杆塔。

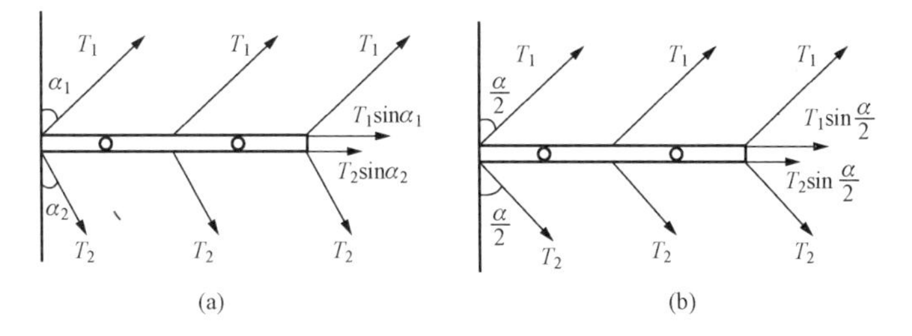

图 2-2　导线角度荷载计算示意图

（a）夹角不相同情况；（b）夹角相同情况

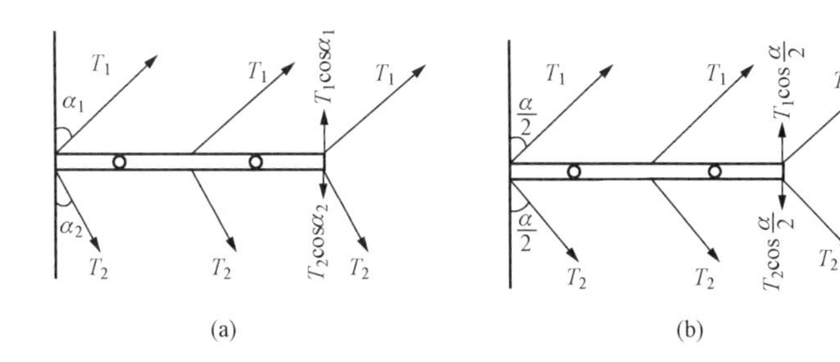

图 2-3　导线不平衡张力计算示意图

（a）夹角不相同情况；（b）夹角相同情况

2. 断线张力荷载

GB 50061—2010、GB 50545—2010 规定杆塔导、地线的断线张力分别取各自最大使用张力乘以对应的导、地线最大使用张力百分数。

$$T_D = T_{Dmax} X\% \tag{2-21}$$

$$T_{Dmax} = \frac{T_P}{K}$$

式中 T_D——断线张力，N；

T_{Dmax}——导、地线最大使用张力，N；

T_P——导、地线的拉断力（查导线、地线规格手册），N；

K——导、地线的设计安全系数，GB 50061—2010、GB 50545—2010 规定不应小于 2.5，地线的设计安全系数应大于导线的设计安全系数；

$X\%$——导、地线最大使用张力百分数。

110kV 及以上电压等级 10mm 及以下冰区导、地线最大使用张力的百分数（断线张力）按表 2-7 规定选用。

66kV 及以下电压等级单导线和地线最大使用张力的百分数按表 2-8 规定选用。

3. 不均匀覆冰

GB 50545—2010 规定，110kV 及以上电压等级各类杆塔均应计算线路不均匀覆冰情况下的荷载组合。不均匀覆冰要产生不平衡张力。杆塔导、地线不均匀覆冰的不平衡张力分别取各自最大使用张力乘以对应的导、地线最大使用张力的百分数。10mm 及以下不均匀覆冰的导、地线最大使用张力的百分数按表 2-9 规定选用。垂直冰荷载按 75%设计覆冰荷载计算。相应气象条件按−5℃，10m/s 风速的气象条件计算。

表 2-7　110kV 及以上电压等级 10mm 及以下冰区导、地线的最大使用张力的百分数（或分裂导线的纵向不平衡张力） %

地形	地线	悬垂塔导线			耐张塔导线	
		单导线	双分裂导线	双分裂以上导线	单导线	双分裂及以上导线
平丘	100	50	25	20	100	70
山地	100	50	30	25	100	70

表 2-8　66kV 及以下电压等级单导线和地线的最大使用引力的百分数 %

导线或地线种类		混凝土杆钢管混凝土杆	拉线塔	自立塔
地线		15～20	30	50
导线	截面积 95mm² 及以下	30	30	40
	截面积 120～185mm²	35	35	40
	截面积 210mm² 及以上	40	40	50
耐张型杆塔断线情况：导线应取最大使用张力的 70%，地线应取最大使用张力的 80%				

表 2-9 110kV及以上电压等级10mm及以下不均匀覆冰的导、地线的最大使用张力的百分数 %

悬垂型杆塔		耐张型杆塔	
导线	地线	导线	地线
10	20	30	40

【例2-2】 已知某干字型转角杆塔的转角为90°，正常运行情况杆塔前后导线张力为$T_1=2500$N，$T_2=2000$N，并且$\alpha_1=\alpha_2$，试求作用在杆塔下横担上纵向水平荷载和横向水平荷载的荷载标准值及设计值。

解 （1）荷载标准值。

根据题意有$\alpha_1=\alpha_2$，则横向水平荷载标准值（角度力）为

$$\begin{aligned}P_J &= (T_1+T_2)\sin(\alpha/2)\\ &= (2500+2000)\sin(90°/2)\\ &= 3182(\mathrm{N})\end{aligned}$$

纵向水平荷载标准值（不平衡张力）为

$$\begin{aligned}\Delta T &= (T_1-T_2)\cos(90°/2)\\ &= (2500-2000)\cos(90°/2)=354(\mathrm{N})\end{aligned}$$

（2）荷载设计值。

因张力为可变荷载，横向水平荷载标准值、纵向水平荷载标准值分别乘以可变荷载分项系数γ_Q（$\gamma_Q=1.4$）得荷载设计值。

横向水平荷载设计值（角度力）为

$$P_J=1.4\times3182=4455(\mathrm{N})$$

纵向水平荷载设计值（不平衡张力）为

$$\Delta T=1.4\times354=496(\mathrm{N})$$

注：以上计算均为一相导线。

【例2-3】 已知某220kV线路耐张自立铁塔，地线采用1×7-6.6-1370-A-YB/T 5004—2001型，试求该地线断线张力标准值。

解 查地线规格和性能表得破坏拉断力，$T_P=33.50$kN；安全系数取2.7；查表2-7得地线最大使用张力百分数$X\%=100\%$。

地线最大使用张力为

$$T_{Bmax}=\frac{T_P}{K_C}=\frac{33.50}{2.7}=12.41(\mathrm{kN})$$

地线断线张力为

$$T_B=T_{Bmax}X\%=12.41\times100\%=12.41(\mathrm{kN})$$

四、风荷载的计算

1. 一般规定

（1）直线型杆塔应计算与线路方向成0°、45°（或60°）及90°的三种最大风速的风向。

（2）一般耐张型杆塔可只计算90°一个风向。

（3）终端杆塔，除计算90°风向外，还需计算0°风向。

（4）悬垂转角杆塔和耐张型杆塔转角度数较小时，还应考虑与导、地线张力的横向分力相反的风向。

（5）特殊杆塔应计算最不利风向。

（6）风向与导、地线方向或塔面成夹角时，导、地线风载在垂直和顺线条方向的分量，塔身和横担风载在塔面两垂直方向的分量，按表 2 - 10 选用。

表 2 - 10　　不同角度风向时风荷载计算表

风向角 θ	导线风荷载		杆塔风荷载		横担风荷载	
	x	y	x	y	x	y
0°	0	$0.25W_x$	0	W_{Sb}	0	W_{Sc}
45°	$0.5W_x$	$0.15W_x$	$0.424(W_{Sa}+W_{Sb})K$	$0.424(W_{Sa}+W_{Sb})K$	$0.4W_{Sc}$	$0.7W_{Sc}$
60°	$0.75W_x$	0	$(0.747W_{Sa}+0.249W_{Sb})K$	$(0.431W_{Sa}+0.144W_{Sb})K$	$0.4W_{Sc}$	$0.7W_{Sc}$
90°	W_x	0	W_{Sa}	0	$0.4W_{Sc}$	0

注　1. x、y 分别为垂直与顺导线、地线方向风荷载的分量。
2. W_x 为风向垂直导线、地线作用时，导线、地线的风荷载标准值。
3. W_{Sa}、W_{Sb} 分别为风垂直于“a”面及“b”面吹时杆身风荷载标准值。
4. W_{Sc} 为风垂直于横担正面吹时，横担风荷载标准值。
5. K 塔身风荷载断面形状系数：对单角钢或圆断面构件组成的塔架，取 1.0；对组合角钢断面，取 1.1。

2. 导、地线的风荷载标准值的计算

（1）风向垂直于导、地线的风荷载标准值的计算。

当风向与导、地线垂直时，作用在导、地线上的风荷载标准值用下式计算：

无冰时
$$P = \gamma_{4(0,v)} A L_P \tag{2-22}$$

覆冰时
$$P = \gamma_{5(b,v)} A L_P \tag{2-23}$$

式中　P——导、地线上的风荷载标准值，N；

$\gamma_{4(0,v)}$、$\gamma_{5(b,v)}$——无冰、覆冰风压比载，N/(m·mm²)；

A——导、地线截面面积，mm²；

L_P——导、地线水平档距，m。

（2）风向与导、地线不垂直时风荷载标准值的计算。

当风向与导、地线成 θ 夹角时（见图 2 - 4），作用在导、地线风荷载标准值计算式为

$$P_x = P\sin^2\theta \tag{2-24}$$

式中　P_x——垂直导、地线方向风荷载分量，N；

P——垂直导、地线方向风荷载，按式（2 - 21）、式（2 - 22）计算，N；

θ——实际风荷载的风向与导、地线的夹角，(°)。

【例 2 - 4】 已知某线路采用 LGJ—150/35 单导线，正常运行情况Ⅰ（大风工况），基本风速 $V=25$m/s，无冰，线路水平档距为 350m，垂直档距为 368m，导线的垂直比载 $\gamma_{1D(0,0)}=35.80\times10^{-3}$ N/(m·mm²)，绝缘子串风载 $P_{JD}=94$N，导线截面积 $A_D=181.62$mm²，导线风比载 $\gamma_{4D(0,25)}=35.19\times10^{-3}$ N/(m·mm²)，试求作用在导线上的风荷载标准值。

解　$P=\gamma_{4D(0,25)}A_D L_P+P_{JD}$

$=35.19\times10^{-3}\times181.62\times350+94$

$=2330.9(N)$

3. 杆塔塔身风荷载标准值的计算

风向与结构物表面垂直的风荷载标准值计算式为

$$W_s=\mu_z\mu_s\beta_z BA_f W_0 \tag{2-25}$$

式中　W_s——风向与结构物表面垂直的风荷载标准值，kN；

μ_z——风压高度变化系数；

μ_s——构件体形系数；

β_z——杆塔风荷载调整系数；

B——覆冰时风荷载增大系数，5mm 冰区取 1.1，10mm 冰区取 1.2；

A_f——构件承受风压的投影面积，m^2；

W_0——基准风压标准值，kN/m^2。

下面简述式（2-25）中各参数的物理意义及数值的确定。

（1）风压高度变化系数 μ_z。

基本风压的最大设计风速是按物体离地面一定高度为基准确定的，由于地表面粗糙不平对风产生摩擦阻力是随高度而变化的，风压高度变化系数是修正地表面粗糙不平对风产生摩擦阻力而引起风速沿高度的变化。距地面越近，地面越粗糙，影响就越大。

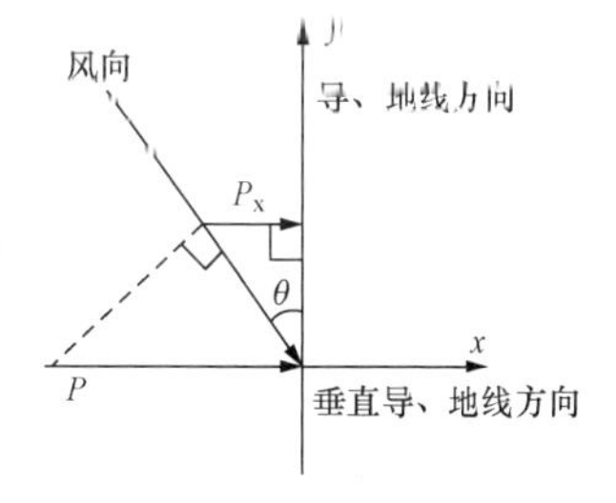

图 2-4　风向与线路不垂直示意图

地表面的粗糙程度，按 GB 50545—2010 规定，可分为 A、B、C、D 四类。A 类是指近海面和海岛、海岸、湖岸及沙漠地区；B 类是指田野、乡村、丛林、丘陵以及房屋比较稀疏的乡镇和城市郊区；C 类是指有密集建筑群的城市市区；D 类是指有密集建筑群且房屋较高的城市市区。风压高度变化系数 μ_z，按表 2-5 规定取值，一般地面粗糙度可按 B 类计算。

（2）构件体形系数 μ_s。

构件体形系数是修正在相同风力作用下，结构暴露在风中的形状不同而引起的风压值及其分布的改变。结构风载体型系数实质上就是实际风压与理论上的基本风压的比值，一般是通过风洞模型试验进行测定。

不同截面的构件，其体形系数 μ_s 分别采用下列数值：

1）环形截面钢筋混凝土杆：0.7。

2）圆截面杆件：

当 $W_0d^2\leqslant0.002$ 时，1.2；

当 $W_0d^2\geqslant0.015$ 时，0.7（d 为圆截面杆件直径，m；W_0 为基本风压，kN/m^2）；当 $0.015>W_0d^2>0.002$ 时，按插入法计算。

3）型钢（角钢、槽钢、工字钢和方钢）：1.3。

4）由圆截面杆件组成的塔架：$(0.7\sim1.2)\times(1+\eta)$。

5）由型钢杆件组成的塔架：$1.3(1+\eta)$。

注：η 为塔架背风面荷载降低系数，按表 2-11 选用；多边形截面风载体形系数按表2-12规定选用。

表 2-11　　**塔架背风面荷载降低系数 η**

b/h \ $\varphi=A_f/A$	≤0.1	0.2	0.3	0.4	0.5	>0.6
≤1	1.0	0.85	0.66	0.50	0.33	0.15
2	1.0	0.90	0.75	0.60	0.45	0.30

注　φ 为铁塔构架的填充系数；A_f 为塔架承受风压的投影面积；A 为塔架的轮廓面积，$A=ha$，其中 h 为塔架迎风面高度，a 为塔架迎风面宽度；b 为塔架迎风面与背风面之间的距离；中间值可按线性插入法计算。

表 2-12　　**多边形截面杆塔风载体形系数 μ_s**

截面形状	μ_s	截面形状	μ_s	截面形状	μ_s
矩形	1.6	正八边形	1.2	正十六边形	0.9
正四边形	1.6	正十二边形	1.1	正十八边形	0.9
正六边形	1.2	正十四边形	1.1	正二十边形	0.9

注　锥形杆与等径杆的 μ_s 相同，表列 μ_s 值中已包括杆身附件的影响。

（3）杆塔风荷载调整系数 β_z。

理论上是把风压作用的平均值看成稳定风压，实际上风是不规则的，风压将随着风速、风向的紊乱变化而不停地改变，风压产生的波动分量（波动风压），使结构在平均侧移附近产生振动效应，致使结构受力增大。因此采用风载调整系数考虑这种因素的影响。

风载调整系数 β_z，对于杆塔塔身，当全高不超过 60m 时，按照表 2-13 规定选用，全高均采用一个系数；当杆塔全高超过 60m 时，应按 GB 50009—2012《建筑结构荷载规范》的规定，采用由下到上逐段增大的加权平均的方法计算，但对于自立式铁塔不应小于 1.6。对于单柱拉线杆塔不应小于 1.8。对于基础，当杆塔全高不超过 60m 时，应取 1.0；全高超过 60m 时，应取 1.3。

表 2-13　　**杆塔风荷载调整系数 β_z**

杆塔全高 H（m）		20	30	40	50	60
β_z	单柱拉线杆塔	1.0	1.4	1.6	1.7	1.8
	自立式杆塔	1.0	1.25	1.35	1.5	1.6

注　1. 中间值按插入法计算。
2. 对自立式铁塔，表中数值适用于高度与根开之比为 4～6 的情况。

（4）构件承受风压的投影面积 A_f。

对于电杆、钢管杆杆身　　$A_f=h(D_1+D_2)/2$

对于铁塔塔铁身　　$A_f=\varphi h(b_1+b_2)/2$

式中　h——计算段的高度，m；

D_1、D_2——杆身计算风压段的顶径和根径，m；

b_1、b_2——铁塔塔身计算段的上宽和下宽，m；

φ——铁塔构架的填充系数，数值上为塔架承受风压的投影面积 A_f 与塔架的轮廓面积 A 之比，根据经验，一般窄基塔身和塔头可取 0.2～0.3，宽基塔塔身可取

0.15～0.2，考虑节点板挡风面积的影响，应再乘以风压增大系数，窄基塔取1.2，宽基塔取1.1。

（5）基准风压标准值W_0。

$$W_0 = v^2/1600$$

式中 W_0——基本风压标准值，kN/m^2；

v——基准高度为10m的风速，m/s。

66kV及以下线路杆塔塔身风荷载计算见GB 50061—2010。

【例2-5】 已知110kV，1A-ZM1型猫头宽基铁塔，塔顶宽$D_1=0.6m$，塔身顶宽$D_2=1.1m$，根开$D_3=3.829m$，塔头高$h_1=6.2m$，塔身高$h_2=19.7m$，线路经过乡村，正常运行情况Ⅰ（大风工况）时风速30m/s，试计算作用在铁塔上的风荷载标准值。

解 （1）塔头风荷载。

1）风压随高度变化系数μ_z。电压等级为110kV，高度为22.8m，粗糙程度为B类，查表2-5得风压高度变化系数$\mu_z=1.30$。

2）风荷载调整系数β_z。自立式杆塔，查表2-10得杆塔风荷载调整系数$\beta_z=1.08$。

3）构件体形系数μ_s。填充系数，塔头取$\varphi=0.3\times1.1=0.33$（式中1.1为节点板挡风面积风压增大系数），塔头平均宽度$b=(0.6+1.1)/2=0.85$（m），$\dfrac{b}{h}=\dfrac{0.85}{6.2}=0.14$，查表2-11得塔架背风面荷载降低系数$\eta=0.61$。

由型钢杆件组成的塔架

$$\mu_s = 1.3(1+\eta) = 1.3\times(1+0.61) = 2.093$$

4）塔头投影面积A_f。

$$A_f = \varphi h\left(\frac{b_1+b_2}{2}\right) = 0.33\times6.2\left(\frac{0.6+1.1}{2}\right) = 1.74(m^2)$$

5）塔头风压q。基本风压$W_0=30^2/1600=0.5625(kN/m^2)$，无冰的覆冰风荷载增大系数$B=1$，则

$$q = \mu_z\mu_s\beta_z BW_0A_f/h = 1.30\times2.093\times1.08\times1.0\times0.5625\times1.74/6.2 = 0.464(kN/m)$$

（2）塔身风荷载。

塔身风荷载计算方法与塔头风荷载计算方法相同，计算略。

4. 绝缘子串风荷载标准值的计算

$$P_{JD} = n_1(n_2+1)\mu_z BA_J W_0 \tag{2-26}$$

式中 n_1——一相导线所用的绝缘子串数；

n_2——每串绝缘子的片数，加“1”表示金具受风面相当于1片绝缘子；

μ_z——风压随高度变化系数，按表2-5取值；

B——覆冰时风荷载增大系数，5mm冰区取1.1，10mm冰区取1.2；

A_J——每片的受风面积，单裙取$0.03m^2$，双裙取$0.04m^2$；

W_0——基本风压，kN/m^2。

【例2-6】 绝缘子串采用7片X-4.5，串数$n_1=1$，每串的片数$n_2=7$，单裙一片绝缘子挡风面积$A_J=0.03m^2$，绝缘子串高度约10m，Ⅲ级气象区，覆冰风速为10m/s，覆冰厚

度为5mm，地面粗糙度为B类，试计算正常运行情况Ⅱ（覆冰工况）作用在绝缘子串上的风压标准值。

解 绝缘子串高度约10m，查表2-5得风压高度变化系数$\mu_z=1.0$，覆冰厚度$b=5$mm，覆冰风荷载增大系数$B=1.1$，则

$$P_{ID}=n_1(n_2+1)\mu_z BA_J W_0$$
$$=1\times(7+1)\times1.0\times1.1\times0.03\times10^2/1.6=16.5(N)$$

五、杆塔安装荷载

杆塔安装荷载应考虑以下情况：直线型杆塔的吊线作业和锚线情况，耐张转角杆塔的牵引作业和挂线作业情况；对于钢筋混凝土电杆还要考虑整体吊装时的强度和开裂计算；对于采用特殊施工方法（如倒装组立）的杆塔，还应考虑可能发生的另外荷载，需对杆塔进行整体和局部强度的验算。

1. 直线型杆塔安装荷载标准值的计算

（1）吊线荷载标准值。

在直线型杆塔上安装或检修导线时，需要将导线从地面提升到杆塔上或从杆塔上将导线放下来，此工作过程所引起的荷载称为吊线荷载。在施工中常采用双倍吊线或转向滑轮吊线两种方式，如图2-5所示。

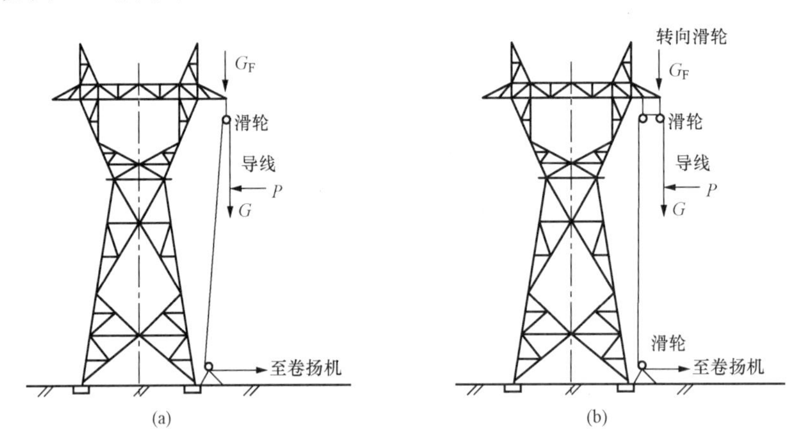

图2-5 直线型杆塔吊导线示意图

（a）双倍吊线方式；（b）转向滑轮吊线方式

1）采用双倍吊线时［见图2-5（a）］作用在滑轮上的荷载标准值为

垂直荷载 $$\sum G=2KG+G_F \tag{2-27}$$

横向水平荷载 $$\sum P=P \tag{2-28}$$

式中 K——动力系数，考虑滑动阻力和牵引倾斜等因素，取$K=1.1$；

G——被吊导线、绝缘子串及金具引起的垂直荷载标准值，N；

G_F——考虑相应部位横担上施工人员和工具所引起的附加荷载标准值，N，按表2-1取值；

P——导线风荷载标准值，N。

2）采用转向滑车吊线时［见图2-5（b）］作用在滑轮上的荷载标准值为

垂直荷载 $$\sum G=KG+G_F \tag{2-29}$$

横向水平荷载
$$\sum P = P \tag{2-30}$$
式中符号含义与双倍吊线相同。

（2）锚线荷载标准值。

由于施工场地的要求，放线、紧线不一定在耐张型杆塔或者转角杆塔上进行，也会出现在直线型杆塔上紧线、锚线等作业。也就是在直线型杆塔的相邻两档中，一档的导线已按要求架好，相邻档导线用临时拉线锚在地上，GB 50545—2010 规定，锚线对地夹角 β 不宜大于 20°，如图 2-6 所示。

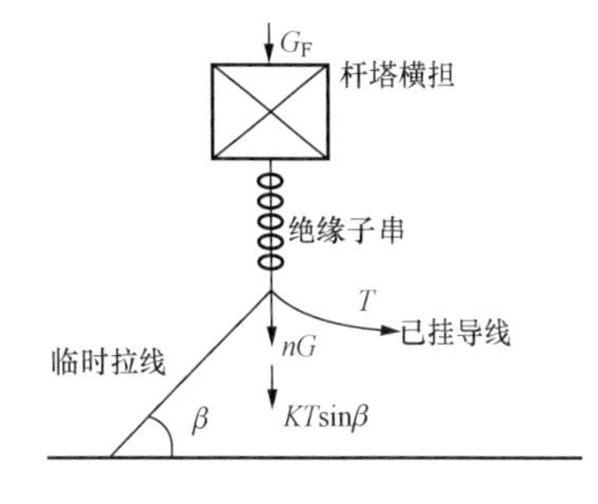

图 2-6　直线型杆塔锚线示意图

作用在横担上的垂直荷载、横向水平荷载及纵向不平衡张力为：

垂直荷载
$$\sum G = nG + G_F + KT\sin\beta \tag{2-31}$$
横向水平荷载
$$\sum P = nP \tag{2-32}$$
纵向不平衡张力
$$\Delta T = KT(1-\cos\beta) \tag{2-33}$$
上几式中　G、P——所锚导线或地线的垂直荷载和横向水平荷载标准值，N；

T——安装时导线或地线的张力，N；

β——临时锚线与地面的夹角；

n——垂直荷载或横向水平荷载的分配系数，当相邻档距和高差相等时，一般取 $n=0.5$；

G_F——附加荷载标准值，N；

K——动力系数，考虑滑动阻力和牵引倾斜等因素，取 $K=1.1$。

2. 耐张型杆塔安装荷载标准值的计算

在耐张、转角杆塔上架线施工作业有两种方法，即紧线和挂线。紧线和挂线时对耐张、转角杆塔要产生紧线荷载和挂线荷载。

（1）紧线荷载标准值。

架设导线和地线过程中，要通过设在杆塔上的滑车将导、地线拉紧到设计张力，此过程称为紧线（见图 2-7）。GB 50545—2010 规定，紧地线时，相邻档内的地线已架设或未架设，同档内的导线均未架设；紧导线时，同档内的地线已架设，相邻档内的导、地线已架设或未架设。

1）相邻档尚未挂线时作用在横担上的荷载标准值：

垂直荷载
$$\sum G = nG + T_1\sin\beta + KT\sin\gamma + G_F \tag{2-34}$$
横向水平荷载
$$\sum P = nP \tag{2-35}$$
纵向不平衡张力
$$\Delta T = 0 \tag{2-36}$$
2）相邻档已挂线作用在横担上的荷载标准值：

垂直荷载
$$\sum G = nG + KT\sin\gamma + G_F \tag{2-37}$$
横向水平荷载
$$\sum P = nP \tag{2-38}$$

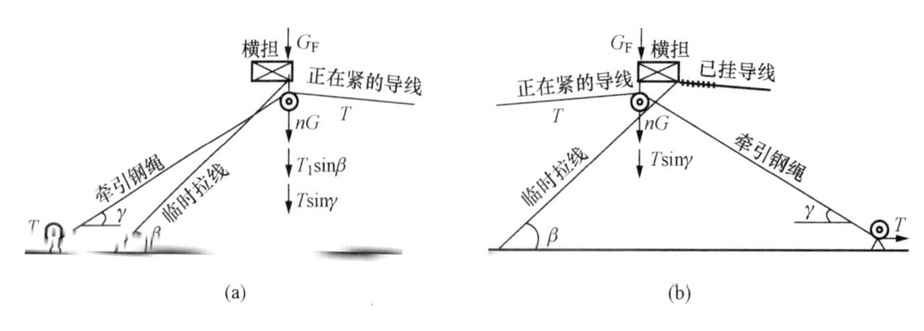

图 2-7 耐张、转角杆塔紧线示意图

(a) 相邻档尚未挂线；(b) 相邻档已挂线

纵向不平衡张力 $$\Delta T = 0 \tag{2-39}$$

上几式中 n——导线垂直荷载或横向水平荷载分配系数；

G、P——该根（或相）导线或地线的垂直荷载和横向水平荷载标准值，N；

K——动力系数，取 $K=1.2$；

β——临时拉线与地面的夹角（不宜大于 45°）；

γ——牵引钢丝绳与地面的夹角（不宜大于 20°）；

T_1——临时拉线的初张力，一般 $T_1=5000\sim10\ 000$N；

T——导线或地线安装张力，N；

G_F——附加荷载 N。

（2）挂线荷载标准值。

当紧线达到导线弧垂的设计要求后，将导线与绝缘子串连接起来挂到杆塔上的作业过程称为挂线。这种操作也只考虑在耐张、转角杆塔上进行。如图 2-8 所示，导线挂到杆塔上后松开牵引钢绳，使杆塔受到一个突加的张力荷载。在实际施工中，这种施工操作一般只能逐根（相）进行。由于荷载较大，杆塔设计中可考虑设置临时拉线平衡部分荷载。

1）相邻档导线未架设时：

垂直荷载 $$\sum G = nG + T_0\tan\beta + G_F \tag{2-40}$$

横向水平荷载 $$\sum P_x = nP + (KT - T_0)\sin\alpha_1 \tag{2-41}$$

纵向水平张力 $$\Delta T = (KT - T_0)\cos\alpha_1 \tag{2-42}$$

2）相邻档导线已架设时：

垂直荷载 $$\sum G = nG + G_F \tag{2-43}$$

横向水平荷载 $$\sum P_x = nP + KT\sin\alpha_1 \tag{2-44}$$

纵向水平张力 $$\Delta T = KT\cos\alpha_1 \tag{2-45}$$

上几式中 G、P——该根（或相）导线或地线的垂直荷载和横向水平荷载标准值，N；

T——导线安装张力，N；

T_0——临时拉线平衡的导线、地线张力，N；

α_1——转角杆塔导线方向与横担垂线方向间的夹角，当横担方向垂直于线路夹角内角平分线上时 $\alpha_1=\alpha/2$（α 为线路转角）；

β——临时拉线与地面间的夹角，$\beta\leqslant45°$；

n——导线垂直荷载或横向水平荷载分配系数；

K——动力系数，取1.2。

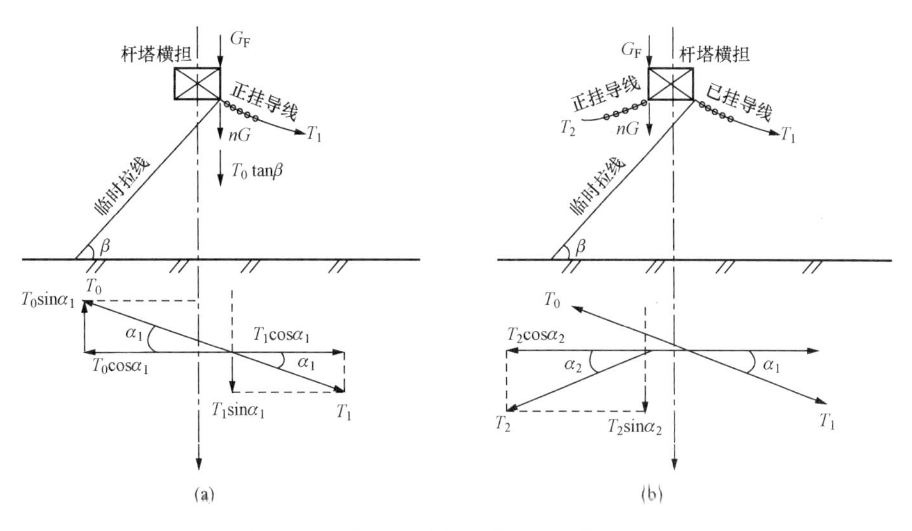

图2-8　耐张、转角杆塔挂线荷载示意图

(a) 相邻档的导线未挂；(b) 相邻档的导线已挂

临时拉线平衡的导、地线张力T_0，GB 50545—2010规定，临时拉线一般可取导、地线张力的30%。500kV及以上杆塔，对四分裂导线的临时拉线按平衡导线张力标准值30kN考虑，六分裂及以上导线的临时拉线按平衡导线张力标准值40kN考虑，地线临时拉线按平衡地线张力标准值5kN考虑。

以上各荷载是作用在被操作的那根（相）导线挂线点上的荷载，其余挂线点上的荷载应根据实际情况另行计算。

六、地震荷载计算

GB 50545—2010规定，位于基本地震烈度为七度及以上地区的混凝土高杆和位于基本地震烈度为九度及以上地区的各类杆塔，均应验算在地震荷载作用下杆塔的强度和稳定。当地震烈度为九度及以下时，按抗震规范规定的方法计算。当地震烈度大于九度时，应进行抗震专门研究。验算条件：风荷载取最大设计值的30%、无冰、未断线。

1. 水平地震荷载计算

当地震烈度为九度及九度以下时，地震荷载可按GB 50011—2010《建筑抗震设计规范》规定的简化计算方法计算。当地震烈度大于九度时，则应专门研究。抗震规范规定，当高度不超过50m，且质量及刚度沿高度分布比较均匀、以剪力变形为主的建筑物，可简化为单质点体系的建筑物计算，其水平地震荷载可按式（2-46）计算，其计算简图如图2-9所示。

总的水平地震荷载为

$$V_0 = C\alpha_i W_g \tag{2-46}$$

式中　C——结构影响系数，对烟囱、水塔等柔性结构，如为钢结构$C=0.35$，为钢筋混凝土结构$C=0.4$；

α_i——相应于结构基本自震周期时的地震影响系数，根据不同的地震周期及土质条件取图 2 - 10 中的 α 值；

W_g——产生地震荷载的建筑物总质量，kg。

质点 i 的水平地震荷载为

$$P_i = \frac{W_i H_i}{\sum_{k=1}^{n} W_k H_k} V_0 g \quad (i = 1,2,3\cdots) \tag{2-47}$$

式中 g——重力加速度，m/s^2；

W_i、W_k——集中于质点 i、k 的质量，kg；

H_i、H_k——质点 i、k 的高度，m。

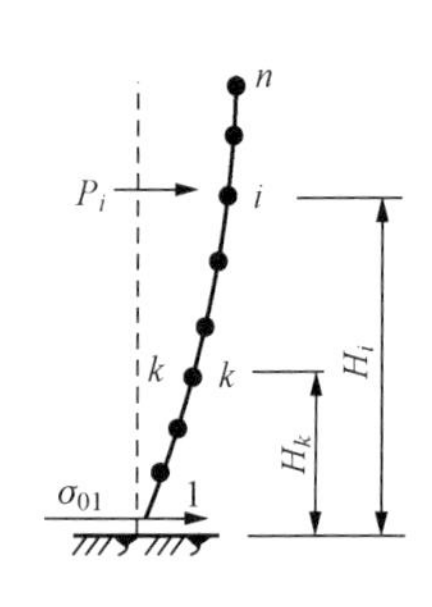

图 2 - 9 水平地震荷载计算简图

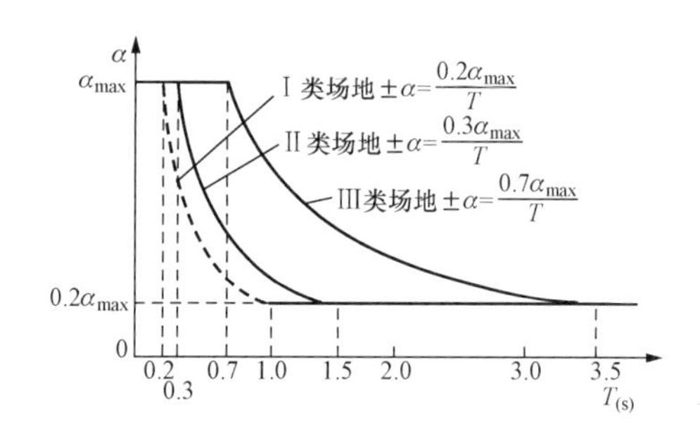

图 2 - 10 地震影响系数 α

注：α_{max}为地震影响系数的最大值；当设计烈度为七度、八度、九度时，α_{max}分别取 0.23、0.45、0.9。

对于高度不超过 150m 的独立烟囱，以及类似的高构筑物（见图 2 - 11），在水平地震荷载作用下，结构底部的弯矩和剪力按式（2 - 48）和式（2 - 49）计算。

产生地震荷载的建筑物总质量 W 为

$$W = \sum_{k=1}^{n} W_k$$

结构底部弯矩

$$M_0 = C\alpha_1 W \overline{H} \tag{2-48}$$

式中 $\overline{H}$——独立烟囱的重心高度，m。

结构底部剪力

$$V_0 = \upsilon C\alpha_1 W \tag{2-49}$$

式中 υ——独立烟囱底部剪力修正系数，按表 2 - 14 确定。

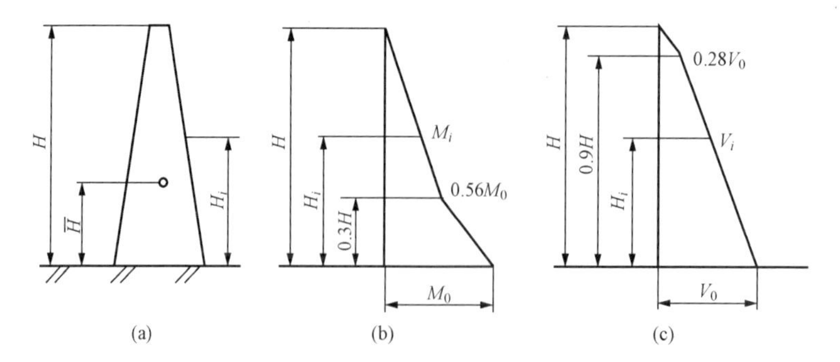

图 2 - 11 独立烟囱地震内力分布图

（a）结构简图；（b）弯矩图；（c）剪力图

表 2-14　**烟囱底部剪力修正系数 υ 值**

场地土类别	地震周期 T(s)							
	0.5	1.0	1.5	2.0	2.5	3.0	3.5	4.0
Ⅰ	0.83	1.26	1.00	0.89	0.77	0.70	0.65	0.61
Ⅱ	0.65	1.03	1.26	1.07	0.96	0.89	0.80	0.74
Ⅲ	0.55	0.62	0.74	0.90	1.08	1.23	1.26	1.16

2. 竖向地震荷载的计算

按抗震规范规定，设计烈度为八度和九度时，悬臂结构、长跨结构及烟囱等高柔结构，应验算竖向地震荷载，并按水平地震荷载和竖向地震荷载同时作用于结构上的最不利情况进行验算。

设计烈度为八度或九度时，可分别取该结构或部件重力的 10%和 20%作为竖向地震荷载，并考虑上、下两个方向的作用。

七、杆塔荷载图

通过荷载组合并经线路力学计算，可得到各种荷载组合情况下的导线、地线风压、重量、张力等荷载。并按杆塔强度计算的要求，杆塔承受的荷载分解为垂直荷载 G、横向水平荷载 P 和纵向水平荷载 T 三种，作出各种不同荷载组合情况下的荷载图（如图 2-12 为正常运行情况荷载图）。横向水平荷载 P 是沿横担方向的荷载，纵向水平荷载 T 是垂直于横担方向的荷载，垂直荷载 G 是垂直于地面方向的荷载。

【例 2-7】 已知某线路通过乡村，电压为 110kV，试计算作用在一自立直线电杆（见图 2-13）上的荷载，并作出荷载图。电杆总高度 21m，埋深 3m，导线为 LGJ-150/35 型，地线为 1×7-7.8-1470-A。按Ⅳ级典型气象区设计，水平档距为 245m，垂直档距为 368m，主杆顶径为 ϕ270mm，电杆锥度为 1/75，壁厚为 50mm，绝缘子串和金具的总重量为 530N（7 片，1 串 X-4.5），地线金具重量为 90N，断导线时，地线支持力 $\Delta T_{max}=4710$N，$\Delta T_{min}=4658$N。

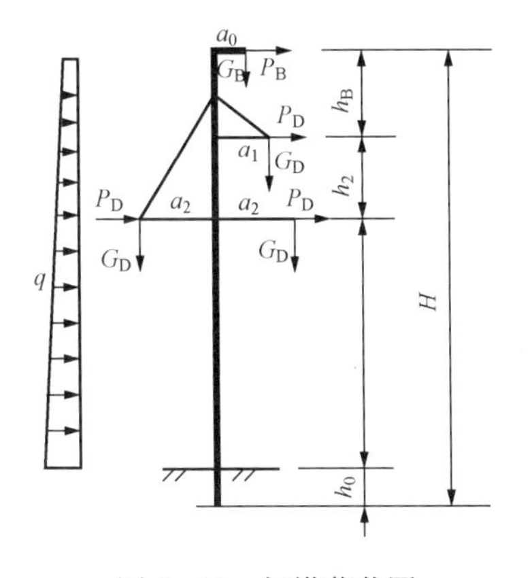

图 2-12　杆塔荷载图

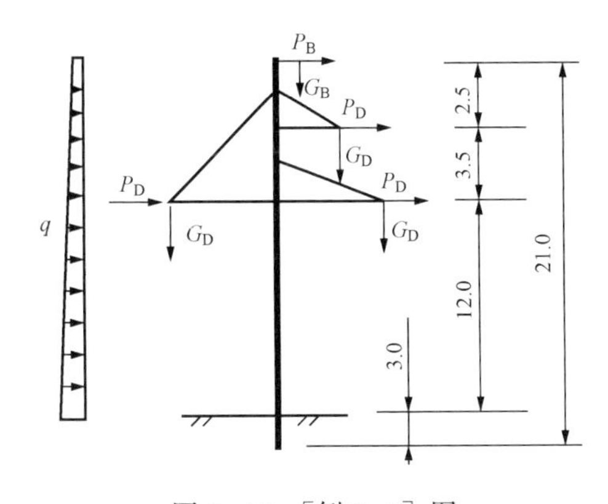

图 2-13　[例 2-7] 图

解　根据气象条件，导、地线型号的相关数据如下：

基本风速 $v=23.5$m/s，$t=-5$℃，覆冰和安装风速 $v=10$m/s，覆冰厚度 $b=5$mm。导线截面面积 $A_D=181.62\text{mm}^2$，导线外径 $d_d=17.5$mm，单位长度质量为 676.2kg/km。地线截面面积 $A_B=37.16\text{mm}^2$，地线外径 $d_B=7.8$mm，单位长度质量为 309.3kg/km。

1. 各种情况的比载

（1）导线比载。

1）导线自重比载为

$$\gamma_{1D(0,0)}=\frac{qg}{A}\times10^{-3}=\frac{676.2\times9.80665}{181.62}\times10^{-3}$$
$$=36.51\times10^{-3}[\mathrm{N/(m\cdot mm^2)}]$$

2）导线覆冰比载为

$$\gamma_{2D(5,0)}=27.728\frac{b(d+b)}{A}\times10^{-3}=27.728\times\frac{5\times(17.5+5)}{181.62}\times10^{-3}$$
$$=17.18\times10^{-3}[\mathrm{N/(m\cdot mm^2)}]$$

3）导线垂直总比载为

$$\gamma_{3D(5,0)}=\gamma_{1D(0,0)}+\gamma_{2D(5,0)}$$
$$=36.51\times10^{-3}+17.18\times10^{-3}=53.69\times10^{-3}[\mathrm{N/(m\cdot mm^2)}]$$

4）导线无冰风压比载。

a. 基本风速比载。高度15.5m，地面粗糙度为B类，查表2-5，风压高度变化系数$\mu_z=1.14$；电压等级110kV，基本风速23.5m/s，查表2-3，风荷载调整系数$\beta_c=1.0$，风压不均匀系数$\alpha=0.85$；导线直径$d=17.5\mathrm{mm}>17\mathrm{mm}$，风荷载体形系数取$\mu_{sc}=1.1$；无冰时，覆冰系数取$B=1.0$。基本风速比载为

$$\gamma_{4D(0,23.5)}=\mu_z\beta_c\alpha\mu_{sc}Bd\frac{W_0}{A}$$
$$=1.14\times1.0\times0.85\times1.1\times1.0\times17.5\times10^{-3}\times\frac{0.625\times23.5^2}{181.62}$$
$$=35.45\times10^{-3}[\mathrm{N/(m\cdot mm^2)}]$$

b. 安装风压比载。电压等级110kV，风速10m/s，查表2-3，风荷载调整系数$\beta_c=1.0$，风压不均匀系数$\alpha=1.0$；其他参数与基本风速比载参数相同。安装风压比载为

$$\gamma_{4D(0,10)}=\mu_z\beta_c\alpha\mu_{sc}Bd\frac{W_0}{A}$$
$$=1.14\times1.0\times1.0\times1.1\times1.0\times17.5\times10^{-3}\times\frac{0.625\times10^2}{181.62}$$
$$=7.55\times10^{-3}[\mathrm{N/(m\cdot mm^2)}]$$

5）导线覆冰风压比载。覆冰厚度$b=5\mathrm{mm}$，覆冰风荷载增大系数$B=1.1$，风荷载体形系数取$\mu_{sc}=1.2$；覆冰风速10m/s，得$\alpha=1.0$；其他参数与无冰风压比载相同。导线覆冰风压比载为

$$\gamma_{5D(5,10)}=\mu_z\beta_c\alpha\mu_{sc}B(d+2b)\frac{W_0}{A}$$
$$=1.14\times1.0\times1.0\times1.2\times1.1\times(17.5+2\times5)\times10^{-3}\times\frac{0.625\times10^2}{181.62}$$
$$=14.24\times10^{-3}[\mathrm{N/(m\cdot mm^2)}]$$

6）导线无冰综合比载为

$$\gamma_{6D(0,23.5)}=\sqrt{\gamma_{1D(0,0)}^2+\gamma_{4D(0,23.5)}^2}=\sqrt{36.51^2+35.45^2}$$
$$=50.89\times10^{-3}[\mathrm{N/(m\cdot mm^2)}]$$

7）导线覆冰综合比载为

$$\gamma_{7D(5,10)}=\sqrt{\gamma_{3D(5,0)}^2+\gamma_{5D(5,10)}^2}=\sqrt{53.69^2+14.24^2}$$
$$=55.55\times10^{-3}[N/(m\cdot mm^2)]$$

（2）地线比载。

1）地线自重比载为

$$\gamma_{1B(0,0)}=\frac{qg}{A}\times10^{-3}=\frac{309.3\times9.80665}{37.16}\times10^{-3}$$
$$=81.63\times10^{-3}[N/(m\cdot mm^2)]$$

2）地线覆冰比载为

$$\gamma_{2B(5,0)}=27.728\frac{b(d+b)}{A}\times10^{-3}$$
$$=27.728\times\frac{5\times(7.8+5)}{37.16}\times10^{-3}$$
$$=47.76\times10^{-3}[N/(m\cdot mm^2)]$$

3）地线垂直总比载为

$$\gamma_{3B(5,0)}=\gamma_{1B(0,0)}+\gamma_{2B(5,0)}=81.63\times10^{-3}+47.76\times10^{-3}$$
$$=129.39\times10^{-3}[N/(m\cdot mm^2)]$$

4）地线无冰风压比载。

a. 基本风速比载。地线高度为18m，地面粗糙度类别为B类，查表2-5，风压高度变化系数$\mu_z=1.15$；电压等级110kV，基本风速23.5m/s，查表2-3，风荷载调整系数$\beta_c=1.0$；风压不均匀系数$\alpha=0.85$；导线直径$d=7.8$mm<17mm，风荷载体形系数取$\mu_{sc}=1.2$；无冰时，覆冰系数取$B=1.0$。基本风速比载为

$$\gamma_{4B(0,23.5)}=\mu_z\beta_c\alpha\mu_{cs}Bd\frac{W_0}{A}$$
$$=1.15\times1.0\times0.85\times1.2\times1.0\times7.8\times10^{-3}\times\frac{0.625\times23.5^2}{37.16}$$
$$=84.98\times10^{-3}[N/(m\cdot mm^2)]$$

b. 安装风压比载。风速10m/s，查表2-3，得风压不均匀系数$\alpha=1.0$；其他参数与基本风速比载参数相同。安装风压比载为

$$\gamma_{4B(0,10)}=\mu_z\beta_c\alpha\mu_{cs}Bd\frac{W_0}{A}$$
$$=1.15\times1.0\times1.0\times1.2\times1.0\times7.8\times10^{-3}\times\frac{0.625\times10^2}{37.16}$$
$$=18.10\times10^{-3}[N/(m\cdot mm^2)]$$

5）地线覆冰风压比载。覆冰风速10m/s，得$\alpha=1.0$；风荷载体形系数取$\mu_{sc}=1.2$；覆冰厚度$b=5$mm（注意：计算地线支架强度时，地线设计覆冰厚度比导线设计覆冰厚度要增加5mm），覆冰风荷载增大系数取$B=1.1$；其他参数与无冰风压比载相同。地线覆冰风压比载为

$$\gamma_{5B(5,10)}=\mu_z\beta_c\alpha\mu_{cs}B(d+2b)\frac{W_0}{A}$$
$$=1.15\times1.0\times1.0\times1.2\times1.1\times(7.8+2\times5)\times10^{-3}\times\frac{0.625\times10^2}{37.16}$$

$$= 45.45 \times 10^{-3} [\mathrm{N/(m \cdot mm^2)}]$$

6）地线无冰综合比载为

$$\gamma_{6B(0,23.5)} = \sqrt{\gamma_{1B(0,0)}^2 + \gamma_{4B(0,23.5)}^2} = \sqrt{81.63^2 + 84.98^2}$$
$$= 117.83 \times 10^{-3} [\mathrm{N/(m \cdot mm^2)}]$$

7）地线覆冰综合比载为

$$\gamma_{7B(5,10)} = \sqrt{\gamma_{3B(5,0)}^2 + \gamma_{5B(5,10)}^2} = \sqrt{129.39^2 + 45.45^2}$$
$$= 137.14 \times 10^{-3} [\mathrm{N/(m \cdot mm^2)}]$$

导线和地线参数见表 2 - 15。

表 2 - 15　　荷载计算参数

导线 LGJ-150/35	地线 1×7-7.8-1470-A
单位长度质量 676.2kg/km	单位长度质量 309.3kg/km
截面面积 $A_D = 181.62\mathrm{mm^2}$	截面面积 $A_B = 37.16\mathrm{mm^2}$
外径 $d_d = 17.5\mathrm{mm}$	外径 $d_B = 7.8\mathrm{mm}$
比载［N/(m·mm²)］：$\gamma_{1D(0,0)} = 36.51 \times 10^{-3}$	比载［N/(m·mm²)］：$\gamma_{1B(0,0)} = 81.63 \times 10^{-3}$
$\gamma_{2D(5,0)} = 17.18 \times 10^{-3}$	$\gamma_{2B(5,0)} = 47.76 \times 10^{-3}$
$\gamma_{3D(5,0)} = 53.69 \times 10^{-3}$	$\gamma_{3B(5,0)} = 129.39 \times 10^{-3}$
$\gamma_{4D(0,23.5)} = 35.45 \times 10^{-3}$	$\gamma_{4B(0,23.5)} = 84.98 \times 10^{-3}$
$\gamma_{4D(0,10)} = 7.55 \times 10^{-3}$	$\gamma_{4B(0,10)} = 18.10 \times 10^{-3}$
$\gamma_{5D(5,10)} = 14.24 \times 10^{-3}$	$\gamma_{5B(5,10)} = 45.45 \times 10^{-3}$
$\gamma_{6D(0,23.5)} = 50.89 \times 10^{-3}$	$\gamma_{6B(0,23.5)} = 117.83 \times 10^{-3}$
$\gamma_{7D(5,10)} = 55.55 \times 10^{-3}$	$\gamma_{7B(5,10)} = 137.14 \times 10^{-3}$

2. 运行情况Ⅰ（大风工况）

荷载组合情况为基本风速、无冰、未断线，Ⅳ级气象区，即 $v = 23.5\mathrm{m/s}$，$t = -5℃$，$b = 0$。

（1）地线重力为

$$G_B = n\gamma_{1B(0,0)} A_B L_V + G_{JB}$$
$$= 1 \times 81.63 \times 10^{-3} \times 37.16 \times 368 + 90 = 1206(\mathrm{N})$$

（2）地线风压为

$$P_B = \gamma_{4B(0,23.5)} A_B L_P$$
$$= 84.98 \times 10^{-3} \times 37.16 \times 245 = 774(\mathrm{N})$$

（3）导线重力为

$$G_D = n\gamma_{1D(0,0)} A_D L_V + G_{JD}$$
$$= 1 \times 36.51 \times 10^{-3} \times 181.62 \times 368 + 520 = 2960(\mathrm{N})$$

（4）绝缘子串的风压。

绝缘子串的风荷载：绝缘子串数 $n_1 = 1$，每串的片数 $n_2 = 7$，单裙一片绝缘子挡风面积

$A_J=0.03m^2$，绝缘串高度约为 15.5m，查表 2 - 5，风压高度变化系数 $\mu_z=1.14$。绝缘子串的风压为

$$P_{JD}=n_1(n_2+1)\mu_z BA_J W_0$$
$$=1\times(7+1)\times1.14\times0.03\times23.5^2/1.6=94(N)$$

（5）导线风压为

$$P_D=\gamma_{4D(0,23.5)}A_D L_P+P_{JD}$$
$$=35.45\times10^{-3}\times181.62\times245+94=1671.42(N)$$

3. 运行情况Ⅱ（覆冰工况）

荷载组合情况为覆冰、有相应风速、未断线，Ⅳ级气象区，即 $v=10m/s$，$t=-5℃$，$b=5mm$，覆冰系数取$K=1.075$。

（1）地线重力为

$$G_B=(n\gamma_{1B(0,0)}A_B L_V+G_{JB})+[n\gamma_{2B(5,0)}A_B L_V+(K-1)G_{JB}]$$
$$=(1\times81.63\times10^{-3}\times37.16\times368+90)$$
$$+[1\times47.76\times10^{-3}\times37.16\times368+(1.075-1)\times90]$$
$$=(1116+90)+(653+7)$$
$$=1206+660=1866(N)$$

（2）地线风压为

$$P_B=n\gamma_{5B(5,10)}A_B L_P$$
$$=1\times45.45\times10^{-3}\times37.16\times245=414(N)$$

（3）导线重力为

$$G_D=(n\gamma_{1D(0,0)}A_D L_V+G_{JD})+[n\gamma_{2D(5,0)}A_D L_V+(K-1)G_{JD}]$$
$$=(1\times36.51\times10^{-3}\times181.62\times368+520)$$
$$+[1\times17.18\times10^{-3}\times181.62\times368+(1.075-1)\times520]$$
$$=(2440+520)+(1148+39)$$
$$=2960+1187=4147(N)$$

（4）绝缘子串的风荷载为

$$P_{JD}=n_1(n_2+1)\mu_z A_J W_0$$
$$=1\times(7+1)\times1.14\times0.03\times10^2/1.6=17(N)$$

（5）导线风压为

$$P_D=\gamma_{5D(5,10)}A_D L_P+P_{JD}$$
$$=14.24\times10^{-3}\times181.62\times245+17=651(N)$$

运行情况Ⅰ、运行情况Ⅱ荷载图见图 2 - 14（a）、（b）。

4. 断导线情况Ⅰ、Ⅱ

断任意一相导线的荷载组合情况为覆冰、无风。

（1）地线重力为

$$G_B=1206+660=1866(N)$$

（2）导线重力。

未断导线相重力为

$$G_D=2960+1187=4147(N)$$

断导线相重为

$$G'_D=\frac{2960}{2}+\frac{1187}{2}=1480+594(N)$$

（3）断线张力。

LGJ-150/35 型导线的计算拉断力为 $T_P=65\ 020N$，查表 2-7 得导线最大使用张力百分数为 50%。

导线最大使用张力为

$$T_{Dmax}=\frac{T_P}{K_C}=\frac{65\ 020}{2.5}=26\ 008(N)$$

断线张力为

$$T_D=T_{Dmax}X\%=26\ 008\times 50\%=13\ 004(N)$$

（4）地线支持力为

$$\Delta T_{max}=4710N，\Delta T_{min}=4658N$$

断导线情况Ⅰ（断上导线）荷载图见图 2-14（c），断导线情况Ⅱ（断下导线）荷载图见图 2-14（d）。

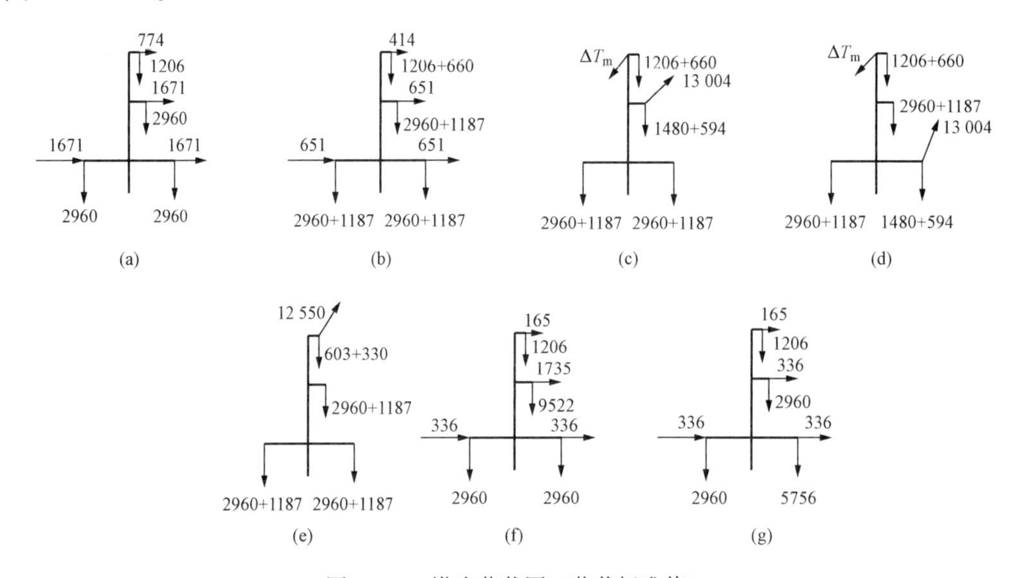

图 2-14 塔头荷载图（荷载标准值）

（a）运行情况Ⅰ（大风工况）；（b）运行情况Ⅱ（覆冰工况）；（c）断上导线情况；（d）断下导线情况；（e）断地线情况；（f）安装情况Ⅰ；（g）安装情况Ⅱ

5. 断地线情况

荷载组合情况为覆冰、无风，导线未断。

（1）地线重力为

$$G_B=\frac{1206}{2}+\frac{660}{2}=603+330(N)$$

（2）导线重力为

$$G_D=2960+1187=4147(N)$$

（3）地线断线张力。

1×7-7.8-1470-A 的最小破坏拉力 T_P=50 200N，地线安全系数取 4.0，查表 2-7 得导线最大使用张力百分数为 100%。

地线最大使用张力为

$$T_{Dmax}=\frac{T_P}{K_C}=\frac{50\ 200}{4}=12\ 550(N)$$

地线断线张力为

$$T_B=T_{Dmax}X\%=12\ 550\times100\%=12\ 550(N)$$

断地线张力荷载图见图 2-14（e)。

6. 安装情况 I

起吊上导线。荷载组合情况为有相应风、无冰，Ⅳ级气象区，即 $v=10\text{m/s}$，$t=-10℃$，$b=0$。

（1）地线重力为

$$G_B=1206(N)$$

（2）地线风压为

$$\begin{aligned}P_B&=\gamma_{4B(0,10)}A_BL_P\\&=18.10\times10^{-3}\times37.18\times245=165(N)\end{aligned}$$

（3）导线重力为

$$G_D=2960(N)$$

（4）导线风压为

$$\begin{aligned}P_D&=\gamma_{4D(0,10)}A_DL_P\\&=7.55\times10^{-3}\times181.62\times245=336(N)\end{aligned}$$

挂上导线时，导线越过下横担需向外拉开［见图 2-15（a)］其拉力 T_2 与水平线的夹角为 20°，并假定水平拉出远离下横担 1300mm。

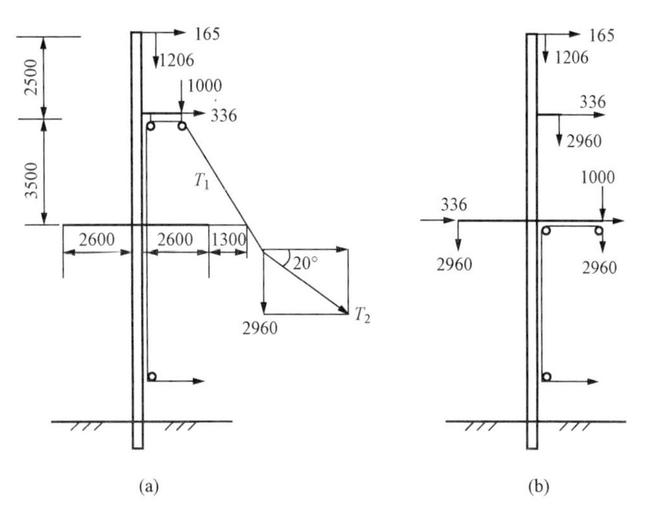

图 2-15　安装情况

（a）安装情况 I；（b）安装情况 II

计算示意图如图 2-16 所示。

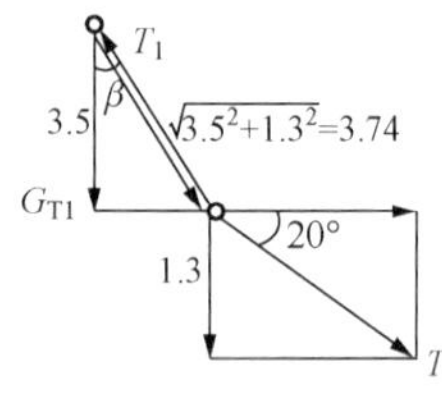

图 2-16　计算示意图

由 $\sum x=0, T_1\sin\beta=\dfrac{1.3T}{\sqrt{1.3^2+3.5^2}}=T_2\cos20°$ 得

$$T_1=2.7T_2 \tag{2-50}$$

由 $\sum y=0, T_1\cos\beta=\dfrac{3.5T_1}{\sqrt{1.3^2+3.5^2}}=G_D+T_2\sin20°$ 得

$$T_1=\frac{3.74}{3.5}(2960+0.342T_2)=3163+0.365T_2 \tag{2-51}$$

联立式（2-50）、式（2-51）解得

$$T_2=1355\text{N}$$

$$T_1=2.7T_2=2.7\times1355=3659(\text{N})$$

T_1 引起垂直荷载 G_{T1} 和横向水平荷载 P_{T1} 如下

$$G_{T1}=\frac{3.5}{3.74}T_1=\frac{3.5}{3.74}\times3659=3424(\text{N})$$

$$P_{T1}=\frac{1.3}{3.74}T_1=\frac{1.3}{3.74}\times3659=1272(\text{N})$$

$$\sum G=K(G_D+G_{T1})+G_F+1000=1.1\times(2960+3424)+1500+1000=9522(\text{N})$$

$$\sum P=KP_{T1}+P_D=1.1\times1272+336=1735(\text{N})$$

图 2-14（f）表示起吊上导线时的荷载图。

7. 安装情况Ⅱ

起吊下导线。地线、导线的重力和风压同 6。

正在起吊下导线时下横担处的总重力为

$$\sum G=KG_D+G_F+1000=1.1\times2960+1500+1000=5756(\text{N})$$

图 2-14（g）表示起吊下导线时的荷载图。

8. 杆身风压的计算

（1）运行情况Ⅰ（大风工况）。

荷载组合情况为基本风速、无冰、未断线，Ⅳ级气象区，即 $v=23.5\text{m/s}$，$t=-5℃$，$b=0$。

1）上横担处单位长度杆身风压。风压高度变化系数取 $\mu_z=1.18$，构件体形系数取 $\mu_s=0.7$，杆塔风荷载调整系数取 $\beta_z=1$，则

$$D_1=D_0+\frac{h_1}{75}=0.27+\frac{2.5}{75}=0.303(\text{m})$$

$$q_{01}=\mu_z\mu_s\beta_zA_fW_0=\mu_z\mu_s\beta_z\frac{D_0+D_1}{2}\frac{v^2}{1.6}$$

$$=1.18\times0.7\times1\times\frac{0.27+0.303}{2}\times\frac{23.5^2}{1.6}=81.7(\text{N/m})$$

2）下横担处单位长度杆身风压。风压高度变化系数取 $\mu_z=1.11$，构件体形系数取 $\mu_s=0.7$，杆塔风荷载调整系数取 $\beta_z=1$，则

$$D_2=D_0+\frac{h_2}{75}=0.27+\frac{6}{75}=0.35(\text{m})$$

$$q_{02}=\mu_z\mu_s\beta_zA_fW_0=\mu_z\mu_s\beta_z\frac{D_0+D_1}{2}\frac{v^2}{1.6}$$

$$= 1.11 \times 0.7 \times 1 \times \frac{0.27 + 0.35}{2} \times \frac{23.5^2}{1.6} = 83.1(\text{N/m})$$

3）电杆接头处单位长度杆身风压。风压高度变化系数取 $\mu_z=1.0$，构件体形系数取$\mu_s=0.7$，杆塔风荷载调整系数取 $\beta_z=1$，则

$$D_3 = D_0 + \frac{h_3}{75} = 0.27 + \frac{12}{75} = 0.43(\text{m})$$

$$q_{03} = \mu_z\mu_s\beta_z A_f W_0 = \mu_z\mu_s\beta_z \frac{D_0 + D_1}{2} \frac{v^2}{1.6}$$

$$= 1.0 \times 0.7 \times 1 \times \frac{0.27 + 0.43}{2} \times \frac{23.5^2}{1.6}$$

$$= 84.6(\text{N/m})$$

4）地面处单位长度杆身风压。风压高度变化系数取 $\mu_z=1.0$，构件体形系数取 $\mu_s=0.7$，杆塔风荷载调整系数取 $\beta_z=1$，则

$$D_4 = D_0 + \frac{h_4}{75} = 0.27 + \frac{18}{75} = 0.51(\text{m})$$

$$q_{04} = \mu_z\mu_s\beta_z A_f W_0 = \mu_z\mu_s\beta_z \frac{D_0 + D_1}{2} \frac{v^2}{1.6}$$

$$= 1.0 \times 0.7 \times 1 \times \frac{0.27 + 0.51}{2} \times \frac{23.5^2}{1.6}$$

$$= 94.2(\text{N/m})$$

（2）安装情况。

荷载组合情况为有相应风、无冰，Ⅳ级气象区，即 v=10m/s，t=−10℃，b=0。

1）上横担处单位长度杆身风压为

$$q'_{01} = \mu_z\mu_s\beta_z A_f W_0 = \mu_z\mu_s\beta_z \frac{D_0 + D_1}{2} \frac{v^2}{1.6}$$

$$= 1.18 \times 0.7 \times 1 \times \frac{0.27 + 0.303}{2} \times \frac{10^2}{1.6} = 14.8(\text{N/m})$$

2）下横担处单位长度杆身风压为

$$q'_{02} = \mu_z\mu_s\beta_z A_f W_0 = \mu_z\mu_s\beta_z \frac{D_0 + D_1}{2} \frac{v^2}{1.6}$$

$$= 1.11 \times 0.7 \times 1 \times \frac{0.27 + 0.35}{2} \times \frac{10^2}{1.6} = 15.1(\text{N/m})$$

3）电杆接头处单位长度杆身风压为

$$q'_{03} = \mu_z\mu_s\beta_z A_f W_0 = \mu_z\mu_s\beta_z \frac{D_0 + D_1}{2} \frac{v^2}{1.6}$$

$$= 1.0 \times 0.7 \times 1 \times \frac{0.27 + 0.43}{2} \times \frac{10^2}{1.6} = 15.3(\text{N/m})$$

4）地面处单位长度杆身风压为

$$q'_{04} = \mu_z\mu_s\beta_z A_f W_0 = \mu_z\mu_s\beta_z \frac{D_0 + D_1}{2} \frac{v^2}{1.6}$$

$$= 1.0 \times 0.7 \times 1 \times \frac{0.27 + 0.51}{2} \times \frac{10^2}{1.6} = 17.1(\text{N/m})$$

思考题

1. 荷载如何分类？
2. 什么是荷载标准值？什么是荷载设计值？
3. 计算杆塔荷载时为什么要考虑荷载组合系数？
4. 何谓杆塔横向水平荷载、纵向水平荷载，分别由哪些荷载产生？
5. 何谓不平衡张力？什么情况下不平衡张力为零？
6. 何谓角度荷载？
7. 杆塔塔身风荷载计算公式中的各种系数的物理意义是什么？
8. 杆塔安装荷载计算公式中的荷载分配系数 n 的物理意义是什么？
9. 画出正常运行情况下作用在门型电杆上的所有荷载。

习　题

1. 如图 2-17 所示，$\alpha_1=30°$，$\alpha_2=15°$，$T_1=19\,000$N，$T_2=16\,000$N，试求杆塔承受的角度荷载、不平衡张力的标准值及设计值是多少？

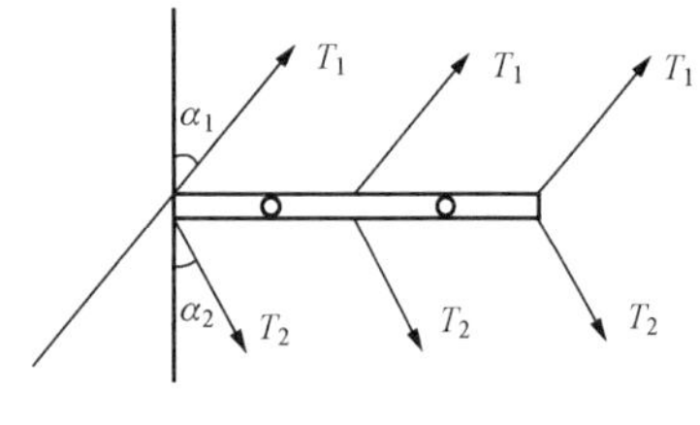

图 2-17　习题 1 图

2. 已知某输电线路水平档距为 350m，垂直档距为 460m，地线自重比载 $\gamma_{1B(0,0)}=81.63\times10^{-3}$N/(m·mm^2)，地线覆冰比载 $\gamma_{2B(10,0)}=47.76\times10^{-3}$N/(m·mm^2)，试求地线作用在杆塔上的垂直荷载的荷载标准值和荷载设计值（地线采用 1×7-8.4-1370-A）。

3. 已知某 110kV 直线窄基铁塔塔身高度为 23m，铁塔身正面与侧面尺寸相同，即 $a_1=b_1=1600$mm，$a_2=b_2=4080$mm，当地基本风速 25m/s，试计算作用在该铁塔塔身上风荷载标准值。

4. 已知某 220kV 输电线路通过某山区，使用钢筋混凝土单杆直线电杆，导线型号为 2×LGJ-150/8，试求断导线时引起张力荷载的标准值和设计值。

5. 已知某输电线路门型直线电杆，结构尺寸如图 5-39 所示，水平档距为 400m，垂直档距为 350m，典型Ⅴ级气象区，导线采用 LGJ-150/20，采用 7 片单串 X-4.5 绝缘子串，试计算正常运行情况Ⅰ（大风情况）、正常运行情况Ⅱ（覆冰情况）导线作用在杆塔上的荷载标准值和设计值，并画出塔荷载图。

第三章　杆塔外形尺寸的确定

杆塔是用来支持导线和地线，其外形尺寸主要取决于导线、地线电气方面的因素。如导线对地面、对交叉跨越物的空气间隙距离，导线与导线之间、导线与地线之间的空气间隙距离，导线与杆塔塔身部分的空气间隙距离，地线对边导线的防雷保护角，双地线对中导线的防雷保护，考虑带电检修带电体与地电位人员之间的空气间隙距离等。以上各类间隙距离与地理条件和气象条件有关。杆塔外形尺寸，除要求满足电气条件外，同时要求满足结构的合理性、经济性以及外形的美观。杆塔外形尺寸如图3-1所示，主要包括杆塔呼称高度 H、横担长度 D_m、上下横担的垂直距离 D_V、地线支架高度 h_B、导线间的水平投影距离 D_P、地线与导线间的水平投影距离 a_{BD} 双地线挂点之间水平距离 D_B（见图3-3）等。

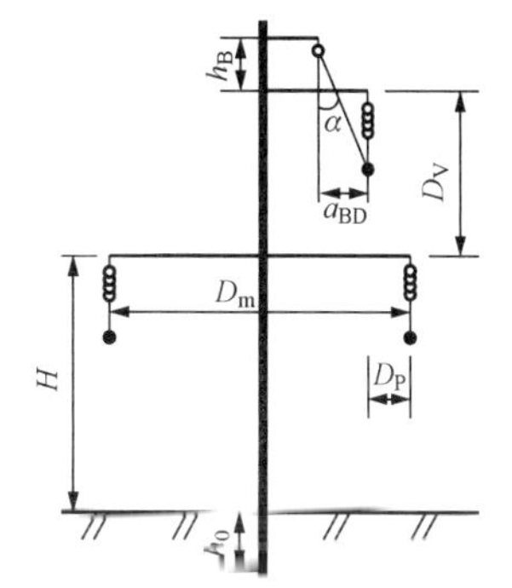

图3-1　杆塔外形尺寸示意图

第一节　杆　塔　高　度

一、杆塔总高度

杆塔的总高度与档距、地理条件、电压等级、气候及电气条件等因素有关。杆塔的总高度等于呼称高度加上导线间的垂直距离和地线支架高度，对于钢筋混凝土电杆还要加上埋地深度 h_0。

二、杆塔呼称高度

杆塔下横担的下弦边缘线到地面的垂直距离 H 称为杆塔呼称高度，如图3-2所示。杆塔的呼称高度是杆塔的基本高度，它对杆塔的安全性、经济性起着重要作用，影响它的因素也很多，呼称高度用以下公式计算

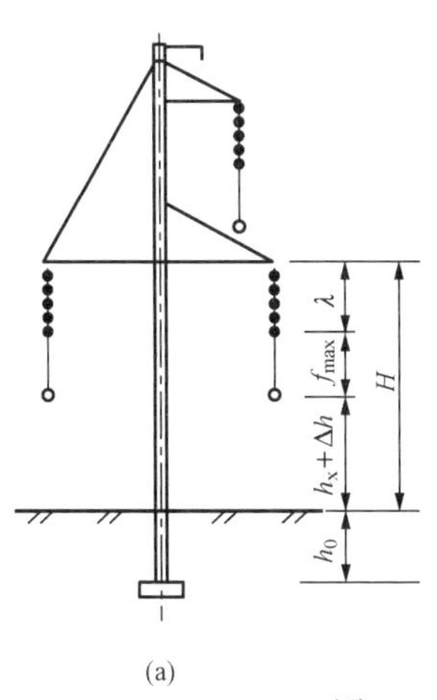

(a)

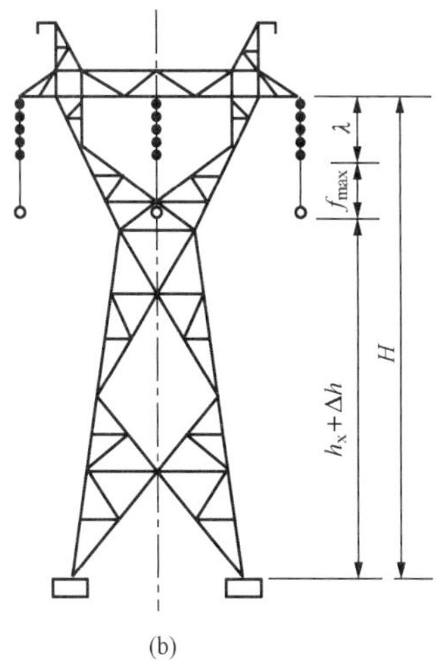

(b)

图3-2　杆塔呼称高度示意图

（a）钢筋混凝土电杆；（b）铁塔

$$H=\lambda+f_{\max}+h_x+\Delta h \tag{3-1}$$

式中 λ——悬垂绝缘子串的长度，m；

$f_{\max}$——导线的最大弧垂，m；

h_x——导线到地面及被跨越物的安全距离，m；

Δh——施工裕度，m。

1. 悬垂绝缘子串长度

绝缘子串的长度与绝缘子串个数有直接关系。

（1）在海拔 1000m 以下地区，绝缘子片数可按下式计算

$$n\geqslant\frac{\lambda U}{K_e L_{01}} \tag{3-2}$$

式中 n——海拔 1000m 时每联绝缘子所需片数，片；

λ——爬电比距，cm/kV；

U——系统标称电压，kV；

L_{01}——单片悬式绝缘子的几何爬电距离，cm；

K_e——绝缘子爬电距离的有效系数，主要由各种绝缘子几何爬电距离在试验和运行中污秽耐压的有效性来确定；以 XP-70、XP-160 型绝缘子为基础，其 K_e 值取为 1。

GB 50061—2010、GB 50545—2010 规定，操作过电压及雷电过电压要求悬垂绝缘子串绝缘子片数，不应少于表 3-1 所列数值。对于耐张绝缘子串数应在表 3-1 所规定的悬垂绝缘子串的基础上增加片数，110～330kV 输电线路应增加 1 片，500kV 输电线路应增加 2 片，750kV 的输电线路不需要增加片数。

表 3-1 操作过电压及雷电过电压要求悬垂绝缘子串的最少片数

标称电压（kV）	35	66	110	220	330	500	750
单片绝缘子串长度（mm）	146	146	146	146	146	155	170
绝缘子片数	3	5	7	13	17	25	32

为保持高杆塔的耐雷性能，全高超过 40m 有地线的杆塔，高度每增加 10m，应比表 3-1所列值增加 1 片绝缘子，全高超过 100m 的杆塔，绝缘子片数应根据运行经验结合计算确定。由于高杆塔而增加绝缘子片数时，雷电过电压最小间隙也应相应增大。750kV 杆塔全高超过 40m 时，可根据实际情况进行验算，确定是否需要增加绝缘子片数和间隙。

送电线路绝缘的防污设计，应依照经审定的污秽分区图所划定的高压架空线路污秽分级标准，选择合适的绝缘子型式和片数。

如果按防污选择的耐张绝缘子串片数达到了悬垂绝缘子串规定的片数，就不再按悬垂绝缘子串规定基础上增加耐张绝缘子串片数。

（2）在海拔为 1000～3500m 的地区，绝缘子串的片数可按下式确定：

1）66kV 及以下电压等级

$$n_h\geqslant n[1+0.1(H-1)] \tag{3-3}$$

式中 n_h——海拔为 1000～3500m 地区绝缘子片数，片；

n——海拔 1000m 以下地区绝缘子数量，片；

H——海拔高度，km。

2）110kV 及以上电压等级，高海拔地区悬垂绝缘子串的片数，可按下式确定

$$n_{\mathrm{h}} = n\mathrm{e}^{0.1215m_1(H-1000)/1000} \tag{3-4}$$

式中　n_{h}——高海拔地区每串绝缘子所需片数，片；

H——海拔高度，km；

m_1——特征指数，反映气压对于污闪电压的影响程度，由试验确定，各种绝缘子的 m_1 可按附录 A 中表 A-1 规定取值。

2. 导线最大弧垂

计算导线最大弧垂时，应根据最高气温情况或覆冰无风情况求得的最大弧垂确定。为了求得最大弧垂，利用线路力学状态方程式分别求得最高气温或覆冰无风两种气象条件下的应力，然后用弧垂公式 $f_{\max}=\dfrac{\gamma L_{\mathrm{j}}^2}{8\sigma}$ 计算最大弧垂。大跨越的导线弧垂应按导线实际能够达到的最高温度计算。

输电线路与标准轨距的铁路、高速公路及一级公路交叉时，如交叉档距超过 200m，最大弧垂应按导线温度+70℃计算。

3. 导线到地面及被跨越物的安全距离

导线到地面及被跨越物的安全距离是指导线在最大弧垂时导线对地面、建筑物、树木、果树、经济作物、城市绿化灌木、铁路、道路、河流、管道、索道以及各种架空电线等跨越和交叉的最小距离，保证输电线路在各种情况能正常安全运行。

（1）导线与地面的距离，在最大弧垂情况下不应小于表 3-2 所列数值。

表 3-2　　导线对地面最小垂直距离　　m

线路经过地区 ＼ 标称电压（kV）	<3	3～10	35～110	220	330	500	750
居民区	6.0	6.5	7.0	7.5	8.5	14	19.5
非居民区	5.0	5.5	6.0	6.5	7.5	11（10.5*）	15.5**（13.4***）
交通困难、行人很少地区	4.0	4.5	5.0	5.5	6.5	8.5	11.0

注　* 此值用于导线三角排列的单回路。

** 此值对应导线水平排列单回路的农业耕作区。

*** 此值对应导线水平排列单回路的非农业耕作区。

（2）导线与建筑物之间的最小垂直距离，在最大弧垂情况下不应小于表 3-3 所列数值。

表 3-3　　导线与建筑物之间的最小垂直距离

标称电压（kV）	<3	3～10	35	66～110	220	330	500	750
垂直距离（m）	3.0	3.0	4.0	5.0	6.0	7.0	9.0	11.5

注　1. 送电线路不应跨越屋顶为燃烧材料做成的建筑物。

2. 对耐火屋顶建筑物，如需跨越，应与有关方面协商或取得当地政府同意。

3. 500kV 以上输电线路不应跨越长期住人的建筑物。

（3）导线与树木（考虑自然生长高度）之间的垂直距离，不应小于表 3-4 所列数值。

表 3-4　　导线与树木之间的垂直距离

标称电压（kV）	<3	3～10	35～110	220	330	500	750
垂直距离（m）	3.0	3.0	4.0	4.5	5.5	7.0	8.5

（4）导线通过果树、经济作物林或城市灌木林不应砍伐出通道。导线与果树、经济作物、城市绿化灌木以及街道行道树之间的垂直距离，不应小于表 3-5 所列数值。

表 3-5　　导线与果树、经济作物、城市绿化灌木以及街道行道树之间最小垂直距离

标称电压（kV）	<3	3～10	35～110	220	330	500	750
垂直距离（m）	1.5	1.5	3.0	3.5	4.5	7.0	8.5

（5）架空电力线路与铁路、道路、河流、管道、索道及各种架空电线的安全垂直距离应符合表 3-6、表 3-7 的要求。

表 3-6　　66kV 及以下架空电力线路与铁路、道路、河流、管道、索道及各种架空线路交叉或接近的要求

<table>
<tr><td colspan="2">项目</td><td colspan="3">铁路</td><td>公路和道路</td><td colspan="2">电车道（有轨及无轨）</td><td colspan="2">通航河流</td><td colspan="2">不通航河流</td><td>架空明线弱电线路</td><td>电力线路</td><td>特殊管道</td><td>一般管道、索道</td></tr>
<tr><td colspan="2">导线或地线在跨越档接头</td><td colspan="3">标准轨距：不得接头；
窄轨：不限制</td><td>高速公路和一、二级公路及城市一、二级道路：不得接头；
三、四级公路和城市三级道路：不限制</td><td colspan="2">不得接头</td><td colspan="2">不得接头</td><td colspan="2">不限制</td><td>一、二级：不得接头；
三级：不限制</td><td>35kV 及以上：不得接头；
10kV 及以下：不限制</td><td>不得接头</td><td>不得接头</td></tr>
<tr><td colspan="2">交叉档导线最小截面积</td><td colspan="6">35kV 及以上采用钢芯铝绞线为 35mm²；
10kV 及以下采用铝绞线或铝合金线为 35mm²，其他导线为 16mm²</td><td colspan="8">—</td></tr>
<tr><td colspan="2">交叉档距绝缘子固定方式</td><td colspan="3">双固定</td><td>高速公路和一、二级公路及城市一、二级道路为双固定</td><td colspan="2">双固定</td><td colspan="2">双固定</td><td colspan="2">不限制</td><td>10kV 及以下线路跨一、二级为双固定</td><td>10kV 线路跨 6～10kV 线路为双固定</td><td>双固定</td><td>双固定</td></tr>
<tr><td rowspan="4">最小垂直距离（m）</td><td>线路电压</td><td>至标准轨顶</td><td>至窄轨轨顶</td><td>至承力索或接触线</td><td>至路面</td><td>至路面</td><td>至承力索或接触线</td><td>至常年高水位</td><td>至最高航行水位的最高船桅杆</td><td>至最高洪水位</td><td>冬季至冰面</td><td>至被跨越线</td><td>至被跨越线</td><td>至管道任何部分</td><td>至索道任何部分</td></tr>
<tr><td>35～66kV</td><td>7.5</td><td>7.5</td><td>3.0</td><td>7.0</td><td>10.0</td><td>3.0</td><td>6.0</td><td>2.0</td><td>3.0</td><td>5.0</td><td>3.0</td><td>3.0</td><td>4.0</td><td>3.0</td></tr>
<tr><td>3～10kV</td><td>7.5</td><td>6.0</td><td>3.0</td><td>7.0</td><td>9.0</td><td>3.0</td><td>6.0</td><td>1.5</td><td>3.0</td><td>5.0</td><td>2.0</td><td>2.0</td><td>3.0</td><td>2.0</td></tr>
<tr><td>3kV 以下</td><td>7.5</td><td>6.0</td><td>3.0</td><td>6.0</td><td>9.0</td><td>3.0</td><td>6.0</td><td>1.0</td><td>3.0</td><td>5.0</td><td>1.0</td><td>1.0</td><td>1.5</td><td>1.5</td></tr>
</table>

续表

项目		铁路		公路和道路			电车道（有轨及无轨）		通航河流	不通航河流	架空明线弱电线路		电力线路		特殊管道	一般管道、索道
最小水平距离（m）	线路电压	杆塔外缘至轨道中心		杆塔外缘至路基边缘			杆塔外缘至路基边缘		边导线至斜坡上缘（线路与拉纤小路平行）		边导线间		至坡跨越线		边导线至管道、索道任何部分	
		交叉	平行	开阔地区	路径受限制地区	市区内	开阔地区	路径受限制地区			开阔地区	路径受限制地区	开阔地区	路径受限制地区	开阔地区	路径受限制地区
	35～66kV	30	最高杆（塔）高加3m	交叉：8.0 平行：最高杆塔高	5.0	0.5	交叉：8.0 平行：最高杆塔高	5.0	最高杆（塔）高		最高杆（塔）高	4.0	最高杆（塔）高	5.0	最高杆（塔）高	4.0
	3～10kV	5		0.5	0.5	0.5	0.5	0.5				2.0		2.5		2.0
	3kV以下	5		0.5	0.5	0.5	0.5	0.5				1.0		2.5		1.5
其他要求		35～66kV不宜在铁路出站信号机以内跨越		在不受环境和规划限制的地区架空电力线路与国道的距离不宜小于20m，省道不宜小于15m，县道不宜小于10m，乡道不宜小于5m			—		最高洪水位时，有抗洪抢险船只航行的河流，垂直距离应协商确定		电力线应架设在上方；交叉点应尽量靠近杆塔，但不应小于7m（市区除外）		电压高的线路应架设在电压低的线路上方；电压相同时公用线应在专用线上方		与索道交叉，如索道在上方，下方索道应装设保护措施；交叉点不应选在管道检查井处；与管道及索道平行、交叉时，管道、索道应接地	

注　1. 特殊管道指架设在地面上输送易燃、易爆物的管道。

2. 管道、索道上的附属设施，应视为管道、索道的一部分。

3. 常年高水位是指5年一遇洪水位，最高洪水位对35kV及以上架空电力线路是指百年一遇洪水位，对10kV及以下架空电力线路是指50年一遇洪水位。

4. 不能通航河流指不能通航，也不能浮运的河流。

5. 对路径受限制地区的最小水平距离的要求，应计及架空电力线路导线的最大风偏。

6. 对电气化铁路的安全距离主要是电力线导线与承力索和接触线的距离控制，因此，对电气化铁路轨顶的距离按实际情况确定。

表3-7　110kV及以上架空电力线路与铁路、道路、河流、管道、索道及各种架空线路交叉或接近的要求

项目	铁路	公路	电车道（有轨及无轨）
导线或地线在跨越档内接头	标准轨距：不得接头； 窄轨：不得接头	高速公路、一级公路：不得接头； 二、三、四级公路：不限制	不得接头

续表

项目		铁路				公路		电车道（有轨及无轨）	
邻档断线情况的检验		标准轨距：检验； 窄轨：不检验				高速公路、一级公路：检验； 二、三、四级公路：不检验		检验	
邻档断线情况的最小垂直距离（m）	标称电压（kV）	至轨顶			至承力索或接触线	至路面		至路面	至承力索或接触线
	110	7.0			2.0	6.0		—	2.0
最小垂直距离（m）	标称电压（kV）	至轨顶			至承力索或接触线	至路面		至路面	至承力索或接触线
		标准轨	窄轨	电气轨					
	110	7.5	7.5	11.5	3.0	7.0		10.0	3.0
	220	8.5	7.5	12.5	4.0	8.0		11.0	4.0
	330	9.5	8.5	13.5	5.0	9.0		12.0	5.0
	500	14.0	13.0	16.0	6.0	14.0		16.0	6.5
	750	19.5	18.5	21.5	7.0（10）	19.5		21.5	7（10）
最小水平距离（m）	标称电压（kV）	杆塔外缘至轨道中心				杆塔外缘至路基边缘		杆塔外缘至路基边缘	
						开阔地区	路径受限制地区	开阔地区	路径受限制地区
	110	交叉：塔高加3.1m，无法满足要求时可适当减小但不得小于30m； 平行：塔高加3.1m，困难时双方协商确定				交叉：	5.0	交叉：	5.0
	220					8m	5.0	8m	5.0
	330					10m(750kV)	5.0	10m(750kV)	5.0
	500					平行：	8.0（15）	平行：	8.0
	750					最高杆(塔)高	10（20）	最高杆(塔)高	10
附加要求		不宜在铁路出站信号机以内跨越				括号内为高速公路数值，高速公路路基边缘指公路下缘的排水沟		—	—
备注		—				公路分级见GB 50545—2010附录G，城市道路分级可参照公路的规定		—	—

项目	通航河流	不通航河流	弱电线路	电力线路	特殊管道	索道
导线或地线在跨越档内接头	一、二级：不得接头； 三级及以下：不限制	不限制	不限制	110kV及以上线路：不得接头； 110kV以下线路：不限制	不得接头	不得接头

续表

项目		通航河流		不通航河流		弱电线路		电力线路		特殊管道	索道
邻档断线情况的检验		不检验		不检验		Ⅰ级：检验；Ⅱ、Ⅲ级：不检验		不检验		检验	不检验
邻档断线情况的最小垂直距离（m）	标称电压（kV）	—				至被跨越物		—		至管道任何部分	—
	110	—				1.0		—		1.0	—
最小垂直距离（m）	标称电压（kV）	至五年一遇洪水位	至最高航行水位的最高船桅顶	至百年一遇洪水位	冬季至冰面	至被跨越物		至被跨越物		至管道任何部分	至索道任何部分
	110	6.0	2.0	3.0	6.0	3.0		3.0		4.0	3.0
	220	7.0	3.0	4.0	6.5	4.0		4.0		5.0	4.0
	330	8.0	4.0	5.0	7.5	5.0		5.0		6.0	5.0
	500	9.5	5.0	5.5	11(水平) 10.5(三角)	8.5		6.0（8.5）		7.5	5.5
	750	11.5	6.0	8.0	15.5	12.0		7（12）		9.5	8.5(顶部) 11(底部)
最小水平距离（m）	标称电压（kV）	边导线至斜坡上缘（线路与拉纤小路平行）				与边导线间		与边导线间		边导线至管、索道任何部分	
						开阔地区	路径受限制地区	开阔地区	路径受限制地区	开阔地区	路径受限制地区（在最大风偏情况下）
	110	最高杆（塔）高				平行时，最高杆（塔）高	4.0	平行时，最高杆（塔）高	5.0	平行时，最高杆（塔）高	4.0
	220						5.0		7.0		5.0
	330						6.0		9.0		5.0
	500						8.0		12.0		7.5
	750						10.0		16.0		9.5（管道） 8.5（顶部） 11（底部）
附加要求		最高洪水位时，有抗洪抢险船只航行的河流，垂直距离应协商确定				输电线路应架设在上方		电压较高的线路一般在电压较低线路的上方，同一等级电压的电网公用线应架设在专用线上方		（1）与索道交叉，若索道在上方，索道的下方应装保护设施； （2）交叉点不应选在管道的检查井（孔）处； （3）与管道及索道平行、交叉时，管道、索道应接地	

续表

项目	通航河流	不通航河流	弱电线路	电力线路	特殊管道	索道
备注	(1) 不通航 河流指不能通航，也不能浮运的河流； (2) 次要通航河流对接头不限制； (3) 并需满足航道部门协议的要求		弱电线路分级见 GB 50545—2010附录F	括号内的数值用于跨越杆（塔）顶	(1) 管道、索道上的附属设施，均应视为管、索道的一部分； (2) 特殊管道塔架设在地面上输送易燃、易爆物品管道	

注 1. 邻档断线情况的计算条件：+15℃，无风。

2. 路径狭窄地带，两线路杆塔位置交错排列时导线在最大风偏情况下，标称电压 110、220、330、500、750kV 对相邻线路杆塔的最小距离，应分别不小于 3.0、4.0、5.0、7.0、9.5m。

3. 跨越弱电线路或电力线路，导线截面按允许载流量选择时应校验最高允许温度时的交叉距离，其数值不得小于操作过电压间隙，且不得小于 0.8m。

4. 杆塔为固定横担，且采用分裂导线时，可不检验邻档断线时的交叉跨越垂直距离。

5. 重要交叉跨越确定的技术条件，应征求相关部门的意见。

4. 施工裕度

施工裕度主要考虑测量、安装等施工中出现的误差而预留宽度。施工裕度 Δh 参考表3-8。

表 3-8　　施工裕度 Δh

档距（m）	<200	200～350	350～600	600～800	800～1000
施工裕度（m）	0.5	0.5～0.7	0.7～0.9	0.9～1.2	1.2～1.4

三、杆塔经济呼称高度

杆塔的呼称高度是决定杆塔总高的重要因素。杆塔总高又是决定材料用量的重要因素，显然总高越大，杆塔材料用量就越多。杆塔的呼称高度与档距有直接关系，档距越大，导线的弧垂越大，杆塔的呼称高度也就越大。但是档距增大时，使每千米的杆塔数量减少，因此对一定电压等级的线路来说，必定有一个最优的呼称高度，使得整个线路材料用量最少。这个最优呼称高度称为经济呼称高度，或称标准呼称高度。根据设计经验，总结出各种不同电压等级的标准呼称高度范围列于表 3-9，供设计参考。与杆塔标准呼称高度相应的档距，称为标准档距或经济档距。当已知杆塔标准呼称高度 H 时，根据弧垂计算公式 $f_{max}=\gamma L_J^2/8\sigma$ 及 $f_{max}=H-\lambda-h_x-\Delta h$，可计算出杆塔的经济档距，即

$$L_J=\sqrt{\frac{8\sigma}{r}(H-\lambda-h_x-\Delta h)} \tag{3-5}$$

式中　σ——导线最大弧垂时的应力，N/mm^2；

r——导线最大弧垂时的比载，$N/(m\cdot mm^2)$；

其他符号含义与式（3-1）相同。

表 3-9　　杆塔标准呼称高度

电压等级（kV）	标准呼称高度（m）	
	钢筋混凝土电杆	铁塔
35～66	12	—
110	13	15～18

续表

电压等级（kV）	标准呼称高度（m）	
	钢筋混凝土电杆	铁塔
154	17	18～20
220	21	23
500	—	—
750	—	—

第二节　导线间的距离

一、单回路两相导线水平排列线间距

在正常运行电压气象条件下，因风荷载的作用，使导线发生摇摆，档距中央的导线摆动的幅度最大。当导线摇摆不同步时，档距中央导线部分就要靠近，会导致线间空气间隙击穿，从而发生线间闪络。因此，GB 50061—2010、GB 50545—2010 规定：导线的水平线间距离，可根据运行经验确定。对于 1000m 以下档距，35kV 及以上电压等级水平线间距可按下式确定

$$D_m = k_1\lambda + \frac{U}{110} + 0.65\sqrt{f_{max}} \qquad (3-6)$$

式中　D_m——导线水平线间距，m；

k_1——悬垂绝缘子串系数，按表 3 - 10 规定取值；

λ——悬垂绝缘子串长度，m；

U——线路电压等级，kV；

f_{max}——导线最大弧垂，m。

表 3 - 10　　**悬垂绝缘子串系数 k_1**

悬垂绝缘子串型式	I - I 串	I - V 串	V - V 串
k_1	0.4	0.4	0

一般情况下，110kV 及以上电压等级，使用悬垂绝缘子串的杆塔，其水平线间距离与档距的关系，可采用表 3 - 11 所列数值。

表 3 - 11　　**使用悬垂绝缘子串的杆塔其水平线间距与档距的关系**　　m

标称电压（kV）＼水平线间距	3.5	4	4.5	5	5.5	6	6.5	7	7.5	8	8.5	10	11	13.5	14.0	14.5	15.0
110	300	375	450														
220	—	—	—	—	440	525	615	700									
330	—	—	—	—	—	—	—	—	525	600	700						
500	—	—	—	—	—	—	—	—	—	—	—	525	650				
750														500	600	700	800

注　表中数值不适用于覆冰厚度 15mm 及以上的地区。

GB 50061—2010 规定，10kV 及以下杆塔采用绝缘导线水平线间距不小于表 3 - 12 规定。

表 3 - 12　10kV 及以下杆塔最小水平线间距　m

线路电压	线间距离								
	档距								
	40 及以下	50	60	70	80	90	100	110	120
3～10kV	0.60	0.65	0.70	0.75	0.85	0.90	1.00	1.05	1.15
3kV 以下	0.30	0.40	0.45	0.50	—	—	—	—	—

二、单回路两相导线垂直排列的垂直线间距

当两相导线垂直排列时，决定垂直线间距的主要因素是：导线不均匀覆冰或者导线脱冰时产生的导线跳跃致使导线上下大幅度的舞动。为了保证舞动时不产生两相导线碰撞，两相导线必须要保证一定的安全距离。在覆冰较少的地区，GB 50061—2010、GB 50545—2010 推荐垂直线间距宜采用水平线间距的 75%，即

$$D_V = D_m 75\% \tag{3-7}$$

使用悬垂绝缘子串的杆塔，其垂直线间距不宜小于表 3 - 13 所列数值。

表 3 - 13　使用悬垂绝缘子串的杆塔的最小垂直线间距

电压等级（kV）	35	66	110	220	330	500	750
垂直线间距（m）	2.00	2.25	3.50	5.50	7.50	10.00	12.5

GB 50061—2010 规定，10kV 及以下采用绝缘导线多回路杆塔和不同电压等级同杆架设的杆塔，横担间最小垂直距离应符合表 3 - 14 规定。

表 3 - 14　10kV 及以下横担间最小垂直距离　m

组合方式	直线杆	转角或分支杆
3～10kV 与 3～10kV	0.8	0.45/0.6
3～10kV 与 3kV 以下	1.2	1.0
3kV 以下与 3kV 以下	0.6	0.3

注　表中 0.45/0.6 是指距上面的横担 0.45m，距下面的横担 0.6m。

三、单回路两相导线倾斜排列等效水平线间距

导线三角形排列上、下导线间斜线距的水平投影距和垂直投影距计算的线距称为等效水平线间距，GB 50061—2010、GB 50545—2010 推荐按下列公式计算

$$D_X = \sqrt{D_P^2 + \left(\frac{4}{3}D_Z\right)^2} \tag{3-8}$$

式中　D_X——导线三角形排列等效水平线间距，m；

D_P——导线间水平投影距离，m；

D_Z——导线间垂直投影距离，m。

覆冰地区上下层相邻导线间或地线与相邻导线间要有水平偏移，水平偏移如无运行经验，其值不宜小于表 3 - 15 所列数值。

表 3-15　　上下层相邻导线间或地线与相邻导线间的水平偏移　　m

设计冰厚（mm）＼标称电压（kV）	35	66	110	220	330	500	750
10	0.20	0.35	0.50	1.00	1.50	1.75	2.0
15	0.35	0.50	—	—	—	—	
≥20	0.85	1.00	—	—	—	—	

注　无冰区可不考虑水平偏移；设计冰厚 5mm 地区，上下层相邻导线间或地线与相邻导线间的水平偏移，可根据运行经验参照此表适当减少；110kV 以上，覆冰厚度大于 15mm 地区，上下层相邻导线间或地线与相邻导线间的水平偏移，按 DL/T 5440—2009《重覆冰架空输电线路设计技术规程》规定取值。

四、多回路杆塔的线间距

双回路及多回路杆塔，不同回路的不同相导线间的水平距离或垂直距离，GB 50545—2010 规定按单回路计算的线距增大 0.5m。

第三节　地线支架高度及地线间水平距离

地线支架高度和双地线间支架水平距离必须满足：在雷电过电压气象条件下，地线对最危险的边导线防雷保护的作用和双地线系统对中导线防雷的保护作用，以及导线与地线之间最小距离的要求。

一、地线支架高度

地线支架高度是指地线金具挂点到上横担导线绝缘子串挂点之间的高度（见图 3-3 所示 h_B）。

$$h_B = h - \lambda_D + \lambda_B \tag{3-9}$$

式中　h——地线与导线间的垂直投影距离，m；

λ_D——绝缘子串长度，m；

λ_B——地线金具长度，m。

二、防雷保护角

防雷保护角是地线与导线的连线在铅直方向的夹角 α，如图 3-3 所示。

110kV 及以上输电线路，地线对边导线的保护角，对于单回路 330kV 及以下线路保护角不宜大于 15°；对于 500～750kV 线路不宜大于 10°，并应沿全线架设双地线；对于同塔双回路或多回路，110kV 线路保护角不宜大于 10°，220kV 及以上线路保护角均不宜大于 0°；对于单地线线路，不宜大于 25°；对于重冰区线路的保护角，见 DL/T 5440—2009《重覆冰架空输电线路设计技术规程》规定。

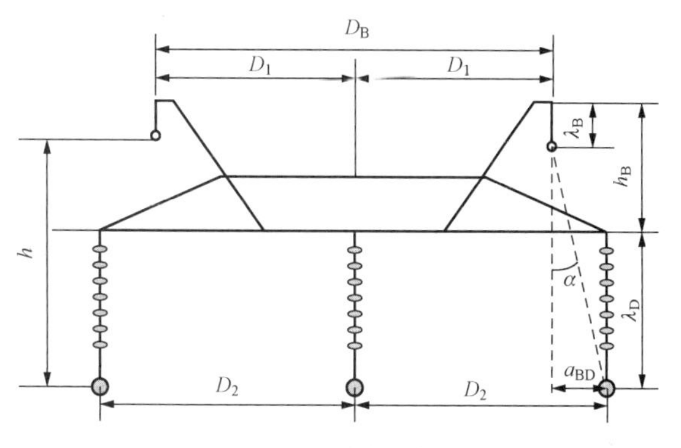

图 3-3　地线示意图

66kV 及以下的送电线路，地线对边导线的防雷保护角一般采用 20°～30°，山区单地线杆塔防雷保护角可采用 25°。杆塔上两根地线间的距离不应超过导线与地线间垂直距离的 5 倍。高杆塔或雷害比较严重地区，可采用 0°或负保护角或加装其他防震装置。对于多回路杆塔，宜采用减小保护角等措施。

根据导线的挂线点和防雷保护角便可确定地线支架高度，即

$$\tan\alpha = \frac{D_2 - D_1}{h} = \frac{a_{BD}}{h} \tag{3-10}$$

式中 D_2——导线悬挂点到杆塔中心线的距离，m；

D_1——地线悬挂点到杆塔中心线的距离，m；

h——地线与导线间的垂直投影距离，m；

a_{BD}——地线与导线间的水平投影距离，即地线与相邻导线间的水平偏移。

三、地线间的水平距离

地线间的水平距离是指双地线系统两地线挂点之间的水平距离 D_B，如图 3-3 所示。GB 50545—2010 规定：双地线之间的水平距离不应超过导线与地线垂直距离的 5 倍，即

$$D_B \leqslant 5h \tag{3-11}$$

式中 h——地线与导线间的垂直投影距离。

四、档距中央导线与地线间的距离

GB 50061—2010、GB 50545—2010 规定在雷电过电压气象条件下（气温＋15°，无风、无冰），应保证档距中央导线与地线间的距离，需满足下列条件

$$S \geqslant 0.012L + 1 \tag{3-12}$$

式中 S——档距中央导线与地线间的距离，m；

L——档距，m。

第四节 杆 塔 横 担 长 度

杆塔的横担长度可根据导线水平线间距和最小空气间隙并考虑带电作业的要求来确定。当悬垂绝缘子串长度、风偏角（摇摆角）和最小空气间隙确定后，横担的长度也可用下式计算：

上字型杆塔的上横担长度

$$D_h = R + \lambda\sin\varphi + b \tag{3-13}$$

上字型杆塔的下横担长度

$$D_h = 2(R + \lambda\sin\varphi + b) \tag{3-14}$$

式中 R——最小空气间隙，m，不应小于表 3-16、表 3-17 中相应的数值；

λ——悬垂绝缘子串长度，m；

φ——悬垂绝缘子串风偏角，(°)；

b——杆塔上脚钉外露部分加杆径一半的长度，m。

上字型杆塔导线为双层布置，计算出横担长度要考虑导线上下层间的水平偏移距离，并按表 3-15 取值。对于三相导线水平布置时，可先按式（3-14）确定导线的水平线间距离，然后按式（3-6）校验档距中央导线线间距离。

表 3-16 500kV 及以下带电部分与杆塔构件的最小间隙（包括拉线、脚钉等）的最小间隙

电压等级（kV）		<3	3～10	35	66	110	220	330	500
最小间隙值（m）	雷电过电压	0.05	0.20	0.45	0.65	1.00	1.90	2.30	3.30、3.30
	操作过电压	0.05	0.20	0.25	0.50	0.70	1.45	1.95	2.50、2.70
	正常运行电压	0.05	0.20	0.10	0.20	0.25	0.55	0.90	1.20、1.30

注 500kV 空气间隙栏，左侧数据适合于海拔不超过 500m 地区；右侧是用于超过 500m，但不超过 1000m 的地区。

表 3-17　750kV 带电部分与杆塔构件（包括拉线、脚钉等）的最小间隙　m

标称电压（kV）		750	
海拔（m）		500	1000
工频电压	Ⅰ串	1.80	1.90
操作过电压	边相Ⅰ串	3.80	4.00
	中相Ⅴ串	4.60	4.80
雷电过电压		4.20（或按绝缘子串放电电压的 0.80 配合）	

注　1. 按雷电过电压和操作过电压情况校验间隙时的相应气象条件，按 GB 50061—2010、GB 50545—2010 规定取值。
2. 按运行电压情况校验间隙时，风速采用基本风速修正至相应导线平均高度处的值及相应气温。
3. 当因高海拔而需增加绝缘子数量时，雷电过电压最小间隙也应相应增大。

1. 悬垂绝缘子串风偏角（摇摆角）

导线和悬垂绝缘子串在风荷载作用下，使悬垂绝缘子串偏离一定的角度，称为悬垂绝缘子串风偏角，如图 3-4 所示。

计算悬垂绝缘子串风偏角，通常把悬垂绝缘子串视为均布荷载的刚性直体，设悬垂绝缘子串的垂直荷载为 G_J，横向水平风荷载为 P_J，风偏角为 φ；导线风荷载为 P_D，导线垂直荷载为 G_D，如图 3-4 所示，对 A 点列力矩平衡方程式

$$\sum M_A = 0$$

$$\frac{G_J\lambda}{2}\sin\varphi + G_D\lambda\sin\varphi - \frac{P_J\lambda}{2}\cos\varphi - p_D\lambda\cos\varphi = 0$$

经整理得

$$\varphi = \arctan\frac{P_D + P_J/2}{G_D + G_J/2} = \arctan\frac{\gamma_4 AL_P + P_J/2}{\gamma_1 AL_V + G_J/2} \tag{3-15}$$

式中　P_D——导线的风荷载；
G_D——导线垂直荷载；
P_J——悬垂绝缘子串风荷载；
G_J——悬垂绝缘子串垂直荷载；
L_P、L_V——水平档距和垂直档距；
γ_1、γ_4——导线的自重比载和风压比载。

2. 空气间隙校验

在正常运行电压、操作过电压和雷电过电压三种气象条件下，相应的风荷载致使悬垂绝缘子串风偏一定角度，使得导线与杆塔部分（杆塔身、拉线、脚钉等）空气间隙距离减小，为确保导线（带电体）与杆塔部分（接地体）之间的空气间隙而不被击穿，需对初步设计的塔头外部尺寸进行校验。

按照初步设计的塔头外部尺寸画出塔头，并计算三种气象条件的绝缘子串风偏角，查取三种气象条件的空气间隙值（见表 3-16、表 3-17）；以绝缘子串挂点为圆心，绝缘子串长度为半径，画弧；根据计算出的风偏角，标出绝缘子串的相应偏离的位置，再根据偏离的位置下的导线挂点为圆心，以各自规定的最小空气间隙值为半径，画间隙圆，如图 3-5 所示。验证间隙圆是否与杆塔部分相切或相离，若不满足要求，需要调整或加大塔头横向尺寸。一

般来说，操作过电压和雷过电压情况下的间隙圆控制着塔头横向尺寸。

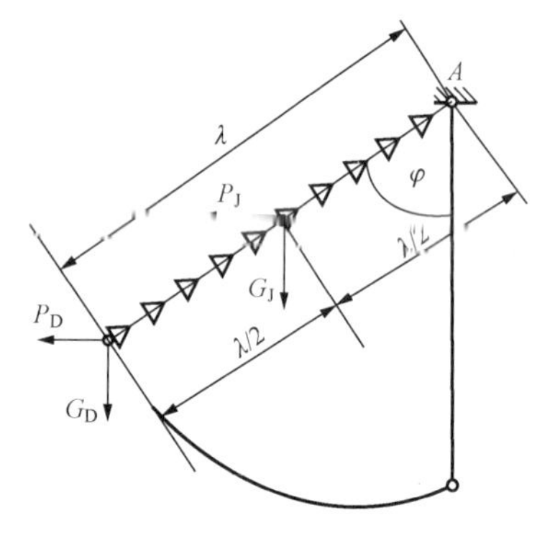

图 3-4　风偏角示意图

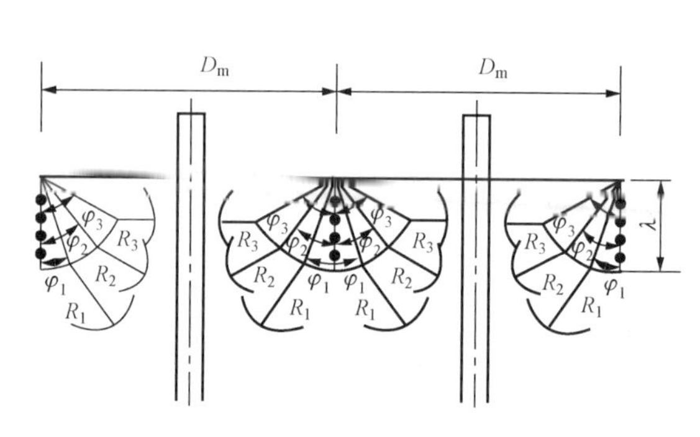

图 3-5　间隙圆校验

确定杆塔横担尺寸时，还应适当考虑带电作业对安全距离的要求。GB 50061—2010、GB 50545—2010 规定在海拔 1000m 以下地区，为方便带电作业，带电部分对杆塔接地部分的校验间隙不应小于表 3-18 所列数值。带电作业条件校验时，人体活动范围为 0.5m，气象条件为：风速 v=10m/s，气温 t=15℃。带电作业安全距离校验如图 3-6 所示。

表 3-18　　带电作业带电部分对杆塔与接地部分的安全距离

电压等级（kV）	10	35	66	110	220	330	500	750
安全距离（m）	0.4	0.6	0.7	1.0	1.8	2.2	3.2	4.0/4.3 （边相 I 型串/中相 V 型串）

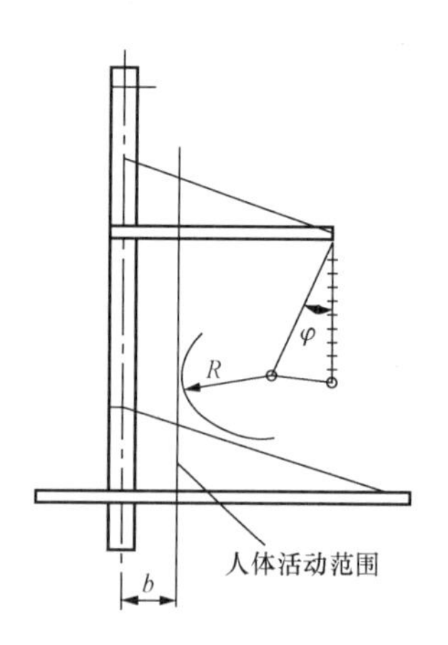

图3-6　带电作业安全距离校验

第五节　杆塔定位与接近物距离的规定

在选择杆塔立位时，必须考虑如山坡、建筑物、树林、管道、索道等周边的安全距离，并按 GB 50061—2010、GB 50545—2010 规定取值。

导线与山坡、峭壁、岩石的最小净空距离在最大计算风偏角情况下不应小于表 3-19 所列数值。

表 3-19　　导线与山坡、峭壁、岩石的最小净空距离　　m

标称电压（kV） 线路经过地区	<3	3～10	35～110	220	330	500	750
步行可以到达的山坡	3.0	4.5	5.0	5.5	6.5	8.5	11.0
步行不能到达的山坡、峭壁和岩石	1.0	1.5	3.0	4.0	5.0	6.5	8.5

线路在最大计算风偏情况下，边导线与城市多层建筑或规划建筑线间的最小水平距离，以及边导线与不在规划范围内的城市建筑物间的最小距离，应符合表 3-20 的规定。

表 3-20　　边导线与建筑物间的最小距离

标称电压（kV）	<3	3～10	35	66～110	220	330	500	750
距离（m）	1.0	1.5	3.0	4.0	5.0	6.0	8.5	11.0

线路在无风偏情况下，线路边导线与不在规划范围内的城市建筑物间的水平距离，不应小于表 3-21 所列数值。

表 3-21　　边导线与不在规划范围内城市建筑物间的最小水平距离

标称电压（kV）	<3	3～10	35	66～110	220	330	500	750
距离（m）	0.5	0.75	1.5	2.0	2.5	3.0	5.0	5.5

送电线路通过公园、绿化区或防护林带，导线与树木之间的净空距离，在最大计算风偏情况下不小于表 3-22 所列数值。

表 3-22　　导线与树木之间的净空距离

标称电压（kV）	<3	3～10	35～66	110	220	330	500	750
净空距离（m）	1.0	2.0	3.5	3.5	4.0	5.0	7.0	8.5

架空电力线路与铁路、道路、河流、管道、索道及各种架空电线的安全水平距离不小于表 3-6、表 3-7 所列数值。

GB 50545—2010 规定 110kV 及以上输电线路，当需砍伐通道时，通道净宽度不应小于线路宽度加通道附近主要树种自然生长高度的 2 倍，通道附近超过主要树种自然生长高度的非主要树种树木应砍伐；当输电线路与甲类火灾危险性的生产厂房、甲类物品库房、易燃和易爆材料堆场以及可燃或易燃、易爆液（气）体储罐的防火间距不应小于杆塔高度加 3m，还应满足其他的相关规定；当输电线路跨 220kV 及以上线路、铁路、高速公路、一级等级公路，以及一、二级通航河流和特殊管道等时，悬垂绝缘子串宜采用双联串（对 500kV 及以上线路并宜采用双挂点），或两个单联串。

第六节　通用设计杆塔应用简介

一、通用设计杆塔名称编制规则

为深入贯彻集约化管理思想，统一设计标准，统一材料规范；规范设计程序，加快设计、评审、材料加工的进度，提高工作效率和工作质量；减少设备型式，方便集中规模招标，方便运行维护；控制造价降低输电线路建设和运行成本，国家电网公司编制了《国家电网公司输变电工程通用设计》（110、220、330、500kV 输电线路分册），以下简称《通用设计》。

《通用设计》本着"唯一性、相容性、方便性和扩展性"，将杆塔划分为若干个模块和子模块。110kV 输电线路通用设计模块的主要技术条件见附录 B。

1. 110kV 以上杆塔命名规则

（1）模块的划分原则。

110kV 以上的《通用设计》将相同的电压等级、回路数和导线型号杆塔划分为一个模块。把相同的风速、覆冰厚度、地形和海拔划分为一个子模块。110kV 输电线路通用设计模块主要技术条件见附录 B。

（2）杆塔名称编制规则。

通用设计杆塔名称由模块编号、子模块编号和塔型名称三部分组成，具体如下：

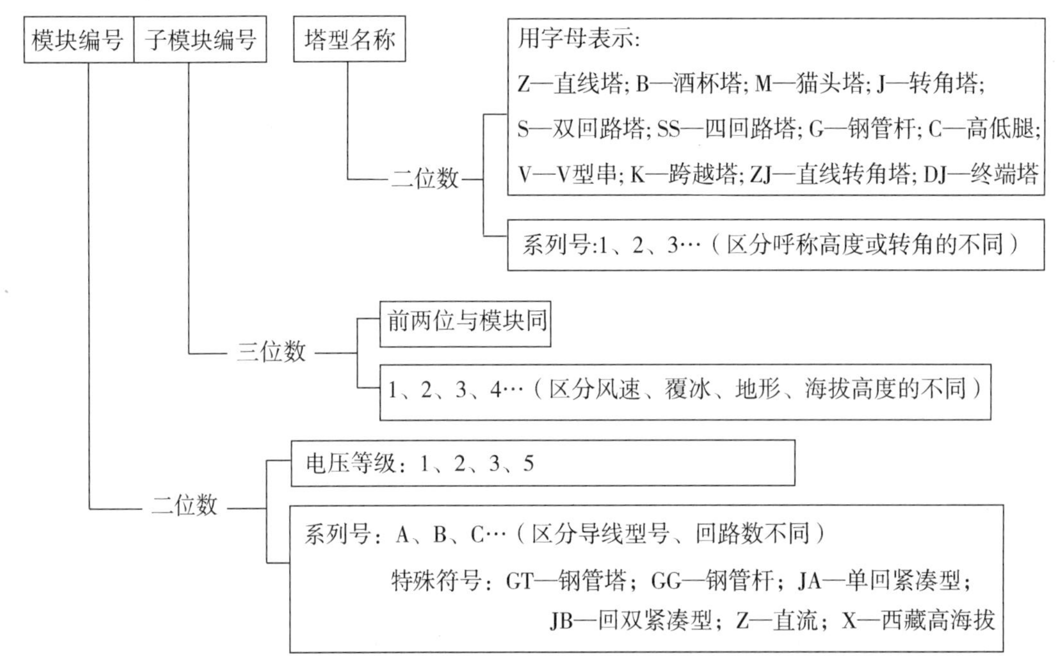

【例 3-1】 解释 2A1-ZM1 型铁塔各符号及数字表示的意义。

答：查《通用设计》手册，分别解释如下：

【例 3-2】 解释 1E5-SZK 型铁塔各符号及数字表示的意义。

答：查《通用设计》手册，分别解释如下：

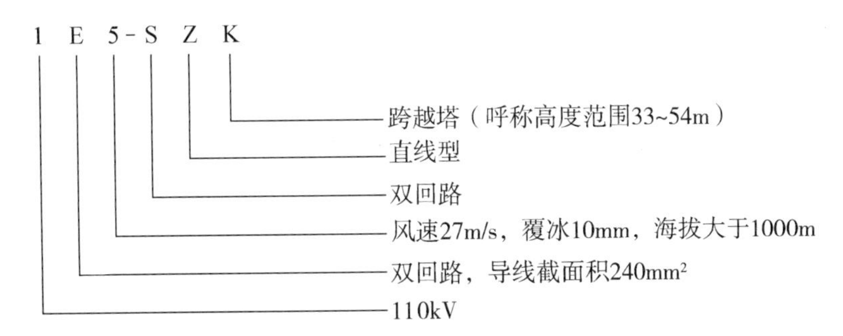

2. 35kV 杆塔命名规则

（1）模块的划分原则。

35kV 以下的《通用设计》将相同的电压等级、回路数和导线型号、地形条件和气象组合的杆塔划分为一个模块。

（2）杆塔名称编制规则。

通用设计杆塔名称由模块编号、塔型名称和系列号三部分组成，具体如下：

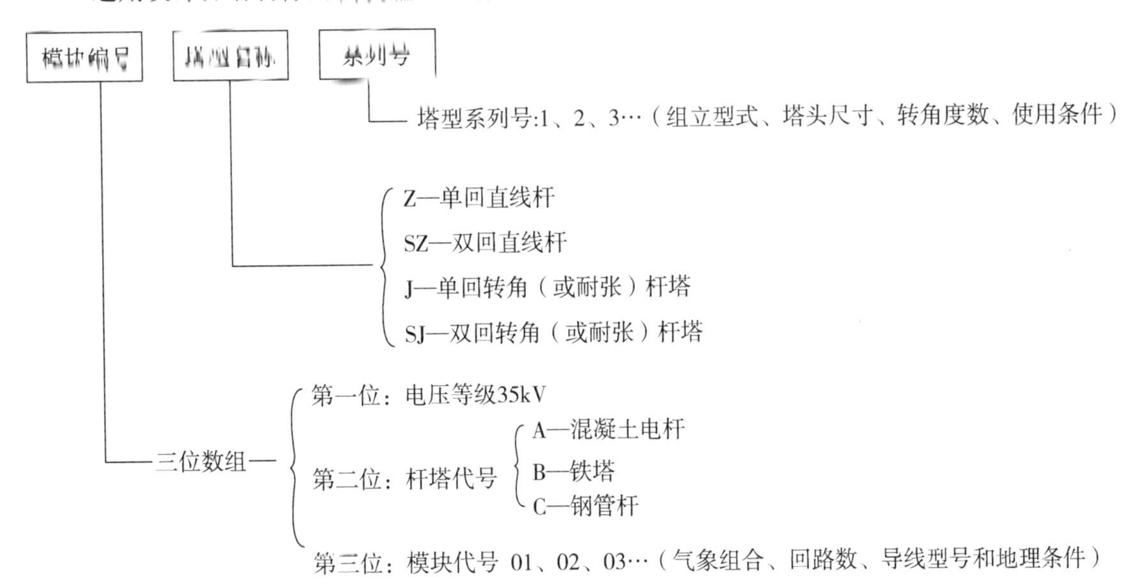

【例 3-3】 解释 35C01-J1 杆塔各符号及数字表示的意义。

答：查《通用设计》手册，分别解释如下：

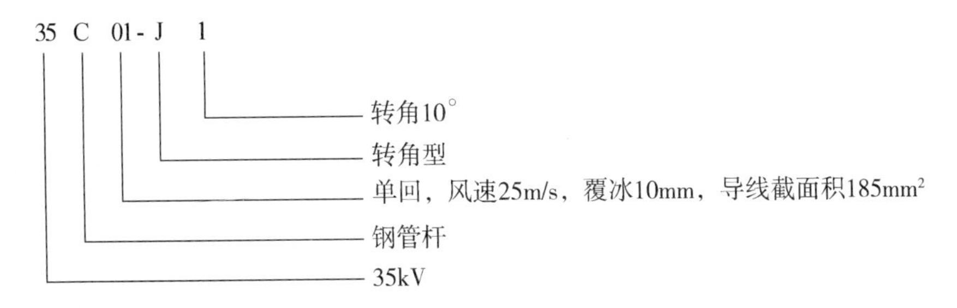

【例 3-4】 解释 35B02-Z1 杆塔各符号及数字表示的意义。

答：查《通用设计》手册，分别解释如下：

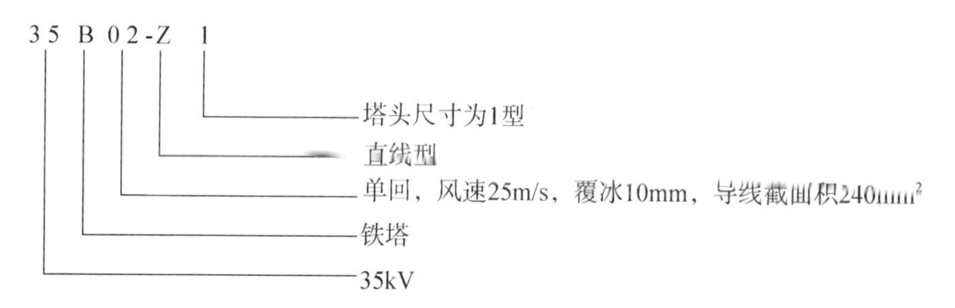

二、通用杆塔的选用方法

1. 模块的选择

登录通用设计网站或查《通用设计》中的输电线路通用设计模块主要技术条件表，根据工程的电压等级、回路数、导线规格确定模块；根据气象条件（风速、覆冰厚度）、地形、海拔高度确定子模块；在《通用设计》子模块中查找相应的杆塔设计条件（呼称高度和各种档距）确定杆塔名称。

2. 杆塔的校验

初步确定塔型后，根据线路设计条件与杆塔使用条件要进行全面校验，主要有以下几方面：

（1）杆塔荷载校验。荷载校验一般采用以下两种方法：

1）用杆塔荷载图校验。根据杆塔的受力情况，计算出杆塔实际承受的荷载图，然后与所选的通用杆塔的荷载图相比较，不超出通用杆塔允许荷载即为合格。在计算实际荷载时可不全部计算，只计算起控制条件的最大水平荷载和垂直荷载。

2）用水平档距、垂直档距校验。通用杆塔给出了杆塔使用导线型号、气象条件和设计杆塔时所用的设计水平档距及垂直档距。如果所设计线路的杆塔小于通用杆塔的使用条件即为校验合格。

杆塔定位后，水平档距可以从定位平断面图中量出或算出，如果小于通用杆塔的设计水平档距即为校验合格。对于垂直档距来说，从平断面图上量出的垂直档距是最大弧垂时的垂直档距，而不一定是校验条件的垂直档距。当在平断面图上量得垂直档距明显小于通用杆塔设计垂直档距时，也可认为合格。当两者相差很小时，应根据垂直档距计算公式直接计算出校验条件下的垂直档距，再做比较，如果小于通用杆塔的设计垂直档距为校验合格。

（2）杆塔结构尺寸的校验。结构尺寸的校验主要对呼称高度、转角度数、导地线的线间距、最大使用档距、绝缘配置及绝缘子串长等进行校验。

（3）直线杆塔上拔校验。

（4）绝缘子串强度及耐张绝缘子倒挂校验。

（5）塔头空气间隙校验。

三、应用注意事项

（1）要结合工程具体情况，选择经济、合理的通用设计模块，避免“以大代小”的情况。

（2）具体工程设计中，可以在不同的模块中选择满足使用条件的各种塔型。

（3）当通用设计中没有相同使用条件的模块时，可以选用适合的模块经过校验后代用。

（4）严禁未经验算而超条件使用通用设计杆塔。

【例 3-5】 35kV 输电线路某段，经过非居民区山地，Ⅲ级典型气象区。导线为 LGJX-185/30，地线为 GJX-35，悬垂绝缘子串选用 XP-70 型绝缘子，每联 4 片，绝缘子串长度$\lambda=0.885$m，重量$G_J=0.23$kN。经线路设计计算及排杆定位，已知前后侧档距分别为$L_1=180$m，$L_2=180$m，代表档为 180m，杆塔导线悬挂点与相邻前后杆塔悬挂点之间高差$h_1=5$m，$h_2=6$m，选择 35A02-Z3（18m）钢筋混凝土电杆，顶径$D_1=0.23$m（见图 3-7），试校验塔头尺寸是否符合要求。

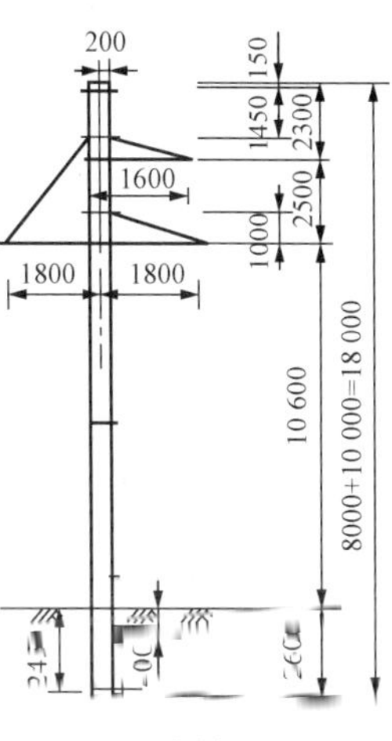

图 3-7 ［例 3-5］图

解 （1）塔头结构尺寸的校验。

1）弧垂的计算。非居民区，导线距地面的安全距离$h=6$m，施工裕度取$\Delta h=0.5$m。

$$f_{max}=H-\lambda-h-\Delta h=10.6-0.885-6-0.5$$
$$=3.215(m)$$

2）下导线水平线间距校验。水平线间距计算式为

$$D_m=0.4\lambda+\frac{U}{110}+0.65\sqrt{f_{max}}$$
$$=0.4\times0.885+\frac{35}{110}+0.65\times\sqrt{3.215}$$
$$=1.84(m)$$

实际导线水平线间距为$D_s=2\times1.8=3.6$（m）$>D_m=1.84$（m），合格。

3）上下导线等效水平线间距校验。

$$D_P=1.8-1.6=0.2(m)$$
$$D_Z=2.5m$$
$$D_X=\sqrt{D_P^2+\left(\frac{4}{3}D_Z\right)^2}=\sqrt{0.2^2+\left(\frac{4}{3}\times2.5\right)^2}=3.34(m)>D_m=1.84m，合格。$$

4）上下导线垂直线间距校验。查表 3-13 得最小垂直线间距为 2.00m，实际垂直线间距为 2.5m，大于最小垂直线间距，合格。

5）上下导线水平偏移校验。按覆冰厚度 10mm，查表 3-15 得水平偏移为 0.20m，实际上下导线水平偏移为 1.8−1.6=0.2（m），等于规范规定水平偏移为 0.2m，合格。

6）地线支架高度的校验。线路经过非居民区山地，单地线 35kV 线路，保护角$\alpha=25°$，导线与地线悬挂点距离为h，由式（3-10）得

$$h=\frac{D_2-D_1}{\tan\alpha}=\frac{1600-200}{\tan25°}=3002(mm)=3m$$

地线支架高度 $h_B=h-\lambda_D+\lambda_B=3-0.885=2.1(m)$

实际高度为 2.3m>2.1m，合格。

（2）求相应气象条件下的水平档距、垂直档距。

水平档距 $L_P = \frac{L_1 + L_2}{2} = \frac{180 + 180}{2} = 180(m)$

LGJX-185/30 导线相应气象条件的应力和比载见表 3-23。

表 3-23 LGJX-185/30 导线相应气象条件的应力和比载

气象条件 \ 参数	应力（N/mm^2）	比载［$N/(m \cdot mm^2)$］
正常大风	84.4	46.936×10^{-3}
操作过电压	72.05	36.667×10^{-3}
雷电过电压	70.32	34.591×10^{-3}

垂直档距：

正常运行情况时 $L_V = L_P + \frac{\sigma_0}{\gamma_{6(0,23.5)}}\left(\frac{h_1}{L_1} + \frac{h_2}{L_2}\right) = 180 + \frac{84.4}{46.936 \times 10^{-3}} \times \left(\frac{5+6}{180}\right) = 290(m)$

操作过电压时 $L_V = L_P + \frac{\sigma_0}{\gamma_{6(0,15)}}\left(\frac{h_1}{L_1} + \frac{h_2}{L_2}\right) = 180 + \frac{72.05}{36.667 \times 10^{-3}} \times \left(\frac{5+6}{180}\right) = 300(m)$

雷电过电压时 $L_V = L_P + \frac{\sigma_0}{\gamma_{6(0,10)}}\left(\frac{h_1}{L_1} + \frac{h_2}{L_2}\right) = 180 + \frac{70.32}{34.591 \times 10^{-3}} \times \left(\frac{5+6}{180}\right) = 304(m)$

（3）上横担间隙圆校验。

Ⅲ级气象区三种气象条件的风速：正常运行情况 $v=23.5m/s$，操作过电压时 $v=15m/s$，雷电过电压时 $v=10m/s$。

1）三种气象条件下绝缘子串风荷载为

$$P_J = n_1(n_2+1)\mu_z W_0 A_j$$

$$n_1 = 1,\ n_2 = 4,\ A_j = 0.03m^2,\ \mu_z = 1.08$$

$$P_Z = 1 \times (4+1) \times 1.08 \times \frac{23.5^2}{1600} \times 0.03 = 0.056(kN/m^2)$$

$$P_C = 1 \times (4+1) \times 1.08 \times \frac{15^2}{1600} \times 0.03 = 0.023(kN/m^2)$$

$$P_L = 1 \times (4+1) \times 1.08 \times \frac{10^2}{1600} \times 0.03 = 0.010(kN/m^2)$$

2）三种气象条件下导线风荷载为

$$P = \alpha_f \mu_{sc} d L_P W_0$$

导线直径 $d=18.88mm$，$A=210.93mm^2$。

$\alpha_f=1$（校验 $v=10m/s$，$v=15m/s$），$\alpha=0.85$（校验 $v=23.5m/s$）

$\mu_{sc}=1.1$（$d>17mm$ 时）

$L_P=180m$，

$$P_Z = 0.85 \times 1.1 \times \frac{23.5^2}{1600} \times 18.88 \times 10^{-3} \times 180 = 1.10(kN)$$

$$P_C = 1.0 \times 1.1 \times \frac{15^2}{1600} \times 18.88 \times 10^{-3} \times 180 = 0.53(kN)$$

$$P_L = 1.0 \times 1.1 \times \frac{10^2}{1600} \times 18.88 \times 10^{-3} \times 180 = 0.23(kN)$$

3）三种气象条件下的导线重力荷载为

$$\gamma_{1(0,0)}=\frac{qg}{A}\times10^{-3}=\frac{732.6\times9.80665}{210.93}\times10^{-3}=34.06\times10^{-3}[\mathrm{N/(mm^2\cdot m)}]$$

$$G_{DZ}=n\gamma_{1(0,0)}AL_V=1\times34.06\times10^{-3}\times210.93\times290=2.083(\mathrm{kN})$$

$$G_{DC}=n\gamma_{1(0,0)}AL_V=1\times34.06\times10^{-3}\times210.93\times300=2.155(\mathrm{kN})$$

$$G_{DL}=n\gamma_{1(0,0)}AL_V=1\times34.06\times10^{-3}\times210.93\times304=2.184(\mathrm{kN})$$

（4）三种气象条件下绝缘子串风偏角为

$$\varphi=\arctan\left(\frac{P_D+P_J/2}{G_D+G_J/2}\right)$$

$$\varphi_Z=\arctan\left(\frac{1.10+0.056/2}{2.083+0.23/2}\right)=27.17°$$

$$\varphi_C=\arctan\left(\frac{0.53+0.023/2}{2.155+0.23/2}\right)=13.42°$$

$$\varphi_L=\arctan\left(\frac{0.23+0.010/2}{2.184+0.23/2}\right)=5.84°$$

（5）查表3-18得35kV电压等级的最小空气间隙为$R_Z=0.1$m，$R_C=0.25$m，$R_L=0.45$m。根据$\lambda=0.885$m和φ、R值，按照图3-5的图样，用一定比例制作间隙圆校验图（图略）。

下横担间隙圆校验方法与上横担同，从略。

【例3-6】 某110kV双回路输电线路，经过非居民区，Ⅴ典型气象区，基本风速$v=27$m/s，覆冰厚度$b=10$m，海拔小于1000m，导线采用1×LGJ-240/30，地线采用1×JLB-100，经排杆定位后，某级杆塔呼称高度$H=19$m，代表档距258m，已知前后侧档距分别为$L_1=263$m，$L_2=260$m，水平档距$L_P=261.5$m，高差$h_1=0$，$h_2=-6$m，绝缘子采用9片XWP3-70，绝缘子串长度$\lambda=1591$mm，试选择直线塔塔型并进行校验。

解　（1）确定铁塔塔型。根据电压等级110kV、2回路、导线规格、地形、气象条件（风速、覆冰厚度），查附录B选用1D3模块；在模块中查找相应的杆塔设计条件（呼称高度和各种档距）确定为1D3-SZ1铁塔，该铁塔模块的气象条件见表3-24，设计条件见表3-25。

表3-24　1D3子模块的气象条件

项　目	气温（℃）	风速（m/s）	覆冰厚度（mm）
最高气温	40	0	0
最低气温	−30	0	0
覆冰	−5	10	10
基本风速	−5	27	0
安装情况	−10	10	0
年平均气温	5	0	0
雷电过电压	15	10	0
操作过电压	5	15	0
带电作业	15	10	0

表 3-25　　1D3-SZ1 模块的杆塔设计条件

塔型名称	呼高范围（m）	呼高（m）	水平档距（m）	垂直档距（m）	允许转角（°）	串型	带角度时的水平档距（m）
SZ1	15～24	21	350	450		Ⅰ型串	

（2）杆塔校验。

1）塔头结构尺寸的校验。塔头结构尺寸的校验方法与［例 3-5］相同。

2）杆塔荷载校验。用水平档距、垂直档距方法校验。

LGJ-240/30 导线相应气象条件的应力和比载见表 3-26。

表 3-26　　LGJ-240/30 导线相应气象条件的应力和比载表

气象条件＼参数	应力（N/mm^2）	比载［$N/(m \cdot mm^2)$］
正常大风	76.4	$\gamma_{1(0,0)}=32.772\times10^{-3}$
高温	49.06	$\gamma_{1(0,0)}=32.772\times10^{-3}$
低温	71.93	$\gamma_{1(0,0)}=32.772\times10^{-3}$
覆冰	104.13	$\gamma_{3(10,0)}=64.523\times10^{-3}$

各种气象条件下的垂直档距为

高温 $L_V=L_P+\dfrac{\sigma_0}{r_{1(0,0)}}\left(\dfrac{h_1}{L_1}+\dfrac{h_2}{L_2}\right)=261.5+\dfrac{49.06}{32.772\times10^{-3}}\left(\dfrac{-6}{260}\right)=226.95(m)$

低温 $L_V=L_P+\dfrac{\sigma_0}{r_{1(0,0)}}\left(\dfrac{h_1}{L_1}+\dfrac{h_2}{L_2}\right)=261.5+\dfrac{71.93}{32.772\times10^{-3}}\left(\dfrac{-6}{260}\right)=210.85(m)$

正常大风 $L_V=L_P+\dfrac{\sigma_0}{r_{1(0,0)}}\left(\dfrac{h_1}{L_1}+\dfrac{h_2}{L_2}\right)=261.5+\dfrac{76.4}{32.772\times10^{-3}}\left(\dfrac{-6}{260}\right)=207.7(m)$

覆冰 $L_V=L_P+\dfrac{\sigma_0}{r_{3(10,0)}}\left(\dfrac{h_1}{L_1}+\dfrac{h_2}{L_2}\right)=261.5+\dfrac{104.13}{64.523\times10^{-3}}\left(\dfrac{-6}{260}\right)=224(m)$

从计算结果看出，本铁塔的实际水平档距 261.5m 和最大垂直档距 226.95m，均小于铁塔设计水平档距 350m 和垂直档距 450m，验算合格。

3）直线杆塔上拔校验。直线杆塔上拔的条件是垂直档距小于零，根据以上计算，最小垂直档距发生在正常大风气象条件，$L_V=207.7m$，大于零，不会出现上拔。

4）最大档距的校验。

$$D_m=0.4\lambda+\frac{U}{110}+0.65\sqrt{f_{max}}$$

1D3-SZ1 铁塔上横担长度最小 $D=2.8\times2=5.6$（m）

$$D_m=0.4\times1.591+\frac{110}{110}+0.65\sqrt{f_{max}}=5.6$$

解得 $f_{max}=37m$

$L_{max}=\sqrt{\dfrac{8\sigma_0 f_{max}}{\gamma_{1(0,0)}}}=\sqrt{\dfrac{8\times49.06\times37}{32.772\times10^{-3}}}=666(m)$，大于本塔的档距 $L_1=263m$，合格。

1. 何谓呼称高度，呼称高度由哪些尺寸决定？
2. 何谓经济呼称高度、经济档距？
3. GB 50061—2010、GB 50545—2010 规定了哪些导线的线间距，为什么？
4. GB 50061—2010、GB 50545—2010 规定了导线对哪些接近物的安全距离？
5. 杆塔横担的尺寸由哪些参数决定？

1. 已知某 110kV 输电线路经过一村庄，Ⅲ级典型气象区，导线采用 LGJ-150/25，自重比载 $\gamma_{1(0,0)}=34.24\times10^{-3}$N/(m·mm²)，线路档距 300m，无高差，最大弧垂受高温控制 $\sigma_0=107$MPa，采用 7 片 X-4.5 悬垂绝缘子，试计算呼称高度。

2. 已知某 110kV 单回路输电线路采用门型电杆，Ⅳ级典型气象区，采用 7 片 X-4.5 悬垂绝缘子，导线最大弧垂为 3.5m，试计算该电杆横担长度。

第四章 环形截面钢筋混凝土构件承载能力计算

由于钢筋混凝土除了能合理利用钢筋和混凝土两种不同材料外，还具有很好的耐久性、耐火性和可模性，因此成为现代工程建设中应用最广泛的建筑材料之一。环形截面钢筋混凝土构件具有较好的受力性能、节约材料、便于采用离心制造等优点，被广泛应用于通信、电视、铁路、电力等部门。输电线路常用的钢筋混凝土电杆是一种最典型的环形截面钢筋混凝土构件。环形截面钢筋混凝土构件布有两种钢筋，即纵向受力钢筋和螺旋钢筋。环形截面钢筋混凝土构件一般受力方向是不定的，因此，纵向受力钢筋均匀布置在截面的圆周方向，承受弯曲拉应力。螺旋钢筋除用来防止在剪力和扭矩作用下发生破坏外，还起固定纵向受力钢筋的作用。

第一节 环形截面钢筋混凝土构件正截面承载能力计算

一、受弯构件正截面承载能力计算

1. 基本公式

对于环形截面钢筋混凝土构件，其纵向受力钢筋沿周边均匀地布置在整个截面中，图 4-1 所示为环形构件截面示意图。r_1 为环形截面内半径。r_2 为环形截面外半径。r_s 为钢筋所在圆的半径，$r_s=r_2-a_s$，a_s 为钢筋中心所在圆至构件外壁的距离，2ϕ 弧度范围的阴影面积为构件截面受压区；其余 $2\pi-2\phi$ 弧度范围的面积为构件截面的受拉区，其承载能力计算式为

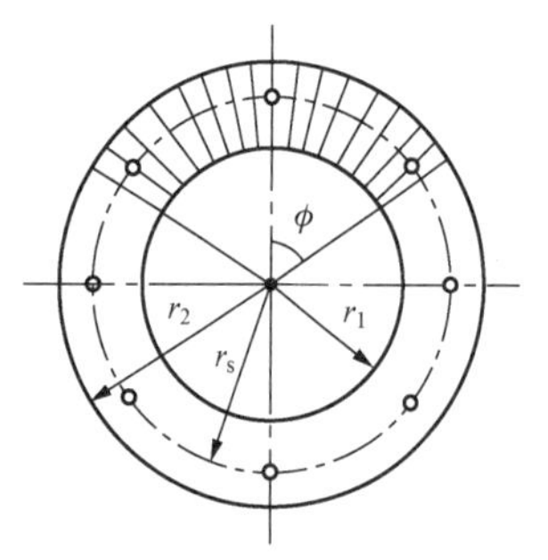

图 4-1 环形构件截面示意图

$$M \leqslant \alpha_1 f_c A(r_1+r_2)\frac{\sin\pi\alpha}{2\pi}+f_y A_s r_s\frac{\sin\pi\alpha+\sin\pi\alpha_t}{\pi} \tag{4-1}$$

式中 M——荷载引起的弯矩设计值；

α_1——受压区混凝土矩形应力图的应力值与混凝土轴心抗压强度设计值的比值，当混凝土强度等级不超过 C50 时，α_1 取为 1.0；当混凝土强度等级为 C80 时，α_1 取为 0.94，其间按线性内插法确定；

f_c——混凝土轴心抗压强度设计值，见附录 C 中表 C-2；

A——环形截面构件总面积；

r_1——环形截面内半径；

r_2——环形截面外半径；

f_y——受拉区钢筋抗拉强度设计值，见附录 D 中表 D-2；

A_s——钢筋总面积；

r_s——钢筋所在圆的半径；

α——受压区混凝土面积与环形构件总面积的比值，$\alpha=\frac{2\phi}{2\pi}=\frac{\phi}{\pi}$；

α_t——受拉纵向钢筋截面积与全部纵向钢筋截面积的比值。

（1）受压区混凝土面积与环形构件总面积的比值 α。

α 计算式为

$$\alpha=\frac{f_yA_s}{f_cA+2.5f_yA_s} \tag{4-2}$$

式中符号含义与式（4-1）相同。

（2）受拉纵向钢筋截面积与全部纵向钢筋截面积的比值 α_t。

当 $\alpha\leqslant 2/3$ 时，取 $\alpha_t=1-1.5\alpha$；当 $\alpha>2/3$ 时，取 $\alpha_t=0$。

2. 公式的适应条件

式（4-1）宜符合以下条件

$$\omega=\frac{f_yA_s}{\alpha_1f_cA}\leqslant 0.9 \tag{4-3}$$

式中　ω——相对含筋率；

其他符号含义与式（4-1）相同。

【例4-1】 某环形截面钢筋混凝土电杆，外径 $D=400$mm，内径 $d=300$mm，混凝土等级为C40，配置 8ϕ16 的HPB300纵向钢筋，构件重要性系数为Ⅱ级，试计算它能承担多大弯矩。

解　查附录E中表E-1得 8ϕ16 钢筋的面积 $A_s=1608(mm^2)$；查附录C中表C-2、查附录D中表D-2得 $f_c=19.1N/mm^2$，$f_y=270N/mm^2$；$\alpha_1=1.0$（C40混凝土）。

$$A=\pi(r_2^2-r_1^2)=3.14(200^2-150^2)=54\ 950(mm^2)$$

$$\alpha=\frac{\phi}{\pi}=\frac{f_yA_s}{\alpha_1f_cA+2.5f_yA_s}=\frac{270\times1608}{1.0\times19.1\times54\ 950+2.5\times270\times1608}=0.203$$

$$\alpha=0.203<2/3=0.667$$

$$\alpha_t=1-1.5\alpha=1-1.5\times0.203=0.696$$

$$\omega=\frac{f_yA_s}{\alpha_1f_cA}=\frac{270\times1608}{1.0\times19.1\times54\ 950}=0.414<0.9，符合要求。$$

$$\sin\pi\alpha=\sin(0.203\times180°)=0.595$$

$$\sin\pi\alpha_t=\sin(0.696\times180°)=0.816$$

$$M=\alpha_1f_cA(r_2+r_1)\frac{\sin\pi\alpha}{2\pi}+f_yA_sr_s\frac{\sin\pi\alpha+\sin\pi\alpha_t}{\pi}$$

$$=1.0\times19.1\times54\ 950\times(200+150)\times\frac{0.595}{2\times3.14}+270\times1608\times175\times\frac{0.595+0.816}{3.14}$$

$$=68\ 945\ 488N\cdot mm=68.95(kN\cdot m)$$

能承担 68.95kN·m 的弯矩。

二、受压构件承载能力计算

1. 轴心受压构件承载能力计算

对于单一均质材料的受压构件，当纵向压力作用线通过构件截面的形心轴线时称为轴心受压构件。钢筋混凝土受压构件是由两种不同材料组成，其中混凝土是非均质材料，钢筋布置的位置非对称，作用力或者施工制造中可能出现偏差，因此绝对的轴心受压构件是不存在的。但有些构件，如永久荷载较大的多层厂房的中间柱以及桁架的受压腹杆等，因为主要承受轴向压力，弯矩很小，一般忽略弯矩的影响，近似按轴心受压构件设计。

环形截面钢筋混凝土柱一般应布置两种钢筋，纵向钢筋和螺旋钢筋。纵向钢筋沿横截面圆周均布放置，螺旋钢筋沿柱高等距盘绕。轴心受压构件的承载能力主要由混凝土承担。设置纵向钢筋的目的是：①协助混凝土承受压力，减少构件的截面尺寸；②承受可能产生的不太大的弯矩，以及混凝土收缩及温度变形引起的拉应力，③防止构件突然的脆性破坏。设置螺旋钢箍的作用是为了防止纵向钢筋的压屈、改善构件的延性并与纵向钢筋形成钢筋骨架。

钢筋混凝土短柱在轴心压力作用下，截面的压应变基本均匀分布，从开始加载直至破坏，混凝土与纵向钢筋始终保持共同变形。当荷载较小时，混凝土处于弹性工作阶段，混凝土与钢筋的应力按照弹性规律分布，其应力比值约为两者弹性模量之比。随着荷载的增加，混凝土塑性变形的发展和变形模量的降低，混凝土应力增长逐渐变慢，而钢筋应力的增加则越来越快。对于一般中等强度的钢筋，钢筋的应力将先达到屈服强度，此后增加的荷载全部由混凝土来承担。在临近破坏时，柱出现与荷载方向平行的纵向裂缝，混凝土保护层开始剥落，钢箍之间的纵向钢筋发生向外凸出，混凝土被压碎崩裂而破坏。破坏时混凝土的应力达到柱体抗压强度 f_c。柱的破坏强度由混凝土及钢筋两部分组成，因此短柱承载能力计算公式可写成

$$N_s = f_c A + f'_y A'_s \tag{4-4}$$

在实际结构中，钢筋混凝土柱由于各种原因，存在有初始偏心距，在加载后产生附加弯矩和相应的侧向挠度。此附加弯矩对短柱来说影响不大，可忽略不计。对于细长柱情况就不同了。细长柱在附加弯矩作用下产生侧向挠度，而侧向挠度又加大了初始偏心距，随负荷的增加，侧向挠度和附加弯矩将不断增大，这样相互影响的结果，使长柱在轴向力和弯矩的共同作用下而破坏。破坏时首先在凹边出现纵向裂缝，接着混凝土被压碎，纵向钢筋被压弯向外凸出，侧向挠度急速发展，柱将失去平衡而破坏，这种破坏称为失稳破坏。因此长柱的承载能力将低于按式（4-4）所计算的短柱承载能力，在计算中一般用小于 1 的稳定系数 φ_c 对按式（4-4）的计算值加以修正。φ_c 值主要与构件的长细比 l_0/i 有关（l_0 为柱的计算长度，i 为构件最小回转半径），长细比越大，φ_c 值越小，构件的承载能力折减越多，其取值见表 4-1。GB 50010—2010《混凝土结构设计规范》规定，当 $l_0/i \leqslant 28$ 或 $l_0/d \leqslant 7$（d 为圆形截面的直径），取 $\varphi_c = 1$。

根据上述分析，其轴心受压构件承载能力计算公式为

$$N \leqslant 0.9\varphi_c (f_c A + f'_y A'_s) \tag{4-5}$$

式中 N——轴向压力设计值；

φ_c——构件稳定系数（按表 4-1 取值）；

f_c——混凝土轴心抗压强度设计值（见附录 C 中表 C-2）；

A——构件截面积，当配筋率 $\rho' = A'_s/A$ 不超过 3%时，可近似取构件的截面积；当配筋率 $\rho' = A'_s/A$ 超过 3%时，混凝土的截面积应扣除纵向钢筋的截面积；

f'_y——纵向钢筋抗压强度设计值（见附录 D 中表 D-2）；

A'_s——纵向受压钢筋截面积。

在求稳定系数 φ_c 时，需要确定构件的计算长度 l_0，l_0 与构件两端的支承情况有关，计

算长度可按以下原则确定（其中 l 为支承点间构件实际长度）：

（1）两端均为不动铰，$l_0=l$；

（2）两端均固定，$l_0=0.5l$；

（3）一端固定，一端为不移动铰，$l_0=0.7l$；

（4）一端固定，一端自由，$l_0=2l$。

表 4-1　　钢筋混凝土构件的稳定系数 φ_c

长细比 (l_0/i)	0	1	2	3	4	5	6	7	8	9
40	0.960	0.955	0.950	0.945	0.940	0.935	0.930	0.925	0.920	0.913
50	0.905	0.898	0.890	0.884	0.876	0.868	0.860	0.852	0.844	0.837
60	0.830	0.820	0.810	0.802	0.794	0.786	0.778	0.769	0.760	0.752
70	0.745	0.738	0.730	0.722	0.714	0.707	0.700	0.693	0.686	0.678
80	0.670	0.663	0.656	0.648	0.641	0.634	0.627	0.620	0.613	0.606
90	0.600	0.594	0.588	0.581	0.574	0.568	0.563	0.557	0.552	0.546
100	0.540	0.535	0.530	0.525	0.520	0.515	0.510	0.504	0.498	0.492
110	0.486	0.481	0.476	0.469	0.462	0.456	0.450	0.445	0.440	0.434
120	0.428	0.422	0.416	0.409	0.402	0.397	0.392	0.386	0.380	0.375
130	0.370	0.365	0.360	0.354	0.348	0.342	0.336	0.331	0.326	0.321
140	0.316	0.310	0.304	0.300	0.297	0.293	0.290	0.285	0.280	0.275
150	0.271	0.266	0.262	0.257	0.253	0.249	0.246	0.242	0.238	0.234
160	0.230	0.225	0.221	0.218	0.215	0.212	0.209	0.205	0.202	0.201
170	0.200	0.198	0.195	0.192	0.190	0.189	0.188	0.187	0.186	0.185
180	0.184									

注　l_0 为构件计算长度，i 为截面回转半径。

2. 偏心受压构件承载能力计算

自立式环形截面钢筋混凝土电杆属偏心受压构件。环形截面偏心受压构件承载能力计算原则及计算方法与矩形截面基本相同，设计时可分为大偏心受压（受拉破坏）和小偏心受压（受压破坏）两种情况进行计算。

在工程应用中，可将钢筋混凝土偏心受压柱按长细比的不同，理想的分为短柱、长柱和细长柱。短柱长细比较小，在偏心荷载的作用下，侧向变形较小，由变形引起的附加偏心距不大，对构件强度无明显影响，计算时一般可忽略纵向弯矩的影响。对长细比较大的长柱，在偏心压力的作用下，在构件跨中截面将产生侧向变形，致使该截面因变形产生附加弯矩，从而导致构件承载能力的降低。当长细比较大时，附加弯矩将占据该截面弯矩的相当大的比重而不能忽略。

1）短柱。当柱的长细比较小时，柱在偏心压力的作用下，侧向变形与初始偏心距相对比较小，在设计时可忽略其影响，既不考虑附加弯矩的影响，这种柱称为短柱，GB 50010—2010《混凝土结构设计规范》规定，当构件长细比 $l_0/h\leqslant5$ 或 $l_0/i\leqslant17.5$ 时为短柱。

2）长柱。当柱的长细比较大时，柱在偏心压力的用下，侧向变形相对比较大，在设计时不能忽略附加弯矩的影响，这种柱称为长柱。GB 50010—2010 规定，当构件长细比 $5<l_0/h\leqslant30$ 时为长柱。

3）细长柱。当长细比很大，称为细长柱。细长柱长细比过大，钢筋和混凝土均未达到材料破坏的极限值而破坏，这种破坏称为失稳破坏。

（1）大偏心受压。

当构件破坏时，受拉和受压钢筋都达到屈服极限，受压区混凝土达到强度极限（见图 4-2），受压区的分布角 $2\phi\leqslant180°(\phi\leqslant90°)$。

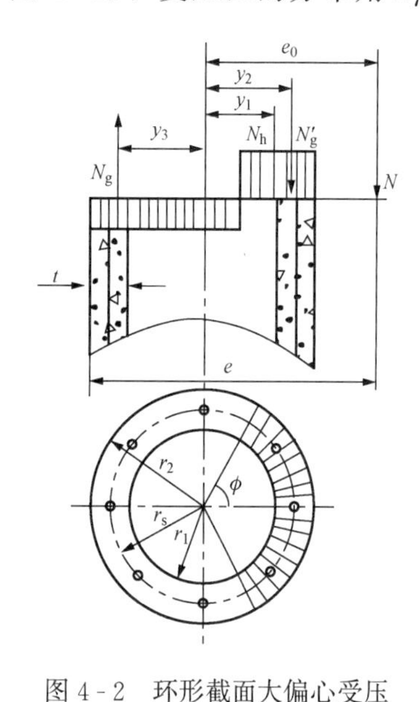

图 4-2 环形截面大偏心受压

图 4-2 所示为环形截面大偏心受压构件受极限设计荷载 N 作用，截面上材料达到其极限设计强度时的内力分布情况，其分析过程与受弯构件的分析过程类似。令受压区占环形截面积的比率 $\alpha=\dfrac{2\phi}{2\pi}=\dfrac{\phi}{\pi}$，其计算公式为

$$\alpha=\frac{N+f_yA_s}{\alpha_1f_cA+2.5f_yA_s} \tag{4-6}$$

$$N\eta e_i\leqslant\alpha_1f_cA(r_1+r_2)\frac{\sin\pi\alpha}{2\pi}+f_yA_sr_s\frac{\sin\pi\alpha+\sin\pi\alpha_t}{\pi} \tag{4-7}$$

式中 N——轴向压力设计值；

η——偏心距增大系数，按式（4-9）计算；

e_i——初始偏心距。

其他符号含义与式（4-1）相同。

1）初始偏心距 e_i。其计算公式为

$$e_i=e_0+e_a \tag{4-8}$$

式中 e_0——轴向压力对截面重心的偏心距；

e_a——附加偏心距，考虑施工偏差、混凝土的非均匀性等因素引起荷载作用点的偏移对偏心距的影响，其值取 20mm 和偏心方向截面最大尺寸的 1/30 两者中的最大值。

2）偏心距增大系数 η。当 $l_0/i\leqslant17.5$ 时，取 $\eta=1$（i 为截面回转半径）。当 $l_0/i>17.5$ 时，其计算公式为

$$\eta=1+\frac{1}{1400e_i/(r_2+r_s)}\left(\frac{l_0}{D}\right)^2\zeta_1\zeta_2 \tag{4-9}$$

式中 l_0——构件计算长度；

D——环形截面的外径；

ζ_1——偏心受压构件的截面曲率修正系数，其计算公式为 $\zeta_1=\dfrac{0.5\alpha_1f_cA}{N}\leqslant1$[或近似取 $\zeta_1=0.2+0.7e_i/(r_2+r_s)\leqslant1$]；

ζ_2——构件长细比对截面曲率的影响系数，其计算公式为 $\zeta_2=1.15-0.01l_0/D\leqslant1$；

r_2——环形截面外径；

r_s——钢筋所在圆的半径；

A——构件截面积。

（2）小偏心受压。

当 $\varphi>90°$ 时，构件属小偏心受压，构件破坏发生在受压区。如果偏心很小时，破坏发生在最大压力边。根据力的平衡条件（见图 4-3），并引用一些实验结果的经验系数，可以得出以距外力作用点最远的钢筋为矩心的计算公式

$$N(e_i\eta+r_s)=(\alpha_1 f_c A+\mu_s f_y A_s)r_s \tag{4-10}$$

式中　μ_s——与偏心距有关的系数，当 $e_0<r_s$ 时，取 $\mu_s=1-\frac{e_0}{3r_s}$；当 $e_0>r_s$ 时，取 $\mu_s=2/3$。

当混凝土截面已知时，由式（4-10）可得

$$A_s=\frac{N\left(\frac{e_i\eta}{r_s}+1\right)-\alpha_1 f_c A}{\mu_s f_y} \tag{4-11}$$

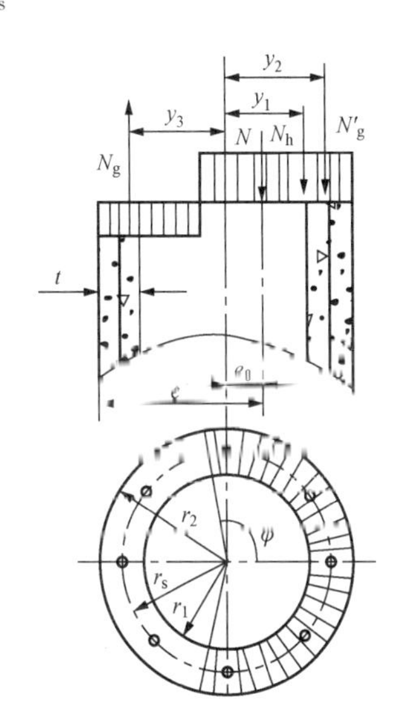

图 4-3　环形截面小偏心受压

3. 压弯构件承载能力计算

同时承受横向荷载（均布荷载、集中荷载、弯矩）和轴向压力的构件称为压弯构件。实际上偏心受压构件是压弯构件的一种情况，如图 4-4（a）所示的构件为两端铰支的偏心受压构件。它实际上就等于图 4-4（b）所示的压弯构件

由此可见，一定条件下，压弯构件和偏心受压构件是可以转换的，但转换时必须注意不能改变构件两端的支承条件。在输电线路电杆中带拉线直线电杆及带拉线转角电杆的主杆多属于压弯构件。在计算这些压弯构件承载能力时，先求出构件危险截面处的相应弯矩及压力，然后将该截面上的弯矩和轴向力折算成偏心受压荷载，按偏心受压构件计算公式验算其正截面强度及稳定，即

$$M\geqslant M_x=M_B(x/l_0)+M_{0x}+N_x f_x \tag{4-12}$$

式中　M——结构承载能力设计值；

M_x——x 截面处的弯矩设计值；

N_x——x 截面处的垂直压力设计值；

M_B——作用于拉线点以上的外力引起的端弯矩设计值（包含拉线偏心产生的弯矩）；

f_x——x 截面处包含压弯影响的杆身总挠度。

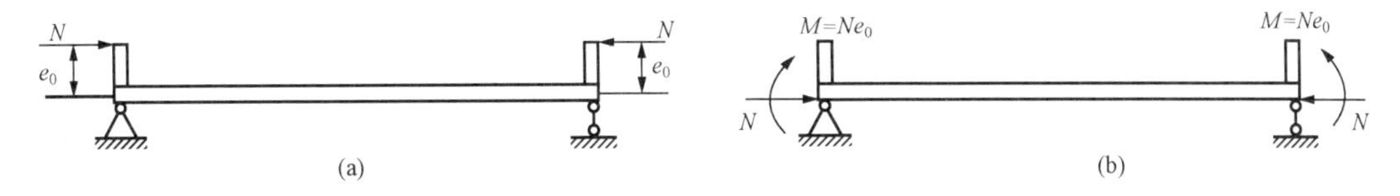

图 4-4　偏心受压构件、压弯构件示意图

（a）偏心受压构件；（b）压弯构件

其他符号含义与式（5-16）相同。

【例 4-2】 环形截面钢筋混凝土电杆外径 $D=400$mm，内径 $d=300$mm，计算长度 $l_0=8000$mm，混凝土等级采用 C40，布置 22ϕ14 的 HPB300 纵向钢筋。当受到偏心距 $e_0=850$mm 的轴向偏向心力设计值 $N=84\ 260$N 的作用时，验算此电杆截面是否安全？

解 由题意，已知

$$f_c=19.1\text{N/mm}^2,\ f_y=270\text{N/mm}^2,\ A_s=3383\text{mm}^2$$
$$A=54950\text{mm}^2,\ r_s=175\text{mm},\ \alpha_1=1.0\ (\text{C40 混凝土})$$

（1）判别大小偏心。

$$\alpha=\frac{N+f_yA_s}{\alpha_1 f_cA+2.5f_yA_s}=\frac{84\ 260+270\times3383}{1.0\times19.1\times54\ 950+2.5\times270\times3383}=0.299$$

因 $\alpha=\dfrac{\phi}{\pi}$，$\phi=\alpha\pi=0.299\times180°=53.82°<90°$，属大偏心受压。

（2）确定是否考虑长细比的影响。

因
$$\frac{l_0}{D}=\frac{8000}{400}=20>8$$

所以应考虑长细比的影响。

（3）求偏心距增大系数 η。取 $e_a=20\text{mm}$，$e_i=e_0+e_a=850+20=870$（mm），则

$$\zeta_1=\frac{0.5f_cA}{N}=\frac{0.5\times19.1\times54\ 950}{84\ 260}=6.23>1,\text{取}\ \zeta_1=1$$
$$\zeta_2=1.15-0.01l_0/D=1.15-0.01\times8000/400=0.95$$
$$\eta=1+\frac{1}{1400e_i/(r_2+r_s)}\left(\frac{l_0}{D}\right)^2\zeta_1\zeta_2$$
$$=1+\frac{200+175}{1400\times870}\times\left(\frac{8000}{400}\right)^2\times1\times0.95=1.12$$

（4）求截面的抵抗弯矩。

$$\alpha=0.299<2/3=0.67$$
$$\alpha_t=1-1.5\alpha=1-1.5\times0.299=0.551$$
$$\sin\pi\alpha=\sin(0.299\times180°)=0.807$$
$$\sin\pi\alpha_t=\sin(0.551\times180°)=0.987$$

$$M=\alpha_1 f_cA(r_2+r_1)\frac{\sin\pi\alpha}{2\pi}+f_yA_sr_s\frac{\sin\pi\alpha+\sin\pi\alpha_t}{\pi}$$
$$=1.0\times19.1\times54\ 950\times(200+150)\times\frac{0.807}{2\times3.14}+270\times3383\times175\times\frac{0.807+0.987}{3.14}$$
$$=47.20+91.33=138.53(\text{kN}\cdot\text{m})$$
$$e_0=e_i=\frac{M}{N\eta}=\frac{138.53}{84.26\times1.12}=1.467(\text{m})=1467\text{mm}>850\text{mm}$$

或 $M=N\eta e_i=84.26\times1.12\times0.870=82.1(\text{kN}\cdot\text{m})<[M]=138.53\text{kN}\cdot\text{m}$

故此截面是安全的。

第二节 环形截面钢筋混凝土构件斜截面承载能力计算

一、抗剪承载能力计算

对于矩形截面钢筋混凝土受弯构件受力后，在主要承受弯矩的区段内产生垂直裂缝，如果它抗弯能力不足，构件将会沿着正截面发生破坏。所以，设计钢筋混凝土梁时，必须进行正截面的强度计算。但是，受弯构件除承受弯矩外，往往还同时承受剪力，构件在弯矩 M 和

剪力V的共同作用下，还可能出现斜裂缝，并且沿着斜裂缝发生破坏，这种破坏称为剪切破坏。为了防止这种破坏，梁除了具有一定的合理尺寸外，应在梁内布置箍筋和弯起钢筋（通常称为梁的腹筋）。

环形截面钢筋混凝土构件在弯矩M和剪力V的共同作用下同样会产生剪切破坏，因此在环形截面梁内布置螺旋钢筋，以抵抗剪切破坏。环形截面混凝土构件电杆在剪力作用下的斜截面受剪承载力，计算式为

$$V \leqslant V_u = 1.2tDf_t \tag{4-13}$$

式中　V——剪力设计值；

V_u——构件的抗剪承载力设计值；

t——环形截面壁厚；

D——环形截面外径；

f_t——混凝土的轴心抗拉强度设计值。

当V小于或等于V_u时，剪力产生的主拉应力全部由混凝土承担。当V大于V_u时，电杆已开裂，斜截面上的主拉应力由纵向钢筋承担20%［纵向钢筋面积按式（4-19）计算］、螺旋钢筋承担80%，螺旋钢筋面积A_{sv}计算式为

$$A_{sv} \geqslant \frac{\sqrt{2}VS}{4\pi r_s f_{yv}\cos(45^\circ+\theta)} \tag{4-14}$$

式中　V——剪力设计值；

S——螺旋钢筋间距；

r_s——钢筋所在圆的半径；

f_{yv}——螺旋钢筋的抗拉强度设计值。

【例4-3】　已知外径$D=300$，内径$d=200$mm，由导线、地线和杆身风压对电杆产生的设计剪力为6kN，混凝土的等级为C40，验算电杆的抗剪强度。

解　环形截面壁厚$t=50$mm，$D=300$mm，C40混凝土，查附录C中表C-2得$f_t=1.71\text{N/mm}^2$。

$$V_u=1.2tDf_t=1.2\times50\times300\times1.71=30\,780\text{N}>V=6000\text{N}$$

故剪力由混凝土承受，螺旋钢筋按构造配筋。

二、抗扭承载能力计算

1. 环形截面纯扭构件的强度计算

荷载不通过截面的对称轴，就会使受弯构件同时产生扭转。因此，在钢筋混凝土结构中，单独的纯扭情况很少见，一般都是扭转与弯曲同时存在，如图4-5所示的环形截面钢筋混凝土电杆。环形截面钢筋混凝土构件在扭矩作用下的斜截面受扭承载力T_u，计算式为

$$T \leqslant T_u = 0.5(r_1+r_2)Af_t \tag{4-15}$$

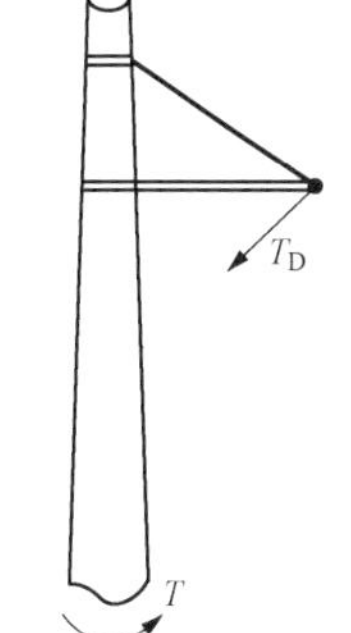

图4-5　受弯扭混凝土电杆

式中　T——扭矩设计值；

T_u——构件的抗扭承载力设计值；

r_1——环形截面内径；

r_2——环形截面外径；

A——环形截面构件总面积；

f_t——混凝土的轴心抗拉强度设计值。

当 T 小于或等于 T_u 时，扭矩产生的主拉应力全部由混凝土承担。当 T 大于 T_u 时，电杆已开裂，斜截面上的主拉应力由纵向钢筋和螺旋筋共同承受，纵向钢筋的面积按式（4 - 20）计算。螺旋筋的面积，可按下式计算：

（1）当外扭矩与螺旋钢筋的绕向一致时，其计算公式为

$$A_{svt} \geqslant \frac{\sqrt{2}TS}{4\pi r_s^2 f_{yv}\cos(45°-\theta)} \tag{4 - 16}$$

（2）当外扭矩与螺旋钢筋的绕向相反时，其计算公式为

$$A_{svt} \geqslant \frac{\sqrt{2}TS}{4\pi r_s^2 f_{yv}\cos(45°+\theta)} \tag{4 - 17}$$

式中 T——扭矩设计值；

S——螺旋钢筋的螺距；

f_{yv}——螺旋钢筋的抗拉强度设计值；

θ——螺旋钢筋螺旋角；

r_s——钢筋所在圆的半径。

在实际工程中，输电电杆受扭时，扭矩方向往往是不定的，因此按受扭计算螺旋钢筋截面时，应取外扭矩方向与螺旋钢筋绕向相反的计算公式计算，即采用式（4 - 17）计算。而且螺旋钢筋的螺旋角不得取为 45°，若螺旋角等于 45°时，由公式得 $A_{svt}=\infty$。也就是说螺旋钢筋无法平衡扭矩产生的斜截面拉力。

2. 环形截面受弯剪扭构件的强度计算

在环形截面受弯剪扭构件中，剪力 V 在截面上引起的主拉应力与扭矩 T 在截面上引起的主拉应力之和，当满足式（4 - 18）时，可以认为混凝土能够承担主拉应力，其螺旋钢筋按构造要求配置，否则按计算配置螺旋钢筋和纵筋。剪力和扭矩引起的主拉应力 $\sum\sigma$ 为

$$\sum\sigma = \left[\frac{V}{1.2tD} + \frac{T}{0.5(r_1+r_2)A}\right] \leqslant f_t \tag{4 - 18}$$

由于影响环形截面弯剪扭构件强度的因素较多，准确计算相当麻烦，因此目前对环形截面弯剪扭强度计算采用叠加法的简化计算。即其纵向钢筋截面面积由抗弯强度、抗剪强度和抗扭强度所需钢筋相叠加，其螺旋钢筋截面积应由抗剪强度和抗扭强度所需的钢筋相叠加。

（1）纵向受力钢筋。

1）抗弯强度所需纵向受力钢筋按式（4 - 1）确定。

2）抗剪强度所需附加纵向钢筋截面积计算式为

$$A_{sb} \geqslant \frac{0.2V}{f_y} \tag{4 - 19}$$

式中 A_{sb}——抗剪强度所需附加纵筋截面积；

V——剪力设计值；

f_y——钢筋抗拉强度设计值。

3）抗扭强度所需附加纵向钢筋截面积计算式为

$$A_{st} \geqslant \frac{TS}{2\pi r_s^2 f_y}\tan(45°+\theta) \tag{4 - 20}$$

式中 A_{st}——抗扭强度所需附加纵向钢筋截面积；

T——扭矩设计值；

r_s——钢筋所在圆的半径；

f_y——纵向钢筋抗拉强度设计值；

θ——螺旋钢筋的螺旋角。

4）抗剪扭强度所需附加纵向筋总截面积为

$$A_{sf} \geqslant A_{sb} + A_{st}$$

即

$$A_{sf} \geqslant \frac{0.2V}{f_y} + \frac{TS}{2\pi r_s^2 f_y}\tan(45^\circ + \theta) \tag{4-21}$$

式中　A_{sf}——环形截面在剪扭共同作用下，附加纵筋截面积。

（2）环形截面在弯剪扭共同作用下，其螺旋钢筋总截面积为

$$A_{sl} \geqslant A_{sv} + A_{svt}$$

即

$$A_{sl} \geqslant \frac{\sqrt{2}VS}{4\pi r_s f_{yv}\cos(45^\circ + \theta)} + \frac{\sqrt{2}TS}{4\pi r_s^2 f_{yv}\cos(45^\circ + \theta)} \tag{4-22}$$

式中　A_{sl}——环形截面在弯剪扭共同作用下，螺旋钢筋截面积；

V、T——剪力值设计、扭矩设计值；

S——螺旋钢筋螺距；

θ——螺旋钢筋的螺旋角；

f_{yv}——螺旋钢筋抗拉强度设计值；

r_s——钢筋所在圆的半径。

【例 4-4】　如图 4-6 所示为 110kV 环形截面普通钢筋混凝土直线电杆，电杆为顶径 D=230mm 的锥形电杆。全高 18m，埋深 2.5m，壁厚 50mm，混凝土等级采用 C40，配置 10ϕ14 的 HPB300 的纵向钢筋，螺旋钢筋采用 HPB300，2ϕ6 并绕，螺旋钢筋的螺距 S=50mm。电杆采用固定横担，下横担臂长 1.50m，导线为 LGJ—150/20，正常应力架设。试验算电杆在事故断边导线时截面 A（即下横担）处抗剪扭强度。

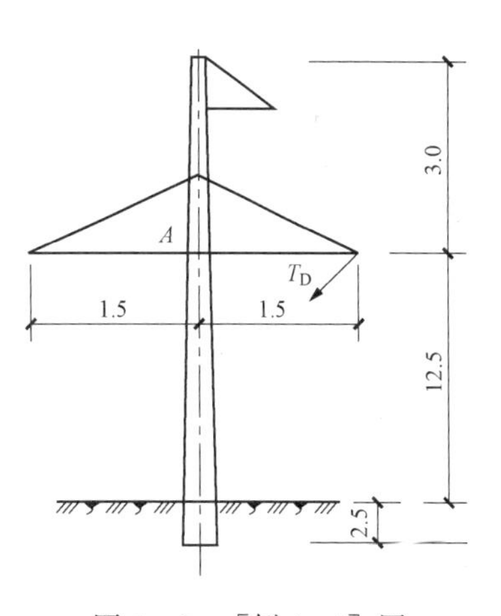

图 4-6　［例 4-4］图

解　（1）计算断线张力。

查导线规格表（GB 1179—1983《铝绞线及钢芯铝绞线》）得 T_P=46630N，查表 2-7 得导线最大使用张力百分数 $X\%$=50%。

最大使用张力

$$T_{Dmax} = \frac{T}{K} = \frac{46\,630}{2.5} = 18\,652(\text{N})$$

断线张力　　$T_D = T_{Dmax}X\% = 18\,652 \times 0.50 = 9326(\text{N})$

（2）A 截面处的剪力设计值 V，扭矩设计值 T。

剪力设计值　　$V = \gamma_Q \psi T_D = 1.4 \times 0.9 \times 9326 = 11\,751(\text{N})$

扭矩设计值　　$T = T_D a_2 = 11\,751 \times 1.50 = 17\,627(\text{N} \cdot \text{m})$

（3）计算是否需要配置螺旋钢筋。

C40 混凝土，$f_t=1.71\text{N/mm}^2$，HPB300 钢筋，$f_{yv}=270\text{N/mm}^2$，则

$$D_A = 0.23 + \frac{3}{75} = 0.27(\text{m})$$

$$d_A = D_A - 2t = 0.27 - 2\times 0.05 = 0.17(\text{m})$$

$$A = \frac{\pi}{4}(D^2 - d^2) = \frac{3.14}{4}\times(270^2 - 170^2) = 34\,540(\text{mm}^2)$$

$$\sum\sigma = \frac{V}{1.2tD} + \frac{T}{0.5(r_1+r_2)A} = \frac{11\,751}{1.2\times 50\times 270} + \frac{17\,627\times 10^3}{0.5\times(85+135)\times 34\,540}$$

$$= 5.36(\text{N/mm}^2) > f_t = 1.71(\text{N/mm}^2)$$

因此，需要按计算配置螺旋钢筋。

（4）计算螺旋钢筋面积。

纵向钢筋为 10ϕ14，螺旋钢筋为 2ϕ6，则

$$\gamma_s = r_1 + \frac{t}{2} + \frac{\phi_1}{2} + \frac{\phi_2}{2} = 85 + \frac{50}{2} + \frac{14}{2} + \frac{6}{2} = 120(\text{mm})$$

螺旋钢筋的螺距 $S=50\text{mm}$，则螺旋角 θ 为

$$\theta = \arctan\left(\frac{S}{2\pi r_s}\right) = \arctan\left(\frac{50}{2\times 3.14\times 120}\right) = 3.8°$$

螺旋钢筋的面积为

$$A_{sl} = \frac{\sqrt{2}VS}{4\pi r_s f_{yv}\cos(45°+\theta)} + \frac{\sqrt{2}TS}{4\pi r_s^2 f_{yv}\cos(45°+\theta)}$$

$$= \frac{\sqrt{2}\times 11751\times 50}{4\times 3.14\times 120\times 270\times\cos(45°+3.8°)} + \frac{\sqrt{2}\times 17253\times 50\times 10^3}{4\times 3.14\times 120^2\times 270\times\cos(45°+3.8°)}$$

$$= 3.10 + 38.74 = 41.84(\text{mm}^2)$$

实配 2ϕ6 并绕螺旋钢筋，$A_{sl}=57\text{mm}^2>41.84\text{mm}^2$，故抗剪扭强度安全。

第三节　环形截面钢筋混凝土构件的变形和裂缝计算

本章前面讨论了环形截面钢筋混凝土构件在各种不同受力状态下的强度计算。强度计算是保证结构安全可靠工作的必要条件，因此对所有钢筋混凝土构件必须进行强度计算。构件除了满足强度要求外，还要满足因变形和裂缝对使用的要求，因为变形过大和裂缝过宽，使构件不能正常工作和影响使用寿命。例如钢筋混凝土电杆裂缝过大会使钢筋锈蚀并且影响美观，另如工厂中的吊车梁变形过大会妨害吊车正常行驶。因此，构件除了进行强度计算外，还要根据使用条件的要求验算变形和裂缝宽度，即进行正常使用极限状态的验算。

与强度极限状态相比，超过正常使用极限状态所造成的后果和危害性及其严重性往往要比超过承载能力极限状态的小得多。因而对其可靠性的保证率可适当放宽一些。所以，在正常使用极限状态的计算中，荷载采用标准值，材料指标采用标准值而不是设计值。

一、构件的刚度

由材料力学可知梁的挠度计算方法，例如：

简支梁受均匀荷载作用时，跨中挠度为

$$f=\frac{5}{384}\times\frac{ql^{4}}{EI}=\frac{5}{48}\times\frac{Ml^{2}}{EI} \tag{4-23}$$

简支梁受集中荷载作用时，跨中挠度为

$$f=\frac{1}{48}\times\frac{pl^{3}}{EI}=\frac{1}{12}\times\frac{Ml^{2}}{EI} \tag{4-24}$$

式中　EI——梁的抗弯刚度；

　　M——梁中最大弯矩。

式（4-23）和式（4-24）可统一写成

$$f=C\frac{Ml^{2}}{EI} \tag{4-25}$$

式中　C——与荷载类型和支承条件有关的系数。

当梁为匀质弹性材料时，它是一个常数，挠度 f 与弯矩 M 成线性关系。对钢筋混凝土梁来说，由于材料的非弹性性质和受拉区裂缝的发展，梁的刚度不是常数，而是随着荷载的增加而不断降低。图4-7表示一根典型的、配筋适量的钢筋混凝土梁的弯矩 M 和挠度 f 的关系。从图上可以看出，M-f 的曲线可以分为三个阶段：第Ⅰ阶段是裂缝出现以前，第Ⅱ阶段是裂缝出现以后到受拉区钢筋屈服以前，第Ⅲ阶段是钢筋屈服以后。

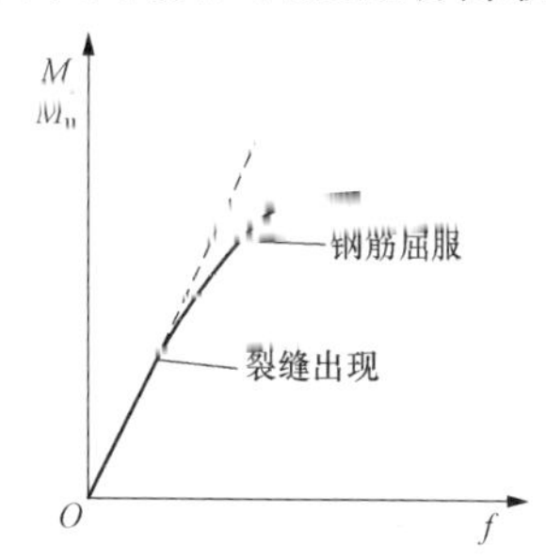

图4-7　M与f的关系曲线

1. 短期荷载作用时的刚度

（1）第Ⅰ阶段。这一阶段梁的性能接近于弹性，M 与 f 基本上呈直线关系。临近裂缝出现时，M-f 关系由直线转成曲线，这是由于受拉区混凝土塑性变形的发展，使梁的刚度有所降低。这一阶段的短期荷载作用下的刚度计算式为

$$B_{s}=0.85E_{c}I_{0} \tag{4-26}$$

式中　E_c——混凝土弹性模量（见附录C中表C-3），N/mm^2；

　　0.85——考虑受短期荷载作用及作用后的塑性变形发展系数；

　　I_0——换算截面的惯性矩，mm^4。

换算截面的惯性矩 I_0 计算式为

$$I_{0}=I+\frac{1}{2}(\alpha_{E}-1)A_{s}r_{s}^{2} \tag{4-27}$$

式中　I——环形截面惯性矩，mm^4；

　　α_E——钢筋弹性模量与混凝上弹性横量比值；

　　A_s——纵向受力钢筋总面积，mm^2；

　　r_s——钢筋所在圆的半径，mm。

（2）第Ⅱ阶段。在短期荷载作用下，梁处于裂缝出现以后，M-f 关系曲线发生转折，梁的刚度有明显的降低。这主要是由于受拉区混凝土裂缝开展使混凝土逐渐退出工作，以及受压区混凝土塑性变形所引起的。

在荷载的短期效应下构件出现裂缝后的短期刚度 B_s 可按下列公式计算：

1）偏心受力构件

$$B_{s}=\frac{A_{s}E_{s}r_{s}^{2}}{0.9\zeta\left(1\pm0.6\frac{r_{s}}{e_{0}}\right)+\alpha_{E}\rho} \tag{4-28}$$

$$\zeta = 1 - \frac{0.8M_{cr}}{M_s} \tag{4-29}$$

$$\zeta = 1 - \frac{0.8N_{cr}}{N_s} \tag{4-30}$$

2）受弯构件（$e_0 \to \infty$）

$$B_s = \frac{A_s E_s r_s^2}{0.9\zeta + \alpha_E \rho} \tag{4-31}$$

式中　ρ——构件的配筋率；

ζ——受拉钢筋的应变不均匀系；

M_{cr}、N_{cr}——构件验算截面的开裂弯矩值（N·mm）、开裂轴力值（N）；

M_s、N_s——按短期荷载作用效应组合计算的验算截面上的弯矩值（N·mm）、轴向力值（N）。

注：(1) 式（4-28）中，计算受拉构件时取正号，受压构件时取负号。

(2) 当偏心受压构件的相对偏心距 $e_0/r_s \leqslant 0.6$ 或计算出的 $B_s \geqslant 0.425A_0E_cr_s^2$ 时，则取 $B_s = 0.425A_0E_cr_s^2$。

(3) 构件验算截面的开裂弯矩和轴力（抗裂强度），可按下列式计算：

1）受弯构件

$$M_{cr} = \gamma f_{tk} W_d \tag{4-32}$$

2）偏心受压构件

$$N_{cr} = \frac{\gamma f_{tk} W_d}{e_0 - \dfrac{W_d}{A_0}} \tag{4-33}$$

3）偏心受拉构件

$$N_{cr} = \frac{\gamma f_{tk} W_d}{e_0 + \gamma \dfrac{W_d}{A_0}} \tag{4-34}$$

式中　f_{tk}——混凝土抗拉强度标准值，N/mm^2；

A_0——电杆换算截面面积，$A_0 = A + (\alpha_E - 1)A_s$，$mm^2$；

W_d——电杆换算截面弹性抵抗矩，$W_d = (r_1^2 + r_2^2)A_0/(4r_2)$，$mm^3$；

α_E——钢筋弹性模量与混凝土弹性模量之比；

γ——截面抵抗矩塑性系数，对于环形截面，$\gamma = 2 - 0.4r_1/r_2$。

2. 长期荷载作用时的刚度

长期荷载作用时的刚度按式（4-35）、式（4-36）计算

$$B_L = \frac{M_s}{0.6M_L + M_s} B_s \tag{4-35}$$

$$B_L = \frac{N_s}{0.6N_L + N_s} B_s \tag{4-36}$$

式中　M_s、M_L——验算截面在短期、长期荷载效应组合下的弯矩标准值；

N_s、N_L——验算截面在短期、长期荷载效应组合下的轴心力标准值。

【例 4-5】 某普通钢筋混凝土环形截面单柱直线电杆，环形截面外半径 $r_2 = 200mm$，内半径 $r_1 = 150mm$，采用 22ϕ16 的 HPB300 纵向钢筋布置在壁厚中央，混凝土等级采用 C40，此截面处承受弯矩标准值 $M_s = 65.23kN \cdot m$，试求短期荷载作用下电杆刚度。

解　该电杆为普通钢筋混凝土受弯构件，工作时允许出现裂缝，因此用出现裂缝刚度公式计算刚度，即

$$B_s = \frac{A_s E_s r_s^2}{0.9\zeta + \alpha_E \rho}$$

根据已知条件得电杆截面面积

$$A = \frac{\pi}{4}(D^2 - d^2) = \frac{3.14}{4} \times (400^2 - 300^2) = 54\ 950(\text{mm}^2)$$

22ϕ16 钢筋截面总面积　　　$A_s = 4422\text{mm}^2$

受力钢筋所在圆半径　　　　$r_s = 175\text{mm}$

C40 混凝土、HPB300 钢筋弹性模量查附录 C 表 C - 3、附录 F 表 F - 3 得 $E_c = 32.5\text{kN/mm}^2$，$E_s = 210\text{kN/mm}^2$，混凝土抗拉强度标准值 $f_{tk} = 2.39\text{N/mm}^2$。

钢筋、混凝土弹性模量比

$$\alpha_E = \frac{E_s}{E_c} = \frac{210}{32.5} = 6.46$$

配筋率

$$\rho = \frac{A_s}{A} = \frac{4400}{54\ 950} = 0.08$$

$$A_0 = A + (\alpha_E - 1)A_s = 54\ 950 + (6.46 - 1) \times 4422 = 79\ 094(\text{mm}^2)$$

$$W_d = (r_1^2 + r_2^2)A_0/(4r_2) = (150^2 + 200^2) \times 79094/(4 \times 200) = 6\ 179\ 219(\text{mm}^3)$$

$$\gamma = 2 - 0.4r_1/r_2 = 2 - 0.4 \times 150/200 = 1.7$$

$$M_{cr} = \gamma f_{tk} W_d = 1.7 \times 2.39 \times 6\ 179\ 219 = 25.11(\text{kN} \cdot \text{m})$$

$$\zeta = 1 - \frac{0.8M_{cr}}{M_s} = 1 - \frac{0.8 \times 25.11}{65.23} = 0.692$$

$$B_s = \frac{A_s E_s r_s^2}{0.9\zeta + \alpha_E \rho} = \frac{4422 \times 210 \times 175^2}{0.9 \times 0.692 + 6.46 \times 0.08} = 24.96 \times 10^{12}(\text{N} \cdot \text{mm}^2)$$

【例 4 - 6】　某预应力钢筋混凝土环形截面单柱直线电杆，外径 $D = 300\text{mm}$，内径 $d = 200\text{mm}$，采用 18ϕ6 中强度预应力钢丝布置在壁厚中央，混凝土等级采用 C50，试求短期荷载作用下电杆刚度。

解　该电杆为预应力钢筋混凝土受弯构件，工作时不出现裂缝，因此用不出现裂缝刚度公式计算刚度，即 $B_s = 0.85E_c I_0$。根据已知条件得：

电杆截面面积　　$A = \frac{\pi}{4}(D^2 - d^2) = \frac{3.14}{4} \times (300^2 - 200^2) = 39\ 250(\text{mm}^2)$

钢筋截面总面积 18ϕ6　　　$A_p = 510\text{mm}^2$

钢筋、混凝土弹性模量　　$E_s = 205\text{kN/mm}^2$，$E_c = 34.5\text{kN/mm}^2$

钢筋、混凝土弹性模量比　　$\alpha_E = \frac{E_s}{E_c} = \frac{205}{34.5} = 5.94$

环形截面惯性矩　　$I = \frac{A(D^2 + d^2)}{16} = \frac{39\ 250 \times (300^2 + 200^2)}{16} = 318\ 906\ 250(\text{mm}^4)$

钢筋所在圆的半径　　$r_s = 125\text{mm}$

换算截面惯性矩　　$I_0 = I + \frac{1}{2}(\alpha_E - 1)A_p r_s^2 = 318\ 906\ 250 + \frac{1}{2} \times (5.94 - 1) \times 616 \times 125^2$

$= 342\ 680\ 000(\text{mm}^4)$

刚度 $B_s = 0.85E_cI_0 = 0.85 \times 34\ 500 \times 342\ 680\ 000 = 10.05 \times 10^{12}(\text{N} \cdot \text{mm}^2)$

二、挠度计算

构件在正常使用极限状态下的挠度，可根据构件的刚度用结构力学的方法计算。对于环形截面电杆，如为轴心受压、小偏心受压或以压为主的压弯构件，此时由于电杆主要承受压力，截面受拉范围很小，混凝土一般不会出现裂缝，宜采用第一阶段刚度计算挠度。而对于受弯构件、大偏心受压构件或以弯为主的压弯构件，一般允许出现裂缝，宜采用第二阶段刚度计算挠度。

挠度验算应满足

$$f \leqslant [f] \tag{4-37}$$

式中 f——荷载标准值作用下的挠度；

$[f]$——杆塔挠度限值，长期荷载效应组合（无冰、风速5m/s及年平均气温）作用下，杆塔挠度限值应符合表4-2的规定。

表4-2 杆塔的计算挠度限值（不包括基础倾斜和拉线点位移）

项目	杆塔的计算挠度限值
悬垂直线无拉线单根钢筋混凝土杆及钢管杆	$5h/1000$
悬垂直线自立式铁塔	$3h/1000$
悬垂直线拉线杆塔的杆（塔）顶	$4h/1000$
悬垂直线拉线杆塔，拉线点以下杆（塔）身	$2h_1/1000$
耐张塔及终端自立式铁塔	$7h/1000$

注 1. h 为杆塔最长腿基础顶面起至计算点的高度，h_1 为电杆拉线点至基础顶面的高度。

2. 根据杆塔的特点，设计应提出施工预偏的要求。

三、裂缝宽度的计算

1. 裂缝控制等级

GB 50010—2010《混凝土结构设计规范》规定，钢筋混凝土结构正截面的裂缝控制等级分为三级。

一级：严格要求不出现裂缝的构件，按荷载效应标准组合计算时，构件受拉边缘混凝土不应产生拉应力。

二级：一般要求不出现裂缝的构件，按荷载效应标准组合计算时，构件受拉边缘混凝土拉应力不应大于混凝土轴心抗拉强度标准值；按荷载效应准永久组合计算时，构件受拉边缘混凝土不宜产生拉应力，当有可靠经验时可适当放松。

三级：允许出现裂缝的构件，按荷载效应标准组合并考虑长期作用影响计算时，构件的最大裂缝宽度不应超过规定的最大裂缝宽度限值。

裂缝控制等级、混凝土拉应力限制系数及最大裂缝宽度允许值见附录G。

DL/T 5154—2012《架空输电线路杆塔结构设计技术规定》，在荷载效应的标准组合作用下，普通和部分预应力混凝土构件正截面的裂缝控制等级为三级，计算裂缝的允许宽度分别为0.2mm及0.1mm。预应力混凝土构件正截面的裂缝控制等级为二级，一般不允许出现裂缝。

2. 正常使用极限状态裂缝宽度计算

（1）在荷载的短期效应组合下裂缝宽度计算。

1）受弯构件

$$\delta_{max}=(200+S)\frac{M_s-M_{cr}}{A_sE_sr_s}\upsilon \tag{4-38}$$

2）偏心受拉和偏心受压构件

$$\delta_{max}=(200+S)\frac{N_s-N_{cr}}{A_sE_s}\left(\frac{e_0}{r_s}\pm 0.6\right)\upsilon \tag{4-39}$$

当为受拉构件时，公式中的最右项取正号，受压时取负号。

式中　δ_{max}——最大裂缝宽度，mm；

N_s、M_s——按荷载的短期效应组合计算的验算截面上的轴向力和弯矩标准值；

N_{cr}、M_{cr}——构件验算截面的开裂轴力和弯矩值，按式（4-32）～式（4-34）计算；

S——螺旋钢筋间距，mm，当 $S<100$mm 时，取 $S=100$mm；

E_s——钢筋的弹性模量；

υ——与纵向受力钢筋表面特征有关的系数，变形钢筋 $\upsilon=0.7$，光面钢筋 $\upsilon=1.0$，冷拔低碳钢丝 $\upsilon=1.25$。

（2）验算长期荷载效应组合下的裂缝宽度。

验算长期荷载效应组合下的裂缝宽度时，应将式（4-38）、式（4-39）乘以 1.5 的扩大系数，此时 N_s、M_s 应按长期效应组合计算。

裂缝宽度应满足

$$\delta_{max}\leqslant[\delta_{max}] \tag{4-40}$$

式中　δ_{max}——荷载标准值作用下的最大裂缝宽度；

$[\delta_{max}]$——最大裂缝宽度允许值，普通钢筋混凝土电杆不应超过 0.2mm。

【例 4-7】 已知无拉线单柱直线钢筋混凝土电杆 1/3 埋深处的弯矩标准值 $M=120$kN·m，此处的电杆外径 $D=532$mm，壁厚为 50mm，$A_c=75\ 674\text{mm}^2$，$r_s=241$mm，配置 22ϕ16 的 HPB300 的光面钢筋，$A_s=4422\text{mm}^2$，按构造配制螺旋钢筋，螺距 $S=300$mm。混凝土等级为 C40，试进行裂缝宽度校核计算。

解　（1）由题意可知 $\upsilon=1$，$r_1=216$mm，$r_2=266$mm，$r_s=241$mm，$E_s=210\text{kN/mm}^2$，$E_c=32.5\text{kN/mm}^2$，$f_{tk}=2.39\ \text{N/mm}^2$，则

$$\alpha_E=\frac{E_s}{E_c}=\frac{210}{32.5}=6.46$$

$$A_0=A_c+(\alpha_E-1)A_s=75\ 674+(6.46-1)\times 4422=99\ 818(\text{mm}^2)$$

$$W_d=(r_1^2+r_2^2)\frac{A_0}{4r_2}=(216^2+266^2)\times\frac{99\ 818}{4\times 266}=11\ 014\ 879(\text{mm}^3)$$

$$\gamma=2-0.4\frac{r_1}{r_2}=2-0.4\times\frac{216}{266}=1.675$$

（2）计算开裂弯矩

$$M_{cr}=\gamma f_{tk}W_d=1.675\times 2.39\times 11\ 014\ 879=44.10\ (\text{kN}\cdot\text{m})$$

（3）计算裂缝宽度

$$\delta_{max}=(200+S)\frac{M_s-M_{cr}}{A_sE_sr_s}\upsilon=(200+300)\times\frac{(120-44.10)\times 10^6}{4422\times 270\times 241\times 10^3}\times 1=0.132(\text{mm})$$

$$\delta_{max} = 0.132\text{mm} < [\delta_{max}] = 0.2\text{mm}$$

裂缝宽度满足要求。

第四节　环形截面预应力钢筋混凝土构件计算

一、预应力混凝土的基本概念

普通钢筋混凝土构件因存在自重大和容易开裂的缺点，在某些工程中不宜使用。普通钢筋混凝土构件开裂的原因是混凝土的极限应变很低，为 $(0.1\sim0.15)\times10^{-3}$，此时钢筋的应力仅达到 $20\sim30\text{N/mm}^2$，当钢筋的应力超过此值时，混凝土即出现裂缝。在使用荷载作用下，钢筋的工作应力为设计强度的60%～70%，其相应的拉应变为 $(0.8\sim1.0)\times10^{-3}$，远超过混凝土极限拉应变。若采用高强度钢筋，其拉应变会更大，裂缝宽度将超过了允许值0.2～0.3mm。若采用提高混凝土强度等级的方法减小裂缝宽度也收效甚微。由此可见，在普通钢筋混凝土构件中，采用高强度钢筋是不能发挥其高强度作用的，因此希望用高强度材料以减轻构件自重的设想是不可能实现的。

为了克服普通钢筋混凝土的上述缺点，并使高强度材料得到充分利用，采用预应力混凝土能获得满意的结果。

预应力混凝土的基本概念是：在构件承受荷载前，用某种方法在混凝土的受拉区预先施加预压应力（使拉区产生预压变形），当构件承受由荷载产生的拉应力时，必须先抵消混凝土的预压应力，然后才能随着荷载的增加使混凝土受拉，进而出现裂缝，这就可以使结构在使用荷载作用下不出现裂缝或减小裂缝宽度。因此预应力混凝土结构与普通混凝土结构相比，具有以下优点：

（1）在使用荷载下不出现裂缝或大大地延迟裂缝的出现，减少了在使用荷载下钢筋拉应力高的构件的裂缝宽度，因此对裂缝要求较高的构件特别适用。

（2）可以合理利用高强度钢筋和高强度等级的混凝土，从而节省材料和减轻自重。

（3）由于提高了抗裂度，从而提高了构件的刚度和耐久性。

二、预加应力的方法

受拉区预应力是靠钢筋拉伸变形（此钢筋称为预应力钢筋，拉伸在弹性范围内）后依靠钢筋的回缩挤压力给混凝土施加压力。根据张拉钢筋与浇筑混凝土的先后次序，可分先张法和后张法两种。

先张法是指首先在台座上或钢模内张拉钢筋，然后浇注混凝土，并进行养护，当混凝土达到规定的强度（达到设计强度的70%以上）时，卸去张拉力。

后张法是指先浇注混凝土构件，然后直接在构件上张拉预应力筋。在制作构件时，预先在构件中留出供穿过预应力钢筋的孔道，当构件混凝土达到规定的强度（达到设计强度的70%以上）后，将预应力钢筋穿进预留孔，并在一端用锚具将预应力钢筋固定在构件的端部。然后在另一端用张拉机具张拉预应力钢筋。在张拉的同时，钢筋对构件施加预应力。当预应力钢筋达到规定的控制应力值时，将张拉的预应力钢筋用锚具锚固在构件上，并拆除张拉机具。最后用高压泵将水泥浆灌入孔道中，使预应力钢筋与构件形成整体。

由于先张法生产工序少，工艺简单，质量较易保证，在构件上不需设永久性锚具，生产成本较低，构件可在工厂预制，因此电杆一般采用先张法制造。

三、张拉控制应力

张拉控制应力 σ_{con} 是指张拉预应力钢筋时，必须达到的预应力值，即张拉设备所控制的总张拉力除以钢筋截面积所得的应力值。σ_{con} 定得越高，所建立的应力值越大，构件预压区的抗裂度越好。但 σ_{con} 值过高，构件出现裂缝时的荷载与破坏时的荷载很接近，破坏时变形小，缺乏足够的破坏预兆。GB 50010—2010《混凝土结构设计规范》在长期实践的基础上，对不同品种的钢材和不同张拉方法规定了不同的张拉控制应力，先张法张拉控制应力值见表 4-3。

表 4-3　　张拉控制应力允许值

钢种	张拉控制应力
碳素钢丝、刻痕钢丝	$0.75f_{ptk}$
热处理钢筋、冷轧带肋钢筋	$0.70f_{ptk}$
冷拉钢筋	$0.90f_{pyk}$

注　1. 表中 f_{ptk}、f_{pyk} 分别为预应力钢筋极限强度标准值和屈服强度标准值（N/mm^2）。
2. 碳素钢丝、刻痕钢丝、热处理钢筋、冷轧带肋钢筋的张拉控制应力值不应小于 $0.4f_{pty}$。
3. 冷拉钢筋的张拉控制应力值不应小于 0.[illegible]f_{pyk}。

四、预应力损失计算

钢筋的张拉控制应力，从理论上就是给混凝土施加压力。但是，从张拉开始到构件使用，由于张拉工艺和材料特性等原因，张拉应力将不断降低，这种降低值称为预应力损失。预应力钢筋的应力损失主要考虑如下几项：

（1）张拉端锚具变形和钢筋内缩引起的预应力损失 σ_{L1}，计算式为

$$\sigma_{L1} = \frac{\alpha E_s}{L} \tag{4-41}$$

式中　α——张拉端锚具变形和钢筋内缩值（mm），根据实际制造情况而定，对镦头锚具一般取 $\alpha=1mm$；

L——张拉端至锚具端之间的长度，mm；

E_s——预应力钢筋弹性模量，N/mm^2。

（2）混凝土加热养护时，张拉钢筋与钢模之间的温差引起的预应力损失 σ_{L3}，计算式为

$$\sigma_{L3} = 2\Delta t \tag{4-42}$$

式中　Δt——钢模与钢筋之间的温差，一般取 $\Delta t=20℃$。

（3）预应力钢筋的应力松弛损失 σ_{L4}，按表 4-4 选用。

表 4-4　　预应力钢筋的应力松弛损失 σ_{L4} 计算表

钢筋（丝）种类	σ_{L4}
碳素钢丝、刻痕钢丝	（1）普通松弛：$0.4\xi(\sigma_{con}/f_{ptk}-0.5)\sigma_{con}$ 此处，一次张拉：$\xi=1$；超张拉：$\xi=0.9$。 （2）低松弛： 当 $\sigma_{con}\leqslant 0.7f_{ptk}$ 时：$0.125(\sigma_{con}/f_{ptk}-0.5)\sigma_{con}$； 当 $0.7f_{ptk}<\sigma_{con}\leqslant 0.8f_{ptk}$ 时：$0.20(\sigma_{con}/f_{ptk}-0.575)\sigma_{con}$
冷拉钢筋、热处理钢筋	一次张拉：$0.05\sigma_{con}$；超张拉：$0.035\sigma_{con}$
冷轧带肋钢筋	一次张拉：$0.08\sigma_{con}$

（4）由于混凝土收缩、徐变引起的预应力损失 σ_{L5}，计算式为

$$\sigma_{L5}=\frac{45+280\dfrac{\sigma_{p}}{f_{cu}}}{1+15\rho} \tag{4-43}$$

$$\sigma_{p}=A_{p}\frac{\sigma_{con}-(\sigma_{L1}+\sigma_{L3}+\sigma_{L4})}{A+A_{p}(\alpha_{Ep}-1)} \tag{4-44}$$

式中　f_{cu}——施加预应力时混凝土立方体抗压强度，N/mm^2，即脱模强度，一般不低于立方体抗压强度的 70%；

ρ——配筋率，$\rho=(A_p/A_s)/A$；

A_p——纵向预应力钢筋截面面积，mm^2；

A——混凝土截面积，mm^2；

A_s——非预应力钢筋截面积；

σ_p——考虑第一批预应力损失（$\sigma_{L1}+\sigma_{L3}+\sigma_{L4}$）后，预应力钢筋作用有混凝土截面上的法向应力；

α_{Ep}——非预应力钢筋弹性模量与混凝土弹性模量的比值。

（5）预应力总损失 σ_L，计算式为

$$\sigma_{L}=\sigma_{L1}+\sigma_{L3}+\sigma_{L4}+\sigma_{L5} \tag{4-45}$$

当按式（4-43）计算求得的预应力总损失值小于 $100N/mm^2$ 时，取 $\sigma_L=100N/mm^2$。

（6）考虑预应力总损失后，混凝土截面上的有效预应力计算式为

$$\sigma_{pc}=\frac{A_{p}(\sigma_{con}-\sigma_{L})}{A_{0}} \tag{4-46}$$

式中　A_p——纵向预应力钢筋截面积，mm^2；

A_0——换算截面积（mm^2），$A_0=A+(\alpha_{Ep}-1)A_p+(\alpha_E-1)A_s$，其中 α_{Ep} 为预应力钢筋弹性模量与混凝土弹性模量之比，α_E 为非预应力钢筋弹性模量与混凝土弹性模量之比。

五、环形截面预应力混凝土构件的强度计算

1. 轴向压力设计值计算

轴向压力，即轴心受压构件的正截面受压承载力，计算式为

$$N\leqslant 0.9\varphi_{b}[f_{c}A+f'_{y}A_{s}+(f'_{py}-\sigma_{p0})A_{p}] \tag{4-47}$$

式中　N——轴向压力设计值，N；

f_c——混凝土轴心抗压强度设计值，N/mm^2；

A——混凝土截面积，mm^2；

f'_y——非预应力钢筋抗压强度设计值，N/mm^2；

A_s——非预应力钢筋截面积，N/mm^2；

f'_{py}——预应力钢筋抗压强度设计值，N/mm^2；

σ_{p0}——预应力钢筋的有效预应力（$\sigma_{p0}=\sigma_{con}-\sigma_L$），$N/mm^2$；

A_p——预应力钢筋截面积，mm^2；

φ_b——环形截面预应力混凝土电杆稳定系数，按表 4-5 采用。

表 4-5　　环形截面预应力混凝土电杆稳定系数 φ_b

长细比 (l_0/i)	0	1	2	3	4	5	6	7	8	9
50	0.935	0.931	0.928	0.925	0.922	0.919	0.917	0.914	0.911	0.908
60	0.906	0.903	0.900	0.896	0.893	0.890	0.887	0.884	0.881	0.878
70	0.876	0.873	0.870	0.867	0.865	0.862	0.860	0.857	0.854	0.852
80	0.850	0.846	0.843	0.840	0.837	0.833	0.830	0.827	0.825	0.823
90	0.820	0.817	0.815	0.812	0.810	0.806	0.803	0.800	0.797	0.793
100	0.790	0.787	0.785	0.782	0.780	0.744	0.768	0.762	0.756	0.750
110	0.745	0.740	0.736	0.731	0.726	0.719	0.713	0.706	0.700	0.695
120	0.690	0.684	0.678	0.671	0.665	0.660	0.655	0.649	0.643	0.637
130	0.630	0.625	0.620	0.615	0.610	0.605	0.600	0.595	0.590	0.585
140	0.570	0.560	0.550	0.543	0.537	0.528	0.520	0.511	0.503	0.494
150	0.485	0.476	0.467	0.458	0.450	0.441	0.433	0.424	0.416	0.408
160	0.400	0.391	0.382	0.372	0.363	0.354	0.346	0.337	0.329	0.320
170	0.310	0.303	0.295	0.287	0.280	0.270	0.260	0.252	0.245	0.238
180	0.230	0.221	0.212	0.203	0.194	0.187	0.180	0.171	0.163	0.157
190	0.150	0.142	0.135	0.127	0.120	0.113	0.106	0.099	0.093	0.087
200	0.080									

注　l_0 为构件计算长度；i 为截面回转半径。

2. 受弯构件强度计算

（1）构件中只采用预应力纵向钢筋，则强度 M 计算式为

$$M \leqslant \alpha_1 f_c A(r_1 + r_2)\frac{\sin\pi\alpha}{2\pi} + f'_{py}A_p r_p \frac{\sin\pi\alpha}{\pi} + (f_{py} - \sigma_{p0})A_p r_p \frac{\sin\pi\alpha_t}{\pi} \tag{4-48}$$

其中

$$\alpha = \frac{f_{py}A_p}{\alpha_1 f_c A + f'_{py}A_p + 1.5(f_{py} - \sigma_{p0})A_p} \tag{4-49}$$

$$\alpha_t = 1 - 1.5\alpha \tag{4-50}$$

式中　A_p——预应力钢筋的截面面积，mm^2；

f_{py}、f'_{py}——受拉预应力钢筋、受压预应力钢筋的强度设计值，N/mm^2；

r_p——纵向预应力钢筋所在圆的半径，mm；

σ_{p0}——预应力钢筋的有效预应力，N/mm^2。

（2）同一构件中，既有预应力钢筋又有非预应力钢筋，则强度 M 计算式为

$$M \leqslant \alpha_1 f_c A(r_1 + r_2)\frac{\sin\pi\alpha}{2\pi} + f_y A_s r_s \frac{\sin\pi\alpha + \sin\pi\alpha_t}{\pi} + f'_{py}A_p r_p \frac{\sin\pi\alpha}{\pi} + (f_{py} - \sigma_{p0})A_p r_p \frac{\sin\pi\alpha_t}{\pi} \tag{4-51}$$

其中

$$\alpha = \frac{f_{py}A_p}{\alpha_1 f_c A + 2.5 f_y A_s + f'_{py}A_p + 1.5(f_{py} - \sigma_{p0})A_p} \tag{4-52}$$

式（4-48）、式（4-51），相对含筋率 ω 宜符合下列要求：

1）只配有预应力钢筋时

$$\omega = \frac{f_{py}A_p}{\alpha_1 f_c A} \leqslant 0.75 \tag{4-53}$$

2）同时配有预应力钢筋和非预应力钢筋时

$$\omega = \frac{f_{py}A_p + f_yA_s}{\alpha_1 f_c A} \leqslant 1.25 \tag{4-54}$$

【例 4-8】 已知单柱直线预应力混凝土电杆，混凝土采用 C50，预应力钢筋采用 18ϕ7 消除应力光面钢丝，正常大风情况在嵌固点处产生的弯矩设计值 M=80kN·m，此处外径 D=400mm，内径 d=300mm，试验算强度是否符合要求。

解 （1）设计参数。

1）C50 混凝土：

电杆截面积 $A = \frac{\pi}{4}(D^2 - d^2) = \frac{3.14}{4} \times (400^2 - 300^2) = 54\,950(\text{mm}^2)$

混凝土轴心抗压强度标准值 $f_{ck}=32.4\text{N/mm}^2$

混凝土轴心抗压强度设计值 $f_c=23.1\ \text{N/mm}^2$

混凝土抗拉强度标准值 $f_{tk}=2.64\text{N/mm}^2$

混凝土抗拉强度设计值 $f_t=1.89\text{N/mm}^2$

混凝土弹性模量 $E_c=34.5\text{kN/mm}^2$

立方体抗压强度 $f_{cuk}=50\text{kN/mm}^2$

脱模强度 $f_{cu}=0.7f_{cuk}=0.7\times50=35.0(\text{N/mm}^2)$

2）18ϕ7 消除应力光面钢丝：

预应力钢筋总截面 $A_p=692\text{mm}^2$

钢丝强度标准值 $f_{ptk}=1570\text{N/mm}^2$

钢丝抗拉强度设计值 $f_{py}=1110\text{N/mm}^2$

钢丝抗压强度设计值 $f'_{py}=410\text{N/mm}^2$

钢丝张拉控制应力（先张法）$f_{con}=0.75f_{ptk}=0.75\times1570=1178(\text{N/mm}^2)$

钢丝弹性模量 $E_s=205\text{kN/mm}^2$

3）钢筋弹性模量与混凝土弹性模量比 $\alpha_{Ep}=\frac{E_s}{E_c}=\frac{205}{34.5}=5.9$

4）配筋率 $\rho=\frac{A_p}{A}=\frac{692}{54\,950}=0.013$

（2）预应力损失 σ_L。

1）张拉端锚具变形和钢筋内缩引起的预应力损失 σ_{L1}（杆段张拉端至锚固端之间的长度一般为 L=9000mm，张拉端锚具变形和钢筋内缩值，对镦头锚具一般取 α=1mm）

$$\sigma_{L1} = \frac{\alpha E_s}{L} = \frac{1\times205}{9000} = 0.0222\text{kN/mm}^2 = 22.8(\text{N/mm}^2)$$

2）混凝土加热养护时，张拉钢筋与钢模之间的温差引起的预应力损失 σ_{L3}（钢模与钢筋之间的温差，一般取 Δt=20℃）

$$\sigma_{L3} = 2\Delta t = 2\times20 = 40(\text{N/mm}^2)$$

3）预应力钢筋的应力松弛损失 σ_{L4}（按表 4-4 所列普通松弛、超张拉公式计算）

$$\sigma_{L4} = 0.4\xi\left(\frac{\sigma_{con}}{f_{ptk}} - 0.5\right)\sigma_{con} = 0.4\times0.9\times\left(\frac{1178}{1570} - 0.5\right)\times1178 = 106(\text{N/mm}^2)$$

4）由于混凝土收缩、徐变引起的预应力损失 σ_{L5}

$$\sigma_p = A_p \frac{\sigma_{con} - (\sigma_{L1} + \sigma_{L3} + \sigma_{L4})}{A + A_p(\alpha_{Ep} - 1)} = 692 \times \frac{1178 - (22.8 + 40 + 106)}{54\ 950 + 692 \times (5.9 - 1)} = 11.97(\text{N/mm}^2)$$

$$\sigma_{L5} = \frac{45 + 280\dfrac{\sigma_p}{f_{cu}}}{1 + 15\rho} = \frac{45 + 280 \times \dfrac{11.97}{35}}{1 + 15 \times 0.013} = 117.79(\text{N/mm}^2)$$

5）总预应力损失 σ_L

$$\sigma_L = \sigma_{L1} + \sigma_{L3} + \sigma_{L4} + \sigma_{L5} = 22.8 + 40 + 106 + 117.79 = 286.59(\text{N/mm}^2)$$

（3）预应力钢筋的有效预应力值 σ_{p0}

$$\sigma_{p0} = \sigma_{con} - \sigma_L = 1178 - 286.59 = 891.41(\text{N/mm}^2)$$

（4）受弯承载力的计算。

1）计算 α 和 α_t

$$\begin{aligned}\alpha &= \frac{f_{py}A_p}{\alpha_1 f_c A + f'_{py}A_p + 1.5(f_{py} - \sigma_{p0})A_p} \\ &= \frac{1110 \times 692}{1.0 \times 23.1 \times 54\ 950 + 410 \times 692 + 1.5 \times (1110 - 891.41) \times 692} = 0.432\end{aligned}$$

$$\alpha_t = 1 - 1.5\alpha = 1 - 1.5 \times 0.432 = 0.352$$

相对含钢率 $\omega = \dfrac{f_{py}A_p}{\alpha_1 f_c A} = \dfrac{1110 \times 692}{1.0 \times 23.1 \times 54\ 950} = 0.605 < 0.75$，符合要求。

2）弯矩承载力

$$\frac{\sin\pi\alpha}{2\pi} = \frac{\sin(0.432 \times 180^\circ)}{2 \times 3.14} = 0.157$$

$$\frac{\sin\pi\alpha}{\pi} = \frac{\sin(0.432 \times 180^\circ)}{3.14} = 0.311$$

$$\frac{\sin\pi\alpha_t}{\pi} = \frac{\sin(0.352 \times 180^\circ)}{3.14} = 0.285$$

$$\begin{aligned}[M] &= \alpha_1 f_c A(r_1 + r_2)\frac{\sin\pi\alpha}{2\pi} + f'_{py}A_p r_p \frac{\sin\pi\alpha}{\pi} + (f_{py} - \sigma_{p0})A_p r_p \frac{\sin\pi\alpha_t}{\pi} \\ &= 1.0 \times 23.1 \times 54\ 950 \times (200 + 150) \times 0.157 + 410 \times 692 \times 175 \times 0.311 \\ &\quad + (1110 - 891.41) \times 692 \times 175 \times 0.285 \\ &= 92\ 736\ 274(\text{N} \cdot \text{mm}) \\ &= 92.7(\text{kN} \cdot \text{m}) > M = 80(\text{kN} \cdot \text{m})\end{aligned}$$

强度符合要求。

3. 压弯构件的强度计算

（1）压弯构件承载力的计算。

拉线电杆拉线节点以下杆段按压弯构件计算，截面承载力计算式为

$$M \geqslant M_x = M_B(x/l_0) + M_{0x} + N_x f_x \tag{4-55}$$

式中符号见公式（4-12）。

（2）刚度计算。

环形截面预应力混凝土构件短期荷载作用的刚度，按下列公式计算：

1）要求不出现裂缝构件的刚度

$$B_s = 0.85E_c I_0 \tag{4-56}$$

$$I_0 = I + \frac{1}{2}(\alpha_E - 1)A_s r_s^2 + \frac{1}{2}(\alpha_{Ep} - 1)A_p r_p^2$$

式中 E_c——混凝土弹性模量；

I_0——换算截面惯性矩；

α_{Ep}——预应力钢筋弹性模量与混凝土弹性模量之比。

2）允许出现裂缝的构件的刚度

$$B_s = \left[0.65 + \frac{2}{3}\left(\frac{M_{cr}}{M_s} - 0.7\right)\right]E_c I_0 \tag{4-57}$$

式中 M_{cr}——构件开裂弯矩；

M_s——按短期荷载效应组合计算的弯矩。

式（4－57）只适应于 $0.7 \leqslant M_{cr}/M_s \leqslant 1.0$。

3）预应力混凝土电杆长期荷载效应组合的刚度的计算式为

$$B_L = \frac{M_s}{M_s + M_L}B_s \tag{4-58}$$

式中 M_L——长期荷载效应组合计算的弯矩。

4. 受扭构件斜截面强度计算

受扭构件斜截面承载能力，可按式（4－59）计算

$$T \leqslant T_u = \left(1 + 0.15\frac{\sigma_{pc}}{f_{tk}}\right)W_t f_{tk} \tag{4-59}$$

式中 T——扭矩设计值；

T_u——构件的抗扭承载力设计值；

σ_{pc}——混凝土截面上的有效预应力；

W_t——截面受扭塑性抵抗矩，$W_t = 0.5(r_1 + r_2)A$；

f_{tk}——混凝土的轴心抗拉强度标准值。

5. 受弯、扭构件的抗裂强度计算

弯、扭共同作用下，预应力混凝土构件的抗裂强度应满足下式要求

$$\left(\frac{M}{M_{cr}}\right)^2 + \left(\frac{T_k}{T_u}\right)^2 \leqslant 1 \tag{4-60}$$

式中 M——弯矩设计值（外荷载引起）；

M_{cr}——构件开裂弯矩（结构抗力）。

六、环形截面预应力正截面抗裂度验算

1. 严格不允许出现裂缝（裂缝控制等级为一级）的构件

对这种构件要求在短期荷载效应组合作用下，构件受拉边缘混凝土不产生拉应力，即应满足以下条件

$$\sigma_{sc} - \sigma_{pc} \leqslant 0 \tag{4-61}$$

式中 σ_{sc}——短期荷载效应作用下抗裂验算边缘的混凝土法向应力，N/mm^2；

σ_{pc}——考虑预应力总损失后，混凝土截面上的有效预应力，按式（4－46）计算；

f_{tk}——混凝土轴心抗拉强度标准值，N/mm^2。

2. 一般不允许出现裂缝（裂缝控制等级为二级）的构件

在短期荷载效应作用下，应满足以下条件

$$\sigma_{sc} - \sigma_{pc} \leqslant f_{tk} \tag{4-62}$$

在长期荷载效应作用下，应满足以下条件

$$\sigma_{Lc} - \sigma_{pc} \leqslant 0 \tag{4-63}$$

式中　f_{tk}——混凝土抗拉强度标准值；

σ_{Lc}——荷载的长期效应组合下抗裂验算边缘的混凝土法向应力，N/mm^2。

3. 短期及长期荷载效应作用下抗裂验算边缘的混凝土法向应力 σ_{sc} 的计算

（1）受弯构件

$$\sigma_{sc} = \frac{M_s}{W_d} \tag{4-64}$$

$$\sigma_{Lc} = \frac{M_L}{W_d} \tag{4-65}$$

（2）偏心受拉和偏心压构件

$$\sigma_{sc} = \frac{M_s}{W_d} \pm \frac{N_s}{A_0} \tag{4-66}$$

$$\sigma_{Lc} = \frac{M_L}{W_d} + \frac{N_L}{A_0} \tag{4-67}$$

式中　M_s、N_s——按短期荷载效应组合计算的弯矩、轴向力；

M_L、N_L——按长期荷载效应组合计算的弯矩、轴向力；

W_d——电杆换算截面弹性抵抗矩，$W_d = (r_1^2 + r_2^2)A_0/(4r_2)$；

A_0——电杆换算截面面积，$A_0 = A + (\alpha_{E_p} - 1)A_P + (\alpha_E - 1)A_s$。

思考题

1. 钢筋混凝土构件强度主要与哪些因素有关？
2. 环形截面钢筋混凝土构件中布有哪几种钢筋？分别起什么作用？一般如何布置？
3. 什么是材料强度标准值？什么是材料强度设计值？
4. 下列符号分别表示什么？

f_{tk}、f_t、f_c、f_{ck}、f_y、f_{yk}、$3\phi16$、16@120、C40、C50。

5. 钢筋混凝土电杆受扭时对螺旋钢筋布置有何要求？
6. 何谓附加偏心距和偏心距增大系数，如何计算？
7. 如何判断环形截面大、小偏心受压，大、小偏心受压构件的破坏形式有什么不同？
8. 压弯构件强度如何计算？
9. 试述影响裂缝宽度的主要因素。
10. 试述预应力钢筋混凝土电杆的主要优点。

习　题

1. 一环形截面受弯构件承受设计弯矩 60×10^6N·mm，已知外径 D=500mm，内径 d=400mm，混凝土等级为 C40，配置 $10\phi14$ 的 HRB335 纵向钢筋在壁厚中央，试验算其强度。

2. 已知环形截面电杆的外径 D=300mm，内径 d=200mm，混凝土等级为 C40，配置

12ϕ12 的 HRB335 的纵向钢筋于壁厚中央，A_s＝1356mm^2，求此电杆能承受的最大弯矩。

3. 上字型无拉线单柱直线电杆转动横担的起动力为 2500N，横担长为 1.9m，当下导线断线横担转动时，主杆同时受剪切和扭转，电杆外径 D＝303mm，内径 d＝203mm，混凝土采用 C40，试验算电杆的抗剪和抗扭强度。

4. 已知某钢筋混凝土拉线电杆，外径 D＝400mm，内径 d＝300mm，配置 20ϕ14 的 HPB300，纵向钢筋于壁厚中央，计算长度 7500mm，混凝土采用 C40 级，作用在电杆上的弯矩设计值 M＝59.3kN·m，轴向力设计值 N＝57kN。试验算此电杆截面是否安全。

5. 已知条件与习题 4 相同，在荷载标准值作用下的弯矩 M_k＝58kN·m，N_k＝70kN，采用光面钢筋，配制螺旋钢筋的螺距 S＝100mm，试验算裂缝宽度是否满足要求。

6. 某环形截面电杆在荷载标准值作用下产生受弯矩 M＝50kN·m，外径 D＝300mm，内径 d＝200mm，混凝土为 C40 级，配有 12ϕ16 的 HPB300 的光面钢筋，螺旋钢筋的螺距 S＝100mm，试验算裂缝宽度是否满足要求。

第五章　环形截面钢筋混凝土电杆

第一节　环形截面钢筋混凝土电杆的构造及要求

环形截面钢筋混凝土电杆，因具有耐久性好、运行维护方便、节约钢材等优点，在220kV及以下的输电线路中应用较广泛。环形截面钢筋混凝土电杆按其截面形式不同可分为锥形电杆和等径电杆；按受力不同可分为直线型电杆和耐张型电杆；按主杆的布置形式可分为单杆电杆、A字型及门型电杆、带叉梁门型电杆、撇腿门型电杆等。按组立方式可分为自立电杆和拉线电杆。一个完整的电杆一般由下列部件组成（见图5-1）：

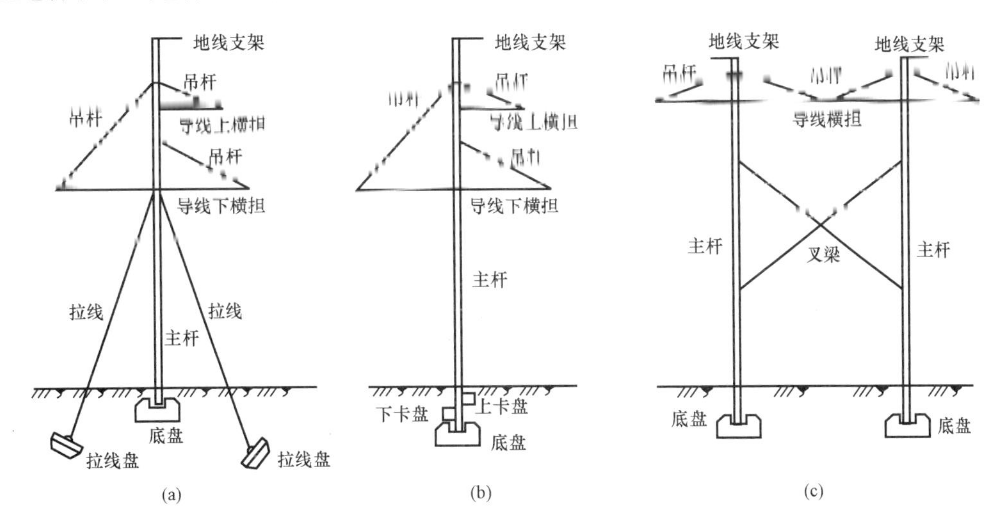

图5-1　钢筋混凝土电杆的组成

(a) 拉线单杆直线电杆；(b) 单杆直线电杆；(c) 带叉梁门型电杆

(1) 主杆：用来支撑导线和地线，使其具有对地面和建筑物一定的安全高度。

(2) 导线横担：用来悬挂导线并使导线间保持一定的安全距离，把导线的荷载传递给主杆和拉线。

(3) 地线支架：用来悬挂地线并将地线的荷载传递给主杆和拉线。

(4) 吊杆：避免横担在垂直荷载作用下而产生弯矩。

(5) 底盘：电杆基础的一部分，保证主杆在轴向力作用下不下沉。

(6) 卡盘：电杆基础的一部分，保证主杆在横向力作用下不倾斜，即保证主杆的横向稳定性。

(7) 拉线盘：拉线的锚固基础。

(8) 拉线：保证主杆的横向稳定，并使主杆不受过大的弯矩。

(9) 叉梁：连接两主杆，削弱主杆的最大弯矩，并使主杆的弯矩沿主杆较均匀地分布。

一、电杆型式

1. 直线型电杆

（1）35～110kV 直线电杆。

此类线路电压等级不太高，因此负荷较小，一般采用单杆直线电杆。主杆顶径为 ϕ150～ϕ190，锥度为 1/75，杆高 15～18m，埋深 2.5～3.0m。常用的杆头型式有如图 5-2 所示的乌骨型电杆、上字型电杆和斜三角型电杆，其优点是结构简单，耗钢量少（比门型电杆少 20%），并且占地面积很少，便于施工，导线可采用三角型布置，电气性能较好。缺点是主杆埋深较大（3m 左右），一般适用于导线在 LGJ-150 以下及风速较小（25m/s 及以下），覆冰厚度不超过 10mm 的平地和丘陵地带，为了减少主杆在断线后所受的扭矩，一般使用转动横担或压屈横担。乌骨型、上字型电杆采用悬垂绝缘子，斜三角型电杆采用瓷横担。

如果导线截面和档距较大时，也常采用带拉线单杆直线电杆［见图 5-2（c）］和双杆直线电杆，但拉线电杆占地面积大，影响耕作。

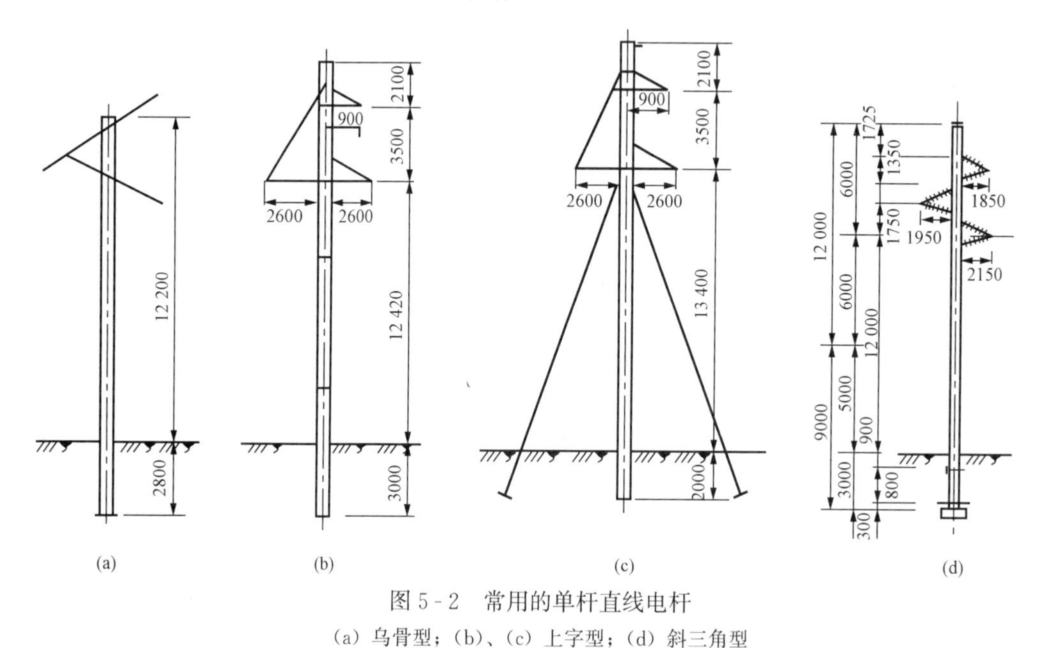

图 5-2 常用的单杆直线电杆

（a）乌骨型；（b）、（c）上字型；（d）斜三角型

（2）220～330kV 直线电杆。

此类线路的电压等级较高，杆塔荷载较大，目前大多采用如图 5-3 和图 5-4 所示的双杆门型电杆、带叉梁门型电杆、A 型电杆、带叉梁 V 型拉线门型电杆和带 V 型拉线撇腿门型电杆，也有荷载较小时（小档距）采用拉线单杆电杆。

门型直线电杆是 220～330kV 线路所使用的主要杆型，部分在 500kV 的线路上使用。门型直线电杆的主要优点是横向稳定性好，承载能力大，防雷性能较好，适用于大档距、粗导线、重冰区及多雷区，但路径走廊较宽，材料较费。

门型直线电杆的杆柱有锥形和等径两种型式。锥形杆柱的稳定性好，对于承受三角形弯矩的电杆（如不设叉梁的门型直线杆）最为理想。等径杆柱的优点是构造简单，上下主筋配筋不变，适用于带叉梁的门型直线电杆；它的缺点是纵向（顺线路方向）稳定性差，适用于

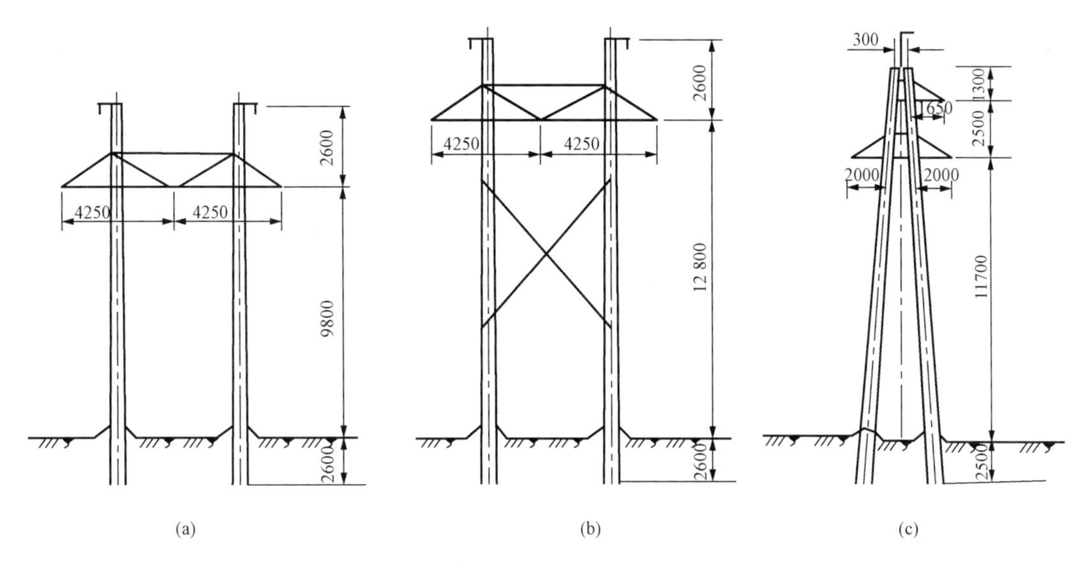

图 5-3　常用的门型及 A 型直线电杆

（a）双杆门型电杆；（b）带叉梁门型电杆；（c）A 型电杆

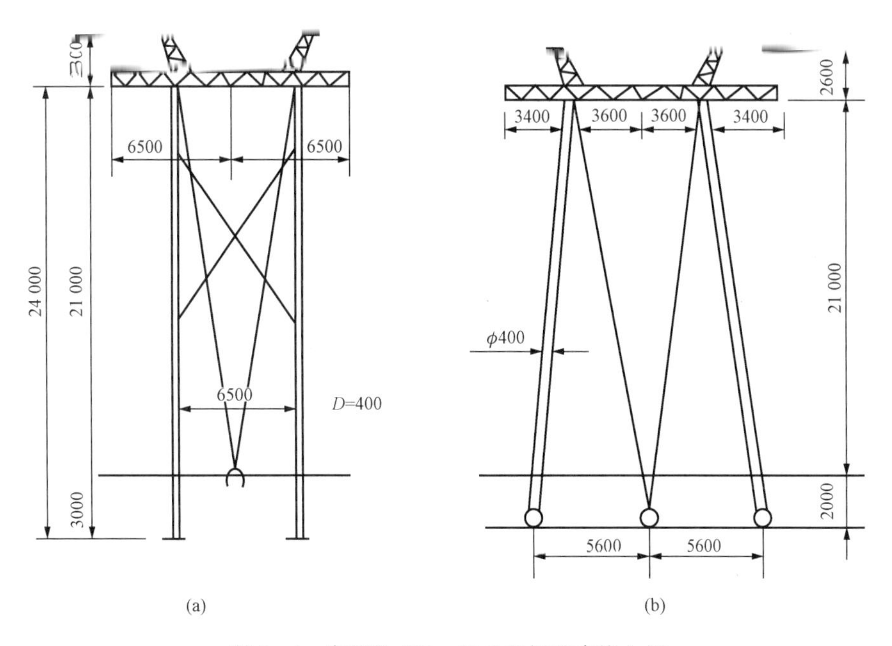

图 5-4　常用的 220～330kV 门型直线电杆

（a）带叉梁 V 型拉线门型电杆；（b）带 V 型拉线撇腿门型电杆

带叉梁且有 V 型拉线的门型电杆。

叉梁的作用在于调整杆柱上下段弯矩，从而使其配筋合理，同时增强了横向稳定性和整体刚度。V 型拉线撇腿门型电杆杆柱撇腿的作用是提高横向稳定性，而 V 型拉线的作用是抵抗顺线路方向张力和提高纵向刚度及稳定性。

2. 耐张型电杆

为防止事故断线后影响的范围，或用于施工、检修时锚固导线和地线，在一定线路段的两端必须设置耐张型杆塔。耐张型杆塔可兼有3°～5°的小转角。耐张型钢筋混凝土电杆，一般采用拉线门型电杆。

耐张型电杆的拉线有V型、X型（或称交叉型）、八字型和顺线路拉线等。顺线路拉线只能承受纵向荷载；X型拉线既能承受纵向荷载，又能承受部分横向荷载；V型拉线和八字型拉线主要承受纵向荷载，同时兼承受较小的横向荷载。所以顺线路拉线和V型拉线常和叉梁或撇腿杆柱配合使用，而X型拉线常和八字型拉线配合使用。图5-5（a）为应用较广的V型拉线耐张型电杆，图5-5（b）～（d）为X型加八字形拉线耐张型电杆、顺线路拉线耐张型电杆、V型加顺线路拉线耐张型电杆。

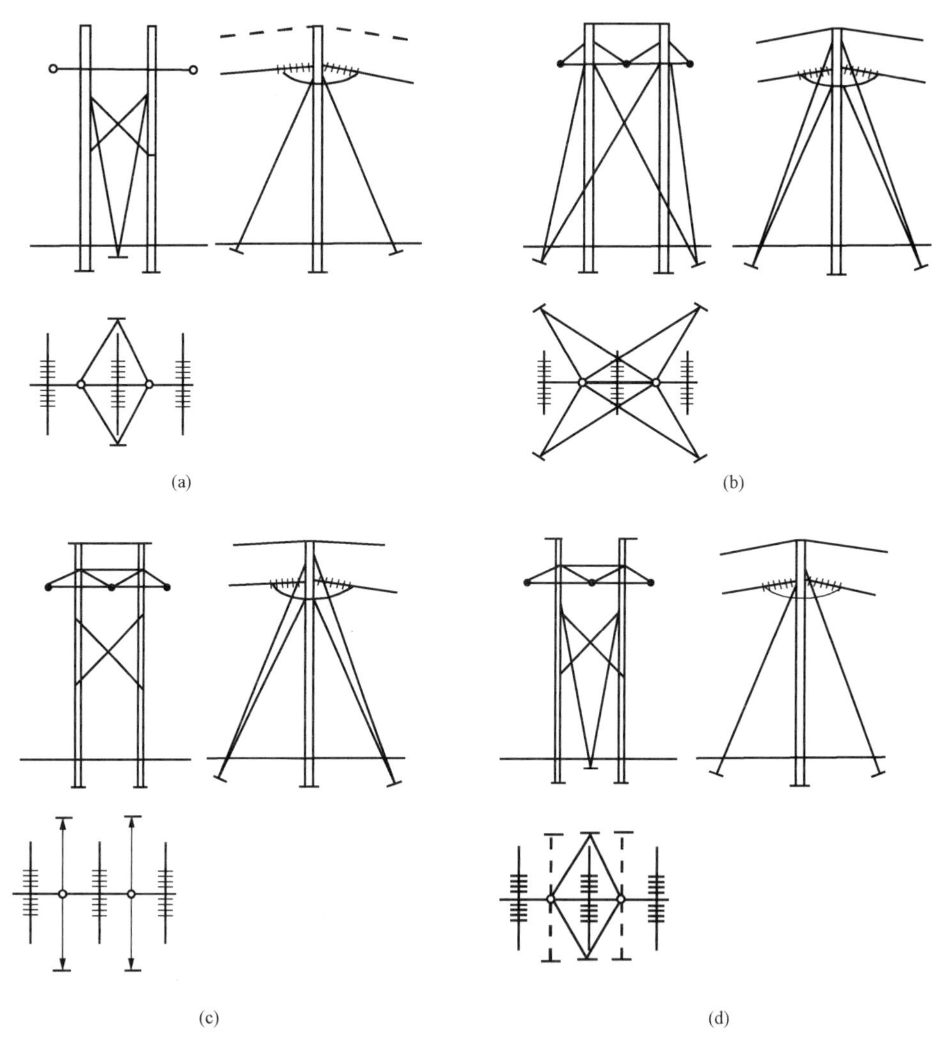

图5-5　耐张型电杆布置示意图

（a）V型拉线耐张型电杆；（b）X型加八字型拉线耐张型电杆；
（c）顺线路拉线耐张型电杆；（d）V型加顺线路拉线耐张型电杆

3. 转角电杆

转角电杆通常分为小转角电杆（30°以下）、中转角电杆（30°～60°）和大转角电杆（60°～90°）。图5-6所示为35kV线路使用的单杆转角电杆和双杆转角电杆，30°～60°以内的转角电杆常装有反向内拉线（见图5-6中的3），防止反向风荷载过大时，电杆向拉线方向倾斜。大转角电杆还需加装分角拉线。

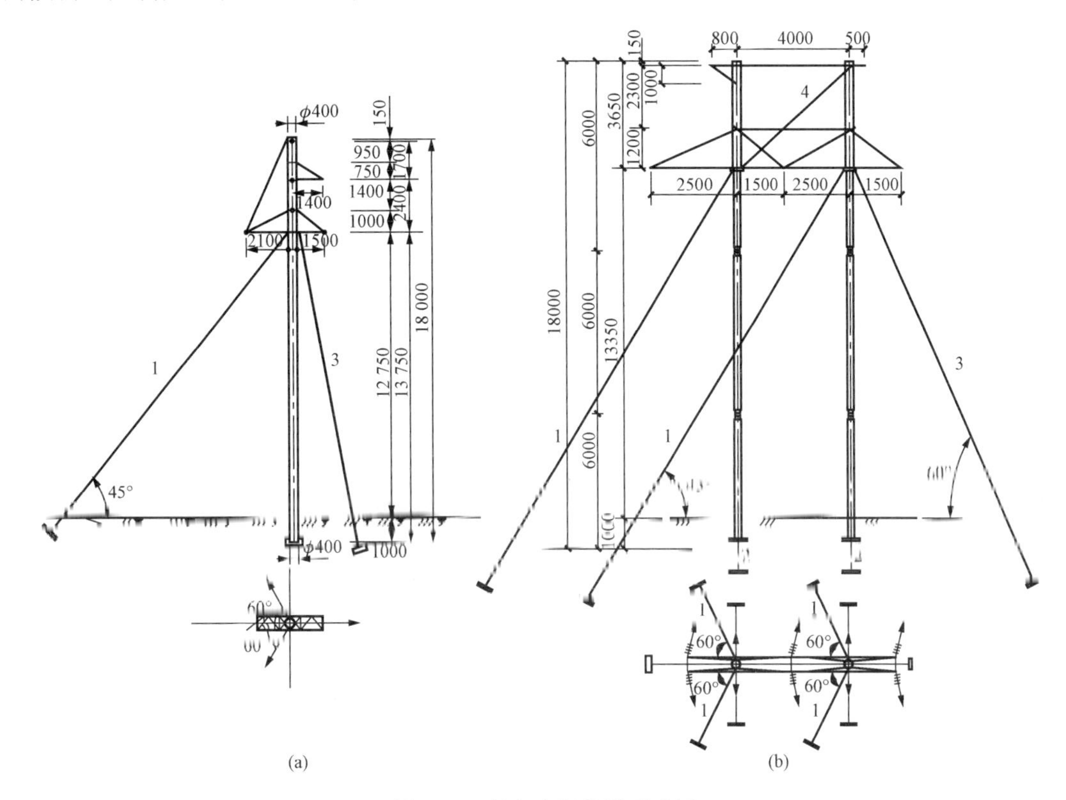

图5-6　转角电杆拉线示意图

(a) 35A06-J1单杆转角电杆；(b) 35A07-J1双杆转角电杆

1—导线拉线；2—地线拉线；3—反向拉线；4—吊杆

二、环形截面电杆的一般要求

GB/T 4623—2014《环形混凝土电杆》标准对混凝土电杆的材料、构造、储存运输分别作了要求。

1. 主筋最少配筋量

环形截面混凝土电杆的最小配筋量应符合表5-1规定。普通钢筋混凝土电杆纵向钢筋直径不宜小于10mm，且不宜大于20mm，净距宜采用30～70mm，净保护层不宜小于15mm。预应力电杆纵向钢筋直径不宜大于12mm，净距不应小于30mm，锥型杆小头不宜小于25mm，净保护层不宜小于15mm。

表5-1　　环形截面钢筋混凝土受弯构件最小配筋量

直径（mm）	200	250	300	350	400	450	500	550
最小配筋量	8ϕ10	10ϕ10	12ϕ12	14ϕ12	16ϕ12	18ϕ12	20ϕ14	22ϕ14

2. 材料

普通钢筋混凝土电杆，其混凝土等级不应低于C40，钢筋宜采用HPB300、HRB335、HRB400；预应力混凝土电杆，其混凝土等级不应低于C50，钢筋宜采用中强度预应力钢丝、消除应力钢丝。

3. 储存及运输

（1）储存。

产品宜堆放在坚实平整地面上，并按品种、规格、荷载级别、生产日期等分别堆放。

根据不同杆长分别采用两支点或三支点堆放。杆长小于或等于 12m 时，宜采用两支点支承；杆长大于 12m 时，宜采用三支点支承。电杆支点位置见图 5-7。若堆场地基经过特殊处理，也可采用其他堆放形式。

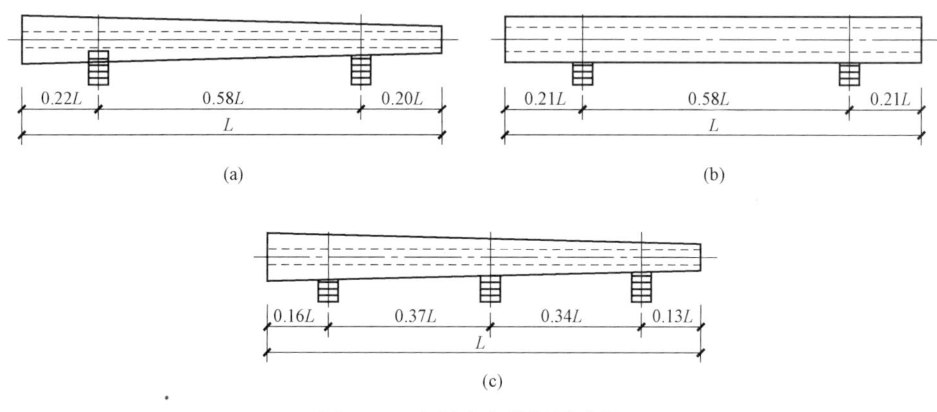

图 5-7 电杆支点位置示意图

（a）锥形电杆两支点位置；（b）等径电杆两支点位置；（c）锥形电杆三支点位置

锥形电杆顶径大于 270mm 和等径电杆直径大于 400mm 时，堆放层数不宜超过 4 层。锥形电杆顶径小于或等于 270mm 和等径电杆直径小于或等于 400mm 时，堆放层数不宜超过 6 层。产品堆垛应放在支垫上，层与层之间用支垫物隔开，每层支承点应在同一平面上，各层支垫物位置应在一垂直线上。

（2）运输。

产品起吊与运输时，不分电杆长短均须采用两点支点法，装卸起吊应轻起轻放，严禁抛掷、碰撞。产品在运输过程中支承要求应符合储存中的有关规定。产品支点处应套上软物质，以防碰伤。

产品在装卸过程中，每次吊运数量：顶径大于或等于 190mm 的电杆，不宜超过 3 根；顶径小于 190mm 的电杆，不宜超过 5 根。如果采取有效措施，每次吊运数量可适当增加。

产品由高处滚向低处，应采用牵制措施，不得自由滚落。

第二节 单杆直线电杆内力计算

单杆直线电杆（也称为自立式锥形电杆）具有结构简单、耗钢量少、占地面积少、便于施工、运输维护方便等优点，因此广泛用于 110kV 以下的输电线路。主杆采用锥度为 1/75 的锥形杆，顶径为 $\phi 190 \sim \phi 230$。这种杆型一般用于 LGJ-150 以下导线，覆冰厚度不大于 10mm 的丘陵地带。基础采用常压式基础，称为底盘（抵抗电杆下沉），有的还加卡盘（抵抗电杆倾覆）。单杆直线电杆因埋入土中较深，所以计算时可视为一端嵌固的悬臂梁，其嵌固点一般假定在地面以下 1/3 埋深处。

一、正常运行情况下杆柱的内力计算

如图 5-7 所示，由外力作用在杆柱任意截面 x 处的弯矩设计值为

$$M_x = 1.15\gamma_0[\gamma_G \sum Ga + \gamma_Q \psi(\sum ph + q_x h_x Z)] \tag{5-1}$$

其中

$$\sum Ga = G_B a_B + G_D a_1$$

$$\sum ph = P_B h_1 + P_D h_2 + 2P_D h_3$$

$$q_x = \mu_z \mu_s \beta_z B \frac{V^2}{1.6} \frac{D_0 + D_x}{2} \text{[符号含义参见式(2-25)]}$$

$$D_x = D_0 + \frac{h_x}{75} = D_0 + 0.0133h_x$$

式中 γ_0——结构重要性系数；

γ_G——永久荷载分项系数；

γ_Q——可变荷载分项系数；

ψ——可变荷载组合系数；

$\sum Ga$——所有垂直荷载标准值对 x 截面处的弯矩标准值，N·m；

$\sum ph$——所有横向水平风荷载标准值对 x 截面处的弯矩标准值，N·m；

q_x——截面 x 以上杆身的单位长度风压标准值，N/m；

V——基本风速，m/s；

D_0——锥形电杆杆柱的顶径，m；

D_x——任意截面 x 处的杆径，m；

h_x——杆顶至任意截面 x 处的垂直距离，m；

B——覆冰系数；

Z——锥形杆 x 截面以上风压合力作用点至 x 截面处的力臂，m。

合力作用点力臂 Z，按梯形面积的重心高度计算，计算公式为

$$Z = \frac{2D_0 + D_x}{D_0 + D_x} \frac{h_x}{3}$$

对于等径杆 $Z=0.5h_x$，对于锥形杆可取 $Z \approx 0.45h_x$。为了保证安全，均可取 $0.5h_x$。

式（5-1）中系数 1.15，因单杆的长细比很大，计算时除考虑电杆承受水平和垂直荷载所产生的弯矩（称主弯矩）外，还必须考虑由挠度和垂直荷载而产生的附加弯矩而乘的系数。根据土壤的好坏，此附加弯矩为主弯矩的 12%～15%。在工程设计中，一般取主弯矩的 15%计算。

对于主杆的弯矩一般应计算上横担 A 点、下横担 B 点、嵌固点 D 和主杆分段处以及杆内抽筋处（见图 5-8）的弯矩。相应截面的剪力用以计算箍筋或螺旋筋。

因为悬臂梁固定端处的弯矩最大，所以单杆直线电杆嵌固点的弯矩最大。因此单杆直线电杆采用锥形杆柱，根部的配筋量也最大。

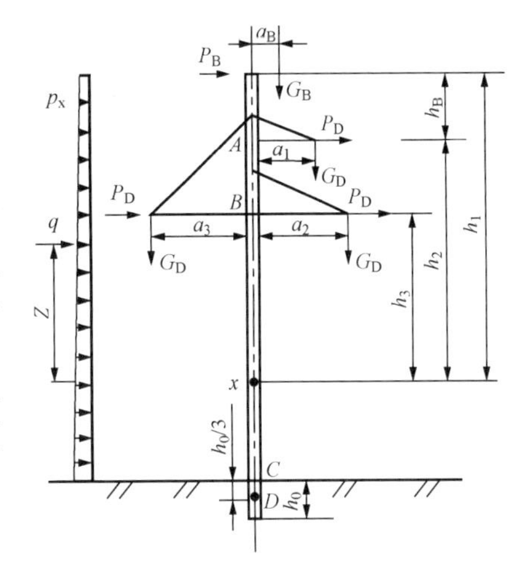

图 5-8　单杆直电杆计算简图

二、断线情况下杆柱的内力计算

单杆直线电杆采用上下横担，事故断线可能是断

上导线，也可能是断下导线。因断上导线比断下导线对主杆产生的内力大，即断上导线起控制作用，故只计算断上导线时引起的内力。

1. 无地线单杆直线电杆弯矩设计值的计算

单杆直线杆在断导线时的受力情况也可看作一端嵌固的悬臂梁。对于无地线的单杆所受的弯矩图为三角形（见图 5 - 9）。对于采用转动横担的单杆，当断导线时，横担在转动前杆柱承受横担起动力 T_q 产生的纵向弯矩和垂直荷载产生横向弯矩，横担起动力对杆柱还将产生扭矩。但横担转动后，杆柱主要承受断线张力 T_D 和断线一相导线重量所产生的纵向弯矩。杆柱主筋（纵筋）一般受横担转动后的弯矩控制，横担转动前的扭矩是选配杆柱螺旋钢筋的依据。

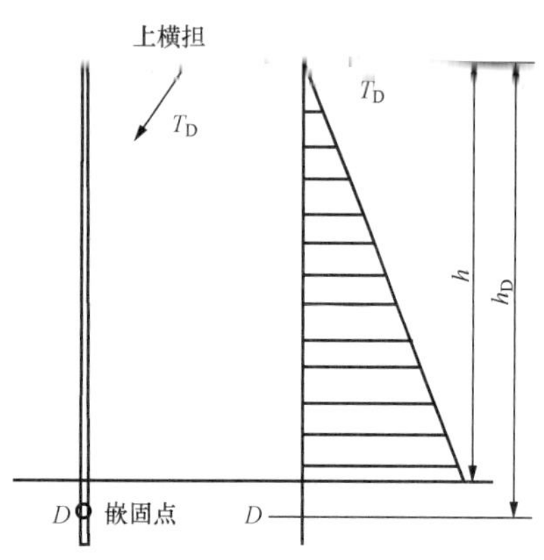

图 5 - 9　无地线单杆断导线时的弯矩图

2. 有地线单杆直线电杆弯矩设计值的计算

有地线单杆直线电杆在断导线情况下，应必须考虑地线支持力的作用，但不考虑未断导线的支持作用。设最大和最小地线支持力为 ΔT_{max}、ΔT_{min}（见图 5 - 10）。内力计算如下（弯矩见图 5 - 11）：

（1）电杆上横担处的弯矩

$$M_A = \gamma_0 \sqrt{(\gamma_Q \psi \Delta T_{max} h_B)^2 + (\gamma_G G_B a_B)^2} \tag{5 - 2}$$

若不考虑 G_B 引起的弯矩

$$M_A = \gamma_0 \gamma_Q \psi \Delta T_{max} h_B \tag{5 - 3}$$

式中　M_A——上横担处的弯矩设计值，N · m；

ΔT_{max}——地线最大支持力，N。

（2）电杆上横担以下的弯矩：

1）固定横担

$$M_x = 1.15\gamma_0 \sqrt{[\gamma_Q \psi (T_D h_2 - \Delta T_{min} h_1)]^2 + [\gamma_G (G'_{DD} a_1 + G_B a_B) + \gamma_Q \psi (G'_{DF} a_1 + G_F a_1)]^2} \tag{5 - 4}$$

式中　T_D——断线张力标准值；

ΔT_{min}——地线最小支持力，N；

G'_{DD}——断导线后的导线自重荷载标准值；

G'_{DF}——断导线后的导线覆冰荷载标准值；

G_F——附加荷载标准值。

2）转动横担：

横担转动前

$$M_x = 1.15\gamma_0 \sqrt{[(\gamma_Q \psi T_q h_2)]^2 + [\gamma_G (G'_{DD} a_1 + G_B a_B) + \gamma_Q \psi (G'_{DF} a_1 + G_F a_1)]^2} \tag{5 - 5}$$

$$T = \gamma_0 \gamma_Q \psi T_q a_1 \tag{5 - 6}$$

横担转动后（若不考虑 G_B 引起的弯矩）

$$M_x = 1.15\gamma_0 [\gamma_Q \psi (T_D h_2 + G'_{DF} a_1 + G_F a_1 - \Delta h_{min} h_1) + \gamma_G G'_{DD} a_1] \tag{5 - 7}$$

式中　M_x——计算截面处的弯矩设计值；

　　T_q——转动横担起动力（110kV线路采用标准值2～3kN，220kV线路采用标准值5～6kN）。

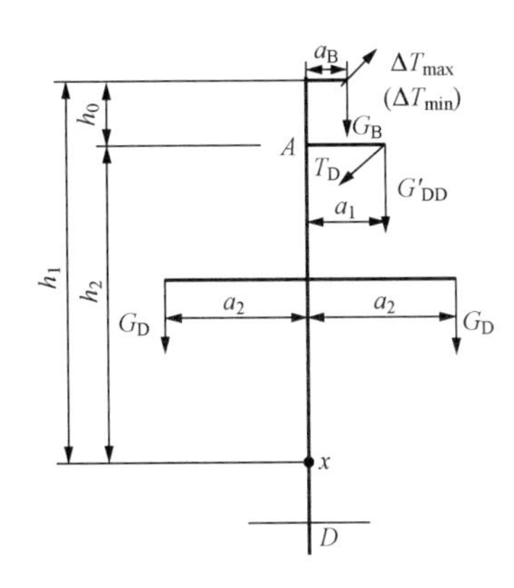

图5-10　有地线单杆断上导线计算简图

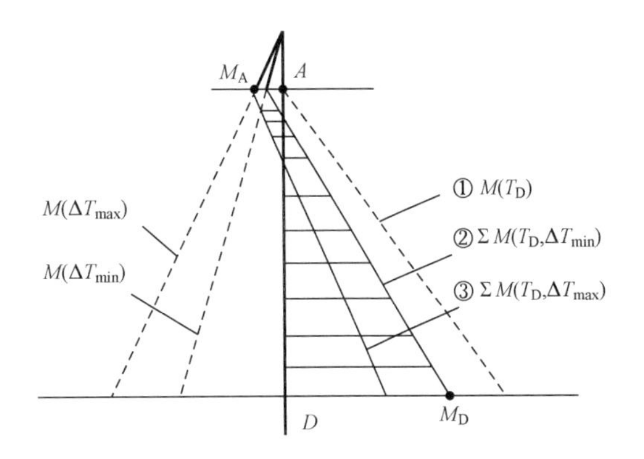

图5-11　有地线单杆断上导线时弯矩简图

图5-11曲线②表示在断线张力和最小地线支持力共同作用下产生的弯矩；曲线③表示在断线张力和最大地线支持力共同作用下产生的弯矩。从两条曲线可以看出：地线最大支持力ΔT_{max}对上横担附近的杆柱产生的弯矩较大，而地线最小支持力ΔT_{min}对杆柱的根部的嵌固点处产生的弯矩最大。因此，式（5-2）要用地线的最大支持力ΔT_{max}计算弯矩值，而式（5-4）、式（5-7）则要用地线最小支持力ΔT_{min}计算弯矩值。

根据计算分析，采用转动横担的单杆直线电杆，断导线杆柱的强度一般由横担转动后的弯矩控制。

由于钢筋混凝土电杆为长柱，混凝土自重较大，抗拉强度较低，在组立与安装中要进行吊点的验算，但不是电杆强度的控制条件。

【例5-1】 某丘陵地带一锥形单杆直线电杆，顶径为ϕ230mm，嵌固点布置20ϕ16的HPB300光面钢筋在截面中央，2ϕ6并绕的HPB300螺旋钢筋，螺旋钢筋的螺距S=100mm。混凝土强度等级为C40，结构尺寸及正常运行情况Ⅰ（大风）荷载标准值如图5-12所示。试验算嵌固点强度和裂缝宽度是否符合要求。

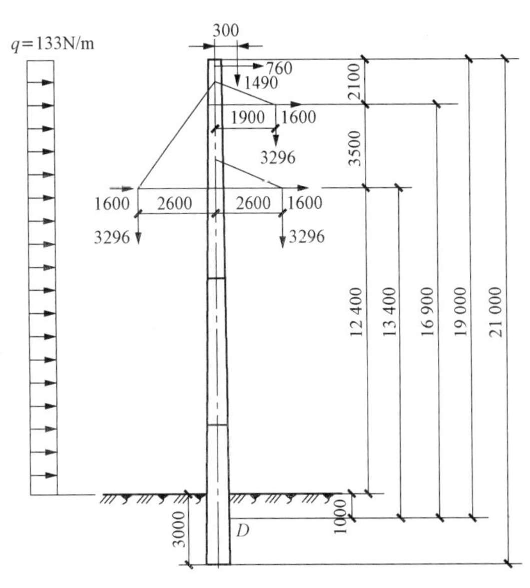

图5-12　荷载图（荷载标准值）

解　（1）强度验算。

1）嵌固点处弯矩设计值。由于给定的荷载为标准值，因此荷载要乘以荷载分项系数，永久荷载分项系数γ_G=1.2，可变荷载分项系数γ_{Qi}=1.4，电杆为110kV，结构重要性系数γ_0=1.0，正常运行情况荷载组合系数ψ=1，则

$$M_D = 1.15\times\gamma_0[\gamma_G(G_Ba_B+G_Da_1)+\gamma_Q\psi(P_Bh_1+P_Dh_2+2P_Dh_3+q_xh_xZ)]$$
$$=1.15\times1.0\times[1.2\times(1490\times300+3296\times1900)+1.4\times1.0$$
$$\times(760\times19\,000+1600\times16\,900+2\times1600\times13\,400+0.133\times18\,000\times10\,000)]$$
$$=183\,600\,000\text{N}\cdot\text{mm}=183.60(\text{kN}\cdot\text{m})$$

2）嵌固点处的抵抗弯矩 $[M_D]$。已知 $20\phi16$，HPB300 钢筋，$f_y=270\text{N/mm}^2$，$A_s=4022\text{mm}^2$。

混凝土强度等级为 C40，则　　$f_c=19.1\text{N/mm}^2$

嵌点外径 $D=D_0+\dfrac{h}{75}=230+\dfrac{19\,000}{75}=483(\text{mm})$，$A=\dfrac{\pi}{4}(D^2-d^2)=\dfrac{3.14}{4}\times(483^2-383^2)=67\,981(\text{mm}^2)$

$$\alpha=\frac{\phi}{\pi}=\frac{f_yA_s}{\alpha_1f_cA+2.5f_yA_s}=\frac{270\times4022}{1.0\times19.1\times67\,981+2.5\times270\times4022}=0.271$$
$$\alpha=0.271<2/3=0.667$$
$$\alpha_t=1-1.5\alpha=1-1.5\times0.271=0.594$$
$$\omega=\frac{f_yA_s}{\alpha_1f_cA}=\frac{270\times4022}{1.0\times19.1\times67\,981}=0.836<0.9,\text{符合要求。}$$
$$\sin\pi\alpha=\sin(0.271\times180^\circ)=0.752$$
$$\sin\pi\alpha_t=\sin(0.594\times180^\circ)=0.957$$

$$[M_D]=\alpha_1f_cA(r_2+r_1)\frac{\sin\pi\alpha}{2\pi}+f_yA_sr_s\frac{\sin\pi\alpha+\sin\pi\alpha_t}{\pi}$$
$$=1.0\times19.1\times67\,981\times(242+192)\times\frac{0.752}{2\times3.14}+(270\times4022\times217)\times\frac{0.752+0.957}{3.14}$$
$$=67\,479\,031+128\,256\,048=195\,735\,116(\text{N}\cdot\text{mm})$$
$$=195.74(\text{kN}\cdot\text{m})$$

由于 $[M_D]>M_D$，因此强度符合要求。

（2）裂缝验算。

1）嵌固点处弯矩标准值 M_s

$$M_s=1.15\gamma_0[(G_Ba_B+G_Da_1)+\psi(P_Bh_1+P_Dh_2+2P_Dh_3+q_xh_xZ)]$$
$$=1.15\times1.0[(1490\times300+3295\times1900)$$
$$+1.0\times(760\times19\,000+1600\times16\,900+2\times1600\times13\,400+0.133\times18\,000\times1000)]$$
$$=1.15\times1.0\times(6\,707\,500+108\,300\,000)$$
$$=132\,300\,000(\text{N}\cdot\text{m})=132.2(\text{kN}\cdot\text{m})$$

2）开裂弯矩 M_{cr}。已知光面钢筋，取 $v=1$，$r_1=192\text{mm}$，$r_2=242\text{mm}$，$r_s=217\text{mm}$，$E_s=210\text{kN/mm}^2$，$E_c=32.5\text{kN/mm}^2$，$f_{tk}=2.39\text{N/mm}^2$

$$\alpha_E=\frac{E_s}{E_c}=\frac{210}{32.5}=6.46$$
$$A_0=A+(\alpha_E-1)A_s=67\,981+(6.46-1)\times4022=89\,941(\text{mm}^2)$$
$$W_d=W_d=(r_1^2+r_2^2)\frac{A_0}{4r_2}=(192^2+242^2)\times\frac{89\,941}{4\times242}=8\,866\,621(\text{mm}^3)$$
$$\gamma=2-0.4\frac{r_1}{r_2}=2-0.4\times\frac{192}{242}=1.683$$

$M_{cr} = \gamma f_{tk} W_d = 1.683 \times 2.39 \times 8\ 866\ 621 = 35\ 664\ 830(\text{N} \cdot \text{mm}) = 35.66(\text{kN} \cdot \text{m})$

3）计算裂缝宽度

$$\delta_{max} = (200 + S)\frac{M_s - M_{cr}}{A_s E_s r_s}\upsilon = (200 + 100) \times \frac{(132.30 - 35.66) \times 10^6}{4022 \times 270 \times 217 \times 10^3} \times 1 = 0.123(\text{mm})$$

由于 $\delta_{max} = 0.123\text{mm} \leqslant [\delta_{max}] = 0.2\text{mm}$，因此裂缝宽度满足要求。

【例 5-2】 110kV 线路单杆直线电杆如图 5-13 所示，杆顶径为 ϕ270，锥度为 1/75，壁厚 50mm；杆柱混凝土为 C40 级，纵向受力钢筋为 HRB335，电杆自重为 30 600N，为便于计算并偏安全，将锥形电杆的自重按等径电杆均布荷载计算，即每米电杆自重 $q = \frac{30\ 600}{21} = 1457.1\text{N/m}$，上横担自重（包括绝缘子串及金具）900N，下横担自重 2000N（包括绝缘子串及金具），采用人字抱杆单点起吊的方法组立，试对组立电杆时的强度及裂缝验算。

解 以上横担 B 点处为起吊点起吊电杆。受力图如图 5-13 所示。

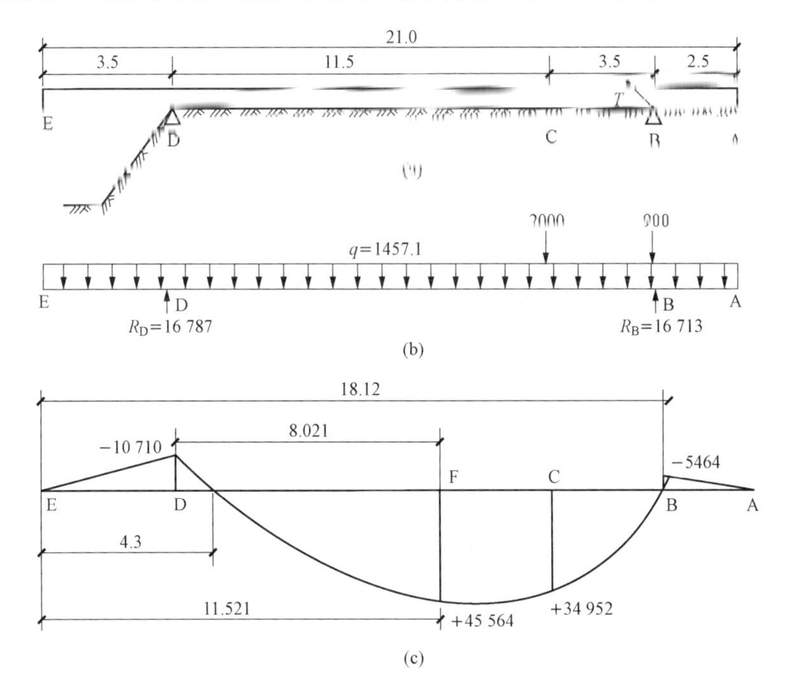

图 5-13　以上横担为起吊点弯矩图

（a）电杆结构图；（b）电杆受力图；（c）弯矩图

（1）求起吊产生的弯矩和剪力。

1）求支点反力。

$$\sum M_D = 0\ [\text{见图 5-13（a）、（b）}]$$

则
$$900 \times 15 + 2000 \times 11.5 + 1457.1 \times \frac{17.5^2}{2} - 1457.1 \times \frac{3.5^2}{2} - 15R_B = 0$$

解方程得
$$R_B = 16\ 713\text{N}$$

因
$$\sum y = 0$$

则
$$R_B + R_D - 900 - 2000 - 30\ 600 = 0$$

解得　$R_D=900+2000+30\ 600-16\ 713=16\ 787(N)$

2）弯矩设计值的计算。

电杆起吊时D、F、C、B各截面的弯矩计算。

a. D点截面弯矩　$M_D=-r_G\left(\frac{3.5^2}{2}q\right)=-1.2\times\frac{3.5^2}{2}\times1457.1=-10\ 710(N\cdot m)$

b. F、C、B点截面弯矩：

求最大弯矩F点位置：

$$\sum x=0\qquad(3.5+x)q-R_D-V=0$$

当$V=0$时，弯矩最大，即

$$(3.5+x)q-R_D=0$$

$$(3.5+x)\times1457.1-16\ 787=0$$

解方程得　$x=8.021m$

$$M_F=r_G\left[-\frac{(3.5+x)^2}{2}q+R_Dx\right]$$

$$=1.2\times\left[-\frac{(3.5+8.021)^2}{2}\times1457.1+16\ 787\times8.021\right]$$

$$=45\ 534(N\cdot m)$$

$$M_C=r_G\left(-\frac{15^2}{2}q+R_D\times11.5\right)$$

$$=1.2\times\left(-\frac{15^2}{2}\times1457.1+16\ 787\times11.5\right)$$

$$=34\ 952(N\cdot m)$$

$$M_B=-1.2\times\left(1457.1\times\frac{2.5^2}{2}\right)=-5464(N\cdot m)$$

c. 求零弯矩点的位置：

DC段，设零弯矩点位置距D点的距离为x_1。

$$M_{x_1}=-\frac{1457.1}{2}x_1^2+R_D(x_1-3.5)$$

$$=-728.55x_1^2+16\ 787x_1+58\ 754$$

当$M_{x_1}=0$时

$$-728.55x_1^2+16\ 787x_1-58\ 754=0$$

解得　$x_1=4.3m$

CB段，设零弯矩点位置距D点的距离为x_2。

$$M_{x_2}=-1457.1\frac{x_2^2}{2}+R_D(x_2-3.5)-2000(x_2-15)$$

$$=-1457.1\frac{x_2^2}{2}+16\ 787(x_2-3.5)-2000(x_2-15)$$

$$=-728.55x_2^2+16\ 787x_2-58\ 754-2000x_2+30\ 000$$

$$=-728.55x_2^2+14\ 787x_2-28\ 754$$

当$M_{x_2}=0$时

$$-728.55x_2^2+14\ 787-28\ 754=0$$

解得 $$x_2=18.12\text{m}$$

根据求出的以上横担处为起吊点计算的各点弯矩和零弯矩点的位置，画出弯矩图，如图 5-13（c）所示。

3）剪力设计值的计算。

①D 截面处的剪力

$$V_{D1}=-3.5q=-3.5\times1457.1=-5100(\text{N})$$
$$V_{D2}=R_D-V_{D1}=16\ 787-5100=11\ 687(\text{N})$$

②C 截面处的剪力

$$V_{C1}=-(11.5-8.021)q=-(11.5-8.021)\times1457.1=-5069(\text{N})$$
$$V_{C2}=V_{C1}-2000=-5069-2000=7069(\text{N})$$

③B 截面处的剪力

$$V_{B1}=-V_{C2}-3.5q=-7069-3.5\times1457.1=12\ 169(\text{N})$$
$$V_{B2}=R_B+V_{B1}-900=16\ 713-12\ 169-900=3644(\text{N})$$

（2）强度验算。

1）抗弯强度及裂缝验算。抗弯强度及裂缝验算方法见例［5-1］。

2）抗剪承载力验算。

B 截面处剪力最大，以该截面为例。

由于 $V_u=1.2tDf_t=1.2\times50\times303\times1.71=31\ 087.8(\text{N})>V_{B1}=12\ 169(\text{N})$

因此，该截面混凝土本身能承担起吊时引起的剪力。

以下横担 C 点为起吊点，其计算方法与以上横担 B 点为起吊点计算方法相同，计算略。

第三节　拉线单杆直线电杆计算

拉线单杆直线电杆通常采用等径杆。单杆直线电杆加拉线后，改变了拉线点以下杆柱的受力情况（将杆身所受的弯矩转化为压力）。拉线单杆电杆具有经济性好、材料消耗小、施工方便、基础埋深较浅可充分利用杆高等优点。其不足的是由于打拉线后影响农田耕作，抗扭性差。拉线单杆进行强度计算时，拉线点以上的杆柱按悬臂梁受弯构件计算；拉线点以下的杆柱按压弯构件计算。杆柱内力一般由正常大风情况控制。

下面主要对拉线和杆柱压弯段分别讲述其强度计算方法。

一、拉线的计算

如图 5-14 所示，四根拉线采用对称布置，拉线与横担水平夹角 α，一般采用 45°。但从正常和事故情况下等强度原则考虑，α 角宜在 35°左右，故建议采用 40°，这对于发挥拉线的作用和减少正常情况下的挠度都是有利的。拉线与地面夹角 β 的布置，从平衡水平力来讲，β 角越小越好，但它受到电气间隙和占地面积的限制，通常 β 角以不超过 60°为宜。拉线的受力计算主要由正常情况的荷载和挠度控制。

由于作用在拉线上的荷载比较复杂，如拉线的自重、风荷载、冰荷载等，因此精确计算比较烦琐，在实际计算中常采用简化的计算方法，忽略作用在拉线上的风荷载和冰荷载。杆塔拉线系统属于柔性体系，故电杆的拉线点可视为弹性铰支。

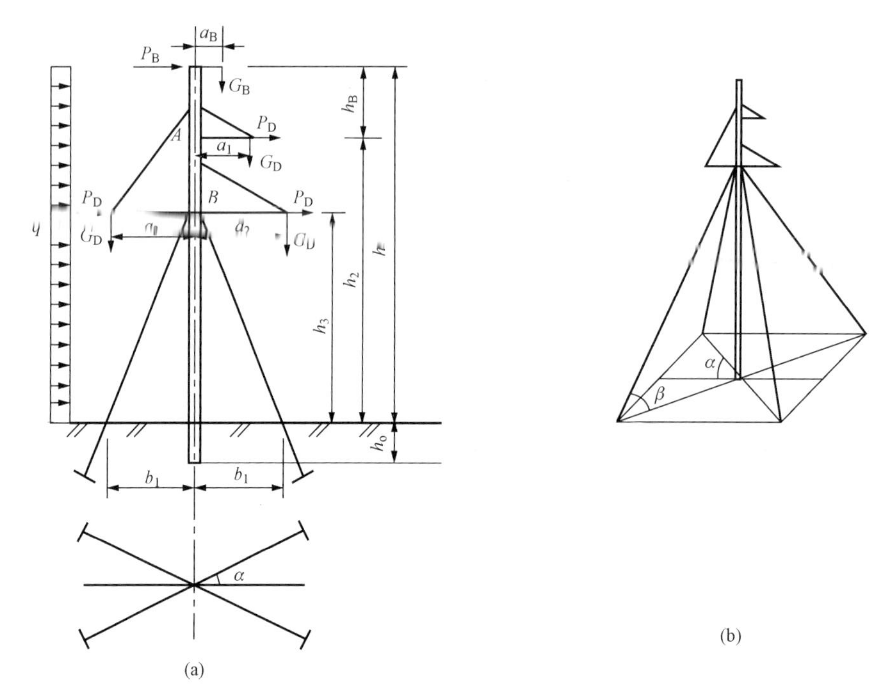

图 5-14　拉线单杆直线电杆布置图

（a）拉线电杆受力图（荷载为标准值）；（b）拉线夹角示意图

1. 正常情况下拉线的受力

（1）拉线点反力的计算

$$R=\frac{\sum M_{\mathrm{D}}}{h_3} \tag{5-8}$$

$$\sum M_{\mathrm{D}}=\gamma_0\gamma_{\mathrm{G}}(G_{\mathrm{B}}a_{\mathrm{B}}+G_{\mathrm{D}}a_1)+\gamma_0\gamma_{\mathrm{Q}}\psi\left[P_{\mathrm{B}}h_1+P_{\mathrm{D}}(h_2+2h_3)+\frac{qh_1^2}{2}\right]$$

式中　R——拉线点反力；

$\sum M_{\mathrm{D}}$——所有外力对地面计算点的力矩设计值之和，见图 5-14（a）；

γ_0——结构重要性系数；

ψ——可变荷载组合系数；

其他符号含义见图 5-14。

（2）拉线力的计算

$$T=\frac{1.05R}{2\cos\alpha\cos\beta}=\frac{1.05Rl}{2b_1} \tag{5-9}$$

式中　R——拉线点反力；

α——拉线与横担轴线的水平夹角［见图 5-14（b）］；

β——拉线与地面夹角［见图 5-14（b）］；

b_1——电杆正视图，拉线在地面上的投影；

l——拉线的长度；

1.05——考虑拉线自重、风荷载及温度等因素引起拉线受力增大的系数。

2. 断上导线时拉线的受力

(1) 拉线点反力的计算。

1) 拉线点纵向（顺线路方向）反力（对转动横担）

$$R_y = \frac{\sum M_D}{h_3} \quad (5-10)$$

$$\sum M_D = \gamma_0[\psi\gamma_Q(T_D h_2 - \Delta T_m h_1 + G_F a_1) + \gamma_G G'_D a_1]$$

式中　$\sum M_D$——所有外力对地面计算点的力矩设计值之和；

γ_0——结构重要性系数；

ψ——可变荷载组合系数；

T_D——断线张力；

ΔT_m——地线支持力；

G'_D——断线后挂在横担上的部分重力；

G_F——附加荷载标准值。

2) 拉线点横向（垂直线路方向）反力

$$R_x = \gamma_0\gamma_G\psi\frac{G_B a_B}{h_3} \quad (5-11)$$

(2) 拉线力的计算（见图5-15）。

$$\left.\begin{aligned} T_1 &= \frac{1.05R_y}{2\sin\alpha\cos\beta} + \frac{1.05R_x}{2\cos\alpha\cos\beta} \\ T_2 &= \frac{1.05R_y}{2\sin\alpha\cos\beta} - \frac{1.05R_x}{2\cos\alpha\cos\beta} \end{aligned}\right\} \quad (5-12)$$

式中　R_y——拉线点的纵向反力；

R_x——拉线点的横向反力；

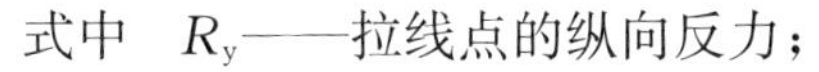

其他符号含义与式（5-9）相同。

当忽略横向反力 R_x 时，$T_1 = T_2$。

3. 选择拉线截面

$$A_1 = \frac{T_{max}}{f_g} \quad (5-13)$$

式中　T_{max}——正常情况和断线情况下计算拉线所受的最大力；

f_g——钢绞线抗拉强度设计值（按表5-2取值）。

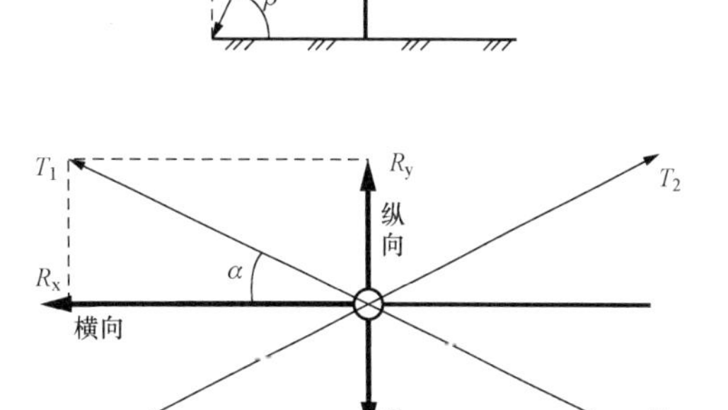

图5-15　拉线受力分析图

表5-2　**拉线用镀锌钢铰线强度设计值**

股数	热镀锌钢丝抗拉强度标准值					备　注
	1175	1270	1370	1470	1570	1. 整根钢绞线的拉力设计值等于总截面与 f_g 的乘积； 2. 强度设计值 f_g 中已计入了换算系数：7股0.92，19股0.9； 3. 拉线金具的强度设计值，应取国家标准金具的强度标准值或特殊设计金具的最小试验破坏强度除以1.8的抗力分项系数确定。
	整根钢绞线抗拉强度设计值 f_g					
7股	690	745	800	860	920	
19股	670	720	780	840	900	

【例5-3】 已知110kV拉线电杆，结构尺寸如图5-16所示，杆头荷载标准值如图5-17

所示，杆身风荷载标准值 $q=900\text{N/m}$，转动横担，断线起动力 $T_q=2500\text{N}$，地线支持力 $\Delta T_{max}=4300\text{N}$，$\Delta T_{min}=4200\text{N}$，附加荷载 $G_F=1500\text{N}$，拉线与横担夹角 $\alpha=45°$，拉线与地面夹角 $\beta=60°$，设计该电杆拉线。

解 （1）正常大风情况拉线的受力。

永久荷载分项系数 $\gamma_G=1.2$，可变荷载分项系数 $\gamma_Q=1.4$；结构重要性系数 $\gamma_0=1$；可变荷载组合系数 $\psi=1$。

$$\begin{aligned}\sum M_D &= \gamma_0\gamma_G(G_B\times 0.3+G_D\times 1.9)+\gamma_0\gamma_Q\psi\left[P_B\times 19.7+P_D(17.4+2\times 13.9)+q\times\left(20+\frac{20}{2}\right)\right]\\ &= 1.0\times 1.2\times(1.486\times 0.3+3.030\times 1.9)\\ &\quad +1.0\times 1.4\times 1.0\times[1.211\times 19.7+2.570\times(17.4+2\times 13.9)+0.09\times 30]\\ &= 207.25(\text{kN}\cdot\text{m})\end{aligned}$$

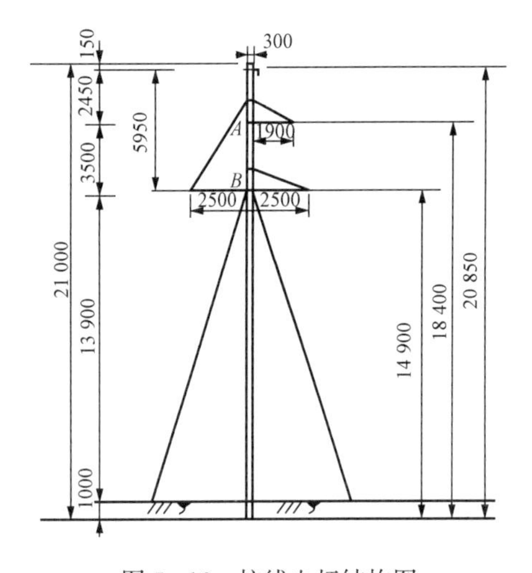

图 5-16 拉线电杆结构图

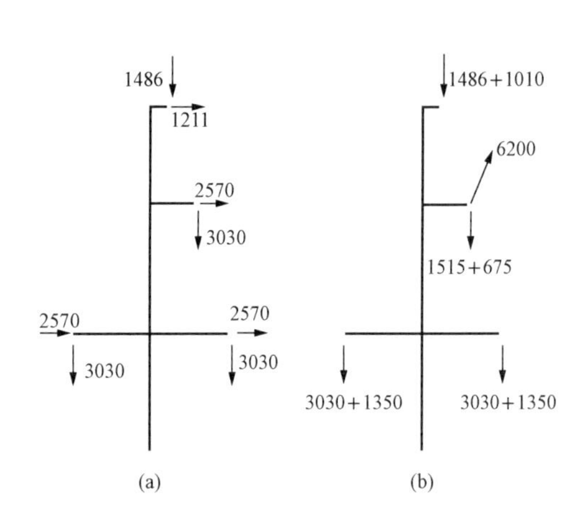

图 5-17 杆头荷载标准值

（a）正常情况Ⅰ（大风情况）；（b）断上导线情况

1）拉线点反力

$$R=\frac{\sum M_D}{h_3}=\frac{207.25}{13.9}=14.91(\text{kN})$$

2）拉线力 T

$$T=\frac{1.05R}{2\cos\alpha\cos\beta}=\frac{1.05\times 14.91}{2\cos 45°\cos 60°}=22.14(\text{kN})$$

（2）断上导线情况拉线的受力。

可变荷载组合系数 $\psi=0.9$。

$$\begin{aligned}\sum M_D &= \gamma_0[\gamma_Q\psi(0.8T_D\times 17.4-\Delta T_m\times 19.7)+\gamma_Q\psi(G_F+0.675)\times 1.9+(\gamma_G\times 1.515\times 1.9)]\\ &= 1.0[1.4\times 0.9\times(0.8\times 6.2\times 17.4-4.2\times 19.7)\\ &\quad +1.4\times 0.9\times(1.5+0.675)\times 1.9+(1.2\times 1.515\times 1.9)]\\ &= 13.15(\text{kN}\cdot\text{m})\end{aligned}$$

1）拉线点反力

$$R_y=\frac{\sum M_D}{h_3}=\frac{13.15}{13.9}=0.95(\text{kN})$$

$$R_x=\gamma_0\psi\gamma_G\frac{G_Ba_B}{h_3}=1.0\times0.9\times\frac{1.2\times1.486\times0.3}{13.9}=0.033(\text{kN})$$

2）拉线力 T

$$T_1=\frac{1.05R_y}{2\sin\alpha\cos\beta}+\frac{1.05R_x}{2\cos\alpha\cos\beta}=\frac{1.05\times1.19}{2\sin45^\circ\cos60^\circ}+\frac{1.05\times0.033}{2\cos45^\circ\cos60^\circ}=1.83(\text{kN})$$

（3）计算拉线截面积。

根据以上计算结果表明，拉线受大风控制。选用 7 股钢绞线，查表 5 - 3 得抗拉强度设计值为 $f_g=745\text{N/mm}^2$。

$$A_l=\frac{T_{max}}{f_g}=\frac{22.14\times10^3}{745}=30(\text{mm}^2)$$

选择 1×7-7.8-1270-A-YB/T5004-2012 镀锌钢绞线，钢绞线截面积为 $A_l=37.17\text{mm}^2$。

二、正常情况下杆柱的弯矩计算

1. 拉线点以上的杆柱受力计算

前面已分析，拉线点以上杆柱按受弯构件计算，计算方法与锥形单杆相同，但因挠度较小，可不考虑附加弯矩，即不乘系数 1.15。

$$M_B=\gamma_0\gamma_G(G_Da_D+G_Ba_B)+\gamma_0\gamma_Q\psi\left[P_B(h_1-h_3)+P_D(h_2-h_3)+q_{02}\frac{(h_1-h_3)^2}{2}\right] \tag{5-14}$$

式中　γ_0——结构重要性系数；

γ_G——永久荷载分项系数；

γ_Q——可变荷载分项系数；

ψ——可变荷载组合系数；

q_{02}——下横担处杆身风压标准值；

其他符号含义见图 5 - 13。

2. 拉线点以下的杆柱受力计算

拉线点以下的杆柱按压弯构件计算，由于拉线电杆埋深一般较浅（$h_0=1.0\sim1.5$m），电杆下端可视为铰接，如图 5 - 18 所示。沿杆柱任意截面 x 处的弯矩包括主弯矩和附加弯矩两部分。主弯矩主要是由杆头风荷载产生。在主弯矩和拉线点以下的杆身风荷载等作用下，杆柱产生挠曲变形，挠曲变形后，轴向压力与挠度的乘积又产生附加弯矩。其任意截面垂直压力和的弯矩为

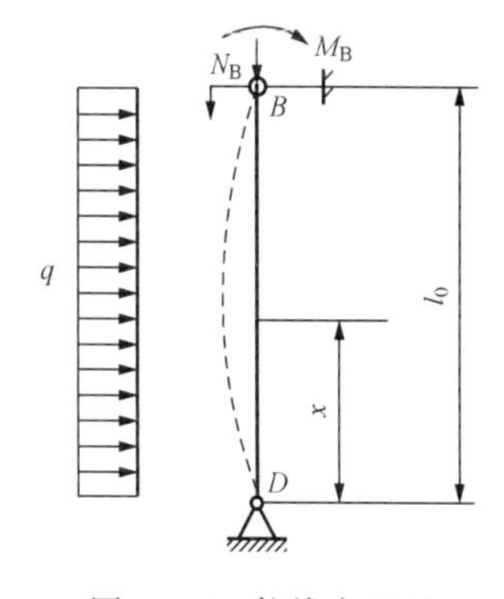

图 5 - 18　拉线点以下主杆受力图

$$N_x=\gamma_0[\gamma_G(G_B+3G_D+G_0)+\gamma_Qql_x+2T\sin\beta] \tag{5-15}$$

$$M_x=M_B(x/l_0)+M_{0x}+N_xf_x \tag{5-16}$$

$$f_x=(f_{qy}+f_{M_x}+f_{px}+y_x)\eta \tag{5-17}$$

式中　N_x——x 截面处的垂直压力设计值，N；

G_0——横担及支架重力标准值；

T——拉线拉力设计值；

β——拉线与地面夹角；

q——电杆单位长度重力标准值；

l_x——x 截面至杆顶高度，一般取 $0.423l_0$ 加电杆头部高度；

M_x——x 截面处的弯矩设计；

M_B——作用于拉线点以上的外力引起的端弯矩设计值（包括拉线偏心产生的弯矩）；

M_{0x}——拉线点以下作用于杆段上的荷载在 x 截面处引起的弯矩设计值；

f_x——x 截面处包括压弯影响的杆身的总挠度；

f_{qy}——杆身风压产生的挠度［见图 5-19（b）］，$f_{qy}=\dfrac{qx}{24B_s}(l_0^3-2l_0x^2+x^3)$；

f_{M_x}——端弯矩产生的挠度［见图 5-19（c）］，$f_{M_x}=\dfrac{M_{0x}l_0}{6B_s}x\left(1-\dfrac{x^2}{l_0^2}\right)$；

f_{px}——杆身横向集中荷载产生的挠度［见图 5-19（d）］，$f_{px}=\dfrac{Pbx}{6B_sl_0}(l_0^2-x^2-b^2)$；

y_x——考虑制造，安装偏差引起的杆身初挠度［见图 5-19（e）］，设长期荷载作用下直线型拉线电杆的计算挠度 $y_0=\dfrac{2}{1000}l_0$，取杆身挠曲轴为正弦曲线，则有 $y_x=y_0\sin\dfrac{\pi x}{l_0}$；

B_s——电杆刚度；

l_0——压弯构件的计算长度，m，当电杆埋深 $h_0/D\leqslant 5$ 时，取 $l_0=h_0+H$，当电杆埋深 $h_0/D\geqslant 5$ 时，取 $l_0=h_0+5D$；

h_0——电杆埋入土中深度；

H——拉线点至地面距离；

D——电杆外直径；

η——偏心矩增大系数，$\eta=\dfrac{1}{1-\dfrac{N_x}{N_L}}$，$N_L$ 为临界压力，$N_L=\dfrac{\pi^2B_s}{l_0^2}$；

B_s——电杆刚度。

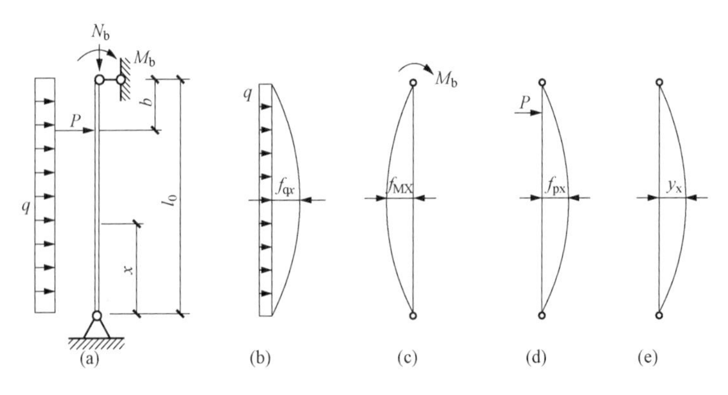

图 5-19 压弯杆段的挠度

（a）挠度计算简图；（b）风荷载引起的挠度；（c）上端弯矩引起的挠度；（d）横向集中荷载引起的挠度；（e）杆身初挠度

三、事故断线情况下杆柱弯矩计算

事故断线情况时在拉线点以上部分的杆柱弯矩，计算方法与锥形电杆相同。在拉线点以下部分，在杆头弯矩和拉线的垂直分力的作用下，杆柱按压弯构件计算，但一般压弯弯矩对电杆配筋不起控制作用。

【例 5-4】 拉线预应力直线电杆结构尺寸和正常情况Ⅰ（大风情况）荷载标准值如图 5-16、图 5-17 所示。已知拉线拉力设计值 $T=22140\text{N}$，拉线与地面夹角 $\beta=60°$，电杆自重标准值 $G_m=1019\text{N/m}$，横担及吊杆重力标准值 $G_0=1000\text{N}$，拉线偏心距 $e=200\text{mm}$，电杆为等径电杆，杆身风荷载标准值 $q=90\text{N/m}$，外径 $D=300\text{mm}$，内径 $d=200\text{mm}$ 混凝土为 C50，纵向钢筋布置 16ϕ7 消除应力光面钢丝，压弯部分计算长度 14900mm，试验算拉线点以下杆柱在正常情况Ⅰ（大风情况）作用下压弯段最大弯矩。

解 （1）求最大挠度处的弯矩设计值 M_{0x}。已知

$$\gamma_0=1.0,\ \psi=1.0,\ \gamma_G=1.2,\ \gamma_Q=1.4$$

1）求拉线点 B 处弯矩 M_B。

$$M_B=[\gamma_0\gamma_G(G_B\times0.3+G_D\times1.9)]+\gamma_0\gamma_Q\psi\left[P_B\times5.95+P_D\times3.5+q\times\frac{6.1^2}{2}\right]-[2eT\sin\beta]$$

$$=[1.0\times1.2\times(1486\times0.3+3030\times1.9)]$$

$$+1.0\times1.4\times1.0\times\left[1811\times5.95+3670\times3.5+90\times\frac{6.1^2}{2}\right]-[2\times0.2\times22140\times\sin60°]$$

$$=7443.4+25\,024.9-7670=24\,802.2\text{N}\cdot\text{m}=24.80(\text{kN}\cdot\text{m})$$

2）求最大挠度处的弯矩设计值 M_{0x}，最大挠度一般发生在 x 处，$x=0.577l_0=0.577\times14\,900=8597(\text{mm})$

$$M_{mx}=M_B(x/l_0)+M_{0x}=0.577M_B-\gamma_Q q\frac{(l_0-x)^2}{2}$$

$$=0.577\times24.80-1.4\times0.09\times\frac{(0.423\times14.9)^2}{2}$$

$$=11.81(\text{kN}\cdot\text{m})$$

（2）求作用 x 处的压力 N_x

$$N_x=\gamma_0[\gamma_G(G_B+3G_D+G_0)+\gamma_Q ql_x+2T\sin\beta]$$

$$N_x=1.0\times[1.2\times(1468+3\times3030+1000)+1.4\times1019\times(0.423\times14.9+6.1)+(2\times22\,130\times\sin60°)]$$

$$=13\,869.6+17\,693.69+38\,330.28$$

$$=69\,894(\text{N})$$

（3）求挠度 f_x。

1）电杆短期荷载的刚度 B_s。已知 C50 混凝土，$f_c=23.1\text{N/mm}^2$，$A=39\,250\text{mm}^2$，$E_c=34.5\text{N/mm}^2$；16ϕ7 消除应力光面钢丝，$E_s=205\text{N/mm}^2$，$A_p=616\text{mm}^2$，$f_{py}=1110\text{N/mm}^2$。

预应力混凝土电杆要求不开裂，在短期效应下不出现裂缝构件的短期刚度为

$$B_s=0.85E_cI_0$$

钢筋、混凝土弹性模量比　$\alpha_E=\dfrac{E_s}{E_c}=\dfrac{205}{34.5}=5.94$

环形截面惯性矩　$I=\dfrac{A(D^2+d^2)}{16}=\dfrac{39\,250\times(300^2+200^2)}{16}=318\,906\,250(\text{mm}^4)$

钢筋所在圆的半径　$r_s=125\text{mm}$

换算截面惯性矩　$I_0=I+\dfrac{1}{2}(\alpha_E-1)A_pr_s^2=318\,906\,250+\dfrac{1}{2}\times(5.94-1)\times616\times125^2$

$$= 342\ 680\ 000(\text{mm}^4)$$

刚度 $B_s = 0.85E_cI_0 = 0.85 \times 34\ 500 \times 342\ 680\ 000 = 10.05 \times 10^{12}(\text{N} \cdot \text{mm}^2)$

2）挠度的计算

a. y_x 考虑制造，安装偏差引起的杆身初挠度是由于结构变形引起的次荷载为可变荷载

$$y_x = \psi\gamma_Q y_0 \sin\frac{\pi x}{l_0}$$

$$= \psi\gamma_Q \frac{2l_0}{1000}\sin\frac{\pi x}{l_0} = 1.0 \times 1.4 \times \frac{2 \times 14\ 900}{1000} \times \sin\frac{180° \times 8597}{14\ 900}$$

$$= 40.5(\text{mm})$$

b. 由杆身风压计算值引起的挠度

$$f_{qy} = \frac{\psi\gamma_Q qx}{24B_0}(l_0^3 - 2l_0x^2 + x^3)$$

$$= \frac{1.0 \times 1.4 \times 0.09 \times 8597}{24 \times 10.05 \times 10^{12}} \times (14\ 900^3 - 2 \times 14\ 900 \times 8597^2 + 8597^3)$$

$$= 7.82(\text{mm})$$

c. 拉线点弯矩引起的挠度

$$f_{MB} = \frac{M_B l_0}{6B_0}x\left(1 - \frac{x^2}{l_0^2}\right) = \frac{24\ 800\ 000 \times 14\ 900 \times 8597}{6 \times 10.05 \times 10^{12}} \times \left(1 - \frac{8597^2}{14\ 900^2}\right)$$

$$= 35.14(\text{mm})$$

临界压力

$$N_1 = \frac{\pi^2 B_0}{l_0^2} = \frac{3.14^2 \times 10.05 \times 10^{12}}{14\ 900^2} = 446\ 327(\text{N})$$

$$\eta = \frac{1}{1 - \frac{N_x}{N_1}} = \frac{1}{1 - \frac{69\ 894}{446\ 327}} = 1.18$$

总挠度 $f_x = (y_x + f_{qy} + f_{MB})\eta = (40.5 + 7.82 - 35.14) \times 1.18 = 15.6(\text{mm})$

（4）x 截面处的弯矩

$$M_x = M_{mx} + N_x f_x = 12.58 + 69.894 \times 0.015\ 6 = 13.67(\text{kN} \cdot \text{m})$$

第四节　门型直线电杆计算

对于承受荷载较大的杆塔，为了满足强度和刚度的要求，输电线路中常采用双杆，即门型电杆。门型电杆分为无叉梁门型直线电杆（见图 5 - 20）和带叉梁门型直线电杆（见图 5 - 21）两种。

一、无叉梁门型直线电杆

无叉梁门型直线电杆的计算与单柱直线电杆基本相同。不同之处是两杆受力的分配。正常运行和断线情况时，两杆受力的分配见表 5 - 3 规定的分配系数。另外因门型电杆刚度较好，可不考虑垂直荷载所产生的附加弯矩。

（1）正常运行情况下电杆各点的弯矩设计值为

$$M_x = 0.5\gamma_0[\gamma_G \sum Ga + \gamma_Q\psi(\sum Ph + qhZ)] \tag{5 - 18}$$

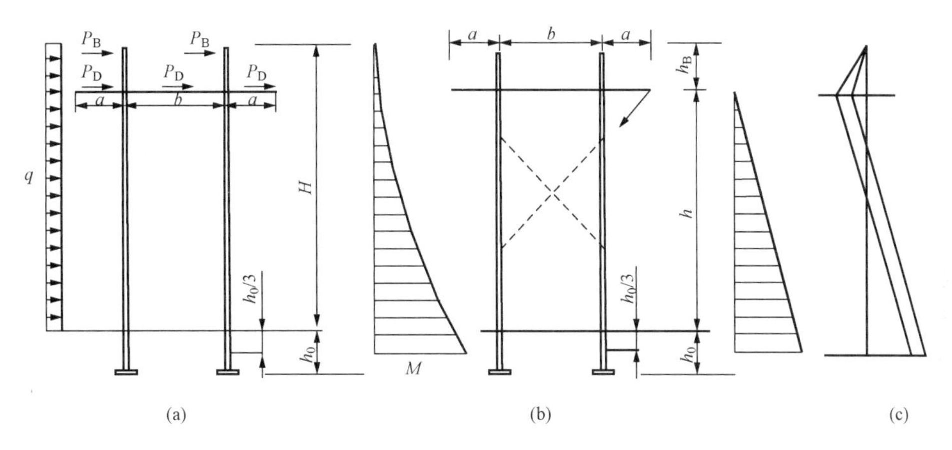

图 5-20　无叉梁门型电杆弯矩图

（a）正常运行情况；（b）断线情况；（c）断线考虑地线支持力情况

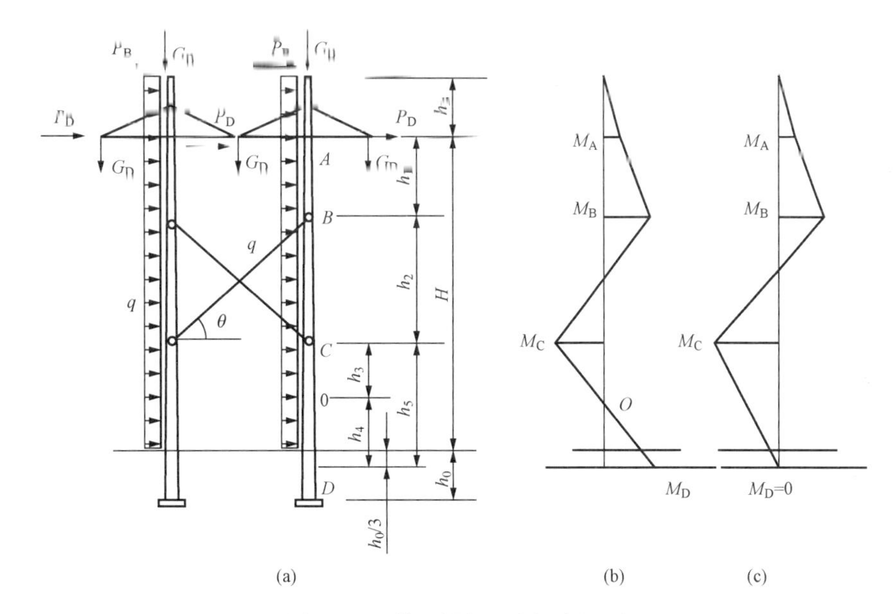

图 5-21　带叉梁门型电杆弯矩图

（a）结构示意图；（b）埋置较深；（c）埋置较浅

式中　0.5——门型电杆杆柱受力分配系数，查表 5-3；

Z——锥形杆 x 截面以上风压合力作用点至 x 截面处的力臂，m。

（2）断线情况下电杆各点的弯矩设计值为

$$M_{x} = \gamma_0 \gamma_{Q} \psi \left[0.85 \frac{a+b}{b} T_{D} h - \Delta T_{m} (h_{B} + h) \right] \tag{5-19}$$

式中　$0.85\frac{a+b}{b}$——门型电杆杆柱受力分配系数，查表 5-3；

ψ——可变荷载组合系数。

二、带叉梁门型直线电杆

为改变电杆的受力性能，有些在门型电杆上加叉梁。叉梁设置在电杆主平面内，如

图5-21所示。门型电杆加叉梁后，可减少主杆根部弯矩，增加电杆整体刚度，提高电杆承载能力。布置叉梁时，应尽量使叉梁固定点等处的弯矩相等，即 $M_B=M_C=M_D$。

1. 正常情况下主杆受力计算

门型电杆加叉梁后是一个超静定结构，其正常情况下的内力分析，按根部固定程度可分为下面两种情况计算。

（1）当电杆埋置较深（$h_0=2.5$m左右），基础抵抗倾覆弯矩能够满足稳定要求时，假定根部按固定计算，因叉梁的作用使杆柱弯矩图发生变化，如图5-21（b）所示。对等径电杆，从弯矩图上看出，叉梁下结点 C 和地下嵌固点 D 的力矩方向相反且相等，在杆身出现了零力矩。零力矩点的位置 O 点可以由材料力学和几何关系确定，有

$$M_C=\sigma W_C,\ M_D=\sigma W_D$$

由于弯矩图呈相似三角形，因此有

$$\frac{M_C}{h_3}=\frac{M_D}{h_4}$$

$$h_4=\frac{M_D}{M_C}h_3=\frac{M_D}{M_C}(h_5-h_4)$$

整理得

$$h_4=\frac{M_D}{M_C+M_D}h_5$$

因弯矩与截面系数（即抗弯模量）W 成正比，故

$$h_4=\frac{W_D}{W_C+W_D}h_5 \tag{5-20}$$

式中 W_C、W_D——C、D 两点的截面系数，对环形截面积为$\frac{\pi}{32D}(D^4-d^4)$。

对于等径杆柱，因 $W_D=W_C$，故 $h_4=\frac{h_5}{2}$。

表5-3 等径门型电杆杆柱受力分配系数

特征	杆型受力简图	横向荷载	纵向荷载
无地线 无叉梁	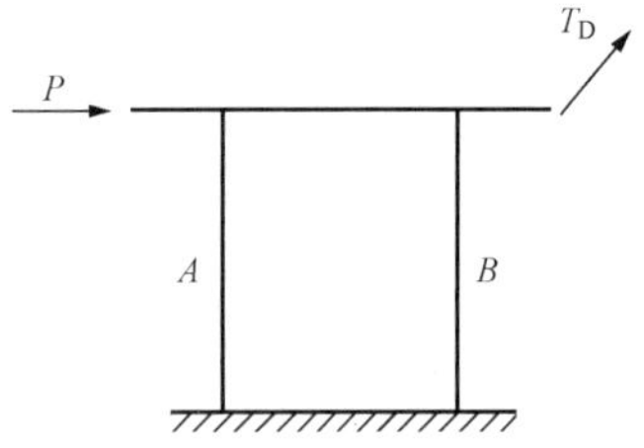	A柱：0.5P B柱：0.5P	A柱：0 B柱：1.0T_D
无地线 有叉梁	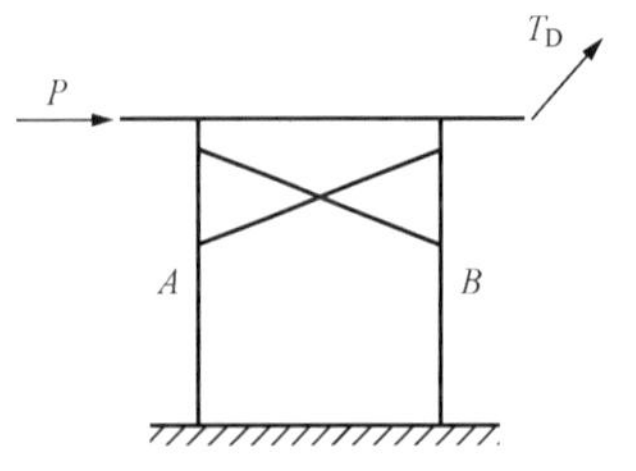	A柱：0.45P B柱：0.55P	A柱：0 B柱：1.0T_D

续表

特征	杆型受力简图	横向荷载	纵向荷载
有地线无叉梁	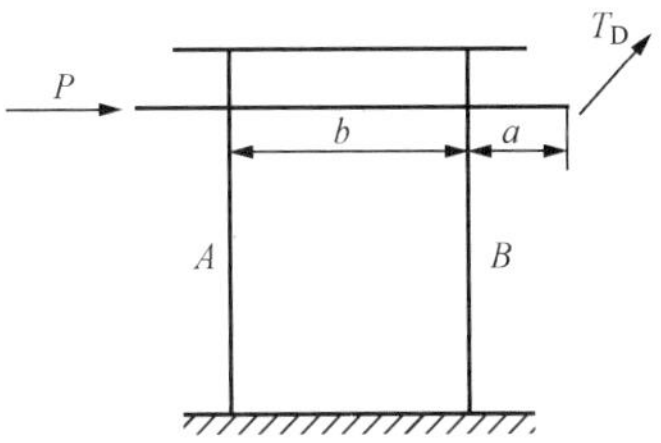	A柱：$0.5P$ B柱：$0.5P$	A柱：$0.85T_D\frac{a}{b}$ B柱：$0.85T_D\frac{a+b}{b}$
有地线有叉梁	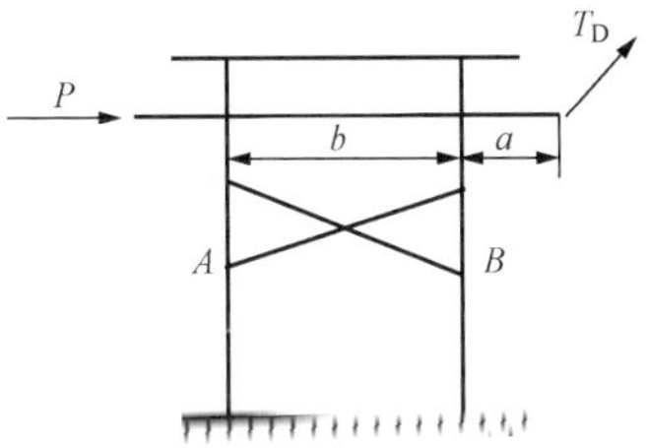	A柱：$0.45P$ B柱：$0.55P$	A柱：$0.85T_D\frac{a}{b}$ B柱：$0.85T_D\frac{a+b}{b}$
有地线有叉梁并有V型拉线	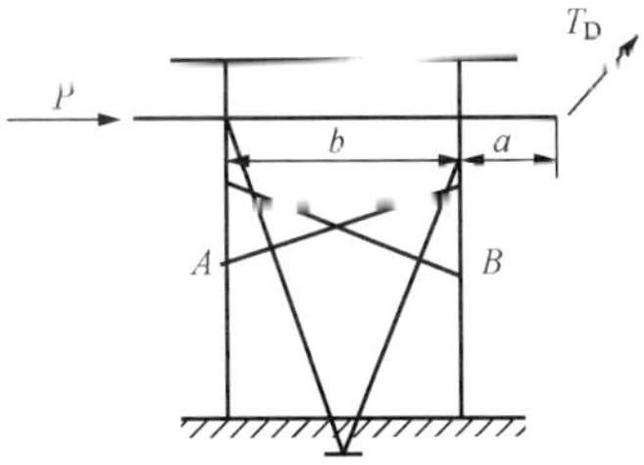	A柱：$0.45P$ B柱：$0.55P$	A柱：$T_D\frac{a}{b}$ B柱：$T_D\frac{a+b}{b}$

注　1. 杆型受力简图中 P 和 T_D 不同时发生，P 还包括杆身风压在内。

2. 杆段强度按最大的荷载计算，且对称杆段的配筋相同。

对锥形电杆可近似按 C、D 两点截面系数进行计算，即按式（5-20）计算。

h_4 求出后，零力矩点 O 的位置就确定了，求得零力矩点 O 的位置后，根据系统中力的平衡关系可知，在零力矩点有一组力与 $\sum p$ 平衡。因左杆所受力部分传至右杆，故 $\sum p$ 在两杆柱上的分配情况不等，其右杆 0 点为 $0.55\sum p$，左杆 0 点为 $0.45\sum p$。

右杆柱各点弯矩设计值按下列各式计算

$$\left.\begin{aligned}M_A &= \gamma_0\gamma_Q\psi(P_Bh_B+0.5qh_B^2)\\ M_B &= 0.55\gamma_0\gamma_Q\psi[2P_B(h_B+h_1)+3P_Dh_1+q(h_B+h_1)^2]\\ M_C &= 0.55\gamma_0\gamma_Q\psi\sum PK_0h_3\\ M_D &= 0.55\gamma_0\gamma_Q\psi\sum PK_0h_4\end{aligned}\right\}\tag{5-21}$$

式中　$\sum P$——零力矩点以上所有水平荷载及杆身风荷载标准值之和，$\sum P=2P_B+3P_D+2q(h_b+h_1+h_2+h_3)$；

K_0——零力矩点的位置偏离系数，可取 $K_0=1.1\sim1.2$。

杆柱下压力或上拔力设计值为

$$R=\pm\frac{\sum M_D}{b}-\frac{\sum G}{2}\tag{5-22}$$

叉梁轴向力设计值为

$$N = \pm 0.55 \frac{\sum M_0}{h_2 \cos\theta} \tag{5-23}$$

式中　$\sum M_D$——所有水平力对杆根部嵌固点的力矩设计值之和，N·m；

b——根开；

$\sum G$——所有垂直荷载与电杆部件的重力设计值之和，N；

$\sum M_0$——所有水平力对零力矩点的力矩设计值之和，N·m；

θ——叉梁与地面夹角。

（2）当电杆埋置较浅时（h_0=1.5m左右），基础抵抗倾覆弯矩不能满足稳定的要求，可假定根部按铰接计算，在根部不产生反弯矩，即根部弯矩为零，其弯矩图如图5-21（c）所示，则相应的弯矩和叉梁的轴向力按下式计算：

弯矩设计值为

$$M_C = 0.55\gamma_0\gamma_Q\psi\sum Ph_5$$

梁轴向力设计值为

$$N = \pm 0.55 \frac{\sum M_D}{h_2 \cos\theta}$$

杆柱下压力上拔力R仍用式（5-22）计算。

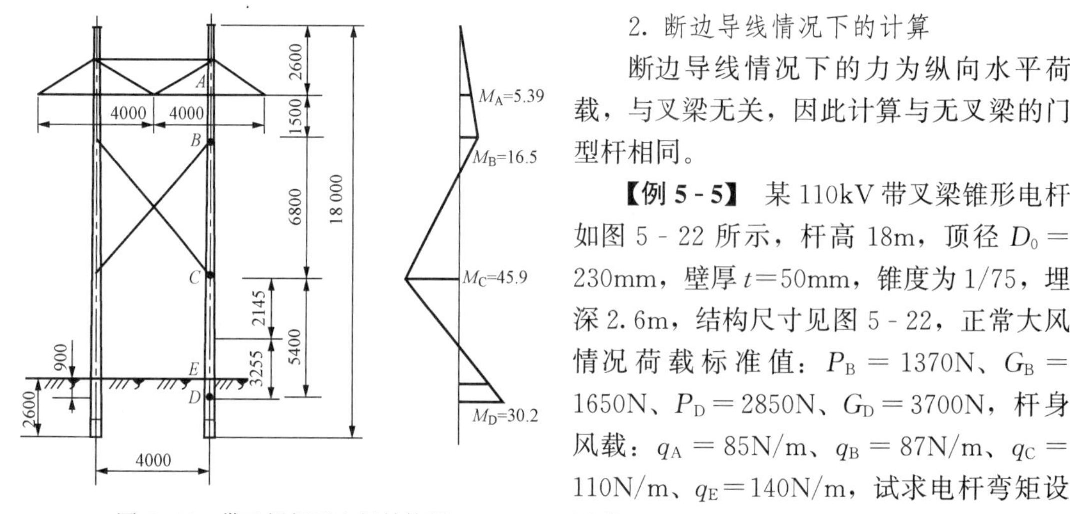

图5-22　带叉梁门型电杆结构图

2. 断边导线情况下的计算

断边导线情况下的力为纵向水平荷载，与叉梁无关，因此计算与无叉梁的门型杆相同。

【例5-5】 某110kV带叉梁锥形电杆如图5-22所示，杆高18m，顶径D_0=230mm，壁厚t=50mm，锥度为1/75，埋深2.6m，结构尺寸见图5-22，正常大风情况荷载标准值：P_B=1370N、G_B=1650N、P_D=2850N、G_D=3700N，杆身风载：q_A=85N/m、q_B=87N/m、q_C=110N/m、q_E=140N/m，试求电杆弯矩设计值。

解　（1）求零力矩点位置h_4。

$$D_C = D_0 + \frac{1}{75} = 230 + \frac{10\,900}{75} = 375(\text{mm})$$

$$D_D = D_0 + \frac{16\,300}{75} = 230 + \frac{16\,300}{75} = 447(\text{mm})$$

$$W_C = \frac{\pi}{32D_C}(D_C^4 - d_C^4)$$

$$= \frac{3.14}{32 \times 375} \times (375^4 - 275^4) = 3\,678\,052(\text{mm}^3)$$

$$W_D = \frac{\pi}{32D_D}(D_D^4 - d_D^4) = \frac{3.14}{32 \times 447} \times (447^4 - 347^4) = 5\,581\,339(\text{mm}^3)$$

$$h_4=\frac{W_D}{W_D+W_C}h_5=\frac{5\ 581\ 339}{5\ 581\ 339+3\ 678\ 052}\times 5400=3255(\text{mm})$$

（2）求$\sum P$。

$$\sum P=2P_B+3P_D+2qh=2\times 1370+3\times 2850+2\times\frac{140+85}{2}\times 13.045$$

$$=14\ 225(\text{N})=14.225(\text{kN})$$

（3）计算设计弯矩。

根据题给定的条件：$\gamma_0=1.0$，$\psi=1.0$，$\gamma_Q=1.4$。

$$M_A=M_A=\gamma_0\gamma_Q\psi(P_Bh_B+0.5q_Ah_B^2)$$

$$=1.0\times 1.4\times 1.0\times\left(1.370\times 2.600+0.085\times\frac{2.600^2}{2}\right)$$

$$=5.39(\text{kN}\cdot\text{m})$$

$$M_B=0.55\gamma_0\gamma_Q\psi[2P_B(h_B+h_1)+3P_Dh_1+q(h_B+h_1)^2]$$

$$=0.55\times 1.0\times 1.4\times 1.0\times\left(2\times 1.37\times 4.1+3\times 2.85\times 1.5+2\times\frac{0.085+0.087}{2}\times\frac{4.1^2}{2}\right)$$

$$=19.1(\text{kN}\cdot\text{m})$$

$$M_C=0.55\gamma_0\gamma_Q\psi\sum PK_0h_3=0.55\times 1.0\times 1.4\times 1.0\times 14.225\times 1.2\times 2.145=28.2(\text{kN}\cdot\text{m})$$

$$M_D=0.55\gamma_0\gamma_Q\psi\sum PK_0h_4=0.55\times 1.0\times 1.4\times 1.0\times 14.225\times 1.2\times 3.255=42.8(\text{kN}\cdot\text{m})$$

三、A字型双杆的计算

无拉线A字型双杆一般用于线路跨越障碍物或荷载较大处的35～110kV送电线路。A字型双杆与带叉梁门型电杆相比，其优点是结构简单，整体立杆时稳定性较好，横担一般采用固定横担。

A字型双杆在横向荷载作用下的内力，按超静定结构计算比较复杂，也缺少工程实践经验。因此目前仍根据以往的试验研究的方法，在工程设计中按下列原则计算：

在正常情况电杆受横向荷载作用下，按B柱承担全部横向荷载得0.55计算，A柱承受全部荷载的0.45计算，如图5-23所示。

电杆在事故断线情况下，假定两杆共同受力，按图5-24的分配系数进行计算。

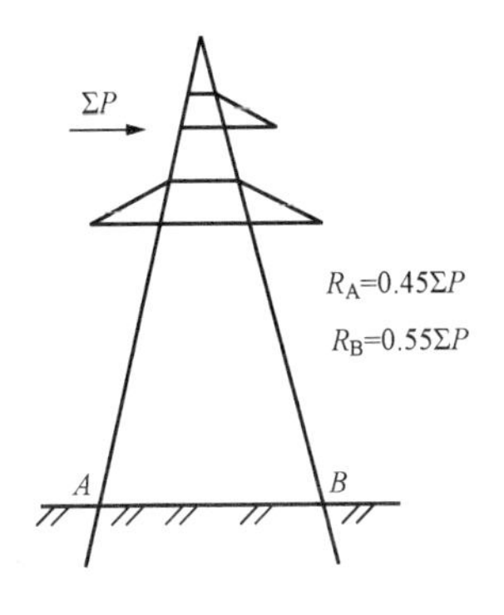

图5-23　A字型正常情况受力分配系数

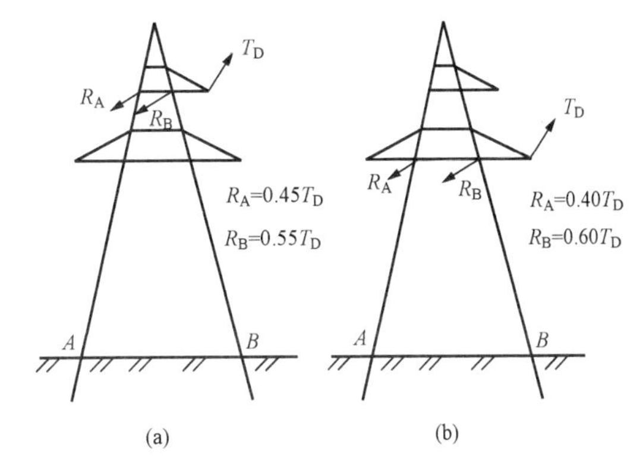

图5-24　A字型断线情况受力分配系数

（a）断上导线；（b）断下导线

第五节　拉线门型直线电杆计算

从表5-3门型电杆杆柱受力分配可看出，断边导线时杆柱受力很大。为了避免断边导线情况，电杆嵌固处弯矩较大而引起电杆破坏，同时也增强对电杆在顺线路方向的稳定性，可将门型直线电杆增设V型拉线，以承受断导线张力。加V型拉线的门型直线电杆，可采用等直径杆柱代替锥形杆柱。

一、拉线门型直线电杆计算

拉线门型直线电杆有三种形式，有V型拉线带叉梁门型直线电杆，见图5-25（a）；有V型拉线无叉梁门型直线电杆，见图5-25（b）；有交叉拉线无叉梁门型直线电杆，见图5-25（c）。图5-25（a）、（b）两种杆型采用深埋式基础，由于采用V型拉线，拉线与横担夹角α角较大，一般大于70°，所以拉线平衡横向水平荷载的能力很低，故电杆正常情况下的计算一般不考虑V型拉线的受力。此时，图5-25（a）有V型拉线带叉梁门型直线电杆正常运行情况下的计算与带叉梁门型直线电杆的计算相同。图5-25（b）有V型拉线无叉梁门型直线电杆相当于两根独立的单杆计算，荷载分配系数取表5-3中的大者。图5-25（c）有交叉拉线无叉梁门型直线电杆，α角度可以小于70°，基础一般采用浅埋式，正常运行情况的横向水平荷载由交叉拉线平衡，故在正常运行情况下，电杆及拉线的受力计算均与拉线单柱直线电杆相同。

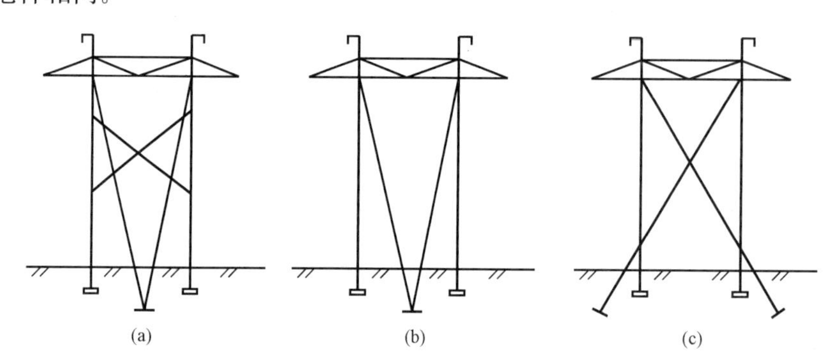

图5-25　拉线门型直线电杆
（a）有V型拉线带叉梁门型直线电杆；（b）有V型拉线无叉梁门型直线电杆；
（c）有交叉拉线无叉梁门型直线电杆

以上三种拉线门型直线电杆，在断边导线时，断线张力主要由拉线承受，如图5-26所示，此时拉线受力为

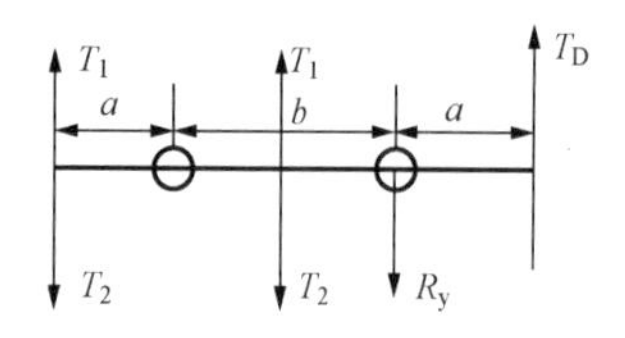

图5-26　拉线门型直线电杆断边导线计算简图

$$T=\frac{1.05R_y}{\sin\alpha\cos\beta} \tag{5-24}$$

式中　R_y——拉线节点的纵向反力设计值，$R_y=\frac{a+b}{b}T_D$（T_D取表5-3门型电杆杆柱受力分配系数大的B杆进行验算）；

α——拉线与横担轴线的水平夹角；

β——拉线与地面的夹角。

二、带V型拉线的撇腿门型直线杆

对于杆型采用浅埋式基础，电杆的倾覆力采用拉线来维持稳定，带V型拉线的撇腿门型电杆由于结构简单耗钢量少，得到了广泛应用，如图5-27所示。一般用在220～330kV线路的直线型电杆。

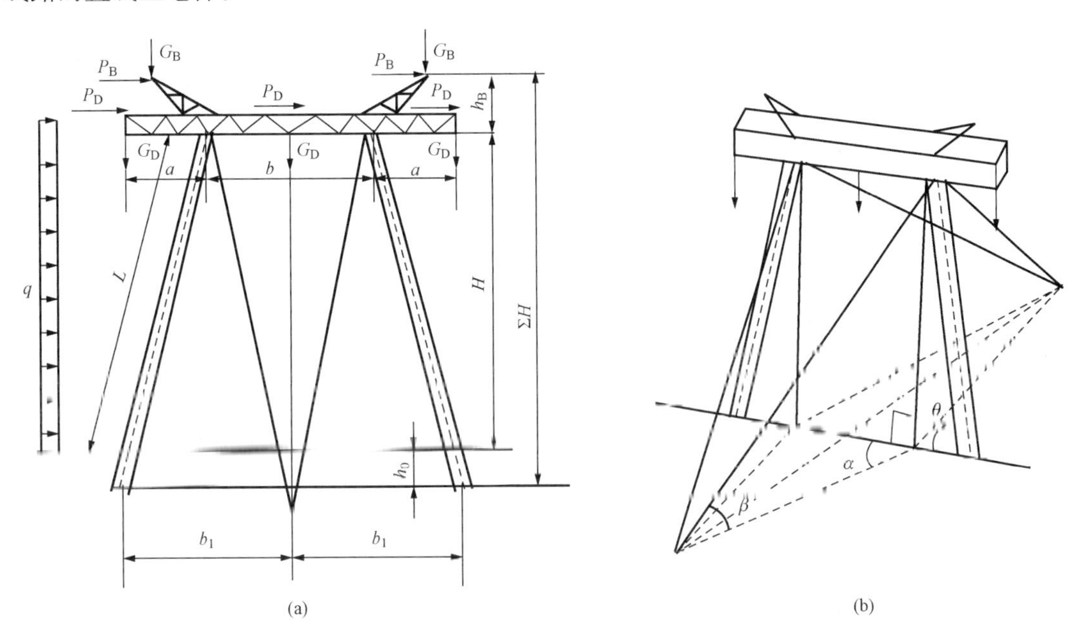

图5-27 带V型拉线的撇腿门型直线电杆
(a) 平面图；(b) 立体图

1. 拉线受力计算

正常运行情况下作用在拉线点的水平反力为

$$R_x = \gamma_0\gamma_Q\psi\sum P = \gamma_0\gamma_Q\psi[2P_B + 3P_D + 2q(H + h_B)] \tag{5-25}$$

正常运行情况下拉线受力为

$$T = \frac{1.05R_x}{2(\cos\alpha\cos\beta + \sin\beta\cot\theta)} \approx \frac{1.05\sum Pl_1}{2b_1} \tag{5-26}$$

断边导线情况下，拉线受力按式（5-24）计算。

2. 杆柱受力分析

撇腿门型电杆属压弯构件，其配筋一般由正常情况控制，当考虑拉线点偏心 e_0、电杆初挠度 y_x，并在弯矩 M、轴向压力 N 和横向荷载的联合作用下，杆柱中 x 处所产生的弯矩为

$$M_x = M + N(f_{qx} + f_{Mx} + f_{e0} + y_x)\eta \tag{5-27}$$

式中 f_{qx}——杆身风压产生的挠度；

f_{Mx}——主弯矩产生的挠度；

f_{e0}——拉线点偏心在杆端产生的弯矩在 x 处引起的挠度，$f_{e0}=\frac{M_{e0}l_0x}{6B_0}\left(1-\frac{x^2}{l_0^2}\right)$；

y_x——考虑制造、安装偏差引起的杆身初挠度；

η——偏心矩增大系数。

杆柱承受的轴向压力为

$$N=\frac{2T\sin\beta}{\sin\theta}+\frac{\sum G}{2} \tag{5-28}$$

式中 T——拉线拉力；

$\sum G$——包括导线、地线、横担和杆柱的重力设计值；

θ——电杆与地面的夹角。

经计算表明，杆身风压与杆柱自重所引起的挠度方向相反且数值也很接近，因此杆柱中部的计算偏心弯矩很小，故可将杆柱近似地按轴心受压构件选择截面及配筋。

第六节 耐张型电杆计算

耐张型电杆除了承受直线型电杆同样的荷载外，还要承受各种情况下顺线路方向的拉力。带拉线门型电杆，除用作直线型电杆外，更多的是用作耐张型电杆和转角电杆。耐张型电杆和转角电杆的主要特点是正常和事故断线情况下都要靠拉线来承受风荷载和断线张力，杆柱主要承受压力。为了加强电杆的正面刚度和强度，有时也采用叉梁，此时拉线主要承担事故断线张力或线路转角的角度荷载。拉线的布置方式根据电杆受力情况和转角大小而定。小转角电杆和耐张电杆一般采用X型拉线（即交叉拉线），大转角电杆采用人字形拉线。

耐张型电杆的杆柱埋入土中的深度一般为1.5～2.0m，除特殊原因（例如土壤冰冻）外，杆柱与地连接方式均可按铰接考虑，故水平力全部由拉线承受；对不带地线的耐张型电杆的杆柱，可近似地按中心受压或压弯构件计算；对带地线的耐张型电杆的杆柱，其拉线点以上，按受弯构件计算；拉线点以下，按压弯构件计算，其计算方法基本与直线电杆相同。下面仅分析耐张电杆和转角电杆的拉线受力。

兼3°小转角的耐张型门型电杆如图5-28所示。这种电杆布有两层拉线，在导线横担处安装四根交叉布置的拉线（称为导线拉线，也称为下层拉线），在地线支架处安装四根“八字型”布置的拉线（称为地线拉线，也称为上层拉线）。导线拉线与横担的水平投影角α约为65°，在正常运行情况下，拉线承受导线、地线的杆身风荷载的水平力及角度荷载或导线的不平衡张力；断线及安装情况时，承受安装或断线时的水平荷载或顺路线方向的荷载。上层拉线与横担夹角较大，主要用于承受纵向荷载；下层拉线与横担角度较小，可承受纵向和横向荷载。无上层拉线时，全部纵向和横向荷载均由下层拉线承受。上层拉线的强度不受正常情况控制。故正常情况只考虑下层拉线受力，而在断线情况下，上、下层拉线均受力，但主要仍由下层拉线受力；在断地线情况下，主要由上层拉线受力，耐张型电杆的拉线在计算事故断线情况下受力时，可不计增大系数1.05。

一、带X型（或V型）拉线的耐张电杆

1. 正常情况下导线拉线受力计算

正常情况下拉线受力计算应分两种情况。

（1）不平衡张力为零。

当不平衡张力为零时，作用在电杆上只有横向水平力$\sum P$（包括导线、地线和杆身的风压以及角度力等横向水平荷载），$\sum P$全由下层拉线承受。如图5-28所示，设四根拉线的初张力都为T_0，当横向荷载由零逐渐增大时，其A杆拉线的受力逐渐减少并趋于零，B杆

拉线受力逐渐增加。由于横担的抗拉刚度很大，两杆拉线节点没有相对位移，所以在A杆拉线内力减至零之前，横向荷载$\sum P$由四根拉线共同承担，按式（5-29）计算。当A杆拉线受力为零时，$\sum P$才全由B杆两根拉线承担，按式（5-30）计算。

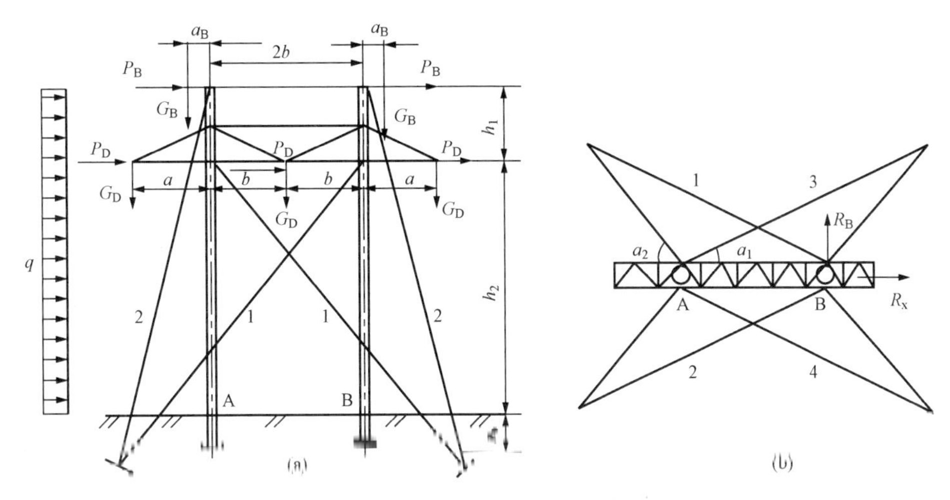

图5-38 耐张型门型电杆正视图与俯视图

（a）正视图；（b）俯视图

当$\sum P < 2T_0\cos\alpha\cos\beta$时

$$\left.\begin{aligned} &\text{A杆} \quad T_3 = T_4 = \gamma_0\gamma_Q\psi\left(T_0 - \frac{1.05\sum P}{4\cos\alpha\cos\beta}\right) \\ &\text{B杆} \quad T_1 = T_2 = \gamma_0\gamma_Q\psi\left(T_0 + \frac{1.05\sum P}{4\cos\alpha\cos\beta}\right) \end{aligned}\right\} \tag{5-29}$$

当$\sum P > 2T_0\cos\alpha\cos\beta$时

$$\left.\begin{aligned} &\text{A杆} \quad T \approx 0 \\ &\text{B杆} \quad T = \gamma_0\gamma_Q\psi\left(T_0 + \frac{1.05\sum P}{2\cos\alpha\cos\beta}\right) \end{aligned}\right\} \tag{5-30}$$

式中 $\sum P$——所有横向水平荷载标准值之和；

T_0——拉线设计初张力标准值，$T_0 = \sigma_0 A$，工程上一般取$\sigma_0 = 160\text{N/mm}^2$，$A$为拉线截面积；

α——拉线与横担轴线的水平夹角；

β——拉线对地面垂直夹角。

（2）不平衡张力不为零。

若不平衡张力不为零时，不平衡张力应由拉线承担，B杆拉线节点的反力为

$$R_B = 1.5\gamma_0\gamma_Q\psi\Delta T = 1.5\gamma_0\gamma_Q\psi(T_{D1} - T_{D2})\cos\frac{\alpha}{2}$$

当$\sum P > 2T_0\cos\alpha\cos\beta$，且$R_B < \gamma_0\gamma_Q\psi\sum P\tan\alpha$时，B杆拉线

$$\left.\begin{aligned} T_2 &= \frac{1.05\gamma_0\gamma_Q\psi\sum P}{2\cos\alpha\cos\beta} + \frac{R_B}{2\sin\alpha\cos\beta} \\ T_1 &= \frac{1.05\gamma_0\gamma_Q\psi\sum P}{2\cos\alpha\cos\beta} - \frac{R_B}{2\sin\alpha\cos\beta} \end{aligned}\right\} \tag{5-31}$$

2. 断导线情况下导线拉线受力计算

事故断导线情况下一般考虑中相和边相导线，断两相导线情况下拉线受力计算分不带小转角和兼有小转角两种情况。

（1）不带小转角无地线的耐张电杆的四根拉线的初张力均为 T_0，断两相导线后［见图 5 - 29（a）］拉线张力分别为 T_1、T_2、T_3、T_4。A、B 杆柱拉线点的反力为

取 $\sum M_B=0$，得 $R_A=\gamma_0\gamma_Q\psi\left(\frac{1}{2}-\frac{a}{2b}\right)T_D$；

取 $\sum M_A=0$，得 $R_B=\gamma_0\gamma_Q\psi\left(1.5+\frac{a}{2b}\right)T_D$。

一般情况下的实际结构是 $a=b$［见图 5 - 29（a）］，故 $R_A=0$，$R_B=2\gamma_0\gamma_Q\psi T_D$。

如果取 B 为隔离体［见图 5 - 29（b）］，在断线以前由初张力引起的横向荷载 $P_B=2T_0\cos\alpha\cos\beta$，断线后 P_B 基本不变。

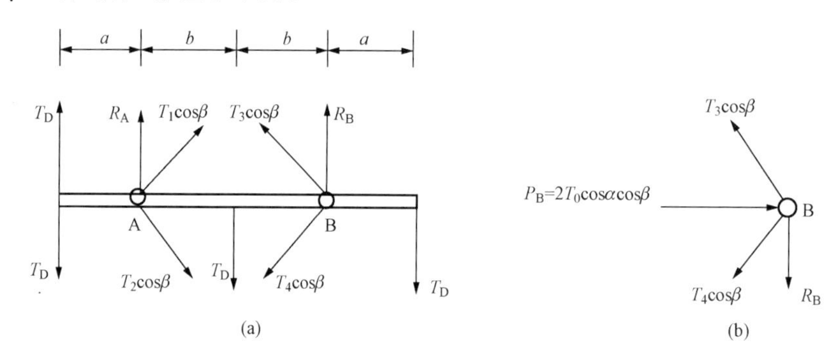

图 5 - 29 断两相导线俯视图

（a）断两相导线受力图；（b）取 B 为隔离体

当 $R_B<\gamma_0\gamma_Q\psi P_B\tan\alpha$，即 $2T_D<2T_0\cos\alpha\cos\beta\tan\alpha$，$T_D<T_0\sin\alpha\cos\beta$，也就是说 T_0 在顺线路方向的分力大于断线张力，此时 P_B 和 R_B 的合力由拉线 T_3 和 T_4 共同承担。根据力平衡条件，可求出 T_3 和 T_4 受力为：

取 $\sum X=0$　　$2T_0\cos\alpha\cos\beta=(T_3\cos\beta+T_4\cos\beta)\cos\alpha$

$$2T_0\cos\alpha\cos\beta=T_3\cos\beta\cos\alpha+T_4\cos\beta\cos\alpha$$

$$2T_0=T_3+T_4 \tag{5-32}$$

取 $\sum Y=0$　　$(T_3\cos\beta-T_4\cos\beta)\sin\alpha=R_B=2\gamma_0\gamma_Q\psi T_D$　　(5 - 33)

联立式（5 - 32）、式（5 - 33）求解得

$$\left.\begin{aligned}T_3&=\frac{\gamma_0\gamma_Q\psi P_B}{2\cos\alpha\cos\beta}+\frac{R_B}{2\sin\alpha\cos\beta}\\T_4&=\frac{\gamma_0\gamma_Q\psi P_B}{2\cos\alpha\cos\beta}-\frac{R_B}{2\sin\alpha\cos\beta}\end{aligned}\right\} \tag{5-34}$$

式中　P_B——由初张力引起的横向荷载标准值，并且 $P_B=2T_0\cos\alpha\cos\beta$。

当 $R_B>\gamma_0\gamma_Q\psi P_B\tan\alpha$，即 $2T_D>2T_0\cos\alpha\cos\beta\tan\alpha$，$T_D>T_0\sin\alpha\cos\beta$，也就是说 T_0 在顺线路方向的分力小于断线张力，此时 P_B 和 R_B 的合力由拉线 T_3 承担，拉线 T_4 松弛，即 $T_4=0$。根据力的平衡条件，可求出为 T_3

取 $\sum Y=0$，$R_B=T_3\sin\alpha\cos\beta$，则

$$T_3=\frac{R_B}{\sin\alpha\cos\beta} \tag{5-35}$$

取$\sum X=0$，在横担方向产生不平衡力取$R=T_3\cos\alpha\cos\beta-P_B$，方向向左。此时不平衡力由拉线$T_3$和$T_4$承受。

从以上分析可以看出，拉线T_3受力最大，全部拉线均按T_3受力设计或验算。对带地线的门型耐张电杆，断导线时不考虑地线的支持作用，其拉线的计算和无地线耐张电杆拉线计算相同。

（2）兼有小转角的耐张电杆，断线情况下的拉线受力计算公式与式（5 - 34）、式（5 - 35）相同，只是其中的P_B应包括角度荷载$\sum P_J$（见图5 - 30中的$\sum P_J=4P_{JB}+4P_{JD}$）在内，而此角度荷载由A、B两杆各承担一半。故式中的P_B此时应变为

$$\sum P=2T_0\cos\alpha\cos\beta+\sum P_J$$

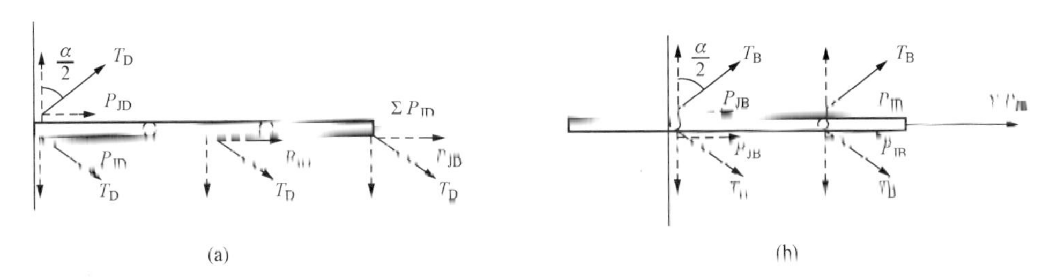

图5 - 30　兼小转角耐张电杆断线拉线受力计算简图

（a）导线横担；（b）地线横担

当$R_B<\gamma_0\gamma_Q\psi\sum P\tan\alpha$时

$$\left.\begin{aligned}T_3&=T_0+\frac{\gamma_0\gamma_Q\psi\sum P}{4\cos\alpha\cos\beta}+\frac{R_B}{2\sin\alpha\cos\beta}\\T_4&=T_0+\frac{\gamma_0\gamma_Q\psi\sum P}{4\cos\alpha\cos\beta}-\frac{R_B}{2\sin\alpha\cos\beta}\end{aligned}\right\} \tag{5-36}$$

当$R_B>\sum\gamma_0\gamma_Q\psi P\tan\alpha$时

$$\left.\begin{aligned}T_3&=\frac{R_B}{\sin\alpha\cos\beta}\\T_4&=0\end{aligned}\right\} \tag{5-37}$$

式中　$\sum P$——由初张力引起的横向荷载标准值P_B与角度荷载标准值$\sum P_J$之和，并且$\sum P_J=4(T_B+T_D)\sin\frac{\alpha}{2}=\sum P_{JB}+\sum P_{JD}$；

R_B——B杆导线拉线点纵向反力设计值，在$a=b$时，$R_B=2\gamma_0\gamma_Q\psi T_D\cos\frac{\alpha}{2}$。

3. 断地线情况下地线拉线受力计算

耐张型电杆断地线情况时，地线拉线受力为

$$T_1'=\frac{R_B}{\sin\alpha_B\cos\beta_B} \tag{5-38}$$

式中　R_B——断一根地线时的杆顶反力设计值，即断线张力设计值T_B；

α_B——地线拉线与横担的水平夹角；

β_B——地线拉线对地面的夹角。

若考虑由导线拉线受力时，其受力可近似计算

$$T_1' = \frac{R_D}{\sin\alpha_B \cos\beta_B} \tag{5-39}$$

其中

$$R_D = R_B \frac{h_1}{h}$$

式中　h_1——地线拉线点至地面的距离；

h——导线拉线点至地面的距离。

二、带八字型（门型）拉线转角电杆拉线的计算

转角电杆可分为30°、60°、90°转角电杆。30°和60°转角电杆的导线拉线与横担夹角 α 分别为60°和65°，与地面水平夹角 β 为45°。地线拉线与横担的夹角 α 为90°。转角电杆的杆型如图5-31所示。转角电杆的埋深较浅，一般为1.5m。在地线横担与主杆连接处至导线横担与主杆连接处之间设有斜拉线，如图5-31（a）中的4，将地线的水平力传递给导线拉线。

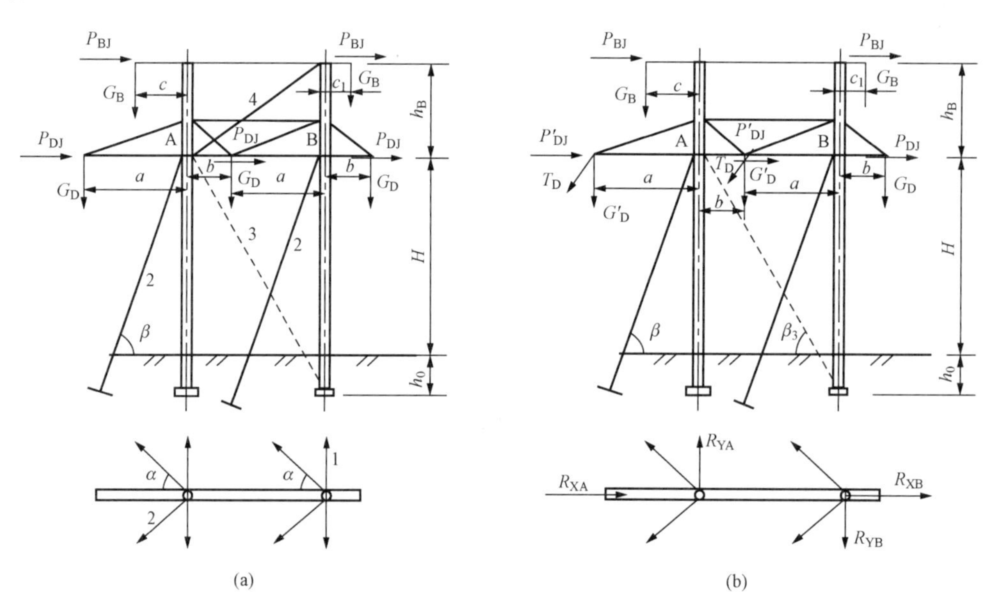

图5-31　转角电杆

（a）转角电杆杆型；（b）转角电杆断线情况受力图

1. 正常运行情况

（1）正常情况下拉线受力计算。

转角电杆的拉线在正常情况下要承受线路转角所引起的角度荷载和风载之和（即$\sum P_J$、$\sum P$），其拉线的计算与耐张电杆拉线计算基本相同。存在的差别是在初张力 T_0 较小的情况下，由拉线中的四根拉线共同承受水平荷载；对转角电杆拉线要考虑因受荷载和温度影响的增大系数，一般可取1.1。

由拉线中的四根拉线共同承受水平荷载，即

$$T_1 = T_2 = T_3 = T_4 = \frac{1.1R_x}{4\cos\alpha\cos\beta} \tag{5-40}$$

$$R_x = \gamma_0\gamma_Q\psi(\sum P_J + \sum P)$$

$$\sum P = 2P_B + 3P_D + 2q(h_B + H)$$

$$\sum P_J = 2(T_{B1} + T_{B2})\sin\frac{\alpha}{2} + 3(T_{D1} + T_{D2})\sin\frac{\alpha}{2}$$

式中　R_x——正常运行情况下作用在拉线点的水平反力；

$\sum P$——导线、地线以及杆身风压标准值总和；

$\sum P_J$——导线、地线角度荷载标准值总和。

(2) 反向拉力的计算。

对转角较小的转角电杆，当在正常大风情况时，可能出现反向风荷载大于导线的角度荷载，从而导致拉线受到负的拉力而松弛，因此需要设置反向拉线（或称内拉条，见图5-31中的虚线3）。反向拉线与地面的水平夹角一般取75°，也常将反向拉线固定在电杆的底盘上。反向拉线的受力按式（5-41）计算

$$T_f = \frac{1.1(\sum P - \sum P_J)}{\cos\beta} \tag{5-41}$$

式中　β——反向拉线与地面的水平夹角；

其他符号含义与式（5-40）相同。

(3) 分角拉线的计算。

转角电杆在正常运行情况下一直受导线、地线张力的合力作用，使杆身长时间向内角方向产生一个作用力，致使电杆逐渐向线路内角方向倾斜。为了防止这种倾斜，通常采用安装导线分角拉线（见图5-32），以达到实行电杆预偏和减小导线拉线水平角 α 和垂直角 β。

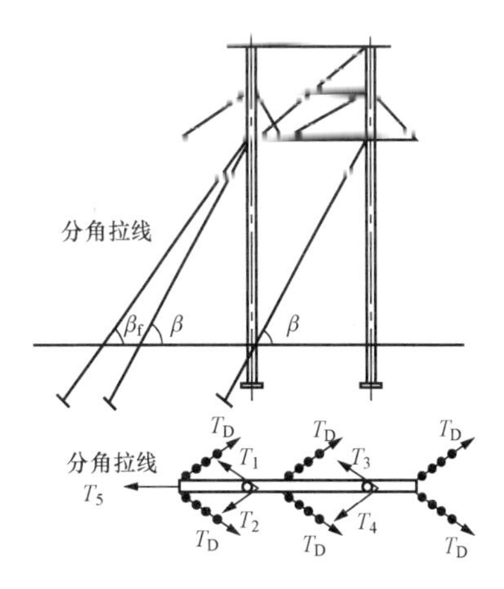

图5-32　带分角拉线的转角电杆

2. 断导线情况下拉线受力的计算

转角电杆以断中导线和长臂侧导线（外侧导线）为拉线受力的控制条件，其拉线的计算方法与带X型（或V型）拉线的耐张电杆相同。

第七节　电杆横担计算

电杆横担根据结构不同可分为固定横担、转动横担和压屈横担。固定横担在任何情况力的作用下保持不破坏不变形。转动横担和压屈横担在事故断线时，当断线张力超过了横担转动的起动力，使横担的某一控制构件立即破坏，横担产生转动或变形而摆到线路纵向，这样大大减轻了事故断线时杆柱在断线张力作用下承受的弯矩和扭矩，从而扩大了单杆直线电杆的使用范围，提高了线路的经济性。固定横担一般采用钢结构件，将在铁塔横担一节中介绍，下面主要介绍转动横担和屈横担的计算。

一、转动横担的计算

35～110kV线路多采用转动横担。转动横担的动作由剪切螺栓控制，其计算的主要任务是正确选择转动横担的剪切螺栓。首先根据力矩平衡条件计算剪切螺栓承受的剪力，然后选择螺栓的截面。

1. 剪切螺栓的剪切力计算

转动横担结构之一如图 5-33 所示。

横担采用槽钢制成，当槽钢在断线张力作用下产生转动，剪切螺栓要受到破坏，此时剪切螺栓承受的剪切力为

$$V=\gamma_0\psi\frac{\gamma_Q T_q(l+a)}{a} \tag{5-42}$$

式中 V——剪切螺栓承受的剪切力设计值，N；

T_q——转动横担的起动力，N；

l——横担转动部分长度，m；

a——旋转螺栓与剪切螺栓间的距离，m；

其他符号含义与式（5-1）相同。

转动横担结构之二如图 5-34 所示。横担采用型钢制成的钢桁架，剪切螺栓顺横担方向放置或垂直横担方向放置。当横担在断线张力作用下产生转动，剪切螺栓要受到破坏，剪切螺栓承受剪切力如下：

当剪切螺栓顺横担方向放置时

$$V=\gamma_0\psi\left(\frac{\gamma_Q T_q l}{D}+\frac{\gamma_Q T_q}{2}\right) \tag{5-43}$$

式中 D——剪切螺栓的两个剪切面之间的距离，即等于电杆外径，m；

l——导线悬挂点至电杆中心的距离，m；

其他符号含义与式（5-42）相同。

当剪切螺栓垂直横担方向放置时

$$V=\gamma_0\psi\frac{\gamma_Q T_q l}{D} \tag{5-44}$$

设计转动横担时应考虑防止相邻各档导线的覆冰、风荷载及悬挂点高差不相等时产生不平衡张力引起的“误动作”，所以转动横担起动力不能过小。110kV 线路转动横担的起动力一般取 2000～3000N，220kV 线路起动力一般取 5000～6000N。

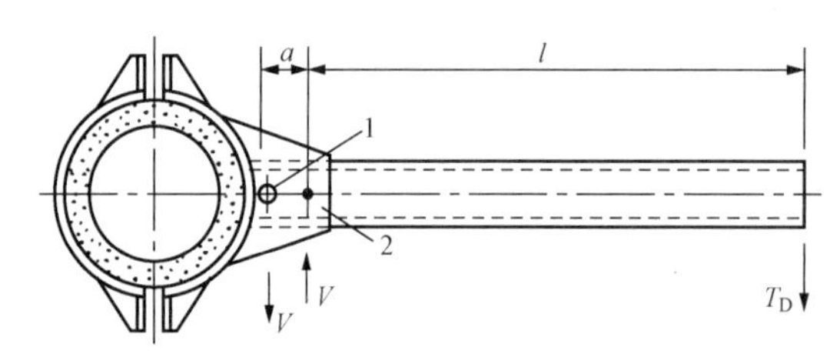

图 5-33 转动横担结构之一

1—旋转螺栓；2—剪切螺栓

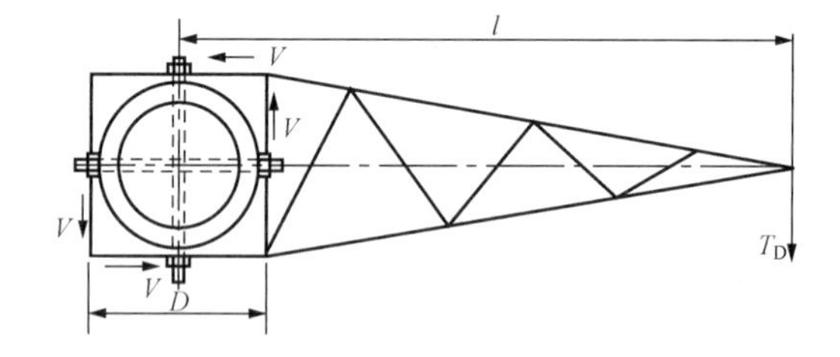

图 5-34 转动横担结构之二

2. 剪切螺栓截面选择

当断线张力大于正常或安装情况下导线的不平衡张力时，剪切螺栓截面计算式为

$$A=\frac{V}{\tau_B} \tag{5-45}$$

式中 τ_B——剪切螺栓所用材料的单剪破坏强度，N/mm^2，对于 Q235 钢一般取双剪极限强度的 1.2 倍。

当正常或安装情况下的不平衡张力较大时，剪切螺栓截面计算式为

$$A=\frac{V}{\tau_L} \tag{5-46}$$

式中　τ_L——剪切螺栓有较大变形时的强度，N/mm^2，对于Q235钢一般可取双剪极限强度的0.9倍。

当求得剪切螺栓截面面积后，便可选择相应的剪切螺栓直径。若选定的螺栓直径所对应的螺栓截面面积与计算的螺栓截面面积有不一致时，为了保证横担的准确动作，可根据式（5-42）～式（5-44）反推所需要的螺栓剪切力臂 a 和 D。

【例5-6】 设某110kV直线电杆上横担如图5-35所示，事故断线时横担的起动力为 $T_q=2500N$，上横担长 $a_1=1900mm$，横担转动部分的长度 $l=1600mm$，横担的自重 $G_0=160N$，$G'_D=1620N$，试设计剪切螺栓和旋转螺栓。

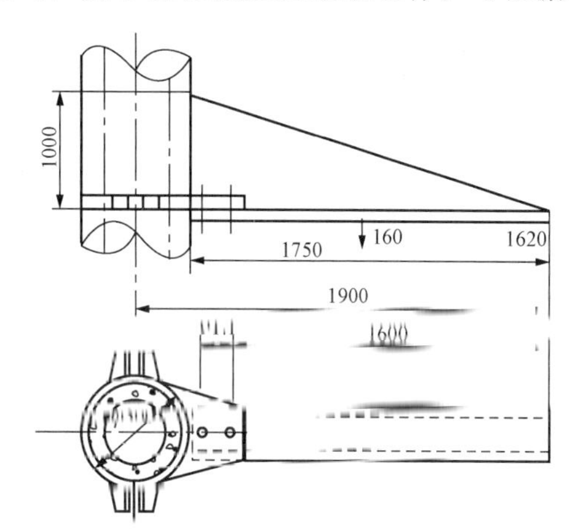

图5-35　［例5-6］图

解　已知 $\gamma_0=1.0$，断线情况 $\psi=0.9$，$\gamma_Q=1.4$。

（1）剪切螺栓承受的剪切力。

首先假定旋转螺栓至剪切螺栓的距离为90mm。

起动力设计值为

$$T_q=1.4\times2500=3500(N)$$

$$V=\gamma_0\psi\frac{T_q l}{a}=1.0\times0.9\times\frac{3500\times(1600+90)}{90}$$

$$=59\ 150(N)$$

（2）剪切螺栓的截面面积。选择4.8级螺栓，单剪破坏强度值 $\tau_B=380N/mm^2$。

剪切螺栓的截面面积为

$$A=\frac{V}{\tau_B}=\frac{59\ 150}{380}=155.7(mm^2)$$

选用 $\phi14$ 螺栓，其截面面积 $A=153.9mm^2$，实际旋转螺栓至剪切螺栓的距离为

$$a=\frac{\psi T_q l}{V-T_q}=\frac{0.9\times3500\times1600}{380\times153.9-0.9\times3500}=91.1(mm)$$

（3）旋转螺栓选择。

断上导线时的力矩为

$$M=\psi T_q l=0.9\times3500\times1.600=5040(N\cdot m)$$

断上导线时横担的轴向力为

$$N=\frac{1}{h}\left(\gamma_G G'_D+\frac{\gamma_G G_0}{2}\right)\left(a_1-\frac{D}{2}\right)$$

$$=\frac{1}{1.0}\times\left(1.2\times1620+\frac{1.2\times160}{2}\right)\times\left(1.9-\frac{0.3}{2}\right)$$

$$=3570(N)$$

旋转螺栓的剪力为

$$V=\sqrt{\left(\frac{M}{a}\right)^2+N^2}=\sqrt{\left(\frac{5040\times10^3}{91.1}\right)^2+3570^2}=55\ 439(\mathrm{N})$$

旋转螺栓的截面面积（采用 5.8 螺栓）为

$$A=\frac{V}{[\tau]}=\frac{55\ 439}{210}=264(\mathrm{mm}^2)$$

式中 $[\tau]$——5.8 级螺栓抗剪强度设计值，其值为 210N/mm^2。

此处选用 $\phi20$ 螺栓，$A=314\mathrm{mm}^2>264\mathrm{mm}^2$。

二、压屈横担的计算

压屈横担常用在 110～220kV 线路中。压屈横担动作由横担主材强度控制，其强度主要满足施工和运行时必要的纵向荷载要求，110kV 线路一般取 2500N，154～220kV 线路一般取 6000N。其计算的主要任务是计算横担的内力和正确选择横担的主材截面积。

压屈横担如图 5-36 所示，吊杆一般不设斜材，故纵向荷载全由横担下平面主材承担。因此横担在纵向张力和垂直荷载作用下产生的内力的计算式为

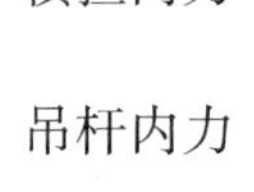

$$\left.\begin{aligned}&\text{横担内力}\quad N_1=-\gamma_0\gamma_G G'_D\frac{l_1}{2h}-T\frac{l_1}{b}\\&\text{吊杆内力}\quad N_2=\gamma_0\gamma_G G'_D\frac{l_2}{nh}\end{aligned}\right\}\qquad(5-47)$$

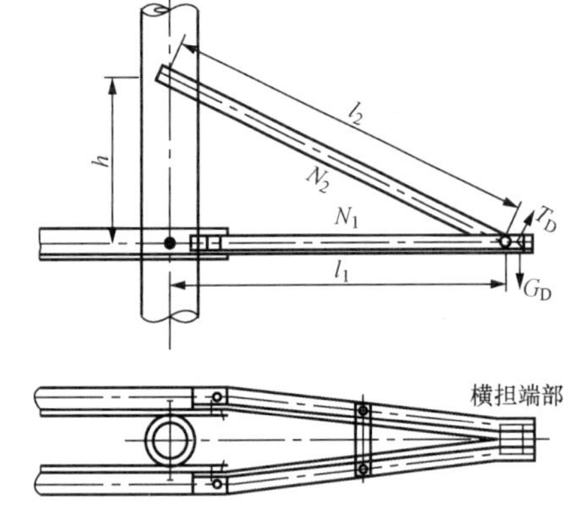

图 5-36 压屈横担

式中 N_1——横担所受轴向内力；
N_2——吊杆所受轴向内力；
T——压屈横担的控制张力；
n——吊杆的根数；
G'_D——断线相导线重量；
l_1——横担长度；
b——横担宽度；
h——吊杆悬挂高度；
l_2——吊杆长度。

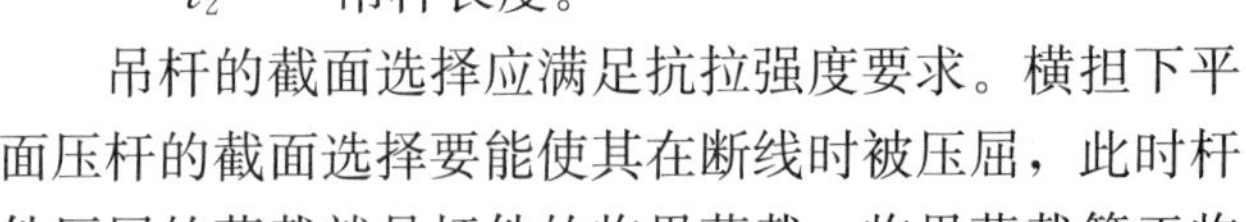

吊杆的截面选择应满足抗拉强度要求。横担下平面压杆的截面选择要能使其在断线时被压屈，此时杆件压屈的荷载就是杆件的临界荷载，临界荷载等于临界应力与截面积的乘积。压杆的临界压力值与杆件的长细比有关。Q235 号钢和 16 号锰钢的临界应力 σ_{lj} 可查表 5-4。

表 5-4 Q235 钢、Q345 钢临界应力 σ_{lj} N/mm^2

$\lambda=\frac{l_0}{r_0}$	75	80	85	90	95	100	105	110	115	120	125	130	135
Q235 钢	179	173	169	163	161	158	150	140	135	128	122	118	114
Q345 钢	220	206	194	180	170	158	150	140	135	128	122	118	114

$\lambda=\frac{l_0}{r_0}$	140	145	150	155	160	165	170	175	180	185	190	195	200
Q235 钢	110	106	104	100	97	94	90	88	84	82	78	75	72
Q345 钢	110	106	104	100	97	94	90	88	84	82	78	75	72

当横担压杆的内力 N_1 求出后，逐步假定角钢规格，验算其实际应力与临界应力相近时，可认为压杆压屈。即满足

$$N_1 \approx N_{lj} = \psi\sigma_{lj}A \tag{5-48}$$

式中　A——假定的角钢截面面积，mm^2；

σ_{lj}——与长细比有关的临界应力值，N/mm^2，查表 5-4；

ψ——与悬挂点偏心有关的扭曲折减系数，其根据悬垂串在横担端点的悬挂方式有关，见表 5-5。

表 5-5　　　扭屈折减系数 ψ

悬挂方式			
ψ值	1.00	0.85	0.70

由式（5-47）、式（5-48）可求出压屈横担的控制张力 T，当断上导线时

$$T = \frac{b}{l_1}\left(\psi\sigma_{lj}A - \gamma_0\gamma_G G'_D\frac{l_1}{2h}\right) \tag{5-49}$$

根据一些工程的试验结果，当横担悬臂长度在 1.6～3.2m 左右，或横担所用的角钢规格在L 50×4～L 75×6 时，按上述方法计算或验算压屈比较接近实际情况，当横担长度或角钢规格超出以上范围时，计算结果最好再做实验验证，同时其节点连接要尽量与假定的支撑条件接近，否则起动张力出入较大。

【例 5-7】 已知某电杆采用压屈横担，上横担长 $l_1=2100mm$，下横担长 $l_2=2800mm$，横担宽度 b 均为 450mm，横担悬挂高度 h 为 1000mm。上横担采用L 50×5 角钢，下横担采用L63×5 角钢，均为 Q235 钢。已知断导线相的垂直荷载设计值 $G'_D=3000N$，扭屈折减系数 $\psi=0.85$，断线张力设计值 $T_D=13\ 000N$，试验算压屈横担是否满足使用要求。

解　（1）求角钢的临界压力。

角钢的参数　L50×5，$A=480mm^2$，$i_x=1.53cm$；L63×5，$A=614mm^2$，$i_x=1.94cm$。

上横担的长细比　$\lambda=\frac{l_0}{i_x}=\frac{210}{1.53}=137$，查表 5-5 得 $\sigma_{lj}=112N/mm^2$

下横担的长细比　$\lambda=\frac{l_0}{i_x}=\frac{280}{1.94}=144$，查表 5-5 得 $\sigma_{lj}=109N/mm^2$

（2）计算控制张力。

上横担　$T=\frac{b}{l_1}\left(\psi\sigma_{lj}A-\gamma_0 G'_D\frac{l_1}{2h}\right)=\frac{450}{2100}\times\left(0.85\times112\times480-1.0\times3000\times\frac{2100}{2\times1000}\right)=9117(N)$

下横担　$T=\frac{b}{l_1}\left(\psi\sigma_{lj}A-\gamma_0 G'_D\frac{l_1}{2h}\right)=\frac{450}{2800}\times\left(0.85\times109\times614-1.0\times3000\times\frac{2800}{2\times1000}\right)=8468(N)$

经计算上横担控制张力及下横担控制张力均小于断线张力 $T_D=13\ 000N$。故当事故断线时横担可被压屈。

电杆横担也常采用固定横担，固定横担多采用平面桁架式，用圆钢作吊杆。吊杆承受垂直荷载，平面桁架式承受导线张力。对于荷载较大的门型电杆采用空间桁架结构。固定横担的计算与铁塔横担计算相似。

思考题

1. 环形截面钢筋混凝土电杆对钢筋、混凝土有什么要求？

2. 环形截面钢筋混凝土电杆最小配筋量如何控制？

3. 电杆如何分类，其结构及受力有何特点？

4. 单杆直线电杆在正常运行情况和断上导线情况（考虑地线支持力作用）弯矩图有何不同，最大弯矩分别发生在何处？

5. 事故断上导线时，分别对嵌固点、上横担处进行强度计算时，地线支持力如何取值？

6. 分析拉线单杆直线电杆为何要按压弯构件计算？最大弯矩可能发生在什么部位？

7. 门型直线电杆，带叉梁门型直线电杆的优缺点是什么？

8. 为何要采用拉线直线门型电杆？撇腿门型电杆有何优点？

9. 直线门型电杆的拉线与耐张型门型电杆的拉线的作用有何区别？

10. 转角电杆布有哪些拉线？在什么情况下需要加设反向拉线和分角拉线？

11. 双层拉线电杆的上，下层拉线各起什么作用？

12．转动横担的作用是什么？转动横担起动力过大或过小有什么不好？

1. 一锥型电杆长15m，顶径190mm，底径390mm，壁厚50mm，锥度1/75，若采用人字包杆单点起吊，已知上横但处A点的横担、绝缘子重量是1000N，下横担处B点的横担、绝缘子自重为2200N，下横担以下杆段配有16ϕ14的HRB335纵向钢筋，混凝土等级采用C40级（混凝土容重$\gamma_0=25\text{kN/m}^3$）。吊点及支撑点如图5-37所示。试进行以上横担为起吊点的强度验算（电杆自重按等径分配）。

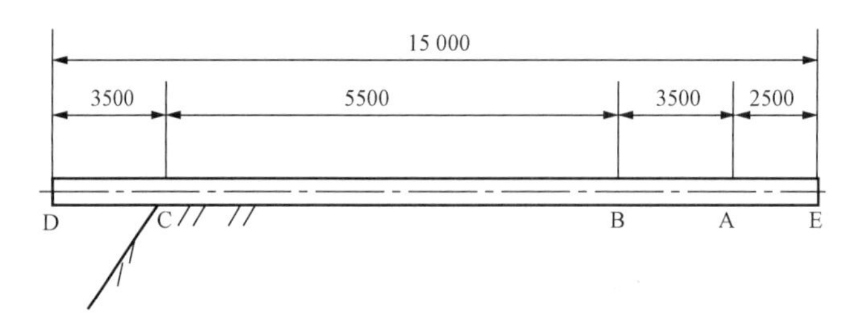

图5-37　习题1图

2. 某110kV上字型无拉线直线电杆，结构尺寸及作用在杆头上的荷载标准值如图5-38所示。已知顶径190mm，锥度1/75，埋深3m，壁厚50mm，混凝土等级为C40级，采用HPB300钢筋，根部配置16ϕ14钢筋，下横担附近配置12ϕ14钢筋，导线采用LGJ-150/25，地线支持力为$\Delta T_{max}=2460\text{N}$，$\Delta T_{min}=2120\text{N}$，Ⅰ级气象区。试验算断上导线时，下横担和嵌固点处强度是否安全。

3. 无拉线直线电杆，正常大风时的荷载为：地线水平荷载 P_B＝912N，垂直荷载为G_B＝1138N，导线水平荷载为 P_D＝1961N，垂直荷载 G_D＝2589N，杆身风载 q＝82N/m，试计算嵌固点截面的弯矩（注：荷载均为标准值，尺寸参见图 5-38）。

4. 某单杆拉线电杆的外形尺寸及大风情况下的荷载如图 5-39 所示，杆身风载 q＝90N/m，拉线对地面的夹角 β＝60°，与横担方向夹角 α＝45°，试选择拉线（荷载均为标准值）。

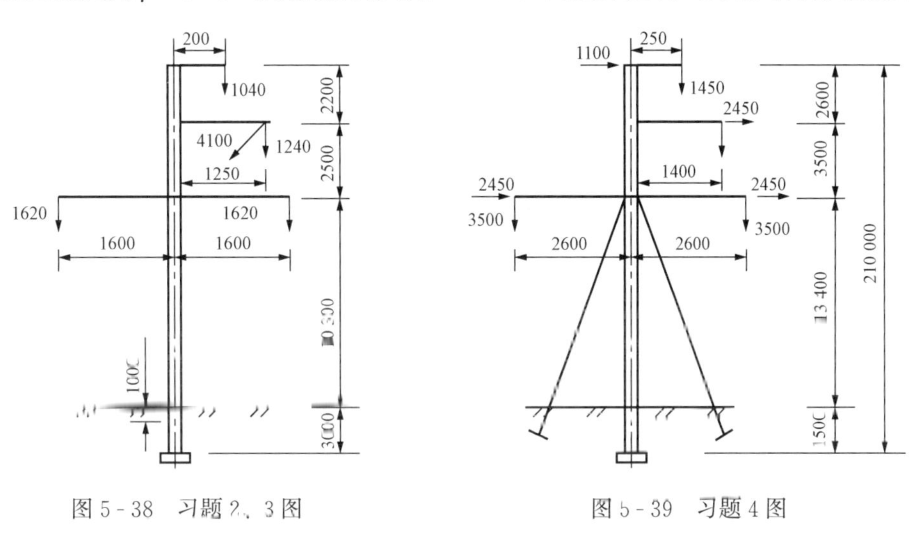

图 5-38　习题 2、3 图　　　图 5-39　习题 4 图

5. 拉线直线电杆结构尺寸和正常情况Ⅰ（大风情况）荷载标准值与第 4 题相同，已知拉线拉力设计值 T＝21 000N，拉线与地面夹角 β＝60°，电杆自重标准值 G_m＝1010N/m，横担及吊杆重力标准值 G_0＝1000N，拉线偏心距 e＝200mm，电杆为等径电杆，外径 D＝300mm、内径 d＝200mm 混凝土的等级为 C40 级，钢筋为 HRB335，布置 10ϕ10 钢筋，试计算拉线点以下杆柱的弯矩。

6. 某 110kV 带叉梁等径直线门型电杆，外径 D＝400mm，内径 300mm，其结构尺寸和大风情况下的荷载标准值如图 5-40 所示，杆身风载 q＝101N/m，试计算叉梁节点处的弯矩。

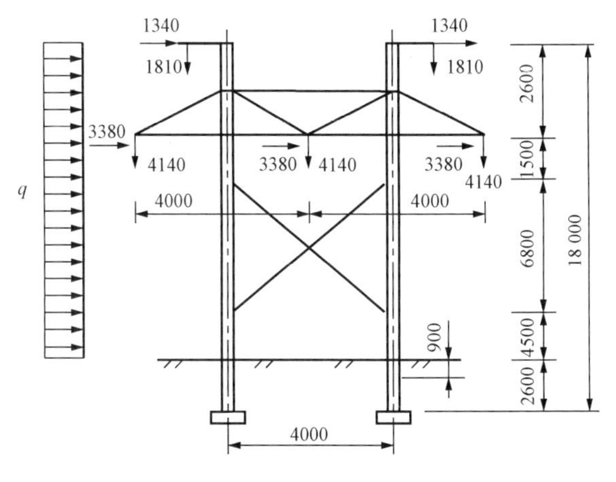

图 5-40　习题 6 图

7. 某110kV电杆结构尺寸与图5-38相同，上横担采用图5-35所示型式的转动横担结构，已知横担自重为125N，试选择上横担的剪切螺栓和旋转螺栓。

8. 某110kV电杆下横担采用图5-36所示的压屈横担结构，角钢尖肢朝下，断线相导线重G'_D=2600N，横担长l_1=1600mm，横担宽度b=320mm，吊杆悬挂点高度h=750mm，横担采用规格为L63×5的角钢，试求压屈横担的控制张力。

第六章　铁塔材料及其构件的计算

第一节　铁　塔　材　料

输电铁塔属于承重的金属结构，承重的金属结构所用钢材，一般采用 Q235、Q345、Q390 和 Q420 钢材，有条件时也可采用 Q460 钢材。钢材的质量应符合现行国家标准 GB/T 700—2006《碳素结构钢》和 GB/T 1591—2018《低合金高强度结构钢》的规定。根据结构制造的不同特点，还应提出附加条件要求。如果是焊接结构的铁塔，还应对焊接质量有重要影响的某些元素加以控制。铁塔用材料的强度设计值列于表 6-1、表 6-2；铁塔用角钢见附录 H。

表 6-1　　钢材的设计用强度指标　　N/mm^2

钢材牌号		钢材厚度或直径（mm）	强度设计值			屈服强度 f_y	抗拉强度 f_u
			抗拉、抗压、抗弯 f	抗剪 f_v	端面承压（刨平顶紧）f_{cc}		
碳素结构钢	Q235	≤16	215	125	320	235	370
		>16，≤40	205	120		225	
		>40，≤100	200	115		215	
低合金高强度结构钢	Q345	≤16	305	175	400	345	470
		>16，≤40	295	170		335	
		>40，≤63	290	165		325	
		>63，≤80	280	160		315	
		>80，≤100	270	155		305	
	Q390	≤16	345	200	415	390	490
		>16，≤40	330	190		370	
		>40，≤63	310	180		350	
		>63，≤100	295	170		330	
	Q420	≤16	375	215	440	420	520
		>16，≤40	355	205		400	
		>40，≤63	320	185		380	
		>63，≤100	305	175		360	
	Q460	≤16	410	235	470	460	550
		>16，≤40	390	225		440	
		>40，≤63	355	205		420	
		>63，≤100	340	195		400	

注　1. 表中直径指实芯棒材直径，厚度系指计算点的钢材或钢管壁厚度，对轴心受拉和轴心受压构件系指截面中较厚板件的厚度。

2. 冷弯型材和冷弯钢管，其强度设计值应按现行有关国家标准的规定采用。

表 6-2　　钢材的孔壁承压强度设计值　　N/mm^2

钢材	厚度或直径（mm）	孔壁承压* f_c^b
Q235	≤16	370
	＞16～40	
	＞40～60	
	＞60～100	
Q345	≤16	510
	＞16～35	490
	＞35～50	440
	＞50～100	415
Q390	≤16	530
	＞16～35	510
	＞35～50	480
	＞50～100	450
Q420	≤16	580
	＞15～35	535
	＞35～50	510
	＞50～100	480

* 选用于构件上螺栓端距不小于 1.5d（d 螺栓直径）。

表 6-3　　螺栓和锚栓的强度设计值　　N/mm^2

材料	类别	厚度或直径（mm）	抗拉 f 或 f_t^a、f_t^b	抗压和抗弯 f	抗剪 f_v 或 f_v^b	孔壁承压*	
镀锌粗制螺栓（C级）	4.8 级	标称直径 d≤39	200	—	170	螺杆承压	420
	5.8 级	标称直径 d≤39	240	—	210		520
	6.8 级	标称直径 d≤39	300	—	240		600
	8.8 级	标称直径 d≤39	400	—	300		800
	10.9 级	标称直径 d≤39	500	—	380		900
锚栓	Q235 钢	外径≥16	160	—	—	—	
	Q345 钢	外径≥16	205	—	—	—	
	35 号优质碳素钢	外径≥16	190	—	—	—	
	45 号优质碳素钢	外径≥16	215	—	—	—	
	40Cr 合金结构钢	外径≥16	260	—	—	—	
	42CrMo 合金结构钢	外径≥16	310	—	—	—	

* 适用于构件上螺栓端距不小于 1.5d（d 螺栓直径）。

注　8.8 级高强度螺栓应具有 A 类（塑性性能）和 B 类试验项目的合格证明。

表 6-4　钢材焊接的强度设计值

焊接方法和焊条型号	构件钢材		对接焊缝				角焊缝
	钢号	厚度或直径（mm）	抗压 f_c^w	焊缝质量为下列等级时，抗拉和抗弯 f_t^w		抗剪 f_v^w	抗拉、抗压和抗剪 f_f^w
				一级、二级	三级		
自动焊、半自动焊和E43××型焊条的手工焊	Q235	≤16	215	215	185	125	160
		>16～40	205	205	175	120	
		>40～60	200	200	170	115	
自动焊、半自动焊和E50××型焊条的手工焊	Q345	≤16	310	310	265	180	200
		>16～35	295	295	250	170	
		>35～50	265	265	225	155	
自动焊、半自动焊和E55××型焊条的手工焊	Q390	≤16	350	350	300	205	220
		>16～35	335	335	285	190	
		>35～50	315	315	270	180	

注　1. 自动焊和半自动焊所采用的焊丝和焊剂，应保证其熔敷金属抗拉强度不低于相应手工焊焊条的数值。
2. 焊缝质量等级应符合现行《钢结构工程施工及验收规范》的规定。
3. 对接焊缝抗弯受压区强度设计值取 f_c^w，抗弯受拉区强度设计值取 f_t^w。

第二节　铁塔构件计算

一、轴心受力构件的强度计算

轴心受力构件强度承载力的条件，是以截面屈服极限应力为极限状态建立起来的。

1. 屈服极限应力计算

屈服极限应力计算式为

$$\sigma = \frac{N}{A_n m} \leqslant f \tag{6-1}$$

式中　N——轴心拉力或轴心压力设计值，N；

A_n——构件净截面积，对多排螺栓连接受拉构件，要考虑锯齿形破坏情况，mm^2；

m——构件强度折减系数；

f——钢材强度设计值，N/mm^2。

2. 构件净截面积计算

（1）板材构件净截面积的计算。

如图 6-1 所示为板材构件的截面计算图。

螺栓并列排列［见图 6-1（a）］，净截面积为

$$A_n = A - nd_0 t \tag{6-2}$$

式中　A——构件毛截面积，mm^2；

n——同一截面螺栓孔的个数；

d_0——螺栓孔直径，mm；

t——构件厚度，mm。

螺栓错列排列［见图 6-1（b）］，构件有两个危险截面 A—B、A—C，计算中取净截面积较小者。

A—B 的净截面积为

$$A_n = (a - n_1 d_0)t \tag{6-3}$$

A—C 的净截面积为

$$A_n = \left(a - n_2 d_0 + \frac{S^2}{4e}\right)t \tag{6-4}$$

式中　a——板材宽度，mm；

e——螺栓孔线间距，mm；

S——螺栓孔错列距离，mm；

n_1、n_2——A—B、A—C 截面螺栓的个数；

$\frac{S^2}{4e}$——相邻两螺栓孔间的斜距产生的净宽度增量，mm。

其他符号含义与式（6-2）相同。

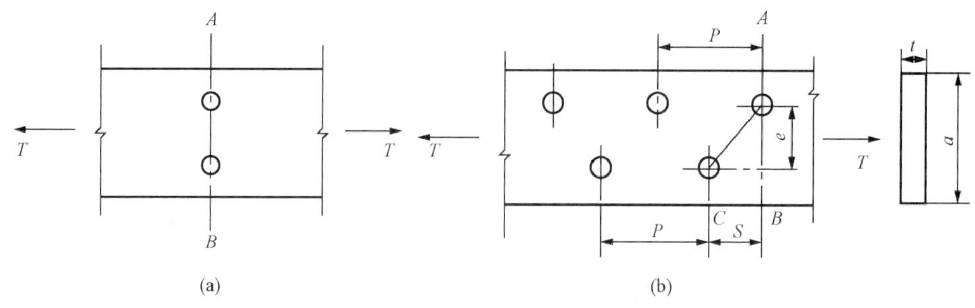

图 6-1　板材构件的截面计算图

（a）螺栓并列排列；（b）螺栓错列排列

（2）角钢净截面积的计算。

如图 6-2 所示为角钢构件的截面计算图。对角钢可先将其展开，展开后的总宽度为其两肢宽度之和减去肢厚。

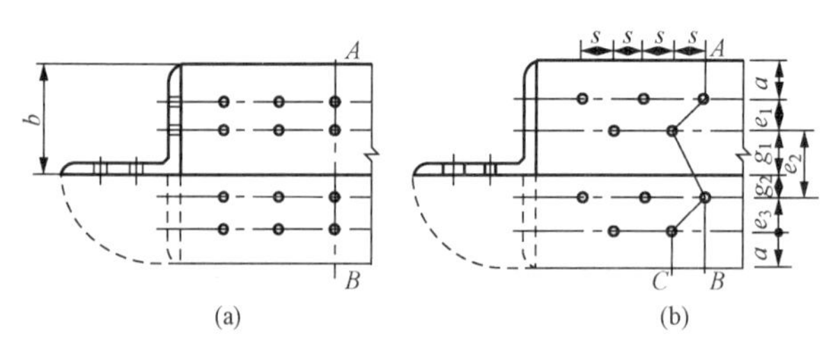

图 6-2　角钢构件的截面计算图

（a）螺栓并列排列；（b）螺栓错列排列

螺栓并列排列［见图 6-2（a）］，净截面积为

$$A_n = A - nd_0 t \tag{6-5}$$

式中符号含义与式（6-2）相同。

螺栓错列排列［见图 6-1（b）］，构件有两个危险截面 A—B、A—C，计算中取净截面积较小者。两肢间螺栓孔中心距为 $e_2 = g_1 + (g_2 - t)$。

A—B 的净截面积为

$$A_n = A - n_1 d_0 t \tag{6-6}$$

A—C 的净截面积为

$$A_n = \left[B - n_2 d_0 + \sum_{i=1}^{3} \frac{S^2}{4e_i}\right]t \tag{6-7}$$

式中　B——2倍角钢肢宽b减去角钢厚度，mm；

n_1、n_2——A—B、A—C截面螺栓的个数；

d_0——螺栓孔直径，mm；

$\sum_{i=1}^{3}\frac{S^2}{4e_i}$——相邻两螺栓孔间的斜距产生的净宽度增量和，mm；

S——螺栓孔错列距离，mm；

t——角钢厚度，mm。

3. 构件强度折减系数

（1）受拉构件。

1）双肢连接的角钢和中心连接钢管构件，$m=1.00$；

2）偏心连接的钢管构件，$m=0.85$；

3）单肢连接的角钢构件（肢宽>40mm），$m=0.70$；

4）单肢连接的角钢构件（肢宽≤40mm），$m=0.55$。

（2）受压构件。

1）双肢连接的角钢和中心连接钢管构件，$m=1.00$；

2）单肢连接的角钢和偏心连接钢管构件，$m=0.85$；

3）组合截面构件（无偏心），$m=1.00$；

4）组合截面构件（有偏心），$m=0.85$。

二、受压构件的稳定计算

$$\sigma=\frac{N}{m_N\varphi A}\leqslant f \tag{6-8}$$

式中　N——轴心压力设计值，N；

A——构件截面毛截面积，mm^2；

φ——轴心受压构件稳定系数；

f——钢材抗压强度设计值，N/mm^2；

m_N——压杆稳定强度折减系数。

1. 轴心受压构件稳定系数φ

轴心受压构件稳定系数φ根据材料、截面分类（见附录I中的表I-1）和长细比查附录L中的表L-1～表L-2得。

2. 轴心受压构件长细比λ及其修正系数K

（1）构件长细比λ。

长细比是指杆件的计算长度与杆件截面的回转半径之比，即

$$\lambda=\frac{l_0}{i} \tag{6-9}$$

式中　l_0——构件计算长度，铁塔构件计算长度按附录K选用，mm；

i——构件截面回转半径，mm，角钢见附录H中的表H-1。

（2）长细比修正系数K。

DL/T 5154—2012《架空送电线路杆塔结构设计技术规定》规定，轴心受压构件长细比需要乘以修正系数K。长细比修正系数K的物理概念是反映受压构件节点嵌固及节点构造上偏心的影响，修正的方法是增加或减小计算长度。

1）偏心的影响。偏心的影响是指单根角钢在单肢上螺栓连接。当构件计算长度较短（即$\lambda<120$），对偏心较为敏感，影响较大，应予以考虑，方法是采取增加计算长度l_0，取$K>1.0$。当$\lambda\geqslant120$时，不作考虑。

2）嵌固的影响。当构件计算长度较长（即$\lambda\geqslant120$），对节点的嵌固影响大，应予以考虑，方法是采取减小计算长度l_0，取$K<1.0$。当$\lambda<120$时，不作考虑。嵌固的条件：其一是被约束的杆件必须且至少有两个螺栓连接到提供约束的构件上，即提供约束的杆件为主材，被约束杆件就为斜材、辅助材，或提供约束的杆件为斜材，被约束的杆件为辅助材；其二是节点对所连接杆件具有部分扭转约束的条件，满足的条件是$I_y/L\geqslant I_b/L$（I_y、I_b为约束杆件、被约束杆件的惯性矩，L为构件长度）。

3）属于理想的两端铰接的中心受压构件，其计算长度不作修正，取$K=1.0$。因其不存在节点构造偏心，两端为铰接不存在嵌固约束影响，因此不作修正。对角钢受压构件长细比修正系数K见附录J中的表J-1；辅助材长细比修正系数K见附录J中的表J-2。

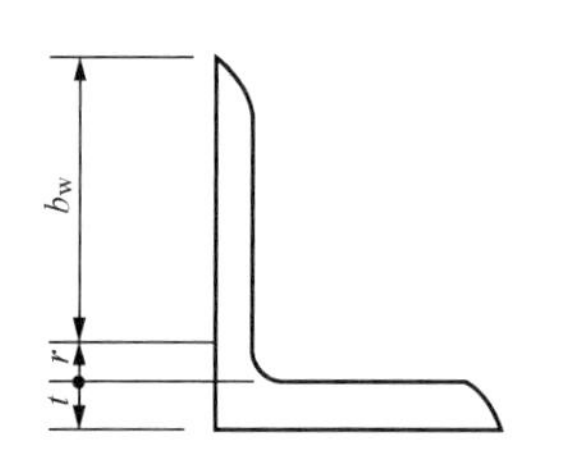

图6-3　翼缘板自由外伸宽度示意图

3. 压杆稳定强度折减系数m_N

对于角钢构件，根据翼缘板自由外伸宽度b_w（如图6-3）与厚度t之比计算确定：

$$\text{当}\frac{b_w}{t}\leqslant\left(\frac{b_w}{t}\right)_{\lim}\text{时}\qquad m_N=1.0$$

$$\text{当}\left(\frac{b_w}{t}\right)_{\lim}\leqslant\frac{380}{\sqrt{f_y}}\text{时}\qquad m_N=1.677-0.677\times\frac{b_w/t}{\left(\frac{b_w}{t}\right)_{\lim}}\tag{6-10}$$

式中　b_w——角钢翼缘板自由外伸宽度，mm；

t——角钢肢厚、钢管壁厚，mm；

$\left(\frac{b_w}{t}\right)_{\lim}$——宽厚比最小值，对于轴心受压构件$\left(\frac{b_w}{t}\right)_{\lim}=(10+0.1\lambda)\sqrt{\frac{235}{f_y}}$，对于压弯构构件$\left(\frac{b_w}{t}\right)_{\lim}=1.5\sqrt{\frac{235}{f_y}}$（其中，$f_y$为材料强度标准值，N/mm²）。

三、受弯构件的强度计算

受弯构件的强度计算式为

$$\frac{M_x}{W_x}+\frac{M_y}{W_y}\leqslant f\tag{6-11}$$

式中　M_x、M_y——绕x轴和y轴弯矩设计值，N·mm；

W_x、W_y——绕x轴和y轴净截面抵抗矩，mm³；

f——钢材抗弯强度设计值，N/mm²。

四、压弯构件的强度计算

压弯构件的强度计算式为

$$\frac{N}{m_N\varphi A}+\frac{M}{W\left(1-0.8\frac{N}{N_{EX}}\right)}\leqslant f\tag{6-12}$$

式中　N——轴心压力设计值，N；

M——弯矩设计值，N·mm；

W——净截面抵抗矩，mm^3；

φ——轴心受压构件稳定系数；

m_N——压杆稳定强度折减系数；

f——钢材抗弯强度设计值，N/mm^2；

N_{EX}——参数，$N_{EX}=\dfrac{\pi^2 EA}{1.1 i_x^2}$；

E——钢材弹性模模量，N/mm^2；

i_x——构件绕 x-x 轴长细比。

【例 6-1】 某横担下平面主材，材料采用 Q235，L 56×5 角钢，计算长度 $l_0=993mm$，断导线张力引起的压力设计值 $N_1=34957N$，试验算该构件的稳定性。

解　查附录录 H 中表 H-1，$t=5mm$，$r_0=6mm$，$i_{y0}=1.1cm$，$A=5.42cm^2$，查表 6-1，$f=215N/mm^2$，$f_y=235N/mm^2$，则

$$b_w=56-r_0-t=56-5-6=45(mm),\ \lambda=\frac{l_0}{i_0}=\frac{993}{11}=90.3$$

$$\frac{b_w}{t}=\frac{45}{5}=9<\left(\frac{b_w}{t}\right)_{lim}=(10+0.1\lambda)\sqrt{\frac{235}{f_y}}=(10+0.1\times 90.3)\times\sqrt{\frac{235}{235}}=19.03$$

取 $m_N=1.0$。

因为 $\lambda<120$，该构件为两端单肢连接，由附录 J 中的 J-1 得长细比修正系数 K 为

$$K=0.5+60/\lambda=0.5+60/90.3=1.16$$

$$K\lambda\sqrt{\frac{f_y}{235}}=1.16\times 90.3\times\sqrt{\frac{235}{235}}=104.7$$

Q235 钢，b 类截面，查附录 L 中的表 L-2 得 $\varphi=0.524$，$\sigma=\dfrac{N}{m_N\varphi A}=\dfrac{34957}{1\times 0.524\times 542}=123.1(N/mm^2)<f=215(N/mm^2)$，故构件稳定性好，安全。

五、拉弯构件弯矩平面内的强度计算

抗弯构件弯矩平面内的强度计算式为

$$\frac{N}{mA_n}\pm\frac{M}{W}\leqslant f \tag{6-13}$$

六、轴心受压构件的剪力计算

轴心受压构件的剪力计算式为

$$V=\frac{N}{85\varphi}\sqrt{\frac{f_y}{235}} \tag{6-14}$$

注：①剪力 V 值可认为沿构件全长不变；②对格构式轴心受压构件，剪力 V 应由承受剪力的缀材面（包括用整体板连接的面）分担。

第三节　铁塔节点连接计算

铁塔节点连接一般采用焊接连接或螺栓连接。

一、焊接连接

焊接连接必产生焊缝。焊缝有对接焊缝和角焊缝两种，铁塔连接中一般使用角焊缝。根

据焊缝受力的方向，角焊缝又分为正面角焊缝（端缝）、侧面角焊缝（侧缝）和围焊缝三种。焊缝长度方向与拉力或压力方向垂直的称为端缝；焊缝长度方向与拉力或压力方向平行的称为侧缝；构件四周均有焊缝的称为围焊缝。角焊缝如图 6-4 所示。

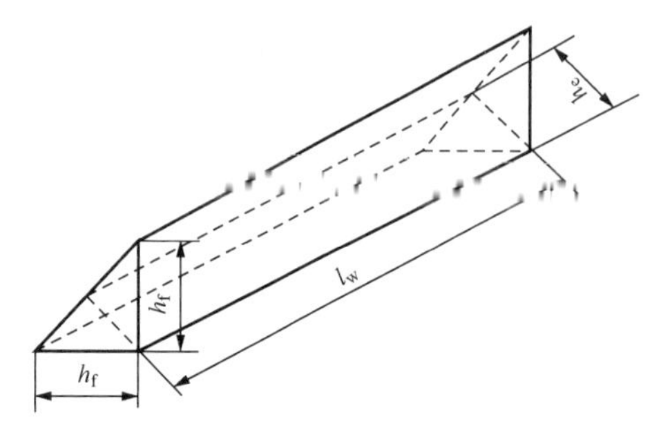

图 6-4　角焊缝示意图

在轴心力（拉力、压力、剪力）作用下的角焊缝验算式如下：

当力垂直于角焊缝长度方向时，有

$$\sigma_f = \frac{N}{h_e l_w} = \frac{N}{A_w} \leqslant \beta_t f_f^w \qquad (6-15)$$

当力平行于焊缝长度方向时，有

$$\tau_f \leqslant \frac{N}{h_e l_w} = \frac{N}{A_w} \leqslant f_f^w \qquad (6-16)$$

式中　N——轴心拉力、压力或剪力，N；

h_e——角焊缝的有效厚度（如图 6-4 所示，由于角焊缝横截面为等边直角三角形，h_e 可取 $0.7h_f$），mm；

l_w——角焊缝的计算长度，对每条焊缝取实际长度减去 10mm；

σ_f——正面焊缝（端缝）中的应力，N/mm^2；

τ_f——侧面焊缝（侧缝）中的应力，N/mm^2；

β_t——正面角焊缝的强度计算值增大系数，对承受静力荷载和间接承受动力荷载的结构，$\beta_t=1.22$，对直接承受动力荷载的结构，$\beta_t=1.0$；

f_f^w——角焊缝的强度设计值，按表 6-3 取值（注：铁塔焊缝一般为三级焊缝）；

A_w——角焊缝面积，mm^2。

为了使焊缝合力中心与角钢重心一致，减少偏心受力，角钢的肢背和肢尖焊缝长度应有所不同，因此对作用力 N 进行分配。

1. 节点为三围焊接时

端缝受力为

$$N_3 = \beta_t h_e l_{w3} f_f^w$$

式中　l_{w3}——端缝长度。

肢背焊缝受力为

$$N_1 = K_1 N - \frac{N_3}{2}$$

肢尖焊缝受力为

$$N_2 = K_2 N - \frac{N_3}{2}$$

2. 节点为两面焊接时

肢背焊缝受力为

$$N_1 = K_1 N$$

肢尖焊缝受力为

$$N_2 = K_2 N$$

式中　K_1、K_2——分配系数，按表 6-5 取值。

表 6-5　角钢的焊缝分配系数

角　　钢	连接形式	肢背分配系数 K_1	肢尖分配系数 K_2
等肢角钢	K_1 K_2	0.70	0.30
不等肢角钢短肢连接	K_1 K_2	0.75	0.25
不等肢角钢长肢连接	K_1 K_2	0.65	0.35

、螺栓连接

螺栓连接分为普通螺栓连接和高强度螺栓连接两大类。目前铁塔多采用普通螺栓连接。普通螺栓可分为 C 级螺栓和 A 级、B 级螺栓。A 级、B 级螺栓加工和安装精度较高，在铁塔中很少采用。C 级螺栓是采用 Q235 圆钢辊压而成，表面较粗糙，尺寸精度不高，对螺孔的要求也较低，容易装拆，被广泛应用于钢结构连接中。普通螺栓连接按其受力性质分为剪切螺栓连接（见图 6-5）、受拉螺栓连接和同时受剪受拉螺栓连接三种类型。后两种在铁塔连接中少见不予介绍。下面介绍普通剪切螺栓连接的强度计算。

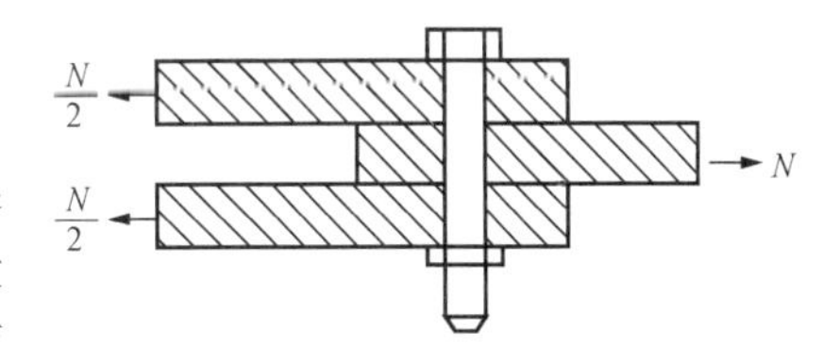

图 6-5　剪切螺栓示意图

1. 一个螺栓的承载力

一个螺栓受剪承载力设计值为

$$N_v^b = n_v \frac{\pi d^2}{4} f_v^b \tag{6-17}$$

一个螺栓挤压承载力设计值为

$$N_c^b = d \sum t f_c^b \tag{6-18}$$

式中　n_v——受剪面数目，图 6-5 所示结构中 $n_v=2$，即有 2 个剪切面；

d——螺栓直径，当剪切面在螺纹处时，则取螺栓的有效直径，mm；

f_v^b——螺栓连接的抗剪强度设计值，按表 6-3 取值，N/mm²；

$\sum t$——取同一受力方向承压构件厚度和的最小厚度和，mm；

f_c^b——螺栓连接构件的承压强度设计值，按表 6-2 取值，N/mm²。

2. 受剪螺栓群的计算

（1）螺栓数目的计算。

当螺栓数目较多时，在节点上可采用多排布置，如图 6-6、图 6-7 所示，螺栓数目计算式为

$$n \geqslant \frac{N}{N_{\min}^{\mathrm{b}}} \tag{6-19}$$

式中　N——作用在构件上的设计轴向力，N；

$N_{\min}^{\mathrm{b}}$——取按式（6-17）和式（6-18）计算所得的螺栓承载力设计值中的较小值，N。

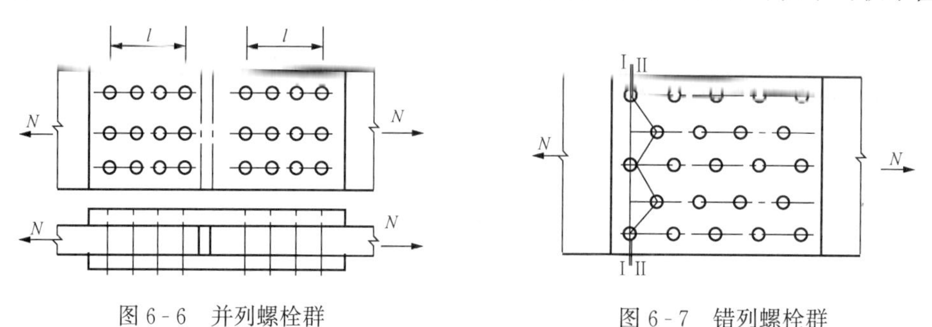

图 6-6　并列螺栓群　　　　图 6-7　错列螺栓群

如果螺栓群沿受力方向的连接长度 $l>15d_0$ 时，应将螺栓承载力设计值乘以折减系数 $\left(1.1-\frac{l}{150d_0}\right)$。当 $l>60d_0$ 时，折减系数取 0.7，d_0 为孔径。

（2）构件的强度验算。

由于螺栓孔减小了构件的截面积，因此在螺栓排列好后还需要验算构件的净截面强度，即

$$\sigma = \frac{N}{A_{\mathrm{n}}} \leqslant f \tag{6-20}$$

式中　A_{n}——构件的净截面面积，mm²，取图 6-7 中截面Ⅰ—Ⅰ和截面Ⅱ—Ⅱ中的较小值；

f——钢材的抗拉强度设计值，N/mm²。

3. 在轴心力 N、剪力 V 和扭矩 M 共同作用下的螺栓群

在扭矩作用下，距螺栓群中心点最远的螺栓受剪最大，以图 6-8 中的螺栓 1 为例进行分析。

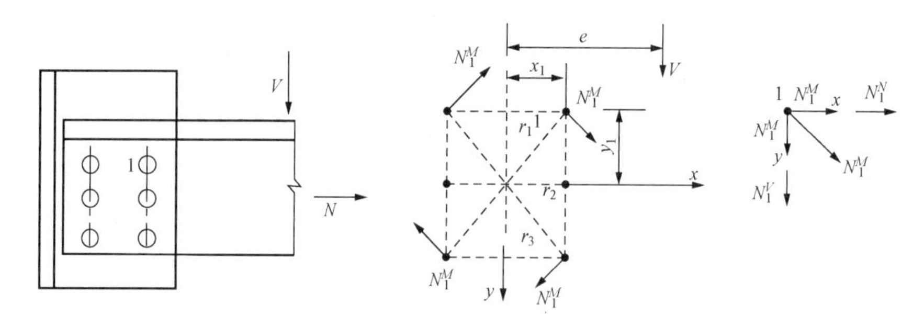

图 6-8　螺栓受力计算简图

在轴心力 N 作用下螺栓受力为

$$N_1^N = \frac{N}{n}$$

在剪力 V 作用下螺栓受力为

$$N_1^V = \frac{N}{n}$$

在扭矩 M 作用下螺栓受力为

$$
\left.\begin{aligned}
N_{1x}^{M} &= \frac{My_1}{\sum \gamma_i^2} = \frac{My_1}{\sum x_i^2 + \sum y_i^2} \\
N_{1y}^{M} &= \frac{Mx_1}{\sum \gamma_i^2} = \frac{Mx_1}{\sum x_i^2 + \sum y_i^2}
\end{aligned}\right\}
$$

在 N、V、M 共同作用下，受力最大的螺栓的内力值不应超过单个螺栓的承载力设计值，因而验算公式为

$$
N_{1\max} = \sqrt{\left(\frac{V}{n} + \frac{Mx_1}{\sum x_i^2 + \sum y_i^2}\right)^2 + \left(\frac{N}{n} + \frac{My_1}{\sum x_i^2 + \sum y_i^2}\right)^2} \leqslant N_{\min}^{b} \tag{6-21}
$$

式中　$N_{1\max}$——距螺栓群中心最远螺栓受到的剪力，N；

M——在 V 力作用下的弯矩，N·mm；

x_1、y_1、x_i、y_i——螺栓“1”和第 i 个螺栓的坐标；

n——螺栓群的数目；

$\sum x_i^2$、$\sum y_i^2$——所有螺栓坐标的平方和；

$N_{\min}^{b}$——按式（6-16）、式（6-17）计算所得的螺栓承载力设计值中的较小值。

应注意，当 $y_1 \geqslant 3x_1$ 时，可不考虑扭矩在 y 方向的剪力。

表 6-6　　螺栓的容许间距

<table>
<tr><th>名称</th><th colspan="3">位置和方向</th><th>最大容许距离（取两者的较小值）</th><th>最小容许距离</th></tr>
<tr><td rowspan="3">中心间距</td><td rowspan="3">任意方向</td><td colspan="2">外排</td><td>8d 或 12t</td><td rowspan="3">2.5d</td></tr>
<tr><td rowspan="2">中间排</td><td>构件受压力</td><td>12d 或 18t</td></tr>
<tr><td>构件受拉力</td><td>16d 或 24t</td></tr>
<tr><td rowspan="4">螺栓中心至构件边缘距离</td><td colspan="3">顺内力方向</td><td rowspan="4">4d 或 8t</td><td>1.5d</td></tr>
<tr><td rowspan="3">垂直内力方向</td><td colspan="2">切割边</td><td rowspan="2">1.45d</td></tr>
<tr><td rowspan="2">轧制边</td><td>高强度螺栓</td></tr>
<tr><td>普通螺栓</td><td>1.25d</td></tr>
</table>

注　1. d 为螺栓直径，t 为外层较薄板的厚度。

2. 高强度螺栓是指 8.8 级及以上等级螺栓。

3. 受剪螺栓孔的直径一般比螺栓直径大 1.5mm，有特殊要求时可以仅大 1.0mm。

表 6-7　　角钢上的线距　　mm

<table>
<tr><th colspan="3">单行</th><th colspan="4">双行错列</th><th colspan="4">双行并列</th></tr>
<tr><td>角钢肢宽</td><td>线距 e</td><td>最大孔径 d₀</td><td>角钢肢宽</td><td>线距 e₁</td><td>线距 e₂</td><td>最大孔径 d₀</td><td>角钢肢宽</td><td>线距 e₁</td><td>线距 e₂</td><td>最大孔径 d₀</td></tr>
<tr><td>45</td><td>25</td><td>13</td><td>125</td><td>55</td><td>90</td><td>23.5</td><td></td><td></td><td></td><td></td></tr>
<tr><td>50</td><td>30</td><td>15</td><td>140</td><td>60</td><td>105</td><td>26.5</td><td>140</td><td>55</td><td>115</td><td>20.5</td></tr>
<tr><td>56</td><td>30</td><td>15</td><td>160</td><td>60</td><td>125</td><td>26.5</td><td>160</td><td>60</td><td>130</td><td>23.5</td></tr>
<tr><td>63</td><td>35</td><td>17</td><td></td><td></td><td></td><td></td><td>180</td><td>65</td><td>140</td><td>26.5</td></tr>
<tr><td>70</td><td>40</td><td>21.5</td><td></td><td></td><td></td><td></td><td>200</td><td>80</td><td>160</td><td>26.5</td></tr>
<tr><td>75</td><td>40</td><td>21.5</td><td></td><td></td><td></td><td></td><td></td><td></td><td></td><td></td></tr>
</table>

续表

单行			双行错列				双行并列			
角钢肢宽	线距 e	最大孔径 d_0	角钢肢宽	线距 e_1	线距 e_2	最大孔径 d_0	角钢肢宽	线距 e_1	线距 e_2	最大孔径 d_0
80	45	21.5								
90	50	23.5								
100	55	23.5								
110	60	26.5								
125	70	26.5								

第四节　铁塔构件的计算长度及长细比

在计算压杆的长细比时，要用到计算长度 l_0。计算长度 l_0 与构件两端支承情况和带有中间支承有关，DL/T 5154—2012《架空送电线路杆塔结构设计技术规定》规定了铁塔构件计算长度的选取方法，列于附录 K 中，以便选用。

1. 轴心受拉和轴心受压构件的设计验算控制条件是什么？
2. 试分析影响压杆稳定系数 φ 的因素。
3. 构件强度计算中，构件强度折减系数的物理意义是什么？
4. 观察某铁塔中的连接螺栓，按其受力性质分，有哪几种连接类型？它们分布在什么部位？

1. 铁塔斜材材料为 Q235 的L 50×5 型角钢，与主材采用单肢单排螺栓连接，螺栓 $d=16$mm，$d_0=17.5$mm，计算长度为 $l_0=3$m，受设计轴向拉力 $N=25$kN，试验算是否安全。

2. 某铁塔塔腿主材采用L 140×14 角钢，材料为 Q235 号钢，计算长度 $l_0=2.5$m，受设计轴向压力 $N=40$kN，试验算构件的稳定性。

3. 一拉线直线铁塔，节点如图 6-9 所示，斜材的拉力 $N=40$kN，已知斜材为L 40×5 角钢（Q235 号钢），手工焊，焊条采用 E43××型，三级焊缝，试设计该节点焊缝。

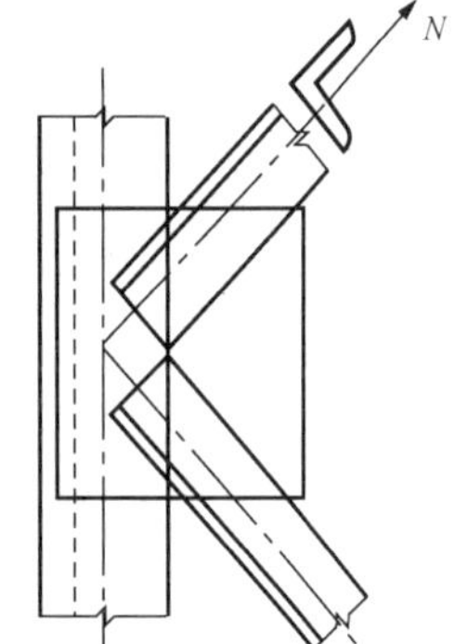

图 6-9　习题 3 图

4. 试设计采用普通螺栓连接的一角钢拼接，角钢为L 80×6，材料为 Q235 号钢，受轴心力 $N=150$kN。

第七章 铁塔的结构布置及选择原则

第一节 铁塔的结构布置

铁塔主要由塔头、塔身和塔腿三大部分组成，如果是拉线铁塔还增加拉线部分。如图7-1所示，下横担的下弦或者塔架截面急剧变化处（也称为塔颈部）以上部分称为塔头；基础上面的第一段塔架称为塔腿；塔头与塔腿间的桁架部分称为塔身；塔腿与基础的连接有靴板和座板。

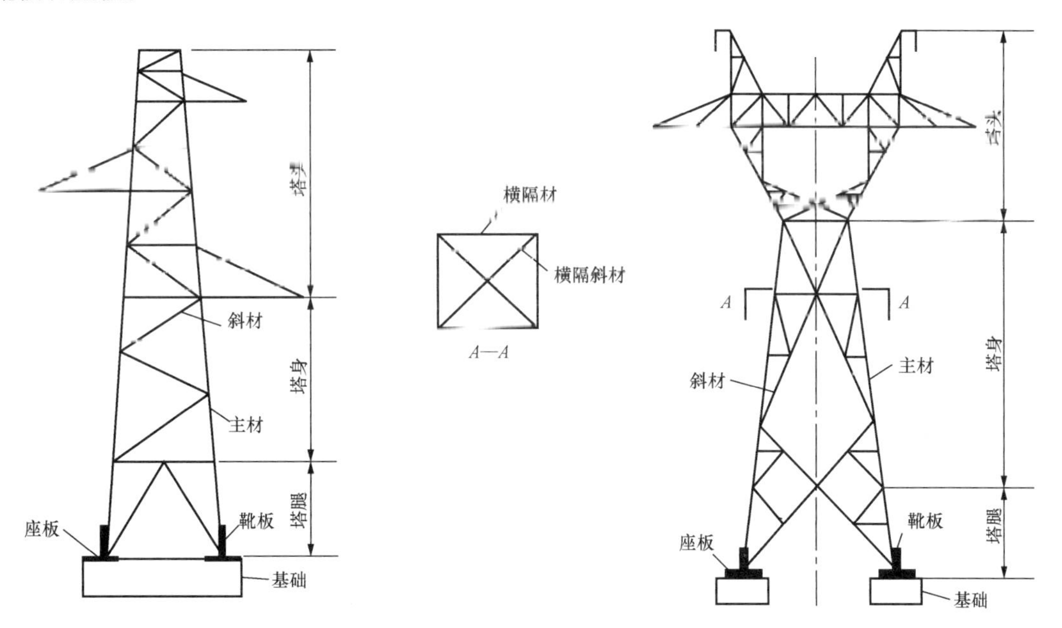

图7-1 铁塔结构示意图

铁塔的塔身截面多为正方形和矩形柱的立体桁架，桁架的每个侧面均为平面桁架，立体桁架柱四角的四根主要杆件称为主材，主材间用斜材连接，为了保证铁塔主柱的几何不变性和杆件的稳定性及减少构件的长细比而设置了一些斜材和辅助材。

斜材与主材或斜材与辅助材的连接处称为节点，各杆件纵向中心线的交点称为节点中心，相邻两节点间的杆件部分称为节间。两节点中心间的距离称为节间长度。

一、铁塔结构布置的一般要求

1. 电气及强度方面

所有塔型必须根据电气条件要求进行铁塔结构布置，同时使铁塔在各种工作条件必须满足强度、稳定和变形的要求。

为保证铁塔自身必要的刚度，按设计经验认为塔腿根开 b 与塔高 h 应保持一定的比值，各种铁塔宽高比如下：

（1）耐张型铁塔为$\frac{b}{h}=\frac{1}{4}\sim\frac{1}{5}$；

（2）直线型铁塔为$\frac{b}{h}=\frac{1}{6}\sim\frac{1}{8}$；

（3）窄基铁塔为$\frac{b}{h}=\frac{1}{12}\sim\frac{1}{14}$。

对于有几种坡度的铁塔，其任一截面处的宽高比，即该截面到塔顶的距离之比也应该满足上述要求。

2. 施工、制造、运行、检修诸方面

（1）构件同一截面尽可能减少型钢种类；

（2）同一构件应采用同一螺栓孔径，而整个铁塔孔径应不多于2种；

（3）铁塔主材坡度变化次数，应尽量减少；

（4）尽量避免使用热加工（火曲）以免影响材料强度和增加加工安装难度；

（5）铁塔构件在安装运输上的分段，应考虑施工人员操作方便及加工工厂生产制作的最大允许限度；

（6）各镀锌构件由于受工厂镀锌锅炉最大容量的限制，因此构件长度一般不超过7m，截面尺寸不大于600mm×600mm，构件材料最长不超过7.5m；

（7）为便于横担部分安装，横担主材断开接头位置，离塔身外最好不超过1m；

（8）尽量考虑预留施工检修安装用孔；

（9）铁塔防腐应采用热镀锌，热镀锌有困难时可以采用油漆，在任何情况下都不应采用电镀锌防腐；

（10）铁塔构件如经过火曲处理，应考虑火曲影响，在实际计算时建议将设计强度减少15%。

二、自立式铁塔主材与斜材的布置

1. 铁塔主材的布置

铁塔主材坡度，一般塔头部分小些，从下横担至腿部坡度取大一些，有时为了减轻基础作用力，适应软弱地基要求，而将塔腿部分坡度取更大一些，但一个铁塔的主材坡度变化应尽量小，主材的坡度一般取1/6～1/10。

为了使节间主材应力得到充分利用，节省节点板材料。主材节间与斜材布置相协调。各主材节间可布置成不等距，斜材与主材交点在塔身正、侧面错开。

主材与主材接头宜采用对接内外包钢，以避免偏心受力，并保证与主材等强。如需采用外包钢，外包钢的肢宽及厚度比主材自身应加大一级。

2. 铁塔斜材的布置

（1）塔身斜材的布置。

塔身斜材一般多采用单斜材、双斜材（又称叉型斜材）和K型斜材三种。

单斜材［见图7-2（a）］适用于塔身较窄、受力较小的塔型，斜材结构简单，加工制造和施工安装简便，斜材与主材有利夹角约45°，当有水平材时，此角可略减少至35°左右。斜材与主材夹角太小，节点板外伸增长。夹角太大，节点板又太宽，既不经济，传力也不理想。

叉型斜材［见图7-2（b）］适用于塔身较宽和受力较大的塔型。

K 型斜材［见图 7-2（c）］只在塔身很宽、受力较大，又要求塔身具备较大的刚度的塔型中使用。K 型斜材相比之下可减少斜材的计算长度。一般宽基塔的腿部常采用这种斜材。

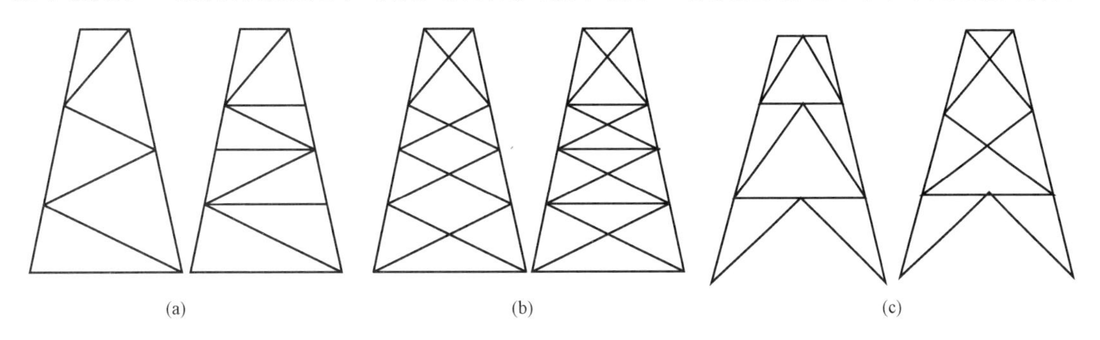

(a)　(b)　(c)

图 7-2　斜材的布置

（a）单斜材；（b）叉型斜材；（c）K 型斜材

塔身部分构件的布置也应注意辅助材对主材节点的支撑作用，一般常用的布置形式如图 7-3所示。叉型斜材桁架主材一般可分两段或四段，K 型斜材桁架主材一般可分两段或三段。

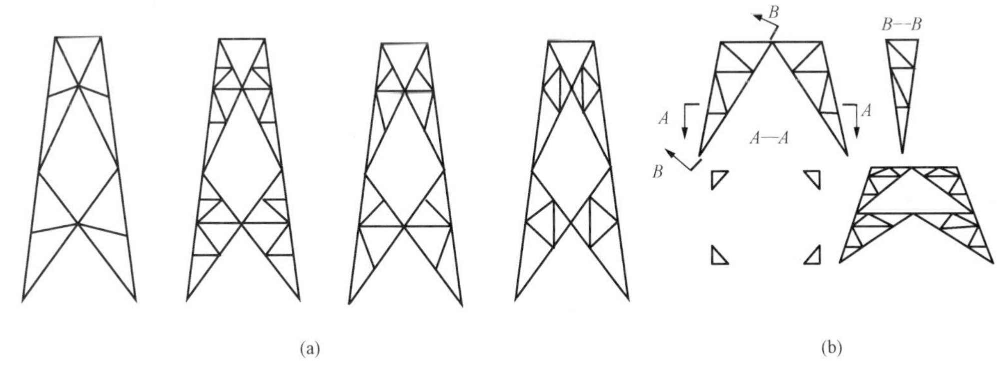

(a)　(b)

图 7-3　辅助材的布置形式

（a）叉型斜材辅助材；（b）K 型斜材辅助材

（2）塔腿斜材的布置。

铁塔腿部的结构，一般采用 K 型斜材的布置方式，并且在正侧面均要加水平连杆，辅助材横隔面应设平撑杆（见图 7-4）。

3. 横隔面布置

铁塔塔身有坡度变化或需要横隔面传递扭矩时，需要设置横隔面，如图 7-5 所示。对窄基铁塔，采用单横隔材。对宽基铁塔，采用交叉横隔材。当塔身很宽时，一般采用十字形加方形的结构，这样可以减小横隔材的长细比。

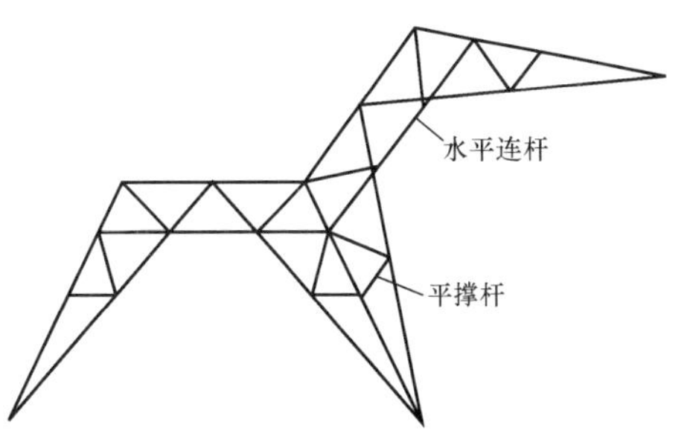

图 7-4　塔腿斜材的布置

三、带拉线铁塔的结构布置

拉线铁塔结构的布置，除考虑拉线与塔身连接在合适部位外，重点应放在主柱上，主材截面

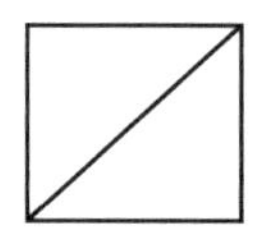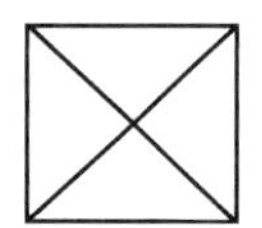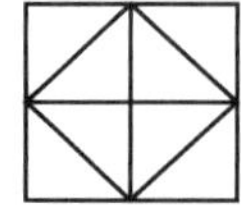

图 7-5 横隔材结构布置形式

的大小取值与斜材耗钢量的多少应作全面技术经济比较，选取最适宜的主柱截面尺寸，并使主、斜材能充分发挥它们的强度，保证主柱整体稳定、局部稳定和强度要求，使它们几乎同时达到各自的强度，主柱斜材应尽量直接与主材连接，增加节点刚度，取消或减少节点板。

第二节 铁塔的选择原则

铁塔是用金属材料轧成的型钢和钢板作基本构件，采用焊接或螺栓连接等方法，按照一定结构组成规则连接起来的钢结构件。铁塔具有强度高、质量轻、制造简单等优点，因此，在电网中起骨干作用的重要干线，输送负载容量较大的线路（500kV 以上的超高压线路）和运输不方便、地形较复杂以及跨越塔、大转角塔、耐张塔一般采用铁塔。

一、铁塔的分类

输电线路铁塔按其在线路中所起的作用不同可分为直线型铁塔、耐张型铁搭、转角型铁塔和终端铁塔。对远距离输电线路还增设有换位铁塔。各类铁塔的特点和作用详见表 7-1。

表 7-1 **铁 塔 分 类 表**

铁塔类别		铁塔的特点和作用
直线型铁塔		用于线路直线段上，以悬垂绝缘子串或棒式绝缘子支持导线
耐张型铁塔		用于线路直线或 5°以内线路转角处，以耐张式绝缘子串支持导线。在线路较长的直线段上，可以加强线路纵向强度，限制线路事故范围。尚可以锚固导线，便于施工、检修等作用
转角铁塔	悬垂型	用于线路较小转角处，一般转角在 5°～10°范围内，以悬垂绝缘子串支持导线
	耐张型	用于线路转角处，同时要求线路起耐张作用
终端铁塔		用于线路的起点和终点，其特点和作用与耐张型铁塔、转角型铁塔相同
换位铁塔		用于线路换位的地方，有直线型和耐张型两种

二、铁塔的塔型

各种不同类型铁塔的型式有很多种，一般常用的塔型如图 7-6～图 7-10 所示。下面对各种不同塔型的铁塔进行综合分析、比较与选择。

1. 宽基与窄基铁塔

根据铁塔的根开与高度之比，铁塔可分为宽基型铁塔和窄基型铁塔两种形式。宽基型铁塔的根开 b 与塔高 h 的比值（b/h）为 1/4～1/5（耐张型）和 1/6～1/8（直线型）；窄基型铁塔（b/h）为 1/12～1/14。宽基型铁塔由于底座宽，因此主材、斜材和基础的受力较小（见图 7-11，图中 P 为风荷载；b 为铁塔根开；h 为作用力高度；N 为主材受力，$N=Ph/b$），但主材相隔太宽，使斜材与辅助材的布置复杂。总的来说，在荷载较大的线路中宽基铁塔相对可以减轻塔身荷载和基础受力，这对于山区可减轻运输量和基础土石方开挖量，而且适用于地基承载力较差的地区。在荷载较小的线路上，采用窄基塔可简化结构，减轻塔重，特别是线路通过人口稠密的狭窄地段，窄基铁塔尤为适宜。窄基铁塔为整体基础，混凝土用量较大。

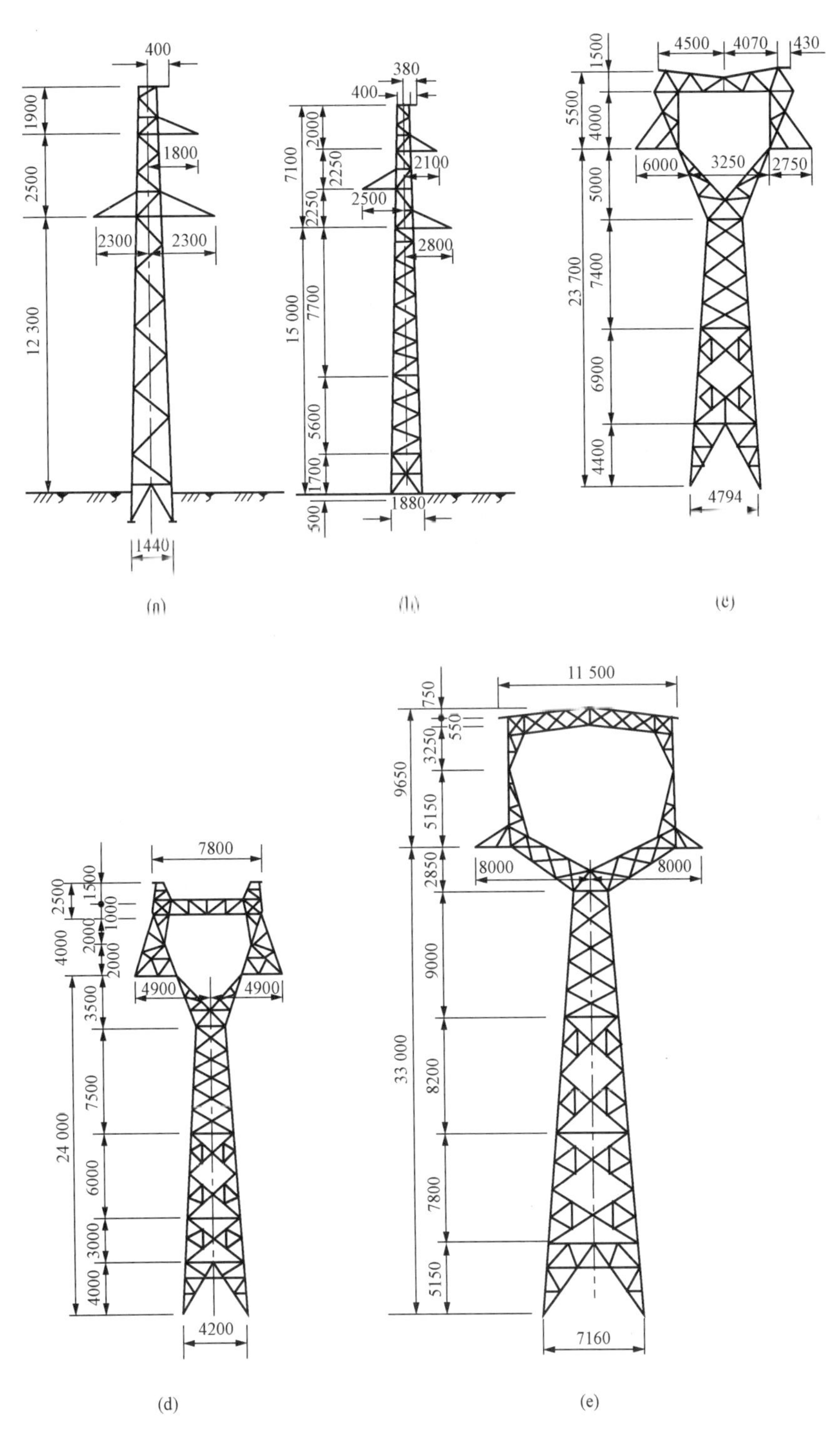

图 7-6　导线呈三角形排列的自立式铁塔

(a) 上字型；(b) 鸟骨型；(c)、(d) 猫头型；(e) 500kV 猫头型

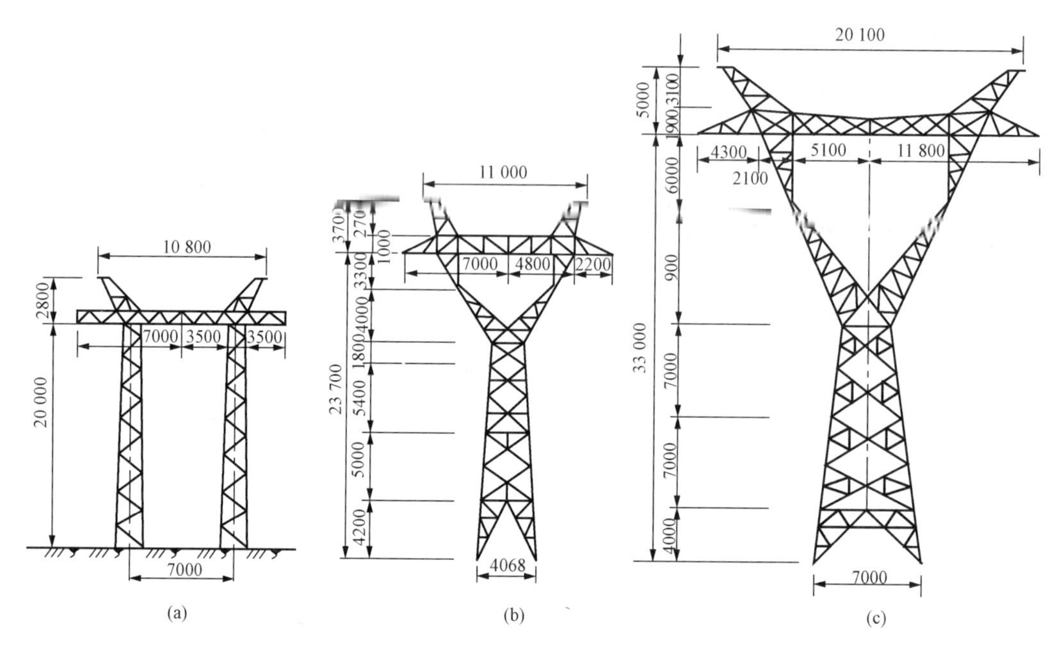

图 7-7　导线呈水平排列的自立式铁塔

（a）门型；（b）220kV 酒杯型；（c）500kV 酒杯型

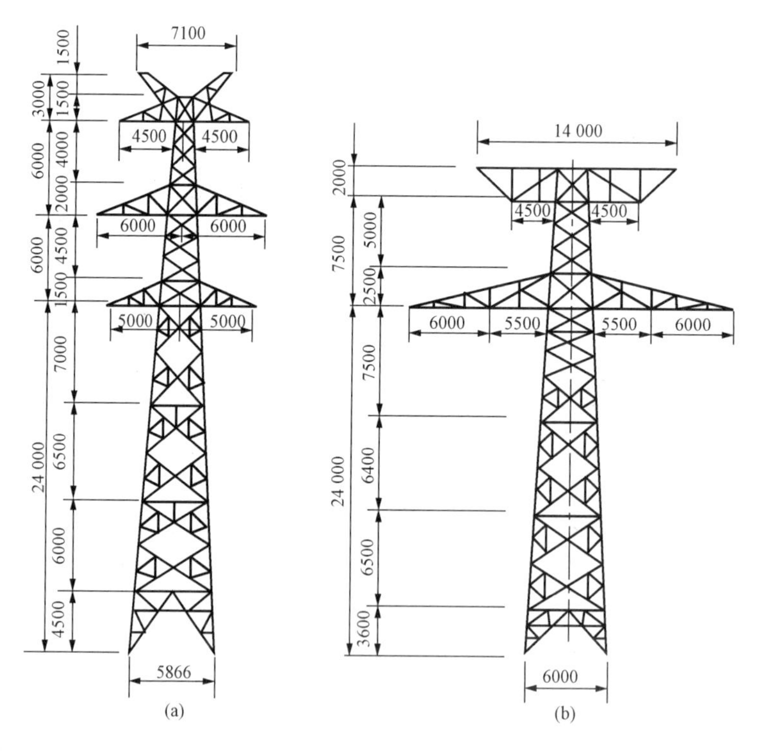

图 7-8　自立式双回铁塔

（a）六角型；（b）蝴蝶型

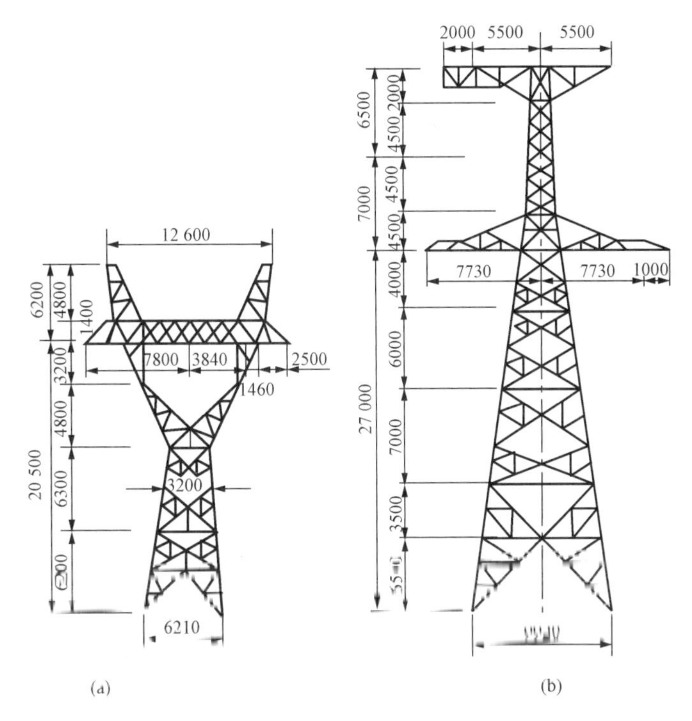

(a)　(b)

图 7-9　自立式承力铁塔

(a) 酒杯型；(b) 干字型

宽基铁塔各部件的连接宜采用螺栓结构，窄基铁塔可采用焊接结构或螺栓结构。

2. 导线三角形排列与水平排列

铁塔按塔头的型式不同可分为上字型铁塔、鸟骨型铁塔、酒杯型铁塔、猫头型铁塔、门型铁塔、干字型铁塔等。导线的排列方式与铁塔塔头的型式有关，如上字型铁塔、鸟骨型铁塔、猫头型铁塔导线呈三角形布置，门型铁塔、酒杯型铁塔导线呈水平排列。从三相导线的电气对称性来说，三相导线的三角形排列优于水平排列，从运行的技术条件来说，导线采用水平排列时，防雷较好，且在不同时脱冰或导线舞动时所造成的碰线机会大大减少，这对重冰区有特殊意义。上字型、鸟骨型铁塔结构简单，质量较轻，采用单根地线，节约钢材。酒杯型铁塔采用双地线，且导线水平布置，防雷性优于上字型铁塔，但头部结构复杂，给加工、制造、安装带来不便。猫头型铁塔由于中相导线高于边导线，因此导线间的水平距离减小，断线时受力性好，同时耗材也少。

总的来说，根据线路建设经验，一般山区采用水平排列的铁塔，基础上拔力比三角形排列减少 20%左右，基础材料的运输量也相应减少。导线水平排列的塔型，其稳定性一般也比三角形排列的塔型好。从经济方面来说，220kV 及以下的线路采用三角形排列，可以少用一根地线，铁塔本身的耗钢量也较少。如果进行技术、经济全面比较时，为了节约钢材，除重冰区、多雷区采用水平排列的塔型外，一般均以三角形排列的塔型为主。

3. 双回路铁塔

为了节约杆塔、地线和接地装置等材料，降低造价，减少占地面积，故在有些输电线路中采用双回路输电。双回路适用于变电站进出线拥挤的狭窄走廊和地面受到限制的地区（如

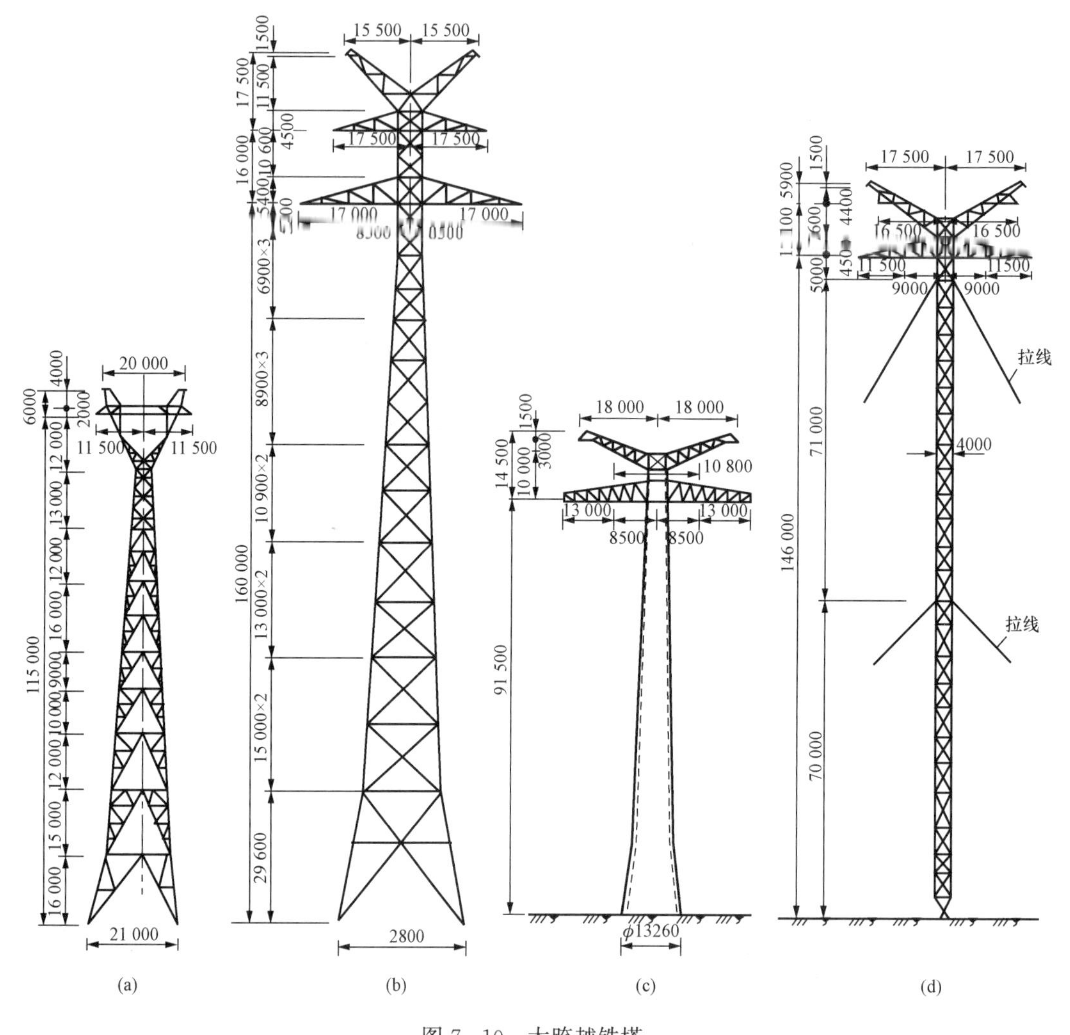

图 7-10 大跨越铁塔

(a)、(b) 组合构件自立铁塔；(c) 钢管塔；(d) 拉线铁塔

市区或工厂），以及某段线路走向一致的线路中。用于双回路的铁塔头部型式有蝴蝶型、伞型、倒伞型、六角型铁塔等。

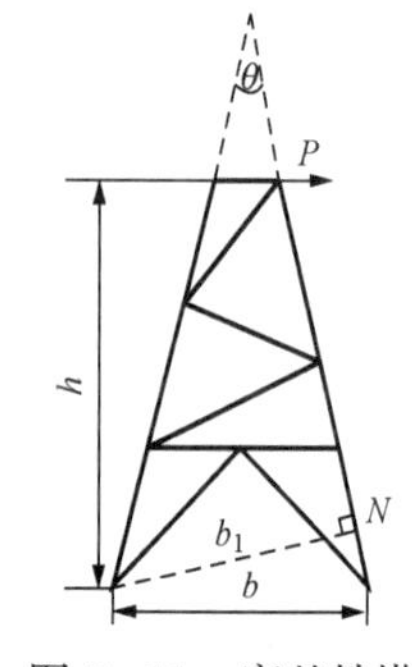

图 7-11 宽基铁塔受力示意图

双回路导线布置有两种：一种导线布置在两层横担上，如蝴蝶型铁塔；另一种导线布置在三层横担上，如伞型、倒伞型、六角型铁塔。

4. 拉线铁塔

拉线铁塔的耗钢量比无拉线铁塔的自立铁塔低得多，但占地面积较大。选择塔型时，必须结合每一工程的具体情况，从制造、施工和运行的实际出发，因地制宜，综合比较，全面考虑，合理选用，并根据平地和山地的各自特点，分别选择。

三、铁塔的选择原则

1. 应充分了解拟建输电线路的情况

（1）导线和地线的规格。

(2) 气象条件。应了解线路所经地区属于几级气象区，共有几个气象区，线路气象区的分段情况，是否能套用典型气象区等，特别是对导线的覆冰厚度、最大风速、雷电日等气象情况，应列为重点调查研究项目。

(3) 导线和地线的安全系数。

(4) 铁塔的设计档距。

(5) 地形条件。应了解线路所经过的地形，如平地、丘陵、山区。根据不同地形，分别选用适合该地形条件的塔杆型。

(6) 线路所经过的地质概况。应了解线路所经地区地质情况，如岩石、流砂、一般土或湿陷性大孔性黄土、永久性冻土的土质有无腐蚀性等。应了解土的容重、上拔角、计算抗剪角、地基承载力、地下水位高度，还应了解跨越河流的流量、流速和冲刷深度，常年洪水位与最高洪水位、洪水漫延的范围等。

(7) 运输条件。应了解线路所在地区铁路、公路、船舶运输情况，还应了解修路、桥梁加固、人力抬运、索道运输等工程量。

(8) 加工和施工条件。应了解所选用铁塔的加工厂是否能承担任务、保证供应，对施工是否方便等。

(9) 运行维护条件。应了解运行维护巡视、检修、管理等是否方便，保线站设置地点，还应了解检修、维护的工器具及交通工器具情况及事故备料的情况。

(10) 材料的来源和价格。应了解材料供应有无问题、价格是否合理等。

2. 掌握杆塔的优缺点

必须清楚地掌握各种塔型的优缺点，以及它的适用范围。

3. 合理选用杆型

根据地形条件，规划出合理的档距和常用的铁塔型式。特别是对定线铁塔的型式，应选用最经济合理的塔型和高度。

此外对铁塔，还应从各种具体条件要求综合考虑，参考类似工程所用铁塔，拟出塔型方案，提出代表性铁塔，进行全面的技术经济比较。

选用铁塔的水平、垂直、最大允许的档距均应小于或等于选用定型铁塔的设计值，任一项不合格时均应对所选用的定型铁塔进行验算，无问题后才能选用。

应采用材料（主要是钢材、水泥）消耗量较少的铁塔。应尽量简化塔型尺寸和种类，材料品种不宜过多，以利工厂加工、施工管理和运行维护、检修。

应尽量选用定型铁塔，以减少设计、加工、施工的工作量。

思考题

1. 铁塔由哪些主要部分组成？铁塔塔头有哪些型式，各有什么特点？

2. 宽基型、窄基型铁塔各有什么优缺点？

3. 自立铁塔和拉线铁塔各有何优缺点？

第八章　铁塔的内力计算

第一节　铁塔内力计算假定及其计算方法

一、计算假定

输电线路铁塔属于空间桁架结构，在大多数情况下为超静定结构。为了简化计算，一般在设计中作如下假定：

(1) 将空间桁架简化为平面桁架，这是因为铁塔上所承受的荷载（纵向或横向）在铁塔的正、侧面上基本上是对称的；

(2) 构件的节点为理想铰，所有构件的轴线都是在同一平面内的直线，并在节点上交于节点中心，这种体系的构件只承受轴向力；

(3) 为了将铁塔简化为静定的平面桁架，一般可将因构造要求而设置的多余杆件略计，如辅助材可视为零杆，而对于横隔材可只考虑承受扭矩；

(4) 打拉线的拉线铁塔，由于本身的刚度很大，一般在计算中不考虑因挠度而产生的附加弯矩；

(5) 铁塔腿部与基础的连接，假定为不动铰接；

(6) 将动力或冲击荷载视为静力荷载，在计算中引入动力系数和冲击系数；

(7) 采用平面桁架进行计算时，主材应力应将正、侧两面的应力相叠加。

二、铁塔内力分析的基本方法

根据计算假定，铁塔内力计算采用平面桁架构件内力计算方法。平面桁架内力计算方法有数解法、图解法和图解数解混合法。本教材采用数解法分析铁塔内力。

数解法又分节点法和截面法。

1. 节点法

桁架在荷载作用下，保持平衡，计算时每次割取一个节点作为隔离体，根据节点力系平衡原理，即所有汇交在被截出的节点上的杆件和作用在这个节点上的外力相平衡。作用在一个节点上的力，根据共点力系的平衡条件，可以列出两个平衡式：$\sum X=0$，$\sum Y=0$，这样每个节点可以解出两个未知力，且仅能解出两个未知力。因此，节点法平衡有一些特殊情况：

(1) 在节点上如只有两根杆件无外力，则此节点如保持平衡，此两杆件必须在一直线上，两杆件的受力相等、方向相反。

(2) 如果两个杆件在桁架节点相交成一角度，节点上又无外力作用，则只有此两杆件内力均为零时方平衡，否则将有合力存在，则节点不能平衡。

(3) 如果有三根杆件汇交在无荷载的节点上，其中有两根杆件在一直线上，那么第三根杆件其内力必须等于零，否则节点力系不平衡，而在直线上的两个杆件的内力，其大小相等、方向相反。

(4) 如果有两根杆件汇交在桁架的节点上，同时作用在节点上的外力与其中一个杆件的方向在一直线上，那么这个杆的内力与外力两者大小相等、方向相反，而第二个杆的内力则等于零。

(5) 如果三杆汇交在桁架节点上，其中两杆的方向在一条直线上，同时作用在节点上的外力与其中一个杆件的方向在一直线上，那么第三杆的内力，其大小与外力相等，方向相反，在一条直线上的两个杆的内力，其绝对值相等、方向相反。

以上几点可以使人们用节点法分析桁架时，较快地判断出零杆，而使计算工作大大简化，除此之外，如适当地选择投影轴，可使平衡方程式包含的未知数最少，或每一个方程式只含一个未知数，那么计算就很简单了。节点法的缺点是计算繁杂，各杆件的内力在计算中相互联系，容易发生连续性错误，所以在一般计算中用的较少。

2. 截面法

将桁架选一适当的截面，取其一部分作为隔离体，研究构件内力与外荷载的平衡，根据共面力系平衡条件，可列出三个平衡方程式：$\sum X=0$，$\sum Y=0$，$\sum M=0$。因此采用截面法时，一次所截取的未知内力的杆件数不应超过三个，在求任意一杆的内力时，取另外两杆的交点为力矩中心，或者所截取的杆件虽多于三个，但除要求的内力外，其余各杆都汇交于一点，那么就取这一交点为力矩中心，这样在力的平衡方程式里$\sum M=0$的平衡方程式只有一个未知数，就能很快解出所需要的结果。

在平行弦杆的桁架中，欲求斜材的内力时，则用截面一端所有荷载和内力投影到与弦杆垂直的轴上，用$\sum Y=0$，即可求得斜材内力。

截面法的优点，就是通过一次计算能求桁架内任意杆件的内力，而不必计算其他各杆件内力，因此计算比较简捷，在铁塔内力计算中被广泛采用。

第二节　塔身的内力计算

铁塔承受的水平荷载（除角度荷载外）其方向是不定的，因此各构件都有可能受压，故铁塔构件均按压杆设计。

塔身内力计算与塔身的结构布置方式有关。

一、塔身受弯计算

1. 单斜材桁架

图8-1 (a) 所示为主材无坡度，图8-1 (b) 所示为主材有坡度。

截取Ⅰ-Ⅰ截面，则主材内力为

$$N_u=\pm\frac{\sum M_0}{2b_i}-\frac{\sum G}{4\sin\alpha} \qquad (8-1)$$

斜材内力为

$$N_s=\pm\frac{\sum M_c}{2d_i} \qquad (8-2)$$

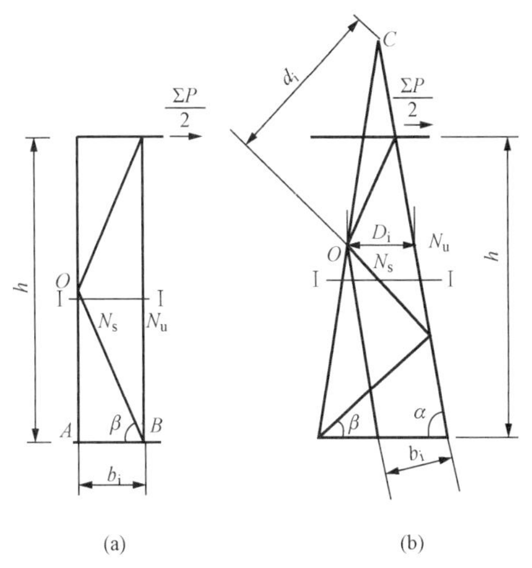

图8-1　单斜材桁架计算简图
(a) 无坡度；(b) 有坡度

式中　$\sum M_0$——Ⅰ-Ⅰ截面以上所有外力对O点力矩设计值之和；

$\sum M_c$——Ⅰ-Ⅰ截面以上所有外力对C点

力矩设计值之和；

$\sum G$——Ⅰ-Ⅰ截面以上全部垂直荷载设计值之和；

b_i——主材内力 N_u 到 O 点的垂直距离，$b_i = D_i \sin\alpha$；

α——主材与水平面夹角；

d_i——斜材内力 N_s 到 C 点的垂直距离（d_i 一般用作图法量得）。

当主材无坡度时，斜材内力计算式为

$$N_s = \frac{\sum P}{2\cos\beta} \tag{8-3}$$

式中　$\sum P$——Ⅰ-Ⅰ截面以上全部水平荷载设计值之代数和，顶面横材承受 $\sum P/2$；

β——斜材与水平面夹角。

2. 双斜材桁架

双斜材桁架属于超静定体系，为了简化计算，通常可将双斜材看作两片单斜材桁架来计算，这种假定是考虑两根斜材同时受力，当一根斜材受拉力时，另一根斜材受压力，两根斜材受力大小相等［见图 8-2（b）］，均为单斜材桁架的 1/2（实际两根斜材受力大小并不完全相等，一般受压斜材受力大一些）。双斜材按压杆设计。因此，水平材可考虑为零杆即不受力，故可不设水平材。在计算主材应力时，双斜材的交点作为力矩中心点，即图 8-2（a）中的 O 点。

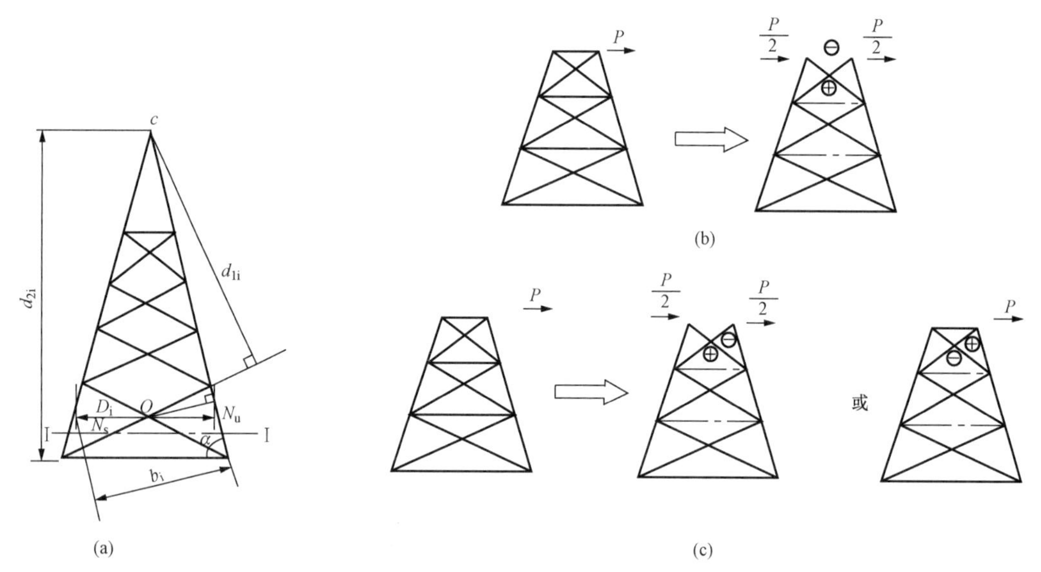

图 8-2　双斜材桁架计算简图

（a）计算简图；（b）简化计算示意图；（c）大宽度桁架计算示意图

双斜材桁架主材内力计算公式与单斜材桁架相同，即：

主材内力为

$$N_u = \pm \frac{\sum M_0}{2b_i} - \frac{\sum G}{4\sin\alpha} \tag{8-4}$$

斜材内力为

$$N_s = \frac{\sum M_c}{2 \times 2d_{1i}} = \frac{\sum M_c}{4d_{1i}} \tag{8-5}$$

如果在桁架宽度较大，斜材长而受力较小的情况下，双斜材按拉压系统设计不够经济，往往按纯拉系统考虑，即不论外荷载的方向如何，以一根斜材受拉，另一根斜材为零杆，而水平材承受压力［见图 8-2（c）］。故以纯拉杆系统考虑时，必须有水平材，否则此系统不存在。这种情况下各斜材内力计算与单斜材桁架相同，即：

斜材内力为

$$N_s = \frac{\sum M_c}{2d_{1i}} \tag{8-6}$$

水平材内力为

$$N_D = \frac{\sum M_c}{2d_{2i}} \tag{8-7}$$

式中符号含义与式（8-1）、式（8-2）相同。

3. K 型斜材桁架

如图 8-3 所示 K 型斜材桁架的斜材受力与双斜材拉压系统相同，而主材受力较小。

主材内力为

$$N_u = \pm\frac{\sum M_0}{2b_i} - \frac{\sum G}{4\sin\alpha} \tag{8-8}$$

斜材内力为

$$N_s = \frac{\sum M_c}{4d_{1i}} \tag{8-9}$$

横隔材内力为

$$N_D = \frac{\sum M_c}{4d_{2i}} \tag{8-10}$$

式中符号含义与式（8-1）、式（8-2）相同。

图 8-3　K 型斜材桁架计算简图

4. 承受双向荷载单斜材桁架

当铁塔承受双向荷载（既有横向水平的风荷载，又有顺线路方向的张力）时，主材内力应是由两个方向荷载计算出来的内力相叠加（见图 8-4），其中一根承受最大压力，另一根承受最大拉力。

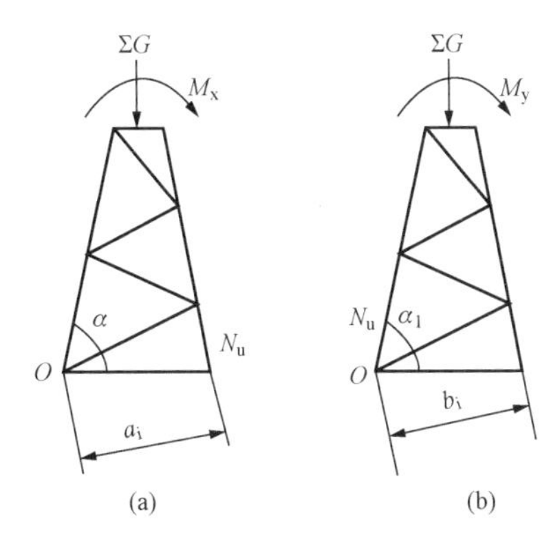

图 8-4　承受双向荷载计算简图

（a）铁塔正面；（b）铁塔侧面

$$N_u = \pm\frac{\sum M_x}{2a_i} \pm \frac{\sum M_y}{2b_i} - \frac{\sum G}{4\sin\alpha\sin\alpha_1} \tag{8-11}$$

式中　M_x——横向风荷载使塔身产生的横向弯矩；

M_y——顺线路张力，使塔身产生的纵向弯矩；

a_i、b_i——力臂长度（见图 8-4）；

α、α_1——铁塔正、侧面主材与水平面夹角。

5. 横隔材弯矩计算

塔身上的所有横材以及横担上的水平材，除按以上计算方法所求得的内力外，还要考虑安装和检修时附加弯矩所产生的附加应力。

横隔材支撑点为连续时，弯矩为

$$M = \frac{pl}{5}$$

其他水平材弯矩为

$$M = \frac{pl}{4}$$

式中 p——工人工具较重时，采用1000N并乘以荷载组合系数 ψ；

l——斜材支撑长或主材的相邻两支撑点间的距离（取最大值）。

【例8-1】 某110kV线路采用上字型直线铁塔，结构尺寸（头部及第一段）、塔头荷载设计值如图8-5（a）所示。已知，导线采用LGJ-150，地线采用GJ-35，线路通过Ⅶ气象区，塔头风荷载设计值 $q_{01}=182\text{N/m}$，塔身风荷载设计值 $q_{02}=285\text{N/m}$，塔自重设计值 $q=600\text{N/m}$，主材与水平面夹角为88.5°，试计算头部及第一段主材和斜材的力。

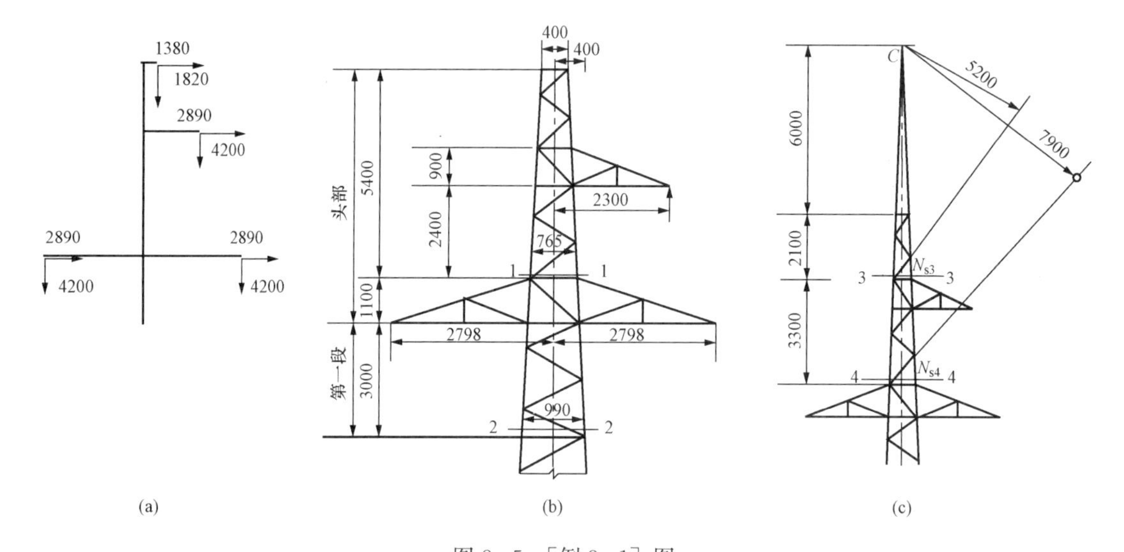

图8-5 ［例8-1］图

（a）塔头荷载图；（b）铁塔主材内力计算图；（c）铁塔斜材计算图

解 （1）主材内力。

结构重要性系数 $\gamma_0=1.0$，正常情况可变荷载组合系数 $\psi=1.0$。

1）头部段：取1-1截面［见图8-5（b）］。

$$\begin{aligned}\Sigma M_0 &= \gamma_0\left[G_B\times 0.4+G_D\times 2.3+\psi\left(P_B\times 5.4+P_D\times 2.4+q_{01}\frac{5.4^2}{2}\right)\right]\\ &= 1.0\times\left[1.82\times 0.4+4.2\times 2.3+1.0\times\left(1.38\times 5.4+2.89\times 2.4+0.182\times\frac{5.4^2}{2}\right)\right]\\ &= 27.43(\text{kN}\cdot\text{m})\end{aligned}$$

$$\Sigma G=\gamma_0(G_B+G_D+\psi qh)=1.0\times(1.82+4.2+1.0\times 0.6\times 5.4)=9.26(\text{kN})$$

$$b_1=D_1\sin\alpha=0.765\sin 88.5^\circ\approx 0.765(\text{m})$$

$$N_{u1}=+\frac{\Sigma M_0}{2b_1}-\frac{\Sigma G}{4\sin\alpha}=+\frac{27.43}{2\times 0.765}-\frac{9.26}{4\sin 88.5^\circ}=15.61(\text{kN})$$

$$N'_{u1}=-\frac{\Sigma M_0}{2b_1}-\frac{\Sigma G}{4\sin\alpha}=-\frac{27.43}{2\times 0.765}-\frac{9.26}{4\sin 88.5^\circ}=-20.24(\text{kN})$$

2）第一段：取 2-2 截面［见图 8-5（b）］。

$$\sum M_0=\gamma_0(G_B\times0.4+G_D\times2.3)+\gamma_0\psi\left[P_B\times9.5+P_D\times(6.5+2\times3)+q_{01}\times6.5\times\left(\frac{6.5}{2}+3\right)+q_{02}\times\frac{3^2}{2}\right]=1.0\times(1.82\times0.4+4.2\times2.3)+1.0\times1.0\times\left[1.38\times9.5+2.89\times(6.5+2\times3)+0.182\times6.5\times\left(\frac{6.5}{2}+3\right)+0.285\times\frac{3^2}{2}\right]=68.32(\mathrm{kN\cdot m})$$

$$\sum G=\gamma_0(G_B+3G_D+\psi qh)=1.0\times(1.82+3\times4.2+1.0\times0.6\times9.5)=20.12(\mathrm{kN})$$

$$b_1=D_1\sin\alpha=0.99\sin88.5^\circ\approx0.99(\mathrm{m})$$

$$N_{u1}=+\frac{\sum M_0}{2b_1}-\frac{\sum G}{4\sin\alpha}=+\frac{68.32}{2\times0.99}-\frac{20.12}{4\sin88.5^\circ}=29.48(\mathrm{kN})$$

$$N'_{u1}=-\frac{\sum M_0}{2b_1}-\frac{\sum G}{4\sin\alpha}=-\frac{68.32}{2\times0.99}-\frac{20.12}{4\sin88.5^\circ}=-39.54(\mathrm{kN})$$

（2）斜材内力计算。

如图 8-5（c）所示，以 3-3、4-4 截面的斜材为例。

1）求 N_{s3}。

$$\sum M_c=-\gamma_0G_B\times0.4+\gamma_0\psi\left[P_B\times6+q_{01}\times2.1\times\left(\frac{2.1}{2}+6.0\right)\right]$$
$$=-1.0\times1.820\times0.4+1.0\times1.0\times[1.380\times6+0.182\times2.1\times7.05]$$
$$=10.25(\mathrm{kN\cdot m})$$

$$N_{s3}=\frac{\sum M_c}{2d_3}=\frac{10.25}{2\times5.2}=0.99(\mathrm{kN})$$

2）求 N_{s4}。

$$\sum M_c=-\gamma_0(G_B\times0.4+G_D\times2.3)+\gamma_0\psi\left[P_B\times6+P_D\times9+q_{01}\times5.4\times\left(\frac{5.4}{2}+6\right)\right]$$
$$=-1.0\times(1.820\times0.4+4.2\times2.3)+1.0\times1.0\times[1.380\times6+2.89\times9+0.182\times5.4\times8.7]$$
$$=32.45(\mathrm{kN\cdot m})$$

$$N_{s4}=\frac{\sum M_c}{2d_3}=\frac{32.45}{2\times7.9}=2.05(\mathrm{kN})$$

二、塔身受扭计算

在断边导线和不平衡张力作用下，塔身将同时受弯和受扭。断线张力 T_D 以剪力 T_D 和扭矩 $T=T_Dc$ 传至塔身中心（见图 8-6 中的 T_a、T_b）。剪力 T_D 平均分配于两个侧面上；而扭矩 T 在塔身上的分配按以下方法计算。

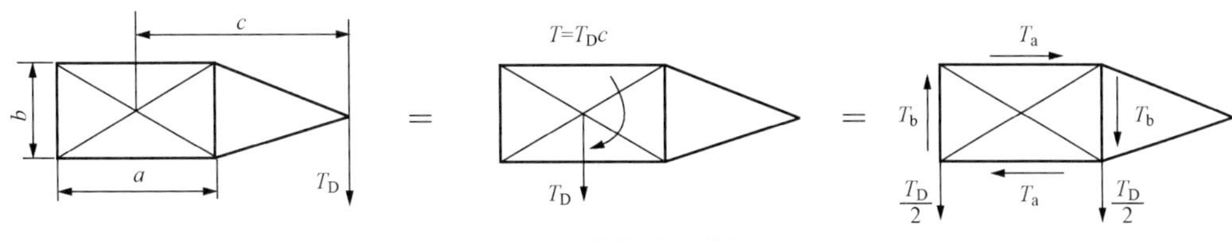

图 8-6 塔身受扭分析图

当方形或矩形截面塔身各段正、侧面宽度比（即 a/b）不变，且当 $a/b\leqslant 2$，受扭节间数 $n\geqslant 4$ 时，每个面产生的力的计算式为（按正、侧面各受 $T_{\mathrm{D}}c/2$ 考虑）

$$\left.\begin{aligned}&\text{正面受力}\quad &T_{\mathrm{a}}=\frac{\gamma_0\psi\gamma_{\mathrm{Q}}T_{\mathrm{D}}c}{2b}\\&\text{侧面受力}\quad &T_{\mathrm{b}}=\frac{\gamma_0\psi\gamma_{\mathrm{Q}}T_{\mathrm{D}}c}{2a}\end{aligned}\right\}\tag{8-12}$$

式中　T_{a}、T_{b}——分配到正、侧面上的力；

a、b——塔身某分段顶部截面的正、侧面宽度。

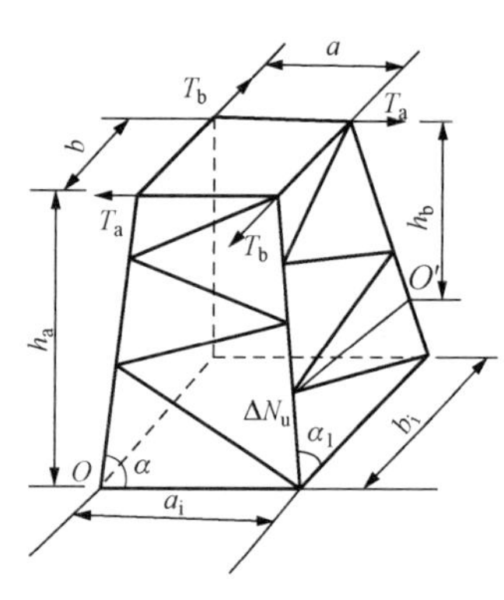

图 8-7　主材扭矩计算简图

1. 在扭矩作用下主材内力计算

（1）当塔身为单斜材桁架（见图 8-7）时。在力 T_{a} 及 T_{b} 的作用下，分别对 O、O'点取力平衡方程式，得塔身主材受力计算公式

$$\Delta N_{\mathrm{u}}=\frac{T_{\mathrm{a}}h_{\mathrm{a}}}{a_{\mathrm{i}}\sin\alpha}-\frac{T_{\mathrm{b}}h_{\mathrm{b}}}{b_{\mathrm{i}}\sin\alpha_1}\tag{8-13}$$

式中　α、α_1——T_{a}、T_{b} 作用桁架平面内主材与水平线之间的夹角；

a_{i}——高度为 h_{a} 处，在 T_{a} 作用平面内的塔宽；

b_{i}——高度为 h_{b} 处，在 T_{b} 作用平面内的塔宽。

（2）当塔身为双料材时。对于双斜材，当正、侧面的斜材交于同一点时，塔截面为正方形时，则主材受力为零。

2. 在扭矩作用下斜材内力计算

如图 8-8（a）所示，塔身每一根斜材所承受的水平力为

$$\left.\begin{aligned}&\text{右侧面}\quad &N_{\mathrm{Db}}=T_{\mathrm{b}}+\frac{\gamma_0\psi\gamma_{\mathrm{Q}}T_{\mathrm{D}}}{2}\\&\text{左侧面}\quad &N_{\mathrm{Db}}=T_{\mathrm{b}}-\frac{\gamma_0\psi\gamma_{\mathrm{Q}}T_{\mathrm{D}}}{2}\\&\text{正、背面}\quad &N_{\mathrm{Da}}=T_{\mathrm{a}}\end{aligned}\right\}\tag{8-14}$$

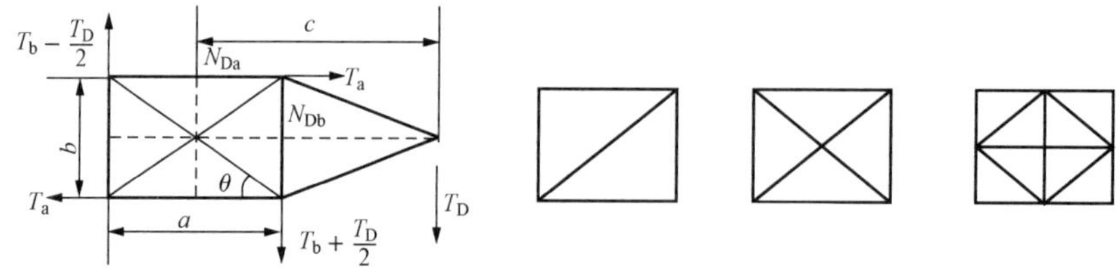

(a)　(b)　(c)　(d)

图 8-8　受扭作用下计算简图

（a）扭矩作用下横隔材受力计算简图；（b）单横隔斜材；（c）双横隔斜材；（d）梅花状横隔斜材

根据横隔材的水平力和斜材与水平方向的夹角便可求得斜材内力。

3. 在扭矩作用下横隔材内力计算

如图 8-8（a）所示，当 a 及 b 立面第一档为单斜材时，其横隔材的内力分别为

$$\left.\begin{aligned} N_{Da} &= T_a \\ N_{Db} &= T_b + \frac{\gamma_0 \psi \gamma_Q T_D}{2} \end{aligned}\right\} \tag{8 - 15}$$

当a及b立面内第一档立面为双斜材时，其横隔材内力分别为

$$\left.\begin{aligned} N_{Da} &= \frac{T_a}{2} \\ N_{Db} &= \frac{1}{2}\left(T_b + \frac{\gamma_0 \psi \gamma_Q T_D}{2}\right) \end{aligned}\right\} \tag{8 - 16}$$

4. 横担平面内横隔斜材内力计算

当横隔面内横隔斜材的布置为单横隔斜材［见图 8 - 8（b）］时，横隔斜材内力的计算式为

$$N = \frac{T_a}{\cos\theta} \tag{8 - 17}$$

当横隔面内横隔斜材的布置为双横隔斜材［见图 8 - 8（c）］时，横隔斜材内力的计算式为

$$N = \frac{T_a}{2\cos\theta} \tag{8 - 18}$$

当横隔面内横隔斜材布置为梅花状横隔斜材［见图 8 - 8（d）］时，横隔斜材内力的计算式为

$$\left.\begin{aligned} N_1 &= \frac{T_a}{2\cos\theta} \\ N_2 &= 0 \end{aligned}\right\} \tag{8 - 19}$$

第三节 塔头的内力计算

铁塔塔头型式很多，本节主要介绍上字型塔头、酒杯型塔头的内力计算。

一、上字型塔头内力计算

上字型塔头内力计算简图如图 8 - 9 所示，上字型塔头计算是对横担和横担与塔身连接处的横隔材进行内力计算，横隔材内力计算与塔身断线受扭横隔材内力计算的方法相同。

1. 横担横隔材内力计算

（1）地线支架。

横隔材内力受地线张力控制，其计算公式为

$$\left.\begin{aligned} &\text{正面受力} \quad N_1 = \gamma_0 \psi \frac{\gamma_Q \Delta T_B c_1}{2a_1} \\ &\text{侧面受力} \quad N_3 = \gamma_0 \psi \left(\frac{\gamma_Q \Delta T_B c_1}{2a_1} + \frac{\gamma_Q \Delta T_B}{2}\right) \end{aligned}\right\} \tag{8 - 20}$$

式中 ΔT_B——地线张力差标准值。

（2）上、下横担上横隔面。

上、下横担上横隔面横隔材内力 N_2、N_4 受覆冰、安装情况控制，由前后面横隔材承担，其计算公式为

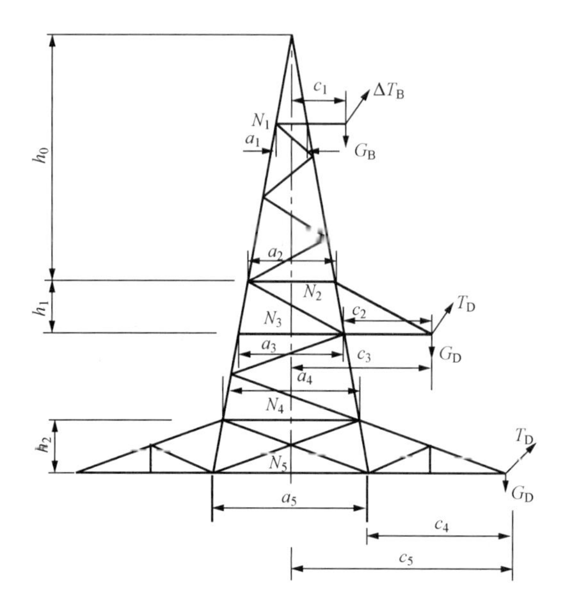

图 8 - 9　上字型塔头内力计算简图

$$\left.\begin{aligned} N_2 &= \gamma_0 \psi \frac{\gamma_G G_D c_2}{2h_1} \\ N_4 &= \gamma_0 \psi \frac{2\gamma_G G_D c_4}{2h_2} \end{aligned}\right\} \tag{8-21}$$

上、下横担下横隔面横隔材内力 N_3、N_5。受断导线张力控制，其计算公式为

$$\left.\begin{aligned} &\text{正面受力} \quad N_3 = \gamma_0 \left(\frac{\psi\gamma_Q T_D c_3}{2a_3} + \frac{\gamma_G G'_D c_2}{2h_1} \right) \\ &\text{侧面受力} \quad N'_3 = \gamma_0 \psi\gamma_Q \left(\frac{T_D c_3}{2a_3} + \frac{T_D}{2} \right) \\ &\text{正面受力} \quad N_5 = \gamma_0 \left[\frac{\psi\gamma_Q T_D c_5}{2a_5} + \frac{\gamma_G (G_D + G'_D) c_4}{2h_2} \right] \\ &\text{侧面受力} \quad N'_5 = \gamma_0 \psi\gamma_Q \left(\frac{T_D c_5}{2a_5} + \frac{T_D}{2} \right) \end{aligned}\right\} \tag{8-22}$$

塔头主材、斜材内力计算方法同塔身受扭的计算方法。

2. 导线横担（或地线支架）内力计算

导线横担有尖横担、鸭嘴横担和矩形截面横担三种型式（见图 8 - 10）。

（1）尖横担。

尖横担如图 8 - 10（a）所示。上、下主材在挂线角点处相交，荷载作用在角点处，把横担视为由上、下两片桁架组成。在断线张力 T_D 和垂直荷载 G'_D 作用下要承受弯矩，分别对 A、B 点取力平衡方程式，得横担主材内力的计算式为

$$\left.\begin{aligned} &\text{下平面角钢主材受力} \quad N_1 = -\gamma_0 \left(\frac{\gamma_G G'_D l_1}{2h} + \frac{1.1\psi\gamma_Q \mu_1 T_D l_1}{b} \right) \\ &\text{上平面角钢主材受力} \quad N_2 = \gamma_0 \left[\frac{\gamma_G G'_D l_2}{2h} + \frac{(1-\mu_1)\psi\gamma_Q T_D l_2}{b} \right] \end{aligned}\right\} \tag{8-23}$$

$$\mu_1=\frac{A_1}{A_1+A_2\left(\frac{l_1}{l_2}\right)^3}$$

式中 T_D——断线张力标准值；

G'_D——断导线后垂直荷载标准值；

μ_1——下平面受力分配系数；

l_1、A_1——下平面角钢的长度及其截面积；

l_2、A_2——上平面角钢的长度及其截面积；

1.1——受力不均匀系数。

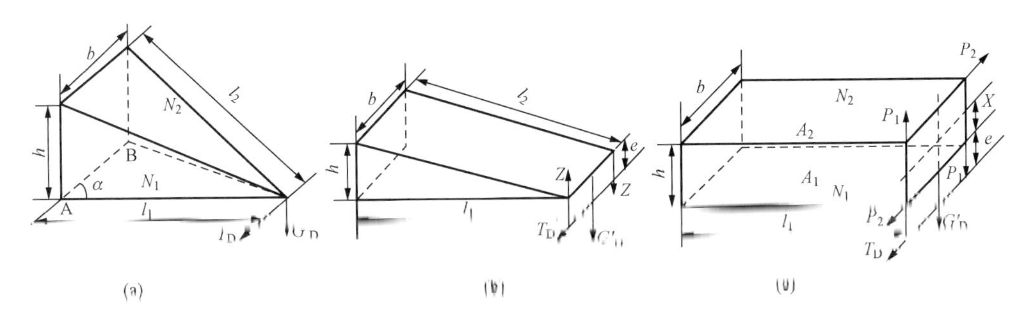

图 8 10 上字型铁塔横担计算简图

(a) 尖横担；(b) 鸭嘴横担；(c) 矩形截面横担

当尖横担上平面未布置斜材时，断线张力全部由下平面承受，则下平面主材内力按下式计算（上平面主材仅承受垂直荷载产生的拉力）

$$N_1=-\gamma_0\left(\frac{\gamma_G G'_D l_1}{2h}+\frac{\psi\gamma_Q T_D l_1}{b}\right) \tag{8-24}$$

(2) 鸭嘴横担。

鸭嘴横担如图 8-10（b）所示。上、下平面在挂线点处相交一条线，把横担视为上、下两片桁架组成。在垂直荷载G'_D和断线张力 T_D 作用下，上、下平面的主材内力计算与尖横担相同，有时在上平面未布置斜材时，则断线张力也全部由下平面承担。

但由于挂线点存在偏心距 e，在断线张力的作用下横担要产生扭矩，扭矩由前后两垂直面承受，垂直面端点的反力为

$$Z=\frac{T_D e}{b} \tag{8-25}$$

则 下平面角钢主材受力 $N_1=-\gamma_0\left(\frac{\gamma_G G'_D l_1}{2h}+\frac{1.1\mu_1\psi\gamma_Q T_D l_1}{b}-\frac{\psi\gamma_Q T_D e}{b}\frac{l_1}{h}\right)$

上平面角钢主材受力 $N_2=\gamma_0\left[\frac{\gamma_G G'_D l_2}{2h}+\frac{(1-\mu_1)\psi\gamma_Q T_D l_2}{b}+\frac{\psi\gamma_Q T_D e}{b}\frac{l_2}{h}\right]$

(8-26)

上平面不布置斜材时，计算也同尖横担。

(3) 矩形截面横担。

矩形截面横担如图 8-10（c）所示，把横担视为由上下前后四片桁架组成。在断线张力 T_D 和垂直荷载 G'_D作用下，上、下平面的内力计算与尖横担相同。

但由于挂线点距横截面存在偏心距 $e+x$，在断线张力的作用下横担要产生扭矩。断线张力产生的扭矩 $T=T_D(e+x)$。在 T 作用下，横担端部产生 P_1、P_2，对四个平面的斜材产生作用力。作用在端部力的计算式为

$$P_1=\frac{T}{2b}=\frac{T_D(e+x)}{2b},\qquad P_2=\frac{T}{2h}=\frac{T_D(e+x)}{2h} \tag{8-27}$$

$$x=\frac{A_1}{A_1+A_2}h$$

式中　x——偏心距；

A_1、A_2——横担上、下平面主材的截面积。

式（8-24）～式（8-26）中的符号含义与式（8-23）相同。

【例 8-2】 已知 110kV 门型直线电杆导线横担尺寸及荷载标准值如图 8-11 所示。横担采用 Q235 钢材，主材为L 75×7 号角钢，下平面斜材L 45×5 号角钢，试验事故算断线情况是否安全。

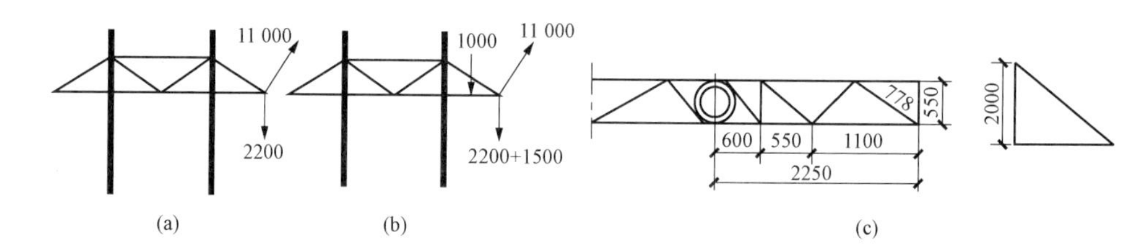

图 8-11　横担计算图

（a）断线边导线瞬间受力图；（b）断线后检修计算图；（c）横担尺寸图

解　（1）断边导线横担的计算。

1）主材。

a. 主材内力计算。结构重要性系数 $\gamma_0=1.0$，可变荷载组合系数 $\psi=0.9$，Q235 钢材，L 75×7 号角钢参数：$r_0=9\text{mm}$，$f=215\text{N/mm}^2$，$f_y=235\text{N/mm}^2$，$A=10.16\text{cm}^2$，回转半径 $i_{y0}=1.48\text{cm}$，$i_x=2.30\text{cm}$，$W_x=9.93\text{cm}^3$。

忽略挂线点的偏心，断线张力产生的扭矩为

$$N_1=-\gamma_0\left(\frac{\gamma_G G'_D l_1}{2h}+\frac{\gamma_Q \psi T_D l_1}{b}\right)$$

$$=-1.0\times\left(\frac{1.2\times2200\times2250}{2\times2000}+\frac{1.4\times0.9\times11\,000\times1650}{550}\right)=-43\,065(\text{N})$$

b. 局部稳定计算。构件长细比修正 $\lambda=\dfrac{l_0}{i_{y0}}=\dfrac{110}{1.48}=74.3<120$，且单肢连接，长细比修正系数为

$$K=0.5+\frac{60}{\lambda}=0.5+\frac{60}{74.3}=1.31$$

$$K\lambda\sqrt{\frac{f_y}{235}}=1.31\times74.3\times\sqrt{\frac{235}{235}}=97.3$$

b 类截面，查附表 L-2 得 $\varphi=0.573$。

翼缘板自由外伸宽度

$$b_w = 75 - t - r_0 = 75 - 7 - 9 = 59(\text{mm})$$

$$\frac{b_w}{t} = \frac{59}{7} = 8.4 < \left(\frac{b_w}{t}\right)_{\lim} = (10 + 0.1\lambda)\sqrt{\frac{235}{f_y}} = (10 + 0.1 \times 74.3) \times \sqrt{\frac{235}{235}} = 17.43$$

取 $m_N=1$，则

$$\sigma = \frac{N}{m_N \varphi A} = \frac{43\ 065}{1.0 \times 0.573 \times 1016} = 73.97(\text{N/mm}^2) < f = 215(\text{N/mm}^2)$$

安全。

c. 整体稳定计算。

$\lambda=\dfrac{l_0}{i_x}=\dfrac{225}{2.30}=97.8<120$，且单肢连接，则

$$K = 0.5 + \frac{60}{\lambda} = 0.5 + \frac{60}{97.8} = 1.11$$

$$K\lambda\sqrt{\frac{f_y}{235}} = 1.11 \times 97.8 \times \sqrt{\frac{235}{235}} = 108.6$$

b类截面，查附表L-2得 $\varphi=0.501$，则

$$\sigma = \frac{N}{m_N \varphi A} = \frac{43\ 065}{1.0 \times 0.501 \times 1016} = 84.6(\text{N/mm}^2) < f = 215(\text{N/mm}^3)$$

安全。

2）斜材。Q235钢材，L 45×5号角钢参数为 $r_0=5\text{mm}$，$f=215\text{N/mm}^2$，$f_y=235\text{N/mm}^2$，$A=4.29\text{cm}^2$，回转半径 $r_{y0}=0.88\text{cm}$，$r_x=1.37\text{cm}$。$W_x=2.51\text{cm}^3$。

a. 斜材内力计算。

$$N_s = \gamma_0 \gamma_Q \psi\left(T_D \frac{l_0}{D}\right) = 1.0 \times 1.4 \times 0.9 \times \left(11\ 000 \times \frac{778}{550}\right) = 19\ 605(\text{N})$$

b. 局部稳定计算。

$\lambda=\dfrac{l_0}{i_{y0}}=\dfrac{77.8}{0.88}=88.4<120$，且单肢连接，则

$$K = 0.5 + \frac{60}{\lambda} = 0.5 + \frac{60}{88.4} = 1.18$$

$$K\lambda\sqrt{\frac{f_y}{235}} = 1.18 \times 88.4 \times \sqrt{\frac{235}{235}} = 104$$

b类截面，查附表L-2得 $\varphi=0.529$，则

$$b_w = 45 - t - r_0 = 45 - 5 - 5 = 35(\text{mm})$$

$$\frac{b_w}{t} = \frac{35}{5} = 7 < \left(\frac{b_w}{t}\right)_{\lim} = (10 + 0.1\lambda)\sqrt{\frac{235}{f_y}} = (10 + 0.1 \times 88.4) \times \sqrt{\frac{235}{235}} = 18.84$$

取 $m_N=1$，则

$$\sigma = \frac{N}{m_N \varphi A} = \frac{19\ 605}{1.0 \times 0.529 \times 429} = 86.37(\text{N/mm}^2) < f = 215(\text{N/mm}^2)$$

安全。

（2）断边导后检修横担的计算。

1）主材。

a. 由断线张力的垂直力主生轴向压力 N_1

$$N_1=-\gamma_0\left[\frac{(\gamma_G G'_D+\gamma_Q G_F)l_1}{2h}+\frac{\gamma_Q\psi T_D l_1}{b}\right]$$

$$=-1.0\times\left[\frac{(1.2\times2200+1.4\times1500)\times2250}{2\times2000}+\frac{1.4\times0.9\times11\ 000\times1650}{550}\right]$$

$$=-44\ 246(\text{N})$$

b. 由检修工人对主材产生附加弯矩

$$M_P=\gamma_0\gamma_Q\psi\frac{Pl_0}{4}=1.0\times1.4\times0.9\times\frac{1000\times2250}{4}=708\ 750(\text{N}\cdot\text{mm})$$

c. 在压力和弯矩共同作用下整体稳定计算

$$N_{EX}=\frac{\pi^2 EA}{1.1i_x^2}=\frac{3.14^2\times206\ 000\times1016}{1.1\times23^2}=3\ 546\ 271$$

$$\frac{N}{m_N\varphi A}+\frac{M_P}{W\left(1-0.8\dfrac{N}{N_{EX}}\right)}=\frac{44\ 246}{1.0\times0.501\times1016}+\frac{708\ 750}{9930\times\left(1-0.8\times\dfrac{44\ 246}{3\ 546\ 271}\right)}$$

$$=86.92+72.09=159.01(\text{N/mm}^2)<215(\text{N/mm}^2)$$

安全。

2）斜材。

a. 由断线张力对斜材产生的轴向力

$$N_s=\gamma_0\gamma_Q\psi\left(T_D\frac{l_0}{D}\right)=1.0\times1.4\times0.9\times\left(11\ 000\times\frac{778}{550}\right)=19\ 606(\text{N})$$

b. 由检修工人对斜材产生附加弯矩

$$M_P=\gamma_0\gamma_Q\psi\frac{Pl_0}{4}=1.0\times1.4\times0.9\times\frac{1000\times778}{4}=245\ 070(\text{N}\cdot\text{mm})$$

c. 在压力和弯矩共同作用下整体稳定计算

$\lambda=\dfrac{l_0}{i_x}=\dfrac{77.8}{1.37}=56.8<120$，且单肢连接，则

$$K=0.5+\frac{60}{\lambda}=0.5+\frac{60}{56.8}=1.56$$

$$K\lambda\sqrt{\frac{f_y}{235}}=1.56\times56.8\times\sqrt{\frac{235}{235}}=88.6$$

b类截面，查附表L-2得 $\varphi=0.630$，则

$$N_{EX}=\frac{\pi^2 EA}{1.1i_x^2}=\frac{3.14^2\times206\ 000\times429}{1.1\times13.7^2}=4\ 220\ 365$$

$$\frac{N}{m_N\varphi A}+\frac{M_P}{W\left(1-0.8\dfrac{N}{N_{EX}}\right)}=\frac{19\ 606}{1.0\times0.630\times429}+\frac{245\ 070}{2510\times\left(1-0.8\times\dfrac{19\ 606}{4\ 220\ 365}\right)}$$

$$=72.54+170.54(\text{N/mm}^2)<215(\text{N/mm}^2)$$

安全。

二、酒杯型塔头内力计算

酒杯型塔头［见图8-12（a）］由地线支架、导线横担、上曲臂和下曲臂四部分组成。

1. 正常情况内力计算

正常情况铁塔承受垂直荷载、横向水平风压和角度荷载。假定上曲臂与下曲臂连接点

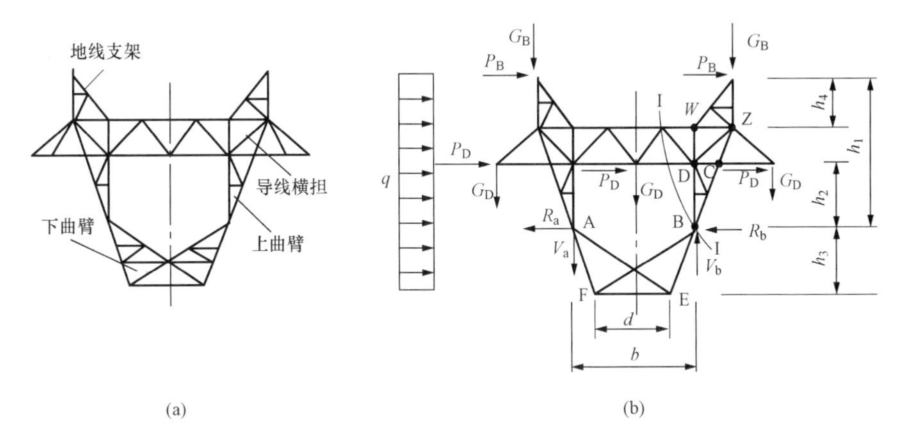

图 8 - 12 酒杯型塔头

（a）酒杯塔头结构示意图；（b）酒杯塔头计算简图

［见图 8 - 12（b）］A、B 两点为铰接点，并承受相等的水平荷载，于是 A、B 两点以上的头部为一个自由体，其受力情况可按静定桁架结构分析。A、B 两点的反力为

水平反力
$$R_a = R_b = \gamma_0 \gamma_Q \psi \frac{2P_B + 3P_D + 2qh_1}{4} \tag{8 - 28}$$

垂直反力
$$\left. \begin{aligned} V_a &= \frac{\sum M_B}{2b} - \frac{\sum G}{4} \\ V_b &= \frac{\sum M_A}{2b} + \frac{\sum G}{4} \end{aligned} \right\} \tag{8 - 29}$$

式中 $\sum M_A$、$\sum M_B$——A、B 两点以上所有水平力 P_B、P_D 及塔头风压 q 对铰接点 A、B 的力矩设计值代数和；

$\sum G$——A、B 两点以上所有垂直力 G_B、G_D 及自重设计值（包括塔头自重在内）的总和。

（1）上曲臂内力计算（右半部）。

以上曲臂取隔离体［见图 8 - 13（a）］，上曲臂由铰接点反力所引起的主材内力计算如下：

取 D 点的力矩平衡式 $\sum M_D = 0$，得

$$N_1 = \frac{R_b h_2 + V_b b_1}{r_1} \tag{8 - 30}$$

取 C 点的力矩平衡式 $\sum M_C = 0$，得

$$N_2 = \frac{R_b h_2 + V_b b_2}{r_2} \tag{8 - 31}$$

（2）下曲臂内力计算（右半部）。

以下曲臂取隔离体［见图 8 - 13（b）］，下曲臂由铰接点反力引起的主材内力计算如下：取 F 点的力矩平衡式 $\sum M_F = 0$，得

$$N_3 = \frac{R_b h_3 + V_b b_3}{r_3} \tag{8 - 32}$$

取 E 点的力矩平衡式 $\sum M_E = 0$，得

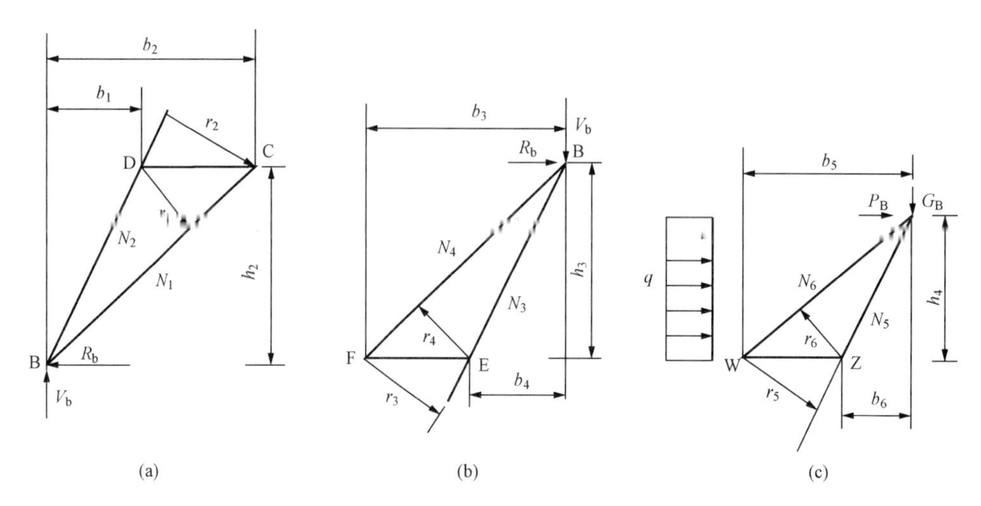

图 8-13 酒杯型塔头受力计算分解图

(a) 上曲臂（右半部）；(b) 下曲臂（右半部）；(c) 地线支架

$$N_4 = \frac{R_b h_3 + V_b b_4}{r_4} \tag{8-33}$$

(3) 地线支架内力计算。

以地线支架取隔离体［见图 8-13（c）］，地线支架主材内力计算如下：

取 W 点的力矩平衡式$\sum M_W=0$，得

$$N_5 = \frac{M_W}{r_5} \tag{8-34}$$

取 Z 点的力矩平衡式$\sum M_Z=0$，得

$$N_6 = \frac{M_Z}{r_6} \tag{8-35}$$

其中

$$M_W = \gamma_0\left[\gamma_G G_B b_5 + \psi\gamma_Q\left(P_B h_4 + \frac{q h_4^2}{2}\right)\right]$$

$$M_Z = \gamma_0\left[\gamma_G G_B b_6 + \gamma_Q\psi\left(P_B h_4 + \frac{q h_4^2}{2}\right)\right]$$

(4) 横担部分主材及斜材内力。

取图 8-12（b）Ⅰ-Ⅰ截面右半部为隔离体，即图 8-14（a）。采用节点法计算。

对节点 G［见图 8-14（b）］取平衡方程式为$\sum y=0$，得

$$N_{s1} = \gamma_0 \frac{\gamma_G G_D}{2\sin\theta_1} \tag{8-36}$$

对节点 G 取平衡方程式$\sum x=0$，得

$$N_8 = -N_{s1}\cos\theta_1 \pm \frac{\gamma_0\psi\gamma_Q P_D}{2} \tag{8-37}$$

对节点 Z［见图 8-14（c）］取平衡方程式$\sum y=0$，得

$$N_{s2} = \frac{N_1\sin\theta + N_5\sin\beta - N_{s1}\sin\theta_1}{\sin\theta_2} \tag{8-38}$$

对节点 Z 取平衡方程式$\sum x=0$，得

$$N_7 = N_1\cos\theta + N_5\cos\beta + N_{s1}\cos\theta_1 - N_{s2}\cos\theta_2 \tag{8-39}$$

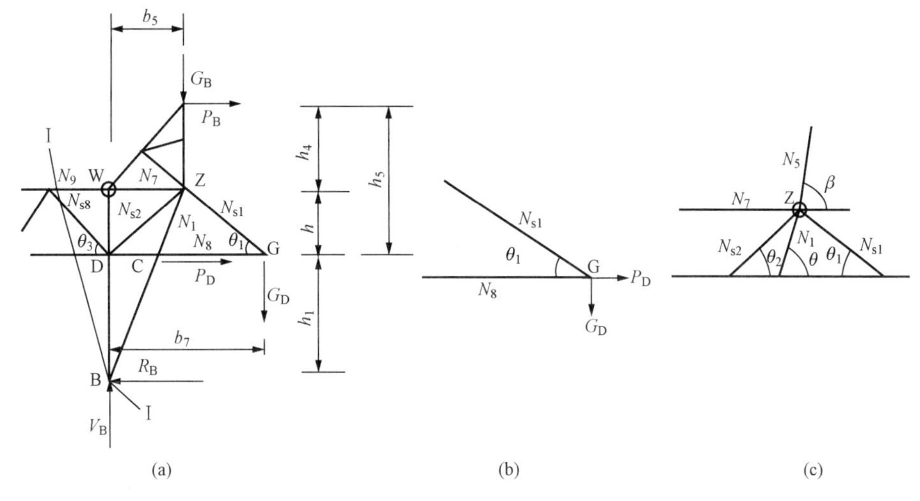

图 8-14 横担上材料内力计算简图

(a) 截面右半部为隔离体；(b) 节点 G；(c) 节点 Z

对整个隔离体（Ⅰ-Ⅰ截面右边部分）取平衡方程式为$\sum y=0$，得

$$N_{s3} = \frac{0.5\gamma_0\gamma_G(G_B + G_D) - V_b}{\sin\theta_3} \tag{8-40}$$

对整个隔离体取 D 点力矩方程式$\sum M_D=0$，得

$$N_9 = \gamma_0\left[\frac{\gamma_G(G_Bb_5 + G_Db_7) + \psi\gamma_Q P_B h_5}{2h} + \frac{R_b h_1}{h}\right] \tag{8-41}$$

2. 事故情况（断右边导线）

当断边导线时，塔头受弯同时受扭，此时受力情况较复杂，计算时可简化为静定结构（见图 8-15）。一般假定断线张力 T_D 由外侧主、斜材承受，并参照以上计算方法近似计算主材及斜材的内力。

（1）上曲臂顶面作用力。

反力为

$$R_T = K_1\gamma_0\frac{\psi\gamma_Q T_D(a+b)}{b} \tag{8-42}$$

扭矩为

$$T = K_2\gamma_0\psi\gamma_Q T_D\left(a + \frac{b}{2}\right) \tag{8-43}$$

式中 K_1——反力分配系数，计算上曲臂主材 N_1 时，取 $K_1=0.9$；计算下曲臂主材 N_3 时，取 $K_1=1.0$。

K_2——扭矩分配系数，上限值为 0.1（相应于 $K_1=0.9$），下限值为 0（相应于 $K_1=1.0$）。

（2）上、下曲臂外侧的主材及斜材内力。

上曲臂主材内力为

$$N_1 = \frac{K_A R_T l_2}{b_1'} + \frac{T}{b_0}\frac{h_2}{b_1'\sin\theta} \tag{8-44}$$

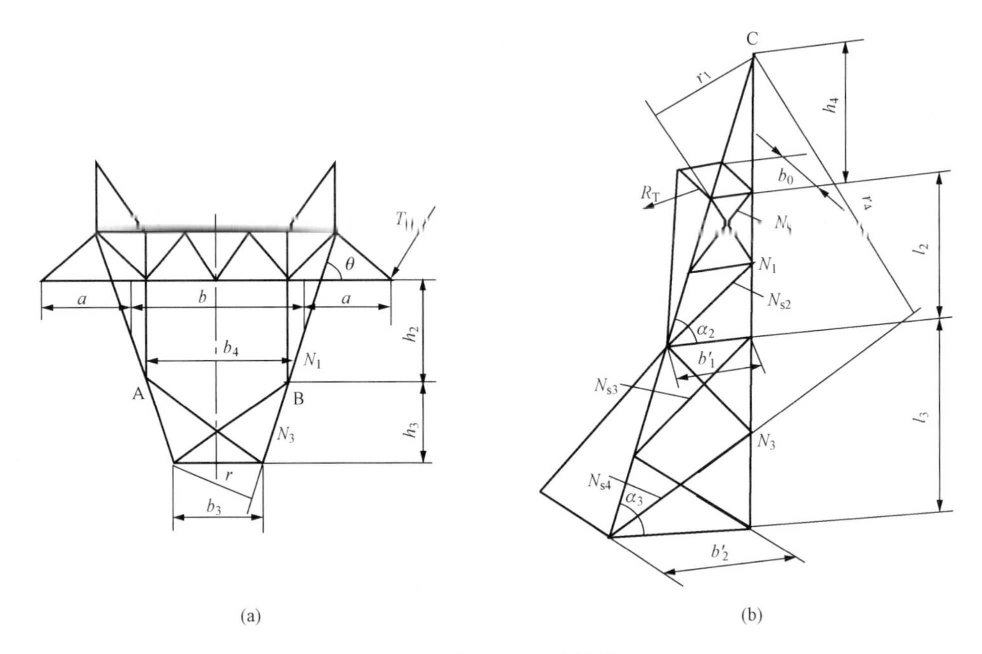

图 8-15 断线情况计算简图

(a) 断线情况示意图；(b) 上下曲臂计算简图

下曲臂主材内力为

$$N_3=\frac{K_B R_T l_3}{b'_2}+\frac{M}{b'_1}\frac{b_3}{r}-\frac{T'}{b'_1}\frac{h_3}{r} \tag{8-45}$$

其中

$$M=R_T h_2$$

$$T'=\frac{R_T(b-b_4)}{2}$$

$$l_2=\frac{h_2}{\sin\alpha_2\sin\theta}$$

$$l_3=\frac{h_3}{\sin\alpha_3\sin\theta}$$

上曲臂斜材内力为

$$N_{s1}=\frac{K_A R_T h_4}{2r_1} \tag{8-46}$$

$$N_{s2}=\frac{K_A R_T h_4}{2r_2} \tag{8-47}$$

下曲臂斜材内力为

$$N_{s3}=\frac{K_B R_T h_4}{2r_3} \tag{8-48}$$

$$N_{s4}=\frac{K_B R_T h_4}{2r_4} \tag{8-49}$$

式中 K_A、K_B——上、下曲臂外侧面剪力分配系数，K_A、K_B 均按内侧面和外侧面的平面刚度决定，如内、外侧面主材角钢规格相差一级或一级以下，则 $K_A=0.55$，$K_B=0.7$。

上、下曲臂内侧面主材内力，一般不由事故断导线情况控制，而由正常或其他情况决定，如需计算，其计算原则同外侧面。内侧面斜材，也同外侧面，按分配的剪力决定。

三、猫头型塔头的内力计算

猫头型塔头如图8-16所示，由上横担、上曲臂、下曲臂和下横担组成。如果将猫头铁塔的下横担去掉，就与酒杯型塔头一样，因此在正常运行情况的内力计算与酒杯型铁塔塔头计算相同。下面分析断下导线时的内力计算。

断下导线时，塔头在断线张力设计值的作用下，可将张力移至A点上。在A点形成纵向剪力V和扭矩T_K（见图8-17）。计算塔头各杆内力时，可采用剪力及扭矩分别作用计算，然后再采用叠加的方法。

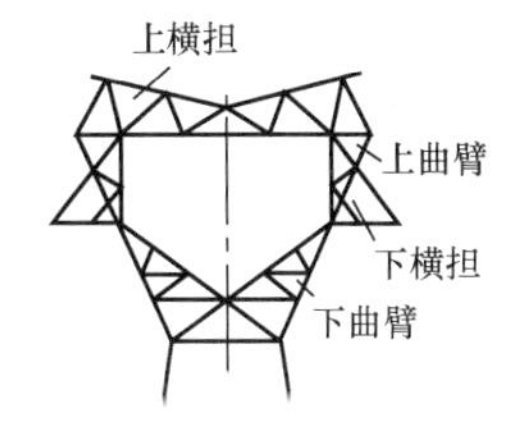

图8-16 猫头型塔头

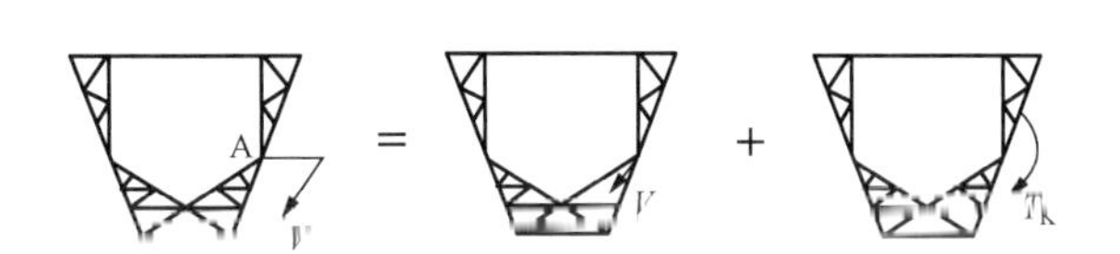

图8-17 断下导线断线张力作用下力的分解

1 在剪力的作用下

在剪力V的作用下，假定仅由下曲臂承受（见图8-18），并将A点上的剪力按下曲臂内外侧面主材的刚度进行分配，即：

内侧面分担为

$$V_1 = \mu_1 V \tag{8-50}$$

外侧面分担为

$$V_2 = \mu_2 V = (1-\mu_1)V \tag{8-51}$$

$$\mu_1 = \frac{A_1}{A_1 + A_2\left(\frac{L_1}{L_2}\right)^3}$$

式中 μ_1、μ_2——内、外侧剪力分配系数，μ_1、μ_2也可近似采用内外侧面各取0.5；

L_1、A_1——外侧面主角钢的长度及其截面积；

L_2、A_2——内侧面主角钢的长度及其截面积。

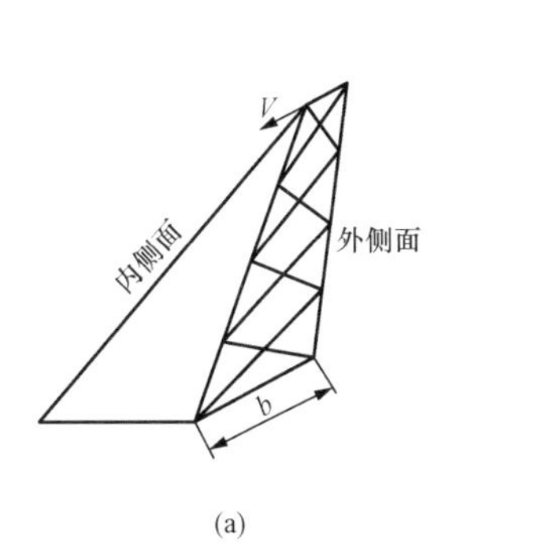

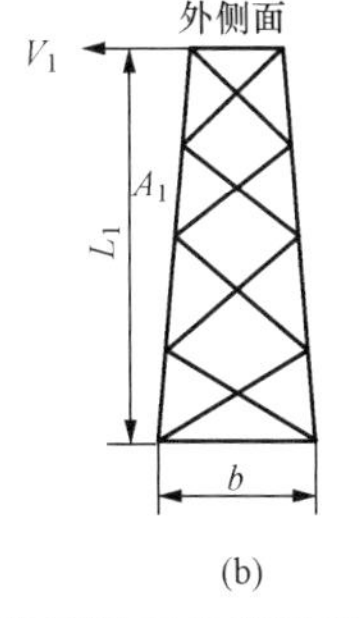

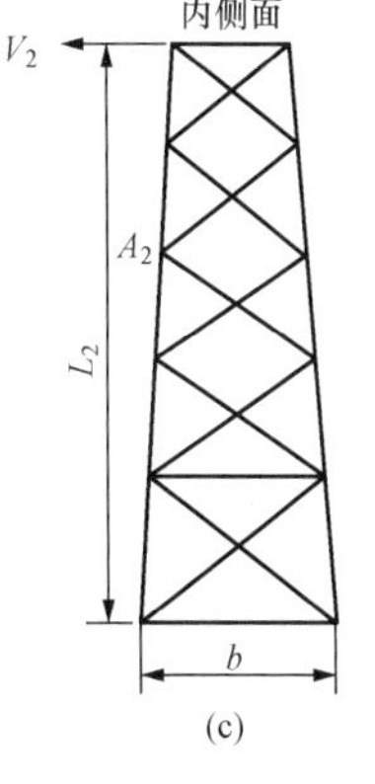

图8-18 断线情况下曲臂计算简图

(a) 下曲臂；(b) 外侧面；(c) 内侧面

2. 在扭矩作用下

在扭矩的作用下，从 A 点切开，将存在一对横向弯矩 M_1、一对剪力 X_1 和一对纵向弯矩 M_2。经试验证明，纵向弯矩可忽略，这对下曲臂内力影响不大，对上曲臂计算偏安全。因此计算简图可分解为如图 8-19 所示，这样就可将塔头简化为二次超静定结构。

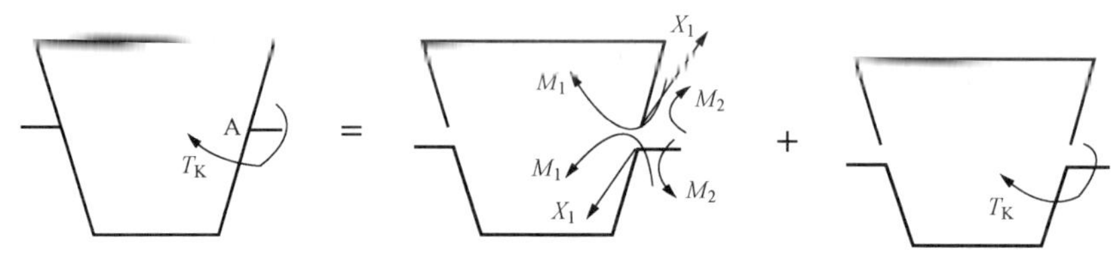

图 8-19 扭矩的分解

在 M_1 和 X_1 的作用下，可从 A 点上下曲臂的截面相对转角为零和相对位移为零的条件，列出力法方程组

$$\left.\begin{aligned}\delta_{11}M_1+\delta_{12}X_1+\Delta_{1P}=0\text{(相对转角为零)}\\ \delta_{21}M_1+\delta_{22}X_1+\Delta_{2P}=0\text{(相对位移为零)}\end{aligned}\right\}\tag{8-52}$$

$$\delta_{11}=2(\alpha_s+\alpha_x)$$

$$\delta_{12}=\delta_{21}=-b(\alpha_s+\alpha_x)$$

$$\delta_{22}=b_2(\alpha_s+\alpha_x)+\theta_1 h^2$$

式中 δ_{11}——$M_1=1$ 作用时，沿 M_1 方向的转角；

δ_{12}——$X_1=1$ 作用时，沿 M_1 方向的转角；

Δ_{1P}——在 T_K 作用下沿 M_1 方向的转角，$\Delta_{1P}=-\alpha_x T_K$；

Δ_{2P}——在 T_K 作用下沿 M_1 方向的转角，$\Delta_{2P}\approx 0$；

α_s、α_x——分别为 M_1 作用下，上、下曲臂沿 M_1 方向的转角；

δ_{22}——在 $X_1=1$ 作用下沿 X_2 方向的位移；

b、h——两个 A 点之间的水平距离和上曲臂的高度；

θ_1——横担在纵向单位力矩作用下的扭转角。

解式（8-52），可得上曲臂的扭矩为 M_1、附加剪力 X_1，则下曲臂的扭矩为 T_K-M_1，附加剪力为 X_1。

根据计算统计，一般猫头型塔头分配到上曲臂的扭矩为 0.3～0.4M_K，分配到下曲臂的扭矩为 0.6～0.7T_K，附加剪力 X_1 为 0.000 4～0.000 5T_K。

第四节 铁塔基础作用力的计算

对分体式铁塔基础，每个基础要承受由铁塔荷载传来的下压力、上拔力（除常压基础外）、水平力、力矩和由于塔腿坡度所引起的水平推力。在基础作用力计算时，同时还要考虑力作用方向的交变作用。下面以直线铁塔为例分析作用在铁塔基础顶面上的力。

一、正常运行情况下铁塔基础作用力的计算

如图 8-20（a）所示为正常运行情况下，直线铁塔塔腿及分体式基础示意图，作用在四个基础面上的力计算如下。

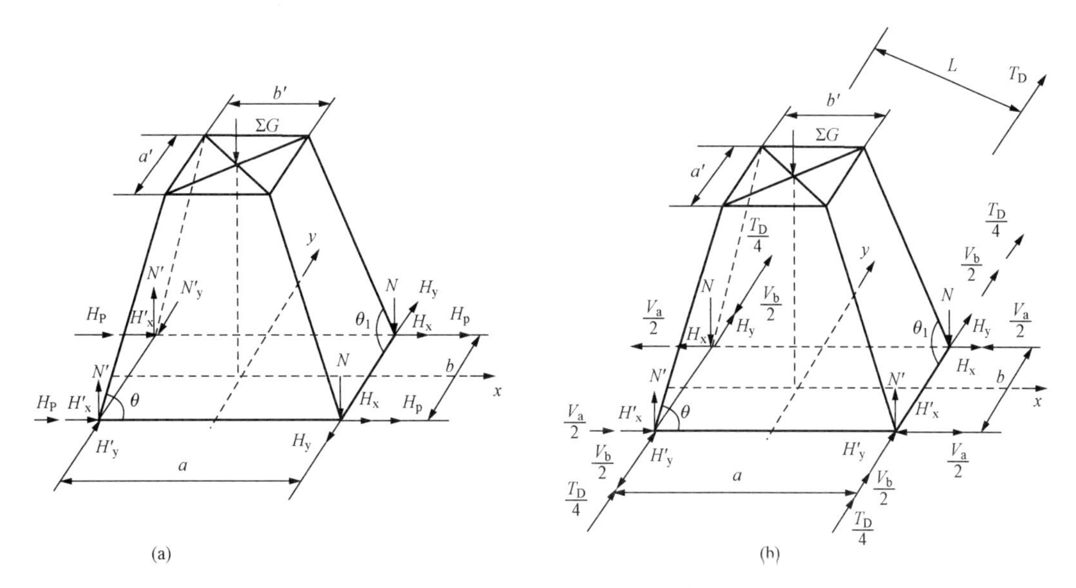

图 8-20　直线铁塔基础受力示意图
(a) 正常运行情况；(b) 断线情况

1. 基础的下压力、上拔力

$$
\left.\begin{aligned}
N &= -\frac{\sum M_x}{2a} - \frac{\sum G}{4} \\
N' &= \frac{\sum M_x}{2a} - \frac{\sum G}{4}
\end{aligned}\right\} \tag{8-53}
$$

式中　$\sum M_x$——所有水平荷载、垂直荷载对塔腿脚处的力矩设计值之和；

　　　$\sum G$——基础顶面以上垂直荷载设计值（包括铁塔自重）之和。

2. 由横向水平荷载引起的水平推力

$$
H_P = \frac{\sum P}{4} \tag{8-54}
$$

式中　$\sum P$——基础顶面以上水平荷载设计值之和。

3. 由塔腿坡度引起的水平推力

$$
\left.\begin{aligned}
H_x &= N\cot\theta \\
H'_x &= N'\cot\theta
\end{aligned}\right\} \tag{8-55}
$$

$$
\left.\begin{aligned}
H_y &= N\cot\theta_1 \\
H'_y &= N'\cot\theta_1
\end{aligned}\right\} \tag{8-56}
$$

式中　H_x、H'_x——塔腿坡度引起在垂直线路方向（即 x 方向）的基础顶面上的水平推力；

　　　H_y、H'_y——塔腿坡度引起在顺线路方向（即 y 方向）的基础顶面上的水平推力；

　　　θ、θ_1——铁塔正面、侧面主材与地面的水平夹角。

二、事故断线情况铁塔基础作用力的计算

如图 8-20（b）所示为断线情况下，直线铁塔塔腿及分体式基础示意图，作用在四个基础面上的力计算如下。

1. 基础的下压力、上拔力

$$\left.\begin{aligned} N &= -\frac{\sum M_y}{2b} - \frac{\sum G}{4} \\ N' &= +\frac{\sum M_y}{2b} - \frac{\sum G}{4} \end{aligned}\right\} \tag{8-57}$$

式中　$\sum M_y$——所有纵向水平荷载对塔腿脚处的力矩设计值之和（包括断线张力及不平衡张力）；

$\sum G$——基础顶面以上垂直荷载设计值（包括铁塔自重）之和。

2. 由纵向水平荷载引起的水平推力

$$H_D = \frac{T_D}{4} \tag{8-58}$$

式中　T_D——断线张力设计值。

3. 由塔腿坡度引起的水平推力

$$\left.\begin{aligned} H_x &= N\cot\theta \\ H'_x &= N'\cot\theta \end{aligned}\right\} \tag{8-59}$$

$$\left.\begin{aligned} H_y &= N\cot\theta_1 \\ H'_y &= N'\cot\theta_1 \end{aligned}\right\} \tag{8-60}$$

式中　H_x、H'_x——塔腿坡度引起在垂直线路方向（即 x 方向）的基础顶面上的水平推力；

H_y、H'_y——塔腿坡度引起在顺线路方向（即 y 方向）的基础顶面上的水平推力；

θ、θ_1——铁塔正面、侧面主材与地面的水平夹角。

4. 由扭矩产生的水平推力

断线张力设计值 T_D 在塔腿脚平面产生的力矩、剪力设计值：

力矩为

$$T = T_D l \tag{8-61}$$

剪力为

$$V_a = \frac{T}{2b} \tag{8-62}$$

$$V_b = \frac{T}{2a} \tag{8-63}$$

剪力 V_a、V_b 分别由两个塔腿承担，在扭矩作用下产生的水平推力如图 8-20（b）所示。

计算作用在基础顶面上各种力后，将各个基础在不同情况下同方向所受的力叠加，取其中最大作用力进行基础设计。

思考题

1. 铁塔内力计算中采用了哪些假定？
2. 根据对塔身内力计算，分析斜材不同的布置对主材的影响。
3. 试述上字型铁塔横担各构件内力计算的控制条件。
4. 酒杯型铁塔塔头由哪些部分组成？计算内力时作了哪些假定？
5. 猫头型铁塔塔头由哪些部分组成？与酒杯型铁塔塔头有何异同？

6. 分别说明正常运行情况、断线情况作用在铁塔分体式基础上的力。

习　题

1. 已知上字型铁塔正常覆冰情况下的塔头荷载如图 8-21 所示，塔基底宽 $b=1866$mm，顶宽 $a=416$mm，全高 $H=18\,800$mm，塔顶至铁塔身第三段（即塔腿上第一段）的长度 $h=16\,800$mm，斜材为双斜材，且与主材的夹角为 33°，塔身风载及自重暂不计，试计算第三段主材内力。

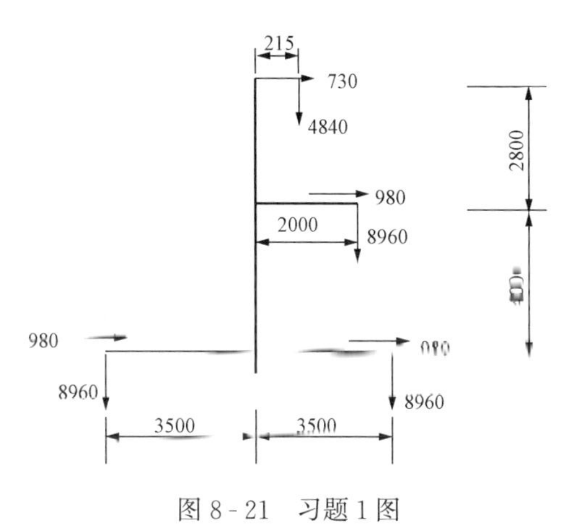

图 8-21　习题 1 图

2. 某直线型杆塔采用矩形横担如图 8-22 所示，截面尺寸 $a=b=500$mm，导线断线张力设计值 $T_D=13.05$kN，悬臂长 $l=2500$mm，垂直荷载 $G'_D=3.00$kN，设横担上、下平面主材的截面积相等，试求主材的内力（不考虑挂线偏心）。

3. 已知某转角电杆采用平面桁架式横担（结构尺寸如图 8-23 所示），$L=2200$mm，$L_1=1100$mm，$b=450$mm，$h=1000$mm，断线张力设计值 $T_D=30.00$kN，线路转角为 60°，断线后的垂直荷载设计值 $G'_D=3.00$kN，试求横担主材内力（不考虑挂线偏心）。

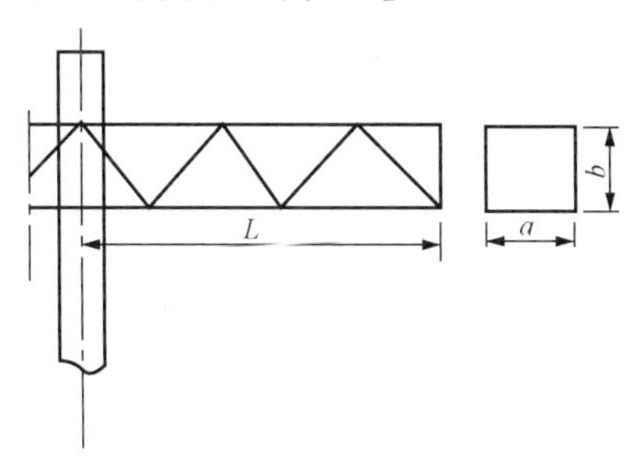

图 8-22　习题 2 图

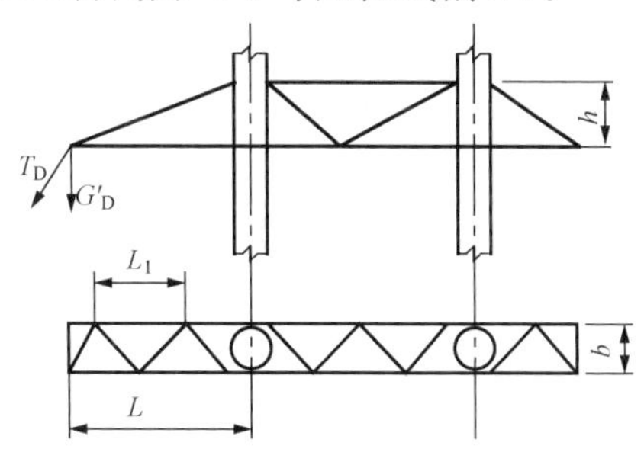

图 8-23　习题 3 图

4. 酒杯型铁塔结构尺寸如图 8-24（a）所示。正常大风情况、正常覆水情况塔头荷载如图8-24（b)及图 8-24（c）所示，正常大风情况塔头风压 $q_1=350$N/m，塔身风压 $q_2=750$N/m，正常覆冰情况塔头、塔身风压暂不计，试计算：

（1）正常覆冰情况塔身主材内力 N_{u1}，N_{u2}；

（2）正常覆冰情况横担悬臂部分主材内力；

（3）正常大风情况作用在基础上的力（注：采用钢筋混凝土分体式基础）。

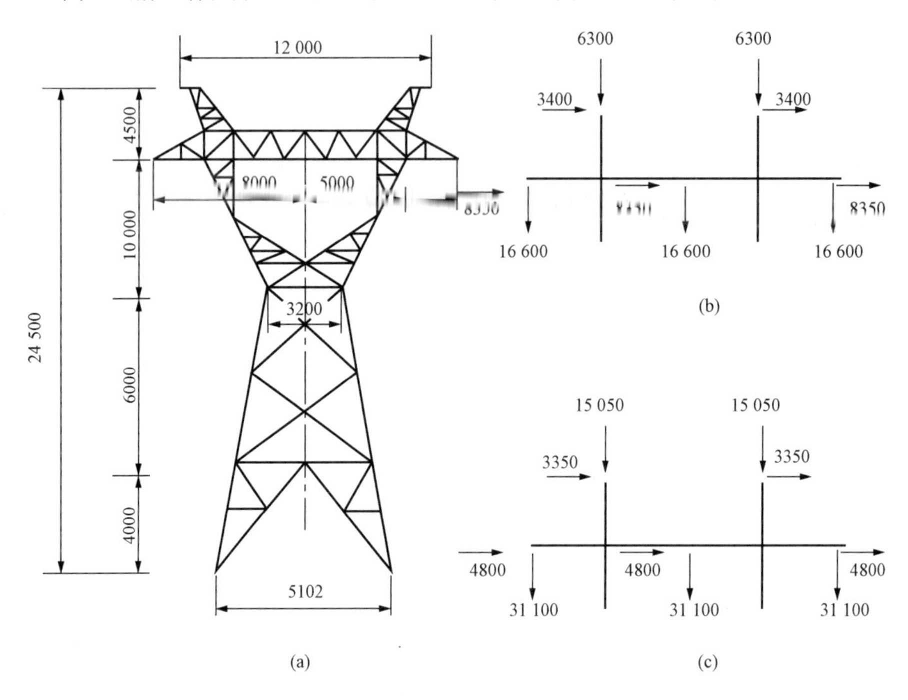

图 8-24　习题 4 图

（a）铁塔单线图；（b）运行情况Ⅰ；（c）运行情况Ⅱ

第九章　铁塔的稳定计算

输电线铁塔的主柱都是采用格构式柱（即组合构件柱）形式。格构式柱的截面形状有正方形和等边三角形两种，如图 9-1 所示。主柱沿长度方向各截面尺寸大小相同的组合构件叫等截面格构式柱，随着主柱长度方向各截面尺寸变化的格构式柱叫变截面格构式柱。

第一节　等截面格构式柱

一、等截面格构式柱的截面特征系数

1　惯性矩

根据平面图形惯性矩的移轴公式，图形对任何轴的惯性矩，等于对平行于该轴的形心轴的惯性矩加上图形的面积与两轴间距离的平方乘积，因此正方形、等边三角形的惯性矩计算公式如下。

正方形格构式柱截面惯性矩［见图 9-1（a）］为

$$I_{x1}=4\left[I_x+\left(\frac{b}{2}\right)^2 A\right] \tag{9-1}$$

式中　I_{x1}——格构式柱对截面 x_1-x_1 轴的惯性矩；

I_x——一个角钢对自己形心轴 x-x 轴的惯性矩；

b——两角钢形心轴间的距离，$b=b_0-2Z_0$；

A——一个角钢的截面积。

由图 9-1（a）图形的对称性可知，正方形截面格构式柱 I_{x1} 与 I_{y1} 是相等的。

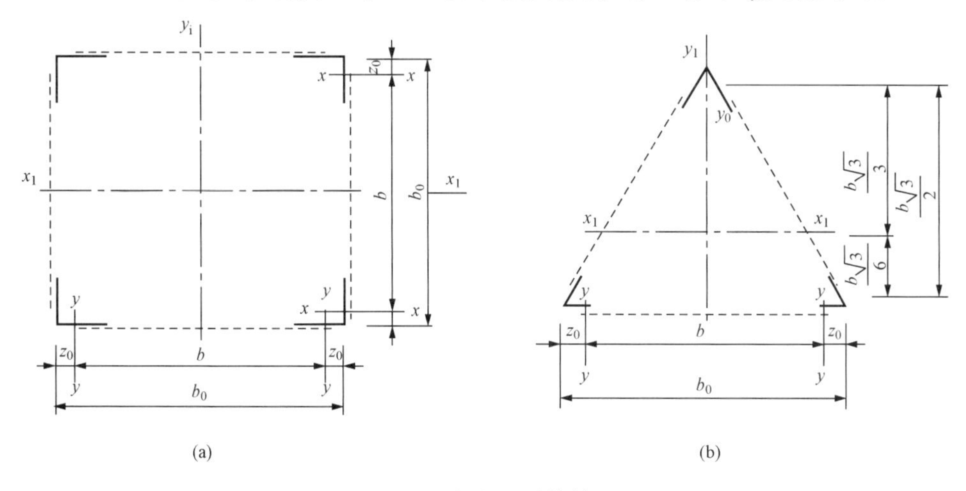

图 9-1　惯性矩计算简图

（a）正方形截面惯性矩；（b）等边三角形截面惯性矩

在工程设计中，因角钢的形心轴惯性矩 I_x 与 $\left(\frac{b}{2}\right)^2 A$ 项相比较，其值很小，故通常可忽略不计。

等边三角形格构式柱截面惯性矩［见图 9 - 1（b）］为

$$I_{y1} = I_{y0} + 2\left[I_y + \left(\frac{b}{2}\right)^2 A\right] \tag{9-2}$$

式中 I_{y1}——三角形截面格构式柱对 y_1 - y_1 轴的惯性矩；

I_{y0}——通过 y_1-y_1 轴的一个角钢对自己形心轴的惯性矩；

I_y——一个角钢对自己形心轴 y - y 的惯性矩。

式（9 - 2）中 I_{y0}、I_y 值很小，在工程计算中也常忽略不计。

等边三角形格构式柱，其 x_1 - x_1 与 y_1 - y_1 轴的惯性矩是不等的，从计算中可以看出 I_{x1} 要大于 I_{y1}，在计算压杆稳定时，取较小的惯性矩，因为构件总是朝着比较薄弱的惯性矩方向发生屈曲。

2. 回转半径

正方形格构式柱截面的回转半径为

$$r_{x1} = r_{y1} = 0.43b_0 \tag{9-3}$$

等边三角形格构式柱截面的回转半径为

$$r_{min} = \frac{1}{\sqrt{6}} b_0 \tag{9-4}$$

3. 面积矩

正方形格构式柱截面的面积矩为

$$S = \frac{2b^2 A}{b_0} \tag{9-5}$$

等边三角形格构式柱截面的面积矩为

$$S_{min} = \frac{\sqrt{3}}{b} I_{min} \tag{9-6}$$

二、等截面格构式构件压杆的临界力

格构式柱中心受压柱的欧拉临界压力一般都小于同一截面、同一刚度的实腹杆件的欧拉临界压力。临界力之所以降低，主要是由于横向力对格构构件压杆的挠度所产生的影响比实腹式构件的来得大，格构式柱中的缀材承载丧失稳定时在横截面内所引起的剪力，因此，格构式柱的临界力不仅取决于格构式柱中主材的横截面积，还和缀材的布置形式、节间长度、缀材的横截面面积等因素有关。

正方形截面格构式构件的欧拉临界力计算式为

$$N_E = \frac{\pi^2 EI}{l_0^2} K_1 \tag{9-7}$$

式中 K_1——格构式构件压杆临界力的修正系数，它与缀材的布置形式有关。

当采用图 9 - 2（a）所示布置形式时，有

$$K_1 = \frac{1}{1 + \frac{\pi^2 EI}{l_0^2}\left(\frac{1}{EA_S \sin\alpha \cos^2\alpha}\right)} \tag{9-8}$$

当采用图 9 - 2（b）所示布置形式时，有

$$K_1 = \frac{1}{1+\frac{\pi^2 EI}{l_0^2}\left(\frac{1}{EA_S\sin\alpha\cos^2\alpha}+\frac{1}{EA_P\tan\alpha}\right)} \tag{9-9}$$

当采用图 7-2（c）所示布置形式时

$$K_1 = \frac{1}{1+\frac{\pi^2 EI}{l_0^2}\frac{1}{2EA_S\sin\alpha\cos^2\alpha}} \tag{9-10}$$

式中 I——格构式构件截面的惯性矩；

l_0——格构式构件压杆的计算长度；

α——斜缀材与水平线的夹角；

A_S——构件横截面内两平行面斜缀材面积之和；

A_P——构件横截面内两平行面横材面积之和。

式（9-7）第一项$\frac{\pi^2 EI}{l_0^2}$表示与所考虑的格构式柱的几何性质相同的实腹式构件在丧失稳定时的欧拉临界力，第二项 K_1 是考虑到格构式柱由于缀材工作不完善而取的修正系数，$K_1<1$。

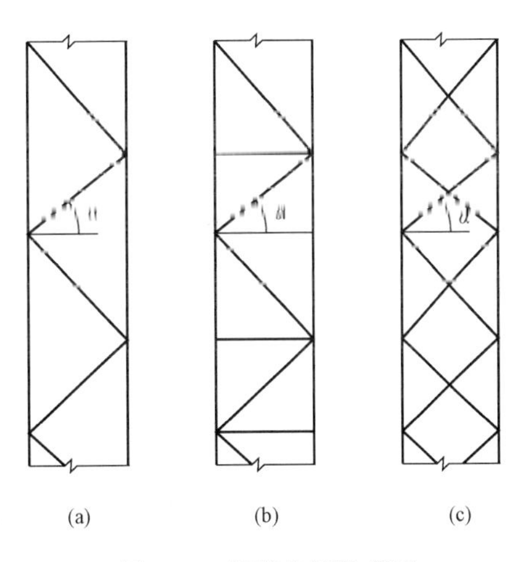

图 9-2 缀材布置形式图

（a）单缀材；（b）单缀材加横隔材；（c）双缀材

将式（9-7）和中心受压杆件临界力的计算公式相比较，K_1 中的分母相当于计算长度的修正系数 μ，不过这里所考虑的不是杆的两端支承情况，而是一个表示缀材的性质和能力的新的因数。实际上，在计算中考虑缀材影响而计算格构式柱的稳定时，不是修正它的计算长度，而是修正它的刚度"λ"，这样可以按与实腹杆一样的计算方法来计算，修正后的构式受压柱的长细比用 λ_0 来表示，称为换算长细比。换算长细比 λ_0 可按钢结构设计规范中所规定的计算方法计算（见表 9-1）。

表 9-1　　格构式构件换算长细比 λ_0 计算公式

项次	构件截面形式	缀材类别	计算公式	符 号 意 义
1	(a) x x y y 1 1	缀条	$\lambda_{0y}=\sqrt{\lambda_y^2+27\frac{A}{A_1}}$	λ_y：整个构件对虚轴的长细比； A_1：构件截面中各斜缀条的毛截面面积之和
2		缀板	$\lambda_{0y}=\sqrt{\lambda_y^2+\lambda_1^2}$	λ_1：分肢对 1—1 轴的长细比，其计算长度取缀板间的净距离（焊接连接时）

续表

项次	构件截面形式	缀材类别	计算公式	符号意义
3	(b)	缀条	$\lambda_{0x}=\sqrt{\lambda_x^2+40\dfrac{A}{A_{1x}}}$ $\lambda_{0y}=\sqrt{\lambda_y^2+40\dfrac{A}{A_{1y}}}$	$A_{1x}(A_{1y})$：构件截面中垂直于 x-x 轴（y-y 轴）的各斜缀条的毛截面面积之和
4		缀板	$\lambda_{0x}=\sqrt{\lambda_x^2+\lambda_1^2}$ $\lambda_{0y}=\sqrt{\lambda_y^2+\lambda_1^2}$	λ_1：分肢对最小刚度轴（1-1 轴）的长细比，其计算长度取缀板间的净距离（焊接连接时）
5	(c)	缀条	$\lambda_{0x}=\sqrt{\lambda_x^2+\dfrac{42A}{A_1(1.5-\cos^2\theta)}}$ $\lambda_{0y}=\sqrt{\lambda_y^2+\dfrac{42A}{A_1\cos^2\theta}}$	θ：构件截面内缀条所在平面与 x-x 轴的夹角

注 1. 同一截面处缀板（或型钢横杆）的线刚度之和不得小于较大分肢线刚度的 6 倍。
2. 斜缀条与构件轴线间的夹角应在 40°～70°范围内。

三、等截面格构式柱的强度和稳定计算

以上讨论了格构式柱的各种力学参数，下面介绍格构式柱的各种计算。

1. 整体稳定计算

$$\frac{N}{\varphi_x A}+\frac{\beta_{mx}M_x}{W_{1x}\left(1-\varphi_x\dfrac{N}{N_{Ex}}\right)}\leqslant f \tag{9-11}$$

式中 N——格构式柱承受的轴向压力设计值；

φ_x——压杆稳定系数，格构式柱对虚轴的整体稳定计算应采用换算长细比求得 φ_x，换算长细比计算公式见表 9-1；

A——格构式柱主材的截面面积之和；

M_x——计算柱段范围内的最大弯矩；

N_{Ex}——格构式柱的欧拉临界压力；

β_{mx}——等效弯矩系数。

β_{mx}按下列规定取值：

（1）弯矩作用平面内有侧移的框架柱以及悬臂结构，$\beta_{mx}=1.0$；

（2）无侧移框架和两端支承的构件：

1）无横向荷载作用时，$\beta_{mx}=0.65+0.35\dfrac{M_2}{M_1}$，但不得小于 0.4，$M_1$ 和 M_2 为端弯矩，使构件产生同向曲率（无反弯点）时取同号，使构件产生反向曲率（有反弯点）时取异号，$|M_1|\geqslant|M_2|$。

2）有端弯矩和横向荷载同时作用时，使构件产生同向曲率时，$\beta_{mx}=1.0$，使构件产生反向曲率时，$\beta_{mx}=0.85$。

3）无端弯矩但有横向荷载作用时，当跨度中点有一个横向集中荷载作用时，$\beta_{mx}=1-$

$0.2N/N_{Ex}$，其他荷载情况时，取 $\beta_{mx}=1.0$。

2. 格构式柱单肢强度验算

根据对危险截面计算的轴力 N 和计算弯矩 $\sum M$，可求得格构式柱中单肢所承受轴向压力为

$$N_1=\frac{N}{n}+\frac{\sum M}{n_1 b} \tag{9-12}$$

式中 N——危险截面的设计轴向力；

$\sum M$——危险截面的设计弯矩；

n——格构式柱中的主材根数，正方形截面 $n=4$，三角形截面 $n=3$；

b——格构式柱的宽度；

n_1——平行于计算虚轴一边的主材根数。

按式（9-12）计算所得的单肢轴向力 N_1，即可用一般中心压杆的计算公式计算单肢所受压应力为

$$\sigma=\frac{N_1}{A_n}\leqslant f \tag{9-13}$$

式中 A_n——单肢的横截面积。

3. 格构式柱单肢刚度验算

轴心受力构件验算刚度计算式为

$$\lambda=\frac{l_0}{r_{min}}\leqslant[\lambda] \tag{9-14}$$

式中 l_0——构件的计算长度；

r_{min}——构件截面的最小回转半径；

$[\lambda]$——构件的允许长细比，DL/T 5154—2002《架空送电线路杆塔结构设计技术规定》规定 $[\lambda]=150$。

格构式柱单肢强度及稳定计算的意义在于格构式柱中的单肢应具有一定的强度和刚度，以免在格构式柱整体稳定失去之前单肢的强度及稳定首先破坏，从强度和稳定的配合要求出发，设计时最好使单肢强度和稳定与整体格构式柱的强度和稳定相配合，同时得到预期的安全度。

第二节 变截面格构式柱

输电线路工程中常用的变截面格构式柱有如图 9-3 所示的两种类型。

图 9-3（b）中表示柱的中间有部分截面是等截面的，两端则是锥体的。图 9-3（a）所示的型式相当于图 9-3（b）中的等截面部分长度 $l_1=0$。

变截面格构式柱的截面惯性矩沿构件长度是变化的，它的欧拉临界压力计算很复杂，可用下面的表达式来表示变截面格构式柱欧拉临界力的计算公式为

$$N_E=\frac{\pi^2 EI}{(\mu_h\mu l)^2} \tag{9-15}$$

式中 μ_h——长度修正系数，考虑变截面情况而求得的系数，按表 9-2 取值；

μ——计算长度系数，与构件的支承情况有关，按图 9-4 取值；

l——构件长度。

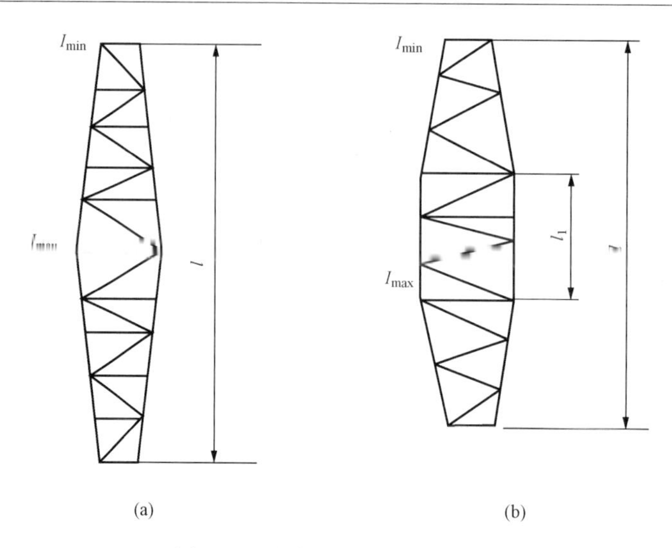

图 9-3 变截面格构式柱类型图

（a）中间无等截面格构式柱；（b）中间有等截面格构式柱

表 9-2 对称变截面构件的长度换算系数 μ_h 值

构件简图	I_{min}/I_{max}	l_1/l				
		0	0.2	0.4	0.6	0.8
I_{min} I_{max} l_1 l	0.1	1.35	1.22	1.10	1.03	1.00
	0.2	1.25	1.15	1.07	1.02	1.00
	0.4	1.14	1.08	1.04	1.01	1.00
	0.6	1.08	1.05	1.02	1.01	1.00
	0.8	1.03	1.02	1.01	1.00	1.00
	1.0	1.00	—	—	—	—

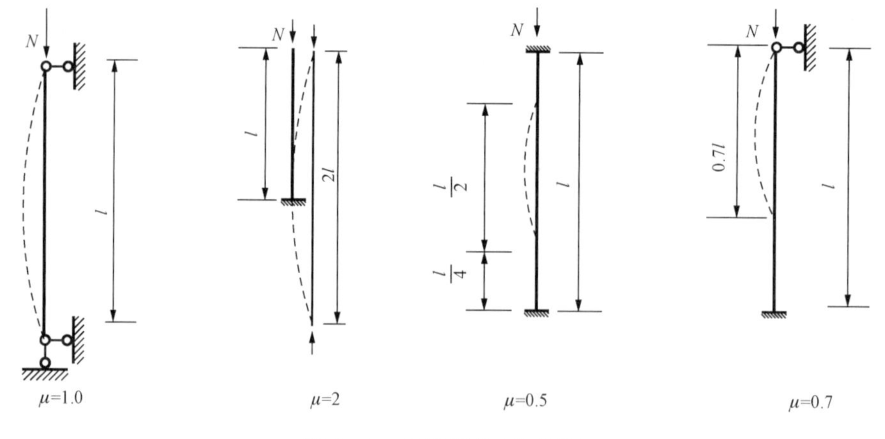

图 9-4 计算长度系数简图

1. 试分析影响铁塔整体稳定的因素。
2. 当格构式柱的结构尺寸、材料一定时，欧拉临界力主要取决于什么？
3. 变截面格构式柱欧拉临界力如何确定？

有一拉线铁塔，塔高为 24m，拉线节点至基础高度为 18m，截面如图 9-5 所示，在某截面处承受轴向设计力为 $N=79$kN，因铁塔荷载及塔身风载在危险截面引起设计弯矩 $M=21$kN·m，主材选用∟50×6 的 Q235 角钢，试验算整体稳定性。

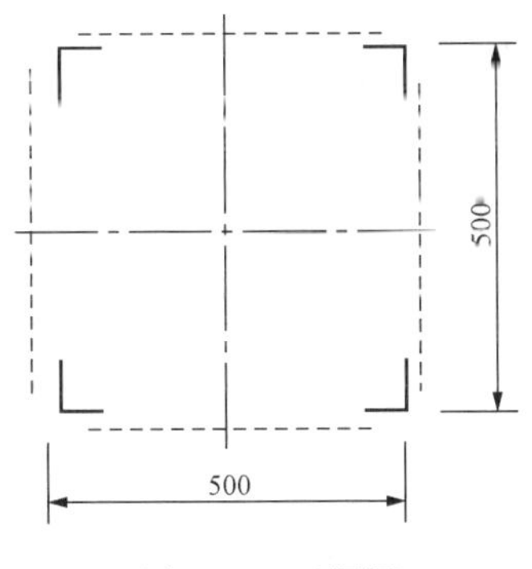

图 9-5 习题图

第十章 钢 管 杆 的 计 算

第一节 概 述

随着国民经济的不断发展，城市用电负荷逐渐增大，城市电网结构已不能满足用户对用电的要求，对城市电网进行改造和建设，已是必然趋势。根据电网运行的需要，一些大城市已采用220kV输电线路，中小城市也采用110kV输电线路，35、10kV输电线路在城市得到了广泛应用。由于城市土地资源紧张，城市内高压线路走廊的占地面积就受到限制，这就需要使用占地面积小、造型美观的新型杆塔来满足供电要求。

我国电力建设者经过多年的努力，1979年，多边形钢管杆在上海徐家汇交通干道上的110kV双回路输电线路上得到了使用。之后，我国东北、北京、山东、西安、广州以及广西的南宁、柳州、桂林、玉林，浙江的各中等城市等地区都逐步使用钢管杆作为送电线路杆塔。

一、钢管杆的优点

钢管杆与水泥电杆、普通铁塔相比，具有以下几个优点：

（1）强度高，为安全运行提供了有力保证；

（2）可以设计较高的杆塔，以满足跨越人行道、树木的要求；

（3）易实现多回路，从而大大减少城市走廊的拥挤对输电线路的限制；

（4）不用打拉线，占地面积小，减少占用城市走廊；

（5）钢管杆可以实现全镀锌，使用寿命长；

（6）造型美观，利于城镇规划和建设，美化环境；

（7）多边形截面钢管杆可采用套接或法兰连接方式，安装方便。

但钢管杆造价较高，为降低造价，钢管杆常使用于小应力线路，且一般不设拉线，所以在线路施工及运行中，要严格控制导地线的应力，防止杆塔过载造成事故。

二、钢管杆的结构形式

目前钢管杆主要有圆管钢管杆、多边形钢管杆两种。圆管钢管杆不便采用套接方式，现场安装时要进行分段焊接，环形焊接接头在受力、防腐等性能方面存在缺陷，因此一般采用法兰连接方式；多边形钢管杆可采用套接或法兰连接，可以实现全镀锌，防腐效果比较好，且现场安装方便，从外形来看，多边形钢管杆具有尺寸紧凑、结构匀称、线条明快、造型美观等优点。因此，从城市环境美化、防腐性能和现场安装等方面考虑，多边形钢管杆是最常用的一种杆型。

三、钢管杆常用的材料性能

钢管杆常用的材料性能见表6-1～表6-3所列值。

四、钢管杆的截面特性

DL/T 5130—2001《架空送电线路钢管杆设计技术规定》规定常用钢管杆的截面特性按表10-1所列公式计算。

表 10-1 **钢管截面特性**

断面型式	截面特性	
环形	$A_g=3.14Dt$ $I_x=I_y=0.393D^3t$ $C_x=0.5(D+t)\cos\alpha$ $C_y=0.5(D+t)\sin\alpha$	$r=0.354D$ $\text{Max}Q/I_t=\frac{0.637}{Dt}$ $\text{Max}C/J=\frac{0.537(D+t)}{D^3t}$
十六边形	$A_g=3.19Dt$ $I_x=I_y=0.403D^3t$ $C_x=0.510(D+t)\cos\alpha$ $C_y=0.510(D+t)\sin\alpha$ $a=11.25°,33.75°,56.25°,78.75°$	$r=0.356D$ $\text{Max}Q/I_t=\frac{0.634}{Dt}$ $\text{Max}C/J=\frac{0.628(D+t)}{D^3t}$ $B=0.199(D-t-2B_r)$
十二边形	$A_g=3.22Dt$ $I_x=I_y=0.411D^3t$ $C_x=0.518(D+t)\cos\alpha$ $C_y=0.518(D+t)\sin\alpha$ $\alpha=15°,45°,75°$	$r=0.360D$ $\text{Max}Q/I_t=\frac{0.631}{Dt}$ $\text{Max}C/J=\frac{0.622(D+t)}{D^3t}$ $B=0.268(D-t-2B_r)$
八边形	$A_g=3.32Dt$ $I_x=I_y=0.438D^3t$ $C_x=0.541(D+t)\cos\alpha$ $C_y=0.541(D+t)\sin\alpha$ $\alpha=22.5°,67.5°$	$r=0.364D$ $\text{Max}Q/I_t=\frac{0.618}{Dt}$ $\text{Max}C/J=\frac{0.603(D+t)}{D^3t}$ $B=0.414(D-t-2B_r)$
六边形	$A_g=3.46Dt$ $I_x=I_y=0.481D^3t$ $C_x=0.577(D+t)\cos\alpha$ $C_y=0.577(D+t)\sin\alpha$ $\alpha=30°,90°$	$r=0.373D$ $\text{Max}Q/I_t=\frac{0.606}{Dt}$ $\text{Max}C/J=\frac{0.577(D+t)}{D^3t}$ $B=0.577(D-t-2B_r)$
四边形	$A_g=4.00Dt$ $I_x=I_y=0.666D^3t$ $C_x=0.707(D+t)\cos\alpha$ $C_y=0.707(D+t)\sin\alpha$ $\alpha=45°$	$r=0.408D$ $\text{Max}Q/I_t=\frac{0.563}{Dt}$ $\text{Max}C/J=\frac{0.500(D+t)}{D^3t}$ $B=(D-t-2B_r)$

注 α 为 X 轴和多边形顶角点之间的夹角，(°)；D 为平均直径，$D=D_0-t$，D_0 为圆的外直径或多边形两对应边，外边至外边的距离，t 为厚度，mm；A_g 为毛截面面积，mm²；I_x 为绕 x 轴的毛截面惯性矩，mm⁴；I_y 为绕 y 轴的毛截面惯性矩，mm⁴；C_x 为计算点在 x 轴的投影长度，mm；C_y 为计算点在 y 轴的投影长度，mm；r 为回转半径 mm；$\frac{Q}{I_t}$ 为确定最大弯曲剪应力的参数，1/mm²；$\frac{C}{J}$ 为确定最大扭转剪应力的参数，1/mm³；J 为极惯性矩，mm⁴；B 为多边形一条边的平直宽度，mm，见图 10-1；B_r 为有效弯曲半径，mm，见图 10-1，如果弯曲半径小于 $4t$，B_r=实际弯曲半径；如果弯曲半径大于 $4t$，$B_r=4t$。

五、钢管杆材料强度设计值的确定

1. 正多边环形构件压弯局部稳定强度设计值 f_a 的确定

（1）当 B/t 符合下列条件时，其强度设计值取钢材的强度值。

四、六、八边形，当$\frac{B}{t}\leqslant\frac{660}{\sqrt{f}}$时，有

$$f_a = f \tag{10 - 1}$$

十二边形，当$\frac{B}{t}\leqslant\frac{610}{\sqrt{f}}$时，有

$$f_a = f \tag{10 - 2}$$

十六边形，当$\frac{B}{t}\leqslant\frac{545}{\sqrt{f}}$时，有

$$f_a = f \tag{10 - 3}$$

（2）当 B/t 不符合式（10 - 1）～式（10 - 3）要求时，其强度设计值按下列公式计算：

四、六、八边形，当 $660\leqslant\sqrt{f}\frac{B}{t}\leqslant925$ 时，有

$$f_a = 1.42f\left(1.0-0.000\,448\sqrt{f}\,\frac{B}{t}\right) \tag{10 - 4}$$

十二边形，当 $610\leqslant\sqrt{f}\frac{B}{t}\leqslant925$ 时，有

$$f_a = 1.45f\left(1.0-0.000\,507\sqrt{f}\,\frac{B}{t}\right) \tag{10 - 5}$$

十六边形，当 $545\leqslant\sqrt{f}\frac{B}{t}\leqslant925$ 时，有

$$f_a = 1.42f\left(1.0-0.000\,539\sqrt{f}\,\frac{B}{t}\right) \tag{10 - 6}$$

式中 B——多边形一条边的平直宽度，如图 10 - 1 所示，按表 10 - 1 所列公式计算，mm；

t——钢管杆壁厚，mm；

f_a——多边形环形构件压弯局部稳定强度设计值，N/mm^2；

f——钢材强度设计值，按表 6 - 2 取值，N/mm^2。

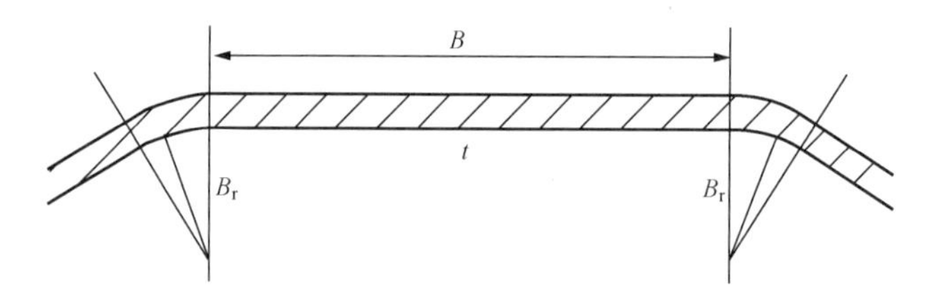

图 10 - 1 多边形断面的展开宽度和有效弯曲半径

2. 环形构件压弯局部稳定强度设计值

（1）当 D_0/t 符合下列条件时，其强度设计值取钢材的强度值。

受压构件，当$\frac{D_0}{t}\leqslant\frac{24\,100}{f}$时，有

$$f_c = f \tag{10 - 7}$$

受弯构件，当$\frac{D_0}{t} \leqslant \frac{38\ 060}{f}$时，有

$$f_b = f \tag{10-8}$$

（2）当D_0/t不符合式（10-7）、式（10-8）要求时，其强度设计值按下列公式计算：

受压构件，当$\frac{24\ 100}{f} \leqslant \frac{D_0}{t} \leqslant \frac{76\ 130}{f}$时，有

$$f_c = 0.75f + \frac{6025}{D_0/t} \tag{10-9}$$

受弯构件，当$\frac{38\ 060}{f} \leqslant \frac{D_0}{t} \leqslant \frac{76\ 130}{f}$时，有

$$f_b = 0.70f + \frac{11\ 410}{D_0/t} \tag{10-10}$$

式中　D_0——环形构件外径，mm；

t——钢管杆壁厚，mm；

f_c——环形构件受压局部稳定强度设计值，N/mm^2；

f_b——环形构件受弯局部稳定强度设计值，N/mm^2；

f——钢材强度设计值，按表6-3取值，N/mm^2。

3. 钢管截面特性

常用的钢管截面特性可采用表10-1中的近似计算公式计算。

第二节　钢管杆承载能力的计算

一、钢管杆承受轴心压力强度的计算

轴心受压是指作用力通过截面形心且沿轴向作用。受轴向压力破坏有两种情况：一种是短粗的受压短柱，它的破坏是荷载以材料屈服极限承载力表示（$N=f_yA$，A为截面面积，f_y为所用材料的屈服强度），破坏是构件压缩变形到一定程度后被损坏，即压碎。另一种是细长柱。细长柱在受压时除被压缩外，当压力还没达到屈服强度时，细长柱绕截面某一形心主轴弯曲屈曲、绕杆轴扭转屈曲或在弯曲屈曲的同时还伴随对弯心轴扭转的弯扭屈曲失稳而破坏，其破坏荷载小于被压碎的荷载，并与其长细比值有关（钢管杆属细长柱）。

1. 临界力和临界应力

细长柱稳定计算问题即是细长压杆的纵向弯曲计算问题。为了计算杆塔的纵向弯曲，就得先求出临界力和临界应力的大小。临界力又称为临界荷载，这个力是压杆保持稳定的最大轴向压力，超过这个力，压杆就不稳定了。临界应力即杆塔受力部位单位截面上的临界力，现分别介绍如下。

（1）临界力的计算。

根据力学知识得临界力计算式为

$$N_{LJ} = \frac{\pi^2 EI}{l_0^2} \tag{10-11}$$

式中　E——材料弹性模量，N/mm^2；

I——对弱轴的惯性矩，mm^4；

l_0——柱的计算长度，钢管杆取 $l_0=0.7l$，l 为柱的实际长度，m。

（2）临界应力的计算。

临界应力的计算式为

$$\sigma_{LJ}=\frac{N_{LJ}}{A}=\frac{\pi^2 E}{(l_0/r)^2}=\frac{\pi^2 E}{\lambda^2} \tag{10-12}$$

式中 r——对弱轴的回转半径，钢管杆的回转半径由表 10-1 查得；

λ——长细比，$\lambda=l_0/r$。

2. 钢管杆受轴心压力稳定计算

钢管杆受轴心压力稳定计算式为

$$\sigma_1=\frac{N}{A\phi}\leqslant f \tag{10-13}$$

式中 N——轴心压力设计值，N；

A——钢管杆截面积，mm^2；

ϕ——轴心受压稳定系数，按附录 L 的 b 类截面查得；

f——钢材抗压强度设计值，按表 6-2 查得。

二、钢管杆受弯曲应力强度的计算

钢管杆一般是悬臂梁结构，最大弯矩发生在根部。对于套接成型的钢管杆，则在每一分段的底端。钢管杆的弯曲强度条件为

$$\sigma_2=\frac{M}{W}\leqslant f_a(\text{多边形}) \tag{10-14}$$

$$\sigma_2=\frac{M}{W}\leqslant f_b(\text{环形}) \tag{10-15}$$

式中 M——计算截面的总弯矩设计值，N·mm；

W——计算截面的抗弯截面系数，mm^3；

f_a——多边形环形构件压弯局部稳定强度设计值，N/mm^2；

f_b——环形构件受弯局部稳定强度设计值，N/mm^2。

三、钢管杆压弯局部稳定的计算

1. 多边形构件压弯局部稳定的计算

$$\sigma_x=\frac{N}{A_g}+\frac{M_x}{W_x}\leqslant f_a \tag{10-16}$$

$$\sigma_y=\frac{N}{A_g}+\frac{M_y}{W_y}\leqslant f_a \tag{10-17}$$

$$W_x=I_x/C_y, W_y=I_y/C_x$$

式中 N——轴向力设计值（垂直荷载），N；

A_g——构件截面积，mm^2；

M_x、M_y——绕 x 轴截面、y 轴截面弯矩，N·mm；

W_x、W_y——计算截面的抗弯截面系数，mm^3；

I_x、I_y——毛截面惯性矩，由表 10-1 查得，mm^4；

C_x、C_y——计算点在对应轴的投影长度，由表 10-1 查得，mm。

2. 环形构件压弯局部稳定的计算

$$\sigma = \frac{N}{A_g f_c} + \frac{M}{W f_b} \leqslant 1 \tag{10-18}$$

式中 N——轴向力（垂直荷载），N；

A_g——构件截面积，mm^2；

M——设计弯矩，N·mm；

W——计算截面的抗弯截面系数，mm^3。

3. 多边形或环形构件的剪切强度计算

$$\tau = V\frac{Q}{I_t} + T\frac{C}{J} \leqslant 0.58f \tag{10-19}$$

式中 V——剪力，N；

T——扭矩，N·mm；

Q/I_t——确定最大弯曲剪应力的参数，由表10-1查得，$1/mm^2$；

C/J——确定最大扭矩剪应力的参数，由表10-1查得，$1/mm^3$；

f——材料强度设计值。

4. 多边形或环形构件的复合受力强度计算

（1）多边形构件的复合受力强度计算式为

$$\sum\sigma = \sqrt{(\sigma_1 + \sigma_x + \sigma_y)^2 + 3\tau^2} \leqslant f_a \tag{10-20}$$

（2）环形构件的复合受力强度计算式为

$$\sum\sigma = \sqrt{(\sigma_1 + \sigma_x + \sigma_y)^2 + 3\tau^2} \leqslant f_b \tag{10-21}$$

式中 σ_1——轴向力产生的压应力，按式（10-13）计算；

σ_x、σ_y——x方向、y方向的弯曲应力，按式（10-16）、式（10-17）计算；

τ——剪力和扭矩产生剪应力，按式（10-19）计算。

【例10-1】 已知某八边形钢管杆上横担处两对应外边间的距离D_0=49.2cm，壁厚t=0.6cm，有效弯曲半径B_r=2.4cm，上横担处的弯矩设计值M_B=1 160 000N·cm，设计压力N_B=10.76kN，试对此截面进行强度验算。

解 （1）计算平均直径D

$$D = D_0 - t = 49.2 - 0.6 = 48.6(\text{cm})$$

（2）计算截面边宽B。

查表10-1，得八边形边宽$B=0.414(D-t-2B_r)$

$$B = 0.414(D - t - 2B_r) = 0.414 \times (48.6 - 0.6 - 2 \times 2.4) = 17.89(\text{cm})$$

（3）计算强度设计值f_a

$$\frac{B}{t} = \frac{17.89}{0.6} = 29.82 < \frac{660}{\sqrt{f}} = \frac{660}{\sqrt{215}} = 45, \quad 则取\ f_a = f = 215(\text{N/mm}^2)$$

（4）计算A_g、I_y、C_x。

查表10-1，得A_g、I_y、C_x计算式为

$$A_g = 3.32Dt = 3.32 \times 48.6 \times 0.6 = 96.81(\text{cm}^2)$$

$$I_y = 0.438D^3t = 0.438 \times 48.6^3 \times 0.6 = 30\ 167.14(\text{cm}^4)$$

$$C_x = 0.541(D + t)\cos\alpha = 0.541 \times (48.6 + 0.6)\cos 22.5° = 24.59(\text{cm})$$

（5）计算压应力

$$\sigma_y=\frac{N}{A_g}+\frac{M_y}{W_y}=\frac{N}{A_g}+\frac{M_y}{I_y}C_x=\frac{10\ 760}{96.81}+\frac{1\ 160\ 000}{30\ 167.14}\times 24.59=1057(\text{N/cm}^2)$$

$$=10.57(\text{N/mm}^2)<f_a=215(\text{N/mm}^2)$$

截面强度满足要求。

第三节 钢管杆挠度的计算

钢管杆在水平力的作用下产生弯曲变形外，还会使杆的顶端发生位移，即产生挠度。钢管杆为自立式锥形单杆，挠度计算的基本假定是将整个杆子视为一个一端嵌固的悬臂梁，其嵌固点随杆塔根部结构和基础型式（有直埋法兰盘连接式、钢套筒插入式和钻孔灌注桩式三种）的不同而略有区别：对于直埋法兰盘连接式基础，其嵌固点为基础的顶面；对于后两种基础，可近似地取杆子埋深距地面1/3处。这种杆产生的总挠度，主要是水平力的作用。

根据DL/T 5130—2001中规定：

在长期荷载效应组合下（无冰、风速5m/s及年平均气温）作用下，钢管杆杆顶的最大挠度不应超过下列数值：

（1）直线杆：①直线杆不大于杆身高度的0.5%；②直线转角杆不大于杆身高度的0.7%。

（2）转角杆和终端杆：①66kV及以下电压等级的挠度不大于杆身高度的1.5%；②110、220kV杆塔的挠度不大于杆身高度的2%。

（3）杆身高度应从基础顶面算起。

单杆自立钢管杆在各种荷载作用下的变形计算采用表10-2所列公式计算。

表10-2 **钢管杆挠度计算公式**

计算简图	计算公式		
	挠度	转角	系数
P A L B (a1)	$f_{AP}=\frac{PL^3}{EI_B}\alpha_1$	$\theta_{AP}=\frac{-PL^2}{EI_B}\beta_1$	$\alpha_1=\frac{4n-2/n^2-n^2-3}{2(1-n)^8}$ $\beta_1=\frac{1}{2n}$
C P A d L_1 B (b1)	$f_{CP}=\frac{PL_1^3}{EI_B}\left(\alpha_1+\frac{d}{L_1}\beta_1\right)$	$\theta_{CP}=\theta_{AP}$	

续表

计算简图	计算公式		
	挠　度	转　角	系　数
(a2)	$f_{AM}=\frac{ML^2}{EI_B}\alpha_2$	$\theta_{AM}=\frac{-ML}{EI_B}\beta_2$	$\alpha_2=\frac{1}{2n}$ $\beta_2=\frac{1+n}{2n^2}$
(b2)	$f_{LM}=\frac{ML_1^2}{EI_B}\left(\alpha_2+\frac{d}{L_1}\beta_2\right)$	$\theta_{CM}=\theta_{AM}$	
(a3)	$f_{Aq}=\frac{qL^4}{EI_B}\alpha_3$	$\theta_{Aq}=\frac{-qL^3}{EI_B}\beta_3$	$\alpha_3=\frac{6n/m+3n-6n^2+n^3+2}{4(1-n)^4}$ $\beta_3=\frac{-2/m+4n-n^2-3}{4(1-n)^3}$
(b3)	$f_{Aq}=\frac{L^4}{EI_B}(q_A\alpha_3+mL\alpha_4)$	$\theta_{Aq}=\frac{-L^3}{EI_B}(q_A\beta_3+mL\beta_4)$	$\alpha_4=\frac{1-8n-12n^2/m+8n^3-n^4}{12(1-n)^5}$ $\beta_4=\frac{6n/m+3n-6n^2+n^3+2}{12(1-n)^4}$

注　$f_{\times\times}$ 为挠度，cm，其下脚标第一个字母代表作用点，第二个字母表示荷载性质；$\theta_{\times\times}$ 为转角（弧度），脚标字母含义同 $f_{\times\times}$；L、L_1、d 为杆长，cm；E 为钢材弹性模量，N/cm²；I_B 为 B 点处截面惯性矩，mm⁴；P、M、q 分别表示集中力、集中弯矩、均布荷载和分布荷载，N、N·cm、N/cm；n 为系数，$n=R_A/R_B$，R_A、R_B 分别为 A、B 两点处截面半径（取内外半径的平均值），根据 n 值可在表 10-3 中查出对应的其他系数；m 为 $(q_B-q_A)/L$，N/cm²。

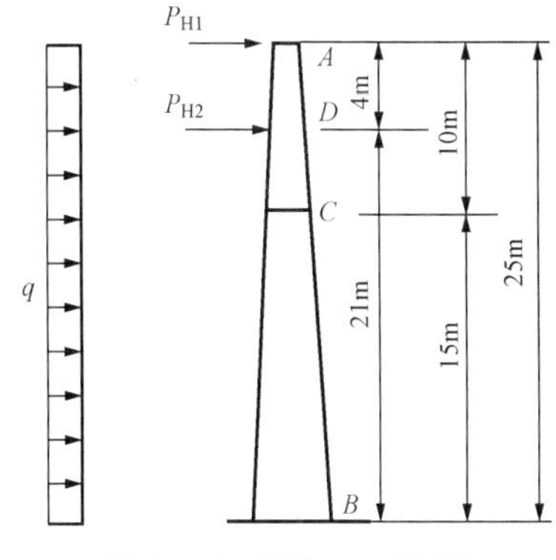

图 10-2 ［例 10-2］图

【例 10-2】 如图 10-2 所示，圆环形截面直线型钢管杆。已知：$\overline{AB}=25$m，$\overline{AC}=10$m，$\overline{BC}=15$m。壁厚 $t_1=0.8$cm，$t_2=1.0$cm。$R_A=16$cm，$R_B=30$cm。作用力 $P_{H1}=0.6$kN，$P_{H2}=1.5$kN，$q=0.000\ 05$kN/cm，求 A 点的挠度。

解　(1) 求 AC 段挠度。

$$R_C=R_A+\frac{R_B-R_A}{\overline{AB}}\times\overline{AC}=16+\frac{30-16}{25}\times10$$
$$=21.6(\text{cm})$$

由表 10-1 查得 $I_C=0.393D^3t$

$$EI_C=0.393D^3tE=0.393\times(2\times21.6)^3\times0.8\times2.1\times10^4=5.32\times10^8(\text{kN}\cdot\text{cm}^2)$$

在 P_{H1} 和 q 的作用下，有

$$n=R_A/R_C=16/21.6=0.74$$

查表 10 - 3 得 α_1=0.4156，α_3=0.1487。

在 P_{H2}的作用下，有

$$R_D = R_A + \frac{R_C - R_A}{\overline{AC}} \times \overline{AD} = 16 + \frac{21.6 - 16}{10} \times 4.0 = 18.24(\text{cm})$$

$$n = R_D / R_C = 18.24/21.6 = 0.84$$

查表 10 - 3 得：α_1=0.3792，β_1=0.5952。

$$f_{A1} = \frac{P_{H1}\overline{AC}^3}{EI_C}\alpha_1 + \frac{P_{H2}\overline{AD}^3}{EI_C}\left(\alpha_1 + \frac{\overline{AD}}{\overline{DC}}\beta_1\right) + \frac{q\overline{AC}^4}{EI_C}\alpha_3$$

$$= \frac{0.6 \times 1000^3}{5.32 \times 10^8} \times 0.4156 + \frac{1.5 \times 400^3}{5.32 \times 10^8} \times \left(0.3792 + \frac{400}{600} \times 0.5952\right)$$

$$+ \frac{0.000\,05 \times 1000^4}{5.32 \times 10^8} \times 0.1487 = 0.6227(\text{cm})$$

（2）求 CB 段挠度。

作用在 C 点的荷载为

$$\sum P_C = P_{H1} + P_{H2} + q\overline{AC} = 0.6 + 1.5 + 0.000\,05 \times 1000 = 2.15(\text{kN})$$

$$M_C = P_{H1}\overline{AC} + P_{H2}\overline{DC} + \frac{1}{2}q\overline{AC}^2 = 0.6 \times 1000 + 1.5 \times 600 + \frac{1}{2} \times 0.000\,05 \times 1000^2$$

$$= 1525(\text{kN} \cdot \text{cm})$$

由表 10 - 1 查得 I_B=0.393D^3t，则

$$EI_B = 0.393D^3tE = 0.393 \times (2 \times 30)^3 \times 1.0 \times 2.1 \times 10^4 = 1.782\,64 \times 10^9(\text{kN} \cdot \text{cm}^2)$$

$$n = R_C / R_B = 21.6/30 = 0.72$$

查表 10 - 3 得：α_1=0.4238，α_2=0.6944，α_3=0.1509，β_1=0.6944，β_2=1.6590，β_3=0.2119。则

$$f_{A2} = \frac{\sum P_C \overline{BC}^3}{EI_B}\alpha_1 + \frac{M_C \overline{BC}^2}{EI_B}\alpha_2 + \frac{q\overline{BC}^4}{EI_B}\alpha_3$$

$$= \frac{2.15 \times 1500^3}{1.782\,64 \times 10^9} \times 0.4238 + \frac{1525 \times 1500^2}{1.782\,64 \times 10^9} \times 0.6944 + \frac{0.000\,05 \times 1500^4}{1.782\,64 \times 10^9} \times 0.1509$$

$$= 3.09(\text{cm})$$

$$\theta_C = \frac{\sum P_C \overline{BC}^2}{EI_B}\beta_1 + \frac{M_C \overline{BC}}{EI_B}\beta_2 + \frac{q\overline{BC}^3}{EI_B}\beta_3$$

$$= \frac{2.15 \times 1500^2}{1.782\,64 \times 10^9} \times 0.6944 + \frac{1525 \times 1500}{1.782\,64 \times 10^9} \times 1.6590 + \frac{0.000\,05 \times 1500^3}{1.782\,64 \times 10^9} \times 0.2119$$

$$= 0.004$$

（3）总挠度为

$$f_A = f_{A1} + f_{A2} + \theta_C\overline{AC} = 0.6227 + 3.09 + 0.004 \times 1000 = 7.713(\text{cm})$$

$$f_A / AB = 7.713/2500 = 0.003\,08 = 0.308\% < 0.5\%$$

故满足要求。

表 10 - 3　　钢管杆挠度计算系数

n	α_1	β_1,α_2	β_2	α_3	β_3	α_4	β_4	n	α_1	β_1,α_2	β_2	α_3	β_3	α_4	β_4
0.40	0.6310	1.2500	4.3750	0.2024	0.3155	0.0490	0.0675	0.42	0.6114	1.1905	4.0249	0.1979	0.3057	0.0481	0.0660
0.41	0.6210	1.2195	4.1939	0.2001	0.3105	0.0485	0.0667	0.43	0.6020	1.1628	3.8670	0.1958	0.3011	0.0477	0.0653

续表

n	α_1	β_1,α_2	β_2	α_3	β_3	α_4	β_4	n	α_1	β_1,α_2	β_2	α_3	β_3	α_4	β_4
0.44	0.5932	1.1364	3.7190	0.1937	0.2966	0.0474	0.0645	0.72	0.4238	0.6944	1.6590	0.1509	0.2119	0.0389	0.0503
0.45	0.5846	1.1111	3.5802	0.1917	0.2923	0.0470	0.0639	0.73	0.4197	0.6849	1.6232	0.1498	0.2098	0.0387	0.0499
0.46	0.5762	1.0870	3.4499	0.1897	0.2881	0.0466	0.0632	0.74	0.4156	0.6757	1.5888	0.1487	0.2078	0.0384	0.0496
0.47	0.5681	1.0638	3.3273	0.1879	0.2840	0.0462	0.0626	0.75	0.4117	0.6667	1.5556	0.1476	0.2058	0.0382	0.0492
0.48	0.5602	1.0417	3.2118	0.1859	0.2801	0.0459	0.0620	0.76	0.4078	0.6579	1.5235	0.1465	0.2039	0.0380	0.0488
0.49	0.5526	1.0204	3.1029	0.1840	0.2763	0.0455	0.0613	0.77	0.4039	0.6494	1.4927	0.1454	0.2020	0.0378	0.0485
0.50	9.5452	1.0000	3.0000	0.1822	0.2726	0.0452	0.0607	0.78	0.4002	0.6410	1.4629	0.1444	0.2001	0.0375	0.0481
0.51	0.5380	0.9804	2.9027	0.1805	0.2690	0.0448	0.0602	0.79	0.3965	0.6329	1.4341	0.1433	0.1983	0.0373	0.0478
0.52	0.5310	0.9615	2.8107	0.1788	0.2655	0.0445	0.0596	0.80	0.6929	0.6250	1.4063	0.1423	0.1965	0.0371	0.0474
0.53	0.5242	0.9434	2.7234	0.1771	0.2621	0.0442	0.0590	0.81	0.6894	0.6173	1.3794	0.1413	0.1947	0.0369	0.0471
0.54	0.5177	0.9259	2.6406	0.1754	0.2588	0.0439	0.0585	0.82	0.3860	0.6098	1.3534	0.1404	0.1930	0.0367	0.0468
0.55	0.5110	0.9091	2.5020	0.1738	0.2556	0.0435	0.0579	0.83	0.3826	0.6031	1.3280	0.1394	0.1913	0.0365	0.0465
0.56	0.5050	0.8929	2.4872	0.1723	0.2525	0.0432	0.0574	0.84	0.3792	0.5952	1.3039	0.1384	0.1896	0.0363	0.0461
0.57	0.4989	0.8772	2.4161	0.1707	0.2795	0.0429	0.0569	0.85	0.3760	0.5882	1.2803	0.1375	0.1880	0.0361	0.0458
0.58	0.4930	0.8621	2.3484	0.1692	0.2465	0.0426	0.0564	0.86	0.3728	0.5814	1.2574	0.1366	0.1864	0.0359	0.0455
0.59	0.4873	0.8475	2.2838	0.1677	0.2736	0.0423	0.0559	0.87	0.3696	0.5747	1.2353	0.1357	0.1848	0.0357	0.0452
0.60	0.4817	0.8333	2.2222	0.1663	0.2408	0.0420	0.0554	0.88	0.3665	0.5682	1.2138	0.1348	0.1833	0.0355	0.0449
0.61	0.4762	0.8197	2.1634	0.1649	0.2381	0.0418	0.0550	0.89	0.3635	0.5618	1.1930	0.1339	0.1817	0.353	0.0446
0.62	0.4708	0.8065	2.1072	0.1635	0.2354	0.0415	0.0545	0.90	0.3605	0.5556	1.1728	0.1330	0.1803	0.0351	0.0443
0.63	0.4656	0.7937	2.0534	0.1621	0.2328	0.0412	0.540	0.91	0.3576	0.5495	1.1532	0.1322	0.1788	0.0349	0.0441
0.64	0.4605	0.7813	2.0020	0.1608	0.2303	0.0409	0.0536	0.92	0.3547	0.5435	1.1342	0.1313	0.1774	0.0347	0.0438
0.65	0.4556	0.7692	1.9527	0.1595	0.2278	0.0407	0.0532	0.93	0.3519	0.5376	1.1157	0.1305	0.1759	0.0345	0.0435
0.66	0.4507	0.7576	1.9054	0.1582	0.2254	0.0404	0.0527	0.94	0.3491	0.5319	1.0978	0.1297	0.1745	0.0344	0.0432
0.67	0.4460	0.7463	1.8601	0.1569	0.2230	0.0401	0.0523	0.95	0.3464	0.5263	1.0803	0.1289	0.1732	0.0342	0.0430
0.68	0.4414	0.7353	1.8166	0.1557	0.2207	0.0399	0.0519	0.96	0.3437	0.5208	1.0634	0.1281	0.1718	0.0340	0.0420
0.69	0.4398	0.7246	1.7748	0.1544	0.2184	0.0396	0.0515	0.97	0.3410	0.5155	1.0469	0.1273	0.1705	0.0338	0.0424
0.70	0.4324	0.7143	1.7347	0.1532	0.2162	0.0394	0.0511	0.98	0.3384	0.5102	1.0308	0.1266	0.1692	0.0336	0.0422
0.71	0.4281	0.7042	1.6961	0.1521	0.2140	0.0391	0.0507								

思考题

1. 钢管杆有何优缺点？有哪些结构形式？
2. 钢管杆材料强度设计值如何确定？

习　题

1. 已知某八边形钢管杆上横担处两对应外边间的距离 $D_0=64.0\text{cm}$，壁厚 $t=12\text{cm}$，有效弯曲半径 $B_r=4.5\text{cm}$，上横担处的弯矩设计值 $M_B=101\text{kN}\cdot\text{cm}$，设计压力 $N_B=50\text{kN}$，试对此截面进行强度验算。

2. 某线路使用的钢管杆如图 10 - 3 所示，已知这 $P_1=800\text{N}$，$P_2=1600\text{N}$，$q=0.5\text{N/cm}$，$R_A=17.5\text{cm}$，$R_B=30\text{cm}$，$t=1.2\text{cm}$。求 A 点的位移。

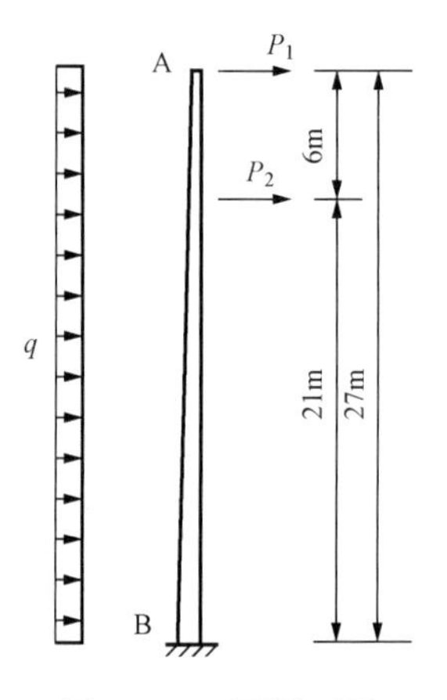

图 10 - 3　习题 2 图

第十一章　杆 塔 基 础 设 计

第一节　概　　述

一、杆塔基础的分类及其要求

杆塔必须由基础保证正常运行，钢筋混凝土电杆直接将电杆腿埋入地下，依靠底盘支撑电杆不下沉、被动土（或卡盘）支撑电杆不倾覆；铁塔则借助于混凝土基础及地脚螺栓来固定，保证铁塔不上拔、不下沉。

1. 基础的分类

（1）按基础抵抗力分类。

1）上拔、下压类基础。此类基础主要承受的荷载为上拔力或下压力，兼受较小的水平力。属于此类基础的杆塔有带拉线杆塔基础（也称拉线基础拉线盘）、分开式铁塔基础、门型杆塔基础等，如图 11－1 所示。

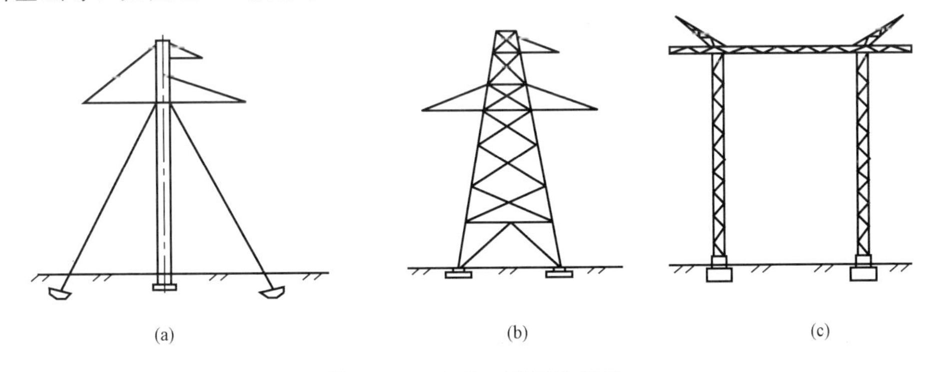

图 11－1　上拔、下压类基础

（a）带拉线杆塔基础；（b）分开式铁塔基础；（c）门型杆塔基础

2）倾覆类基础。此类基础主要承受倾覆力矩，属于此类基础的杆塔有无拉线电杆基础、窄基铁塔基础和宽身铁塔基础等，如图 11－2 所示。

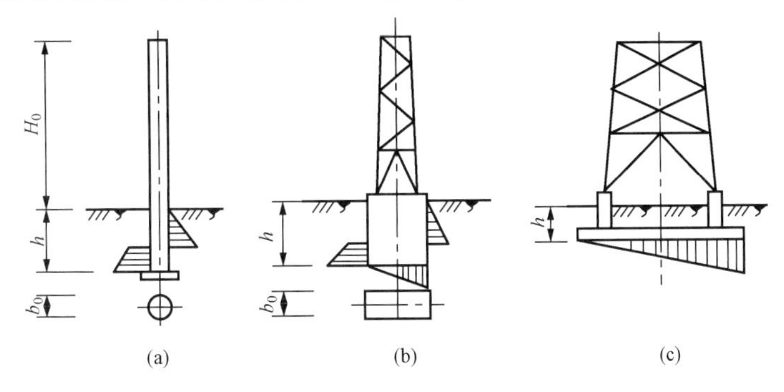

图 11－2　倾覆类基础

（a）无拉线电杆基础；（b）窄基铁塔基础；（c）宽身铁塔基础

（2）按施工特点分类。

1）装配式基础。装配式基础是将基础分解成若干构件，如混凝土构件、金属构件或混合结构。这些构件是在工厂制造好后，运至施工现场就地组装而构成的基础。装配式基础使用要因地制宜，一般用在缺水及砂石难采集的地区。装配式基础的类型较多，从结构划分有混凝土构件装配式基础、金属构件装配式基础等，如图 11-3 所示。

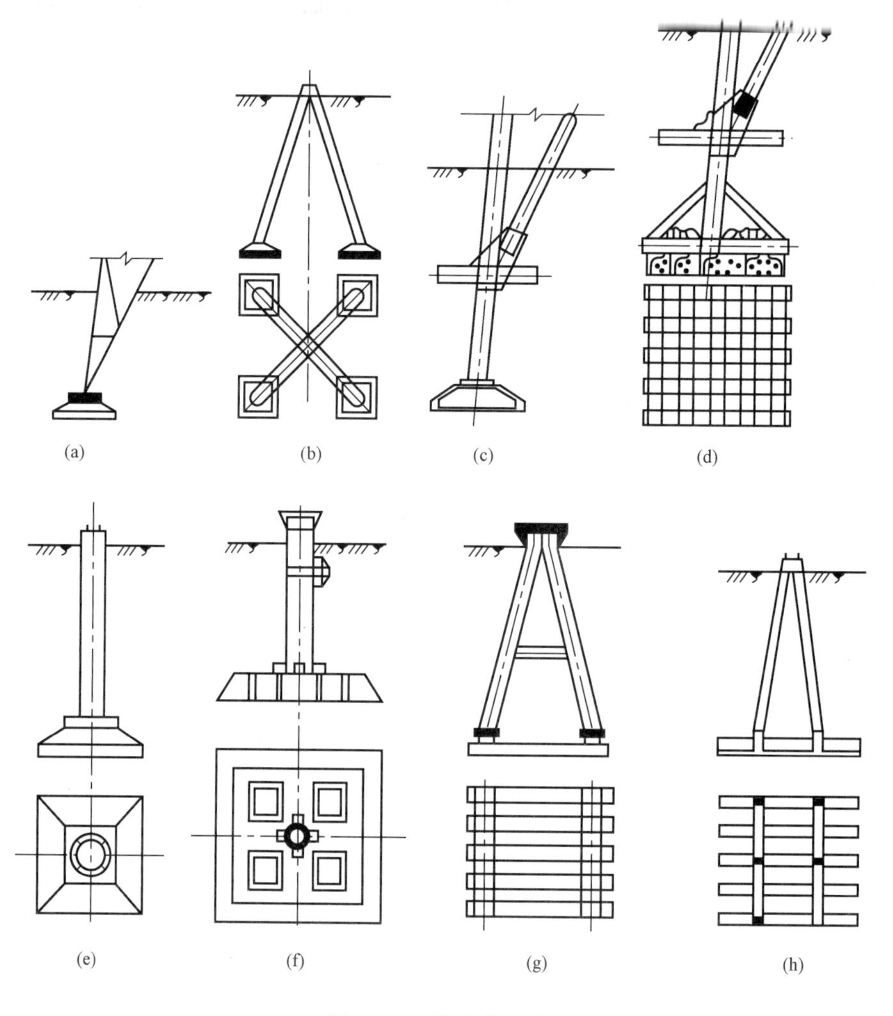

图 11-3 装配式基础

（a）底脚直埋型；（b）人字型；（c）主材直插型；（d）金属基础；（e）直柱固接型；（f）直柱铰接型；（g）金属支架型；（h）混凝土构件支架型

由于装配式基础的构件都是预制件，从而克服了施工季节性的限制，也可以成规模加工，具有明显的经济效益；使用装配式基础，能加快线路建设，缩短施工工期。但是混凝土预制构件单体重量较重，搬运困难；金属装配式基础的金属构件耐腐蚀性能差，要求必须采取相应的防护措施。

2）现场浇筑基础。现场浇筑基础如图 11-4 所示。此类基础具有较强的抗上拔、下压能力，适用于施工条件较好的大强度基础。现场浇筑基础可分为刚性基础［见图 11-4（a）］

和柔性基础［见图 11-4（b）、（c）］。刚性基础底板为阶梯式，底板不变形，不需配钢筋，适用较硬地质条件，特点是大开挖，采用模板浇制。成型后再回填土，利用土体与混凝土重量抗上拔力，基础底板刚性抗下压力，优点是施工简单、周期短和耗钢量小，缺点是混凝土用量明显高于柔性基础，运输成本和综合造价较高。柔性基础底板较大而薄，基础可随土壤变形，适用较软地质条件，基础埋置浅，底板需双向配筋，承担上拔力、下压力和水平力引起的弯矩和剪力。优点是易开挖成型，混凝土量能适当降低。缺点是钢筋用量大，占地面积大。

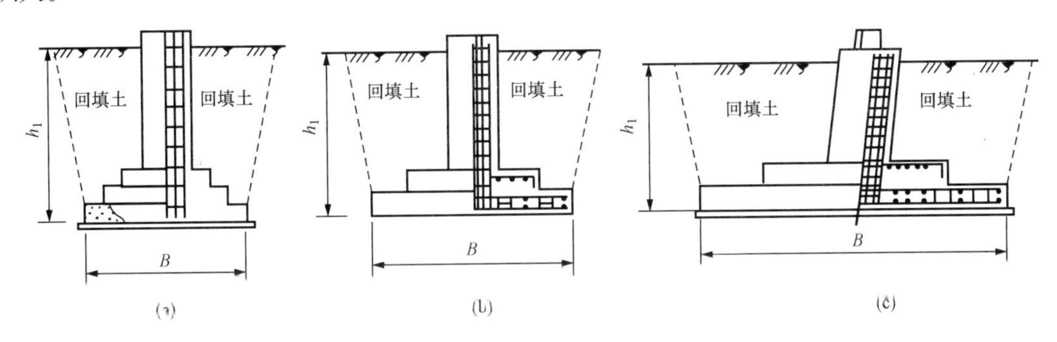

图 11-4　现场浇筑基础

（a）直柱混凝土阶梯式刚性基础；（b）直柱钢筋混凝土板式柔性基础；（c）斜柱钢筋混凝土板式柔性基础

3）桩基础。在输电线路中，当地基的软弱土层较厚时，采用常规基础不能满足地基变形、强度要求或采用桩基础优点明显时，可采用桩基础。桩基础分为爆扩桩、混凝土灌注桩和钢筋混凝土预制桩。

a. 岩石锚桩基础。如图 11-5 所示，岩石桩孔是用钻凿的方法成形。然后把水泥砂浆或细石混凝土同锚筋灌注于岩石孔内。灌浆凝固后，钢筋、混凝土和岩石形成一个整体，抵抗杆塔传来的各种荷载。岩石锚桩适用于未风化、微风化和中等风化程度的岩石地基。

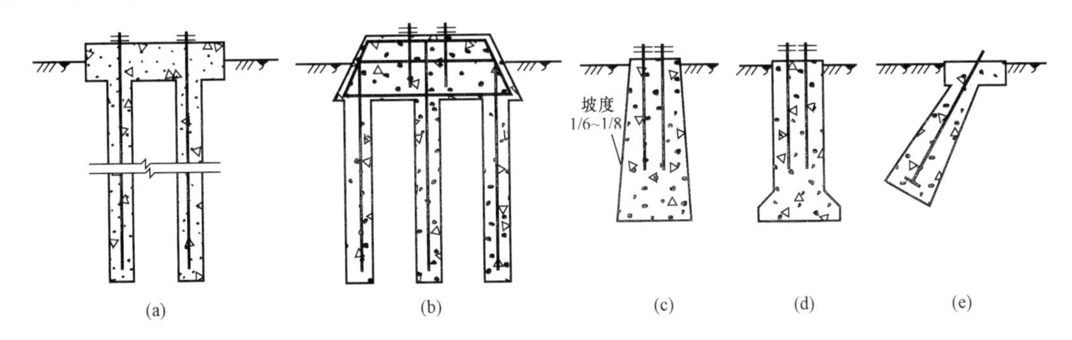

图 11-5　岩石锚桩基础

（a）直锚式；（b）承台式；（c）、（d）嵌固式；（e）斜锚式

b. 爆扩桩基础。如图 11-6 所示，爆扩桩基础是用炸药爆扩成形土胎，然后将混凝土和钢筋骨架灌注于土胎内。爆扩桩基础适用于可以爆扩成型的硬塑和可塑状态的黏性土，也可适应爆扩桩基础施工必须具备可靠的爆扩成型工艺，工程使用前要做成型试验，以确保爆扩成型尺寸和混凝土的浇筑质量。

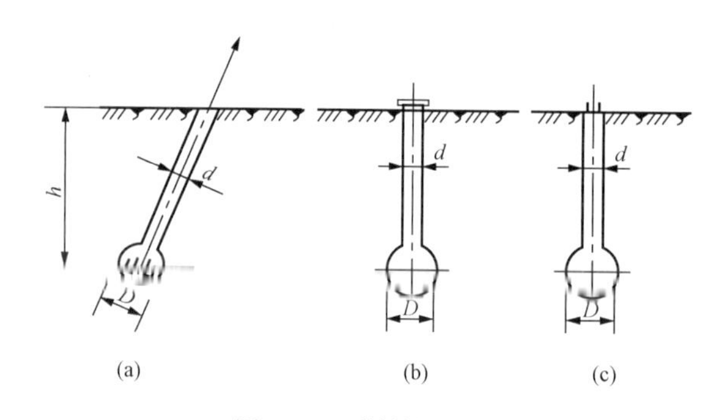

图 11-6　爆扩桩基础

（a）拉线基础；（b）电杆基础；（c）铁塔基础

c. 灌注桩基础。如图 11-7 所示，灌注桩基础是用专用的机具钻（冲）成较深的孔，经清孔后放入钢筋骨架和水下浇筑混凝土形成的桩基础，它是一种深型的基础形式。灌注桩基础可分为低单桩、高单桩、低桩承台、高桩承台等型式，其适用于地下水位高，易产生流砂现象的粉砂、细砂和软塑、流塑状态的黏土地基。在洪水期间无漂浮物危害的跨江河地段的杆塔宜采用低单桩和低桩承台的灌注桩基础。在设计洪水位高且有漂浮物危害的跨江河地段的杆塔宜采用高单桩和高桩承台的灌注桩基础。

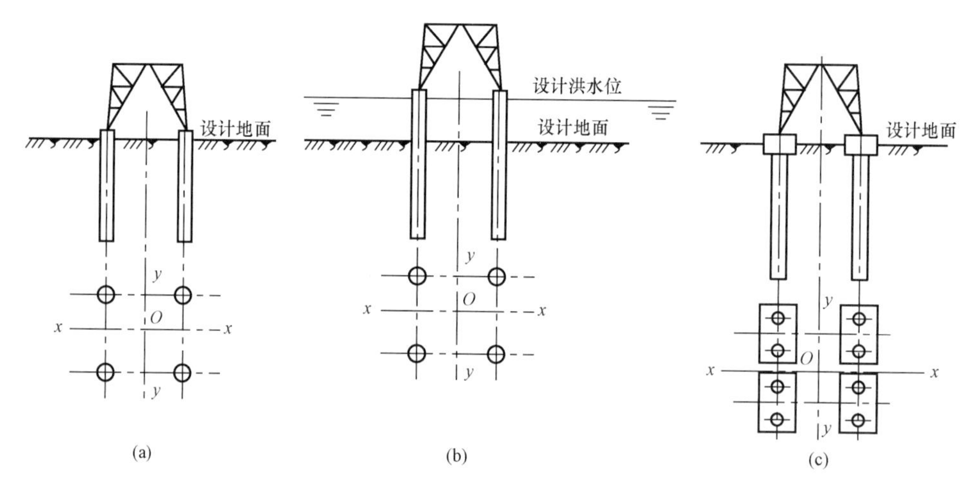

图 11-7　灌注桩基础

（a）低单桩；（b）高单桩；（c）低桩承台

（3）按基坑开挖方式分类。

1）大开挖基础。大开挖基础是预先挖好基坑，然后浇筑混凝土并用开挖的扰动土回填夯实基础。因为扰动土的抗上拔能力不如原状土，为满足抗上拔的要求，必须加大基础尺寸，从而提高了造价。但这类基础施工简便，工程上经常采用。

2）掏挖扩底基础。如图 11-8 所示，掏挖扩底基础用机械或人下工掏挖成形的土胎。它是以原状土构成的抗拔土体，且还具有较大的横向承载力。这类基础取消了模板及回填土的工序，节省材料、加快工程施工进度、降低工程造价等优点。但存在施工质量难以控制，即易出现漏浆现象，在工程验收时要特别注意这一点。

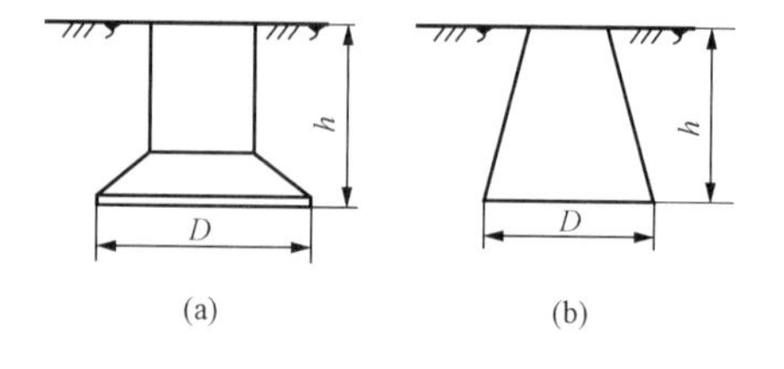

图 11-8　掏挖扩底基础

（a）带底板掏挖扩底基础；（b）不带底板掏挖扩底基础

（4）按基础与铁塔连接方式分类。

对铁塔与基础的连接常采用以下两种方式：

1）地脚螺栓类基础。地脚螺栓类基础的地脚螺栓是现浇混凝土时将地脚螺栓埋在基础中，塔腿是通过地脚螺栓与基础相连，塔腿与基础是分开的。

2）插入式基础（或斜插式基础）。如图 11-9 所示，插入式基础是将铁塔主材直接插入基础，与混凝土浇筑成一体，这样省去了地脚螺栓和塔脚，节约钢材，特别是受力性能好。缺点是施工精度要求高。

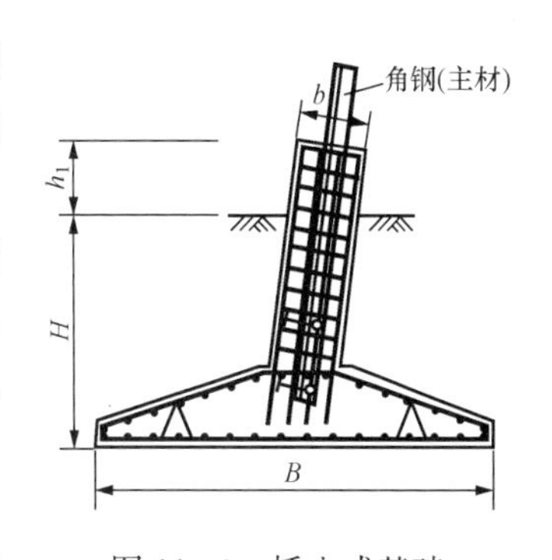

图 11-9　插入式基础

2. 对基础的要求

杆塔基础和拉线基础除一些特殊基础外，一般采用钢筋混凝土基础和混凝土基础，故称钢筋混凝土基础和混凝土基础。现浇混凝土基础的混凝土等级不宜低于 C15 级；预制混凝土基础的混凝土等级不宜低于 C20 级。埋设在土中的基础，其埋深应大于土冻结深度，并不应小于 0.6m。若是钢筋混凝土电杆埋在易冻裂之处，地面以下杆段应采取措施，如采用预制基础或将杆段灌实。

设计跨江河或位于洪泛区的基础，必须进行水文地质调查，考虑河床冲刷作用，一般宜将基础设计在常年洪水淹没区以外。如受洪水淹没时，应考虑基础局部冲刷及漂浮物、流冰等撞击的影响。在山坡上的杆塔，应考虑边坡稳定以及滚石或山洪冲刷的可能，并采取防护措施。

二、杆塔基础的设计原则及内容

1. 杆塔基础的计算内容

杆塔基础必须保证杆塔在各种受力情况下不倾覆、不下沉和不上拔，使线路安全可靠、耐久地运行。为了保证杆塔以及基础本身的承载力的正常使用，基础设计计算时应考虑以下方面：

（1）基础的稳定计算，即上拔稳定计算、下压稳定计算、倾覆稳定计算；

（2）基础的强度计算。

2. 基础极限状态表达式

基础设计应采用以概率理论为基础的极限状态设计法，用可靠指标度量基础与地基的可靠度，具体采用荷载分项系数和地基承载力调整系数的设计表达式。

（1）基础上拔和倾覆稳定采用下述极限状态表达式为

$$\gamma_f T_E \leqslant A(\gamma_K、\gamma_S、\gamma_C\cdots) \tag{11-1}$$

式中　γ_f——基础附加分项系数，按表 11-1 取值；

T_E——基础上拔或倾覆外力设计值；

$A(\gamma_K、\gamma_S、\gamma_C\cdots)$——基础上拔或倾覆承载力函数；

γ_K——几何参数的标准值；

γ_S、γ_C——土及混凝土有效容重设计值（取土及混凝土的实际容重），当位于地下水位以下时，取有效容重。

（2）地基承载力与基础底面压力采用下述极限状态表达式：

1）当轴心荷载作用时

$$P \leqslant f_a/\gamma_{rf} \tag{11-2}$$

式中　P——基础底面处的平均应力设计值；

f_a——修正后的地基承载力特征值；

γ_{rf}——地基承载力调整系数，宜取 $\gamma_{rf}=0.75$。

表 11-1　　基础的附加分项系数 γ_f

设计条件	上拔稳定		倾覆稳定	上拔、下压稳定
基础形式 / 杆塔类型	重力式基础	其他类型基础	各类型基础	灌注桩基础
悬垂型杆塔	0.90	1.10	1.10	0.80
耐张直线（0°转角）及悬垂转角杆塔	0.95	1.30	1.30	1.00
耐张转角、终端、大跨越塔	1.10	1.60	1.60	1.25

2）当偏心荷载作用时，不但应满足式（11-2），还要满足

$$P_{max} \leqslant 1.2 f_a / \gamma_{rf} \qquad (11-3)$$

式中　P_{max}——基础底面边缘的最大压应力设计值。

三、地基土（岩）的力学性质

地基土（岩）的力学性质与地基土（岩）类型有关，不同类型的地基土（岩）的性质是不同的。在输电线路杆塔设计中，地基土（岩）大致分为岩石、碎石土、砂土、粉土、黏性土、冻土、填土等和砂石土两大类。黏性土分为黏土、亚黏土、亚砂土；砂石土分为砂和大块碎石，砂又分为砾砂、粗砂、中砂、细砂、粉砂；石又分为大块碎石和砾石。地基土（岩）的力学性质包括以下参数：

（1）土的计算容重 γ_s。

土的计算容重指土在天然状态下单位体积的重力，其值随土中含有水分的多少而有较大的变化，一般 γ_s 在 $12\sim20\text{kN/m}^3$ 之间。土的计算容重列于表 11-2中。

（2）土的内摩擦角 φ 和 β。

土在力的作用下，土层间有发生相对滑移的趋势，从而引起内部土层间相互摩擦的阻力，称内摩擦阻力 T，内摩擦阻力与土所受的正压力 N 有关。对于黏性土而言，土的抗剪力 V 除了土的内摩擦力外，还有土的凝聚力 C，即 $V=T+C$，土的凝聚力 C 与土的压力无关。

以上四个参数的关系为

$$\varphi = \arctan\frac{T}{N}$$

$$\beta = \arctan\left(\frac{C}{N} + \tan\varphi\right)$$

式中　φ——土的内摩擦角，（°）；

β——土的计算内摩擦角，（°）。

（3）土的上拔角 α。

基础受上拔力作用时，抵抗上拔力的锥形土体的倾斜角为上拔角。由于坑壁开挖的不规则和回填土的不太紧密，土的天然结构被破坏，所以使埋设在土壤中的上拔基础抗拔承载力有所减小。在计算基础上拔承载力时，将计算内摩擦角 β 乘以一个降低系数后，即为上拔角。

上拔角，一般土取 $\alpha=\frac{2}{3}\beta$；对砂土类，一般取 $\alpha=\frac{4}{5}\beta$。土的计算内摩擦角 β、计算上拔

角 α 查表 11-2。

表 11-2 土的计算容重 γ_s、计算上拔角 α、计算内摩擦角 β 和土压力参数 m

土的状态	黏性土			粗砂、中砂	细砂	粉砂
	坚硬、硬塑	可塑	软塑			
γ_s (kN/m³)	17	16	15	17	16	15
α (°)	25	20	10	28	26	22
β (°)	35	30	15	35	30	30
m (kN/m³)	63	48	26	63	48	48

（4）地基承载力的计算。

地基承载力是单位面积土允许承受的压力，单位为 kN/m²，它与土的种类和状态有关。根据土的物理力学指标或野外鉴别结果，确定土的允许承载力可取附录 M 中表 M-1～表 M-9 中的地基承载力特征值。当基础宽度大于 3m 或埋置深度大于 0.5m 时，地基承载力特征值尚应按式（11-4）修正

$$f_a = f_{ak} + \eta_b \gamma (b - 3) + \eta_d \gamma_s (h_0 - 0.5) \tag{11-4}$$

式中 f_a——修正后的地基承载力特征值，kN/m²；

f_{ak}——地基承载力特征值，按附录 M 查取，kN/m²；

γ——基础底面以下土的天然容重，kN/m³；

γ_s——基础底面以上土的加权平均容重，按表 11-2 查取，kN/m³；

b——基础底面宽度，当基础宽小于 3m 时按 3m 取值，大于 6m 时按 6m 取值，对长方形底面取短边，圆形底面取 $\sqrt{A}$（A 为底面面积），m；

η_b、η_d——基础宽度和埋深的地基承载力修正系数，按基底下土的类别查表 11-3 确定；

h_0——基础埋置深度，从设计地面起算。

当偏心距 e 小于或等于 0.033 基础底面宽度时（直线杆塔），也可根据土的抗剪强度指标确定地基承载力特征值可按式（11-5）计算

$$f_a = M_b \gamma b + M_d \gamma_s h_0 + M_c C \tag{11-5}$$

式中 f_a——由土的抗剪强度指标确定的地基承载力特征值；

M_b、M_d、M_c——承载力修正系数，按表 11-4 查取；

γ、γ_s、h_0——与式（11-4）中的符号含义相同；

b——基础底面宽度，大于 6m 时按 6m 取值，对于砂土小于 3m 时按 3m 取值，对圆形底面取 $b=\sqrt{A}$，A 为基础底面积；

C——基础底面下一倍短边宽深度内土的黏聚力标准值。

表 11-3 承载力修正系数

土的类别		宽度修正系数 η_b	深度修正系数 η_d
淤泥和淤泥质土		0	1.0
人工土 e 或 I_L 不大于 0.85 的黏性土		0	1.0
红黏土	含水比 $\alpha_W > 0.8$	0	1.2
	含水比 $\alpha_W \leqslant 0.8$	0.15	1.4

续表

土 的 类 别		宽度修正系数 η_b	深度修正系数 η_d
大面积压实填土	压实系数大于 0.95、黏粒含量 $\rho_c \geqslant 10\%$ 的粉土	0	1.5
	最大干密度大于 2.1t/m^3 的级配砂石	0	2.0
粉土	黏粒含量 $\rho_c \geqslant 10\%$ 的粉土	0.3	1.5
	黏粒含量 $\rho_c < 10\%$ 的粉土	0.5	2.0
e 及 I_L 均小于 0.85 的黏性土		0.3	1.6
粉砂、细砂（不包括很湿与饱和时的稍密状态）		2.0	3.0
中砂、粗砂、砾砂和碎石		3.0	4.4

注 1. 强风化和全风化的岩石，可参照所风化成的相应土类取值，其他状态下的岩石不修正。

2. I_L 为液性指数。

表 11-4　　承载力系数 M_b、M_d、M_c

基底下一倍短边宽深度的内摩擦角 φ（°）	M_b	M_d	M_c
0	0	1.00	3.14
2	0.03	1.12	3.32
4	0.06	1.25	3.51
6	0.10	1.39	3.71
8	0.14	1.55	3.93
10	0.18	1.73	4.17
12	0.23	1.94	4.42
14	0.29	2.17	4.69
16	0.36	2.43	5.00
18	0.43	2.72	5.31
20	0.51	3.06	5.66
22	0.61	3.44	6.04
24	0.80	3.87	6.45
26	1.10	4.37	6.90
28	1.40	4.93	7.40
30	1.90	5.59	7.95
32	2.60	6.35	8.55
34	3.40	7.21	9.22
36	4.20	8.25	9.97
38	5.00	9.44	10.80
40	5.80	10.84	11.73

【例 11-1】 某土的孔隙比 $e=0.71$，含水量 $W=36.4\%$，液限 $W_L=48\%$，塑限 $W_P=25.4\%$，要求计算该土的塑性指标 I_P 并确定该土的名称；计算该土的液性指标 I_L 并按液性指标确定土的状态；根据土的名称和状态确定该土承载力特征值。

解　(1) 计算塑性指标 I_P

$$I_P = W_L - W_P = 48\% - 25.4\% = 22.6\% > 17\%$$

查附录 N 中表 N - 5 得土的名称为黏土。

(2) 计算液性指标 I_L

$$I_L = \frac{W - W_P}{I_P} = \frac{36.4\% - 25.4\%}{22.6\%} = 0.487$$

查附录 N 中表 N - 6 得土的状态为可塑。

(3) 土的承载力特征值。

根据土的名称、孔隙比 e 和液性指标 I_L 查附录 M 中表 M - 4 得 $f_{ak}=263\text{kN/m}^2$。

第二节　倾覆基础的计算

一、电杆倾覆基础的计算

如图 11 - 10 所示，电杆倾覆基础的作用是保证电杆在水平荷载作用下不倾覆。抵抗电杆不倾覆，保持稳定有三种方法：

(1) 无卡盘，只靠电杆埋入地下部分的被动土压力抗倾覆；

(2) 除电杆埋入地下部分的被动土压力抗倾外，在地面以下 1/3 埋深处加上卡盘；

(3) 除加上卡盘外，另加下卡盘。

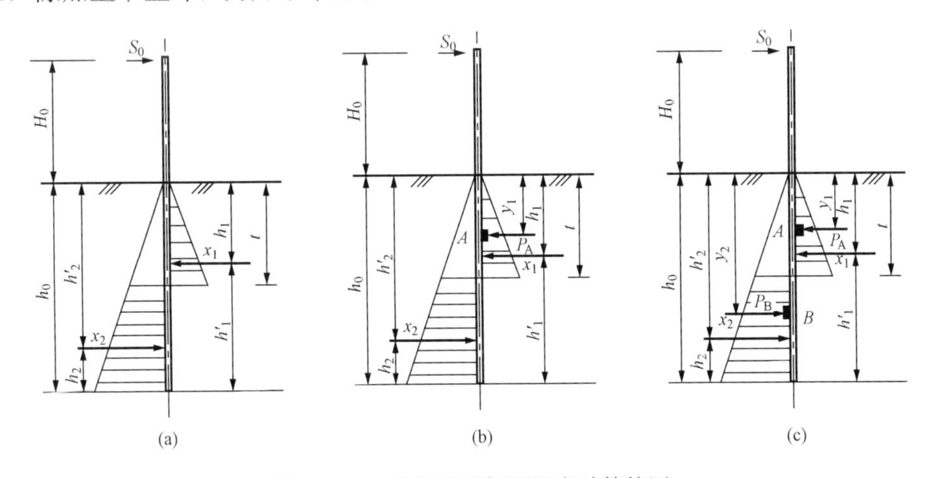

图 11 - 10　电杆基础倾覆稳定计算简图

(a) 无卡盘；(b) 带上卡盘；(c) 带上、下卡盘

1. 不带卡盘倾覆基础的稳定计算

不带卡盘倾覆基础计算简图如图 11 - 10 (a) 所示，无拉线单杆直线电杆在水平力作用下保持稳定的条件是

$$S_J \geqslant \gamma_f S_0 \tag{11 - 6}$$

$$M_J \geqslant \gamma_f H_0 S_0 \tag{11 - 7}$$

式中　S_J——基础的极限抗倾覆力，kN；

M_J——基础的极限抗倾覆力矩，kN·m；

S_0——杆塔水平作用力设计值总和，kN；

H_0——S_0 作用点至设计地面处的距离，m；

γ_f——基础附加分项系数，按表 11 - 1 查取。

基础的极限抗倾覆力矩可由土力学知识导出（参见图 11 - 10）。

被动土抗力 $\sigma_t = mt$，$\sigma_h = mh_0$，则

$$x_1 = \frac{1}{2}\sigma_t b_J t = \frac{1}{2} m b_J t^2$$

$$x_1 + x_2 = \frac{1}{2}\sigma_h b_J h_0 = \frac{1}{2} m b_J h_0^2$$

令 $E = x_1 + x_2 = \frac{1}{2} m b_J h_0^2$，$\frac{t}{h_0} = \theta$，$t = \theta h_0$，则

$$x_1 = \frac{1}{2} m b_J h_0^2 \theta^2 = E\theta^2 \tag{11 - 8}$$

$$x_2 = E - x_1 = E - E\theta^2 = E(1 - \theta^2) \tag{11 - 9}$$

被动土极限倾覆力矩为

$$M_J = x_2(h_0 - h_2) - \frac{2}{3} x_1 t \tag{11 - 10}$$

$$h_2 = \frac{h_0 - t}{3} \frac{2\sigma_t + \sigma_h}{\sigma_t + \sigma_h}$$

由于 $\sigma_t = mt$，$\sigma_h = mh_0$，$t = \theta h_0$，便得

$$h_2 = \frac{h_0}{3}(1 - \theta) \frac{2\theta + 1}{\theta + 1}$$

将 h_2 代入式（11 - 10）得

$$M_J = x_2\left[h_0 - \frac{h_0}{3} \frac{(1 - \theta)(2\theta + 1)}{\theta + 1}\right] - \frac{2}{3} x_1 \theta h_0 \tag{11 - 11}$$

将式（11 - 8）、式（11 - 9）代入式（11 - 11）得

$$M_J = E(1 - \theta^2)\left[h_0 - \frac{h_0}{3} \frac{(1 - \theta)(1 + 2\theta)}{1 + \theta}\right] - \frac{2}{3} E\theta^3 h_0$$

$$= \frac{2}{3} E h_0 (1 - 2\theta^3) \tag{11 - 12}$$

令 $\mu = \frac{3}{1 - 2\theta^3}$，并将 $E = \frac{1}{2} m b_J h_0^2$ 代入式（11 - 12）得

$$M_J = \frac{m b_J h_0^3}{\mu} \tag{11 - 13}$$

令 $\frac{H_0}{h_0} = \eta$ 或 $\frac{h_0}{H_0} = \frac{1}{\eta}$ 可得极限抗倾覆力为

$$S_J = \frac{M_J}{H_0} = \frac{m b_J h_0^3}{\mu H_0} = \frac{m b_J h_0^2}{\mu \eta} \tag{11 - 14}$$

式中 m——土压力系数，按表 11 - 2 取值，kN/m^3；

b_J——基础的计算宽度。

（1）单柱电杆基础的计算宽度。

$$b_J = K_0 b_0$$

$$K_0 = 1 + \frac{2}{3}\xi \tan\beta \cos\left(45° + \frac{\beta}{2}\right)\frac{h_0}{b_0} \tag{11 - 15}$$

式中 b_0——基础的实际宽度，对于电杆 b_0 等于电杆直径 D；

K_0——基础宽度增大系数，可计算得，也可从表 11 - 5 中查取；

ξ——土壤侧压力系数，黏土取 0.72，粉质黏土、粉土 0.6，砂土取 0.38；

β——土的计算内摩擦角，(°)。

表 11 - 5　　基础宽度增大系数 K_0

β		15°	30°	30°	35°		
土名		黏土、粉质黏土、粉土		粉砂、细砂	黏土	粉质黏土、粉土	粗砂、中砂
h_0/b_0	11	1.72	2.28	1.81	2.71	2.41	1.90
	10	1.65	2.16	1.73	2.56	2.28	1.82
	9	1.59	2.05	1.66	2.40	2.15	1.74
	8	1.52	1.93	1.58	2.23	2.02	1.66
	7	1.46	1.81	1.51	2.08	1.90	1.57
	6	1.39	1.70	1.44	1.93	1.77	1.49
	5	1.33	1.60	1.37	1.78	1.63	1.41
	4	1.26	1.46	1.29	1.62	1.51	1.33
	3	1.20	1.35	1.22	1.46	1.38	1.25
	2	1.13	1.23	1.15	1.31	1.25	1.16
	1	1.07	1.12	1.08	1.15	1.13	1.08
	0.8	1.05	1.09	1.06	1.12	1.10	1.07
	0.6	1.04	1.07	1.05	1.09	1.08	1.05

(2) 双柱电杆基础的计算宽度。

如图 11 - 11 所示，当双柱电杆中心距 $L \leqslant 2.5b_0$ 时，基础计算宽度为

$$b_J = (b_0 + L\cos\beta)K_0 \tag{11 - 16}$$

$$b_J = 2b_0K_0 \tag{11 - 17}$$

取式 (11 - 16) 和式 (11 - 17) 的较小者。

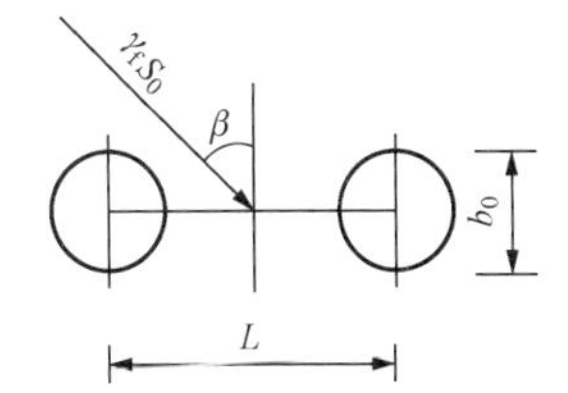

图 11 - 11　双柱电杆基础计算简图

从式 (11 - 14) 可以看出，求得 μ 便可计算 S_J，而 $\mu = \dfrac{3}{1-2\theta^3}$。下面导出 θ 的求解方法：

取力的平衡式 $\sum x = 0$，即

$$\gamma_f S_0 - S_J = 0$$

而极限抗倾覆力 S_J 应等于被动土抗力之和，即

$$S_J = x_1 - x_2 = E\theta^2 - E(1-\theta^2) = E(2\theta^2 - 1) \tag{11 - 18}$$

由式 (11 - 12) 和式 (11 - 14) 又可得

$$S_J = \frac{2}{3H_0}Eh_0(1 - 2\theta^3) \tag{11 - 19}$$

根据式 (11 - 18) 和式 (11 - 19) 可得出计算 θ 的三次方程式为

$$\theta^3 + \frac{3}{2}\eta\theta^2 - \frac{3}{4}\eta - \frac{1}{2} = 0 \tag{11 - 20}$$

因为$\eta=\dfrac{H_0}{h_0}$，假定一个η，可计算出一个θ、μ，为方便，将η、θ、μ制成表格（见表 11 - 6），以便查用。

表 11 - 6　　η、θ及μ值

η	0.10	0.25	0.50	1.00	2.00	3.00	4.00
θ	0.801	0.774	0.761	0.746	0.732	0.725	0.722
μ	82.9	41.3	25.3	17.7	13.9	12.6	12.1
$\eta\mu$	8.3	10.4	12.7	17.7	27.8	37.8	48.5
η	5.00	6.00	7.00	8.00	9.00	10.00	
θ	0.720	0.718	0.716	0.715	0.714	0.713	
μ	11.8	11.6	11.3	11.2	11.0	11.0	
$\eta\mu$	59.1	69.0	79.0	89.2	99.3	109.1	

2. 带上卡盘倾覆基础的稳定计算

加上卡盘的条件为$\gamma_f S_0 > S_J$，应加卡盘。

（1）上卡盘抗倾覆力的计算。

设上卡盘抗倾覆力为P_k，加装上卡盘前，有

$$\gamma_f S_0 > S_J$$

加装上卡盘后，令$\gamma_f S_0 = S_{J1}$（S_{J1}为加上卡盘后的综合抗倾力），取$\sum x=0$，即$\gamma_f S_0 + x_2 - x_1 - P_k = 0$，$x_1 = E\theta^2$，$x_2 = E(1-\theta^2)$，于是

$$\gamma_f S_0 = x_1 - x_2 + P_k = E\theta^2 - E(1-\theta^2) + P_k = S_J + P_k$$

因为$\gamma_f S_0 = S_{J1} = S_J + P_k$，故得上卡盘抗倾覆力为

$$P_k = \gamma_f S_0 - S_J$$

式中　γ_f——基础附加分项系数，按表 11 - 1 查取；

S_0——杆塔水平作用力设计值总和，kN；

S_J——基础的极限倾覆力，kN。

S_J仍按式（11 - 14）～式（11 - 20）计算，但加上卡盘后S_J将变小，因此不能用无卡盘时的θ来计算μ值，而要用加装上卡盘后的计算公式算出θ值来计算μ。

加装上卡盘后，令$\gamma_f S_0 H_0 = M_{J1}$（$M_{J1}$为加装上卡盘后的总抗倾覆力矩），即

$$\gamma_f S_0 H_0 = x_2(h_0 - h_2) - x_1(h_0 - h_1') - P_k y_1 = M_J - P_k y_1 \tag{11 - 21}$$

式中　M_J——加装上卡盘后杆腿部分土壤的抗倾覆力矩，仍用式（11 - 12）计算，但应按加装上卡盘后的计算公式计算出θ值来计算μ值；

P_k——上卡盘抗倾覆力；

y_1——上卡盘抗倾覆力作用点至地面的距离。

下面导出装上卡盘后θ的计算公式。

从图 11 - 10（b）中可以看出

$$h_1 = h_0 - h_1' = \frac{2}{3}t$$

因$t = h_0\theta$，故得

$$h_0 - h_1' = \frac{2}{3}h_0\theta \tag{11 - 22}$$

$$h_2 = \frac{h_0 - t}{3} \frac{2\sigma_t + \sigma_h}{\sigma_t + \sigma_h}$$

因 $\sigma_t = mt = mh_0\theta$，$\sigma_h = mh_0$，故得

$$h_2 = \frac{h_0(1-\theta)(1+2\theta)}{3(1+\theta)} \tag{11-23}$$

$$P_k = \gamma_f S_0 - S_J = \gamma_f S_0 - (x_1 - x_2) = \gamma_f S_0 - E\theta^2 + E(1-\theta^2) = \gamma_f S_0 - E(2\theta^2 - 1) \tag{11-24}$$

将式（11-22）～式（11-24）、$E = \frac{1}{2}mb_J h_0^2$ 代入式（11-21），并经整理得

$$2\theta^3 - \frac{3y_1}{h_0}\theta^2 + \frac{3y_1}{2h_0} - 1 + \frac{3\gamma_f S_0}{mb_J h_0^2}\left(\frac{y_1}{h_0} + \eta\right) = 0 \tag{11-25}$$

一般上卡盘加在埋深 1/3 处，即 $y_1 = h_0/3$。将 $y_1 = h_0/3$ 代入式（11-25），整理得

$$\frac{\gamma_f S_0(1+3\eta)}{mb_J h_0^2} = -2\theta^3 + \theta^2 + \frac{1}{2}$$

令 $F = \frac{\gamma_f S_0(1+3\eta)}{mb_J h_0^2} = -2\theta^3 + \theta^2 + \frac{1}{2}$，计算并将 F 与 θ 的值列于表 11-7 中，以备查用。

表 11-7 F、θ 值

F	0.428	0.418	0.408	0.397	0.385	0.373	0.360	0.347	0.334	0.319	0.293	0.285
θ	0.600	0.610	0.620	0.630	0.640	0.650	0.660	0.670	0.680	0.690	0.707	0.712
F	0.282	0.279	0.275	0.272	0.263	0.255	0.237	0.219	0.200	0.180	0.159	
θ	0.714	0.716	0.718	0.720	0.725	0.730	0.740	0.750	0.760	0.770	0.780	

（2）卡盘长度的计算。

取上卡盘为一隔离体（见图 11-12），作用在隔离体上的力有：

被动土抗力

$$X_2 = my_1 l_1 b$$

顶面土压力

$$N_1 = \gamma\left(y_1 - \frac{b}{2}\right)hl_1$$

顶面摩擦力

$$f_1 = N_1 f = N_1 \tan\beta$$

底面土压力

$$N_2 = \gamma\left(y_1 + \frac{b}{2}\right)hl_1$$

底面摩擦力

$$f_2 = N_2 f = N_2 \tan\beta$$

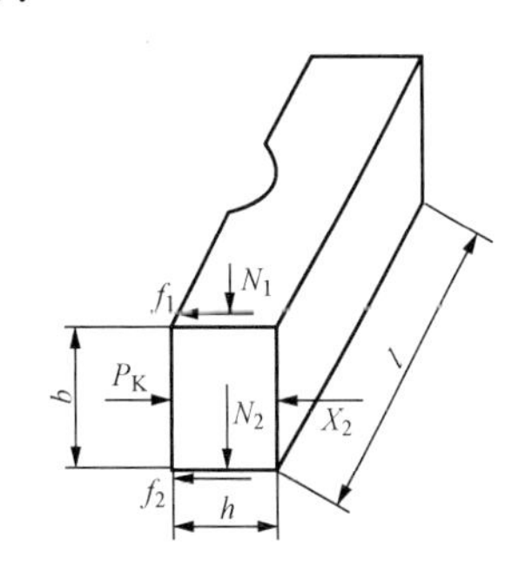

图 11-12 上卡盘受力分析图

$\Sigma X = 0$，得上卡盘的抗倾覆力为

$$P_K = X_2 + f_1 + f_2 = my_1 l_1 b + \gamma\left(y_1 - \frac{b}{2}\right)hl_1 \tan\beta + \gamma\left(y_1 + \frac{b}{2}\right)hl_1 \tan\beta$$

为了计算简化，一般取 $\left(y_1 - \frac{b}{2}\right)$ 及 $\left(y_1 + \frac{b}{2}\right)$ 都近似等于 y_1，经整理得

$$P_K = l_1 y_1 (mb + 2\gamma h \tan\beta)$$

$$l_1 = \frac{P_K}{y_1 (mb + 2\gamma h \tan\beta)} \tag{11-26}$$

式中 P_K——上卡盘抗倾覆力；

l_1——上卡盘计算长度；

m——被动土压系数；

b——卡盘的垂直高度；

h——卡盘的水平宽度；

y_1——上卡盘抗倾覆力作用点至地面的距离；

f——地基土与基础面的摩擦系数，$f=\tan\beta$；

γ——基础底面计算容重，kN/m^3；

β——土的计算内摩擦角，(°)。

上卡盘的实际长度 l 应为计算长度 l_1 加上卡盘位置处的电杆直径 D，即 $l=l_1+D$。

3. 带上、下卡盘倾覆基础的稳定计算

当电杆受总的水平荷载过大，致使加装的上卡盘长度较大，卡盘结构不合理时，可加装下卡盘。此时的设计原则是：设总的水平荷载为 $\gamma_f S_0$，基础的极限抗倾覆力为 S_J，$\gamma_f S_0$ 与 S_J 之差部分由上、下卡盘共同承担。上、下卡盘抗倾覆力的计算如图 11-10（c）所示。

取$\sum M_B=0$，得

$$P_A = \frac{(\gamma_f S_0 - S_J)(H_0 + y_2)}{y_2 - y_1}$$

取$\sum M_A=0$，得

$$P_B = \frac{(\gamma_f S_0 - S_J)(H_0 + y_1)}{y_2 - y_1}$$

式中 P_A——上卡盘抗倾覆力；

P_B——下卡盘抗倾覆力；

S_J——基础的极限抗倾覆力。

上、下卡盘的计算长度为

$$l_1 = \frac{P_A}{y_1 (mb + 2\gamma h \tan\beta)} \tag{11-27}$$

$$l_2 = \frac{P_B}{y_2 (mb + 2\gamma h \tan\beta)} \tag{11-28}$$

式中 b——上、下卡盘的垂直高度；

h——上、下卡盘的水平宽度。

4. 卡盘的强度计算

卡盘内力计算简图如图 11-13 所示，卡盘承受匀布荷载 $q=\dfrac{P_A}{l-D}$或 $q=\dfrac{P_B}{l-D}$。卡盘一般为矩形截面对称配筋的受弯构件。卡盘的剪力为

$$V = \frac{P_A}{2} \text{ 或 } V = \frac{P_B}{2}$$

卡盘所受弯矩为

$$M = ql_0\frac{l_0 + D}{2} = \frac{q(l^2 - D^2)}{8} \quad (11-29)$$

式中 M——设计弯矩；

l——卡盘实际长度；

D——卡盘位置处电杆的直径。

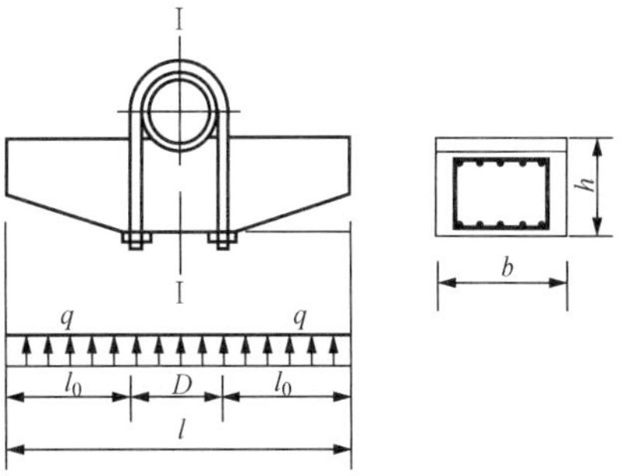

卡盘钢筋截面面积为

$$A_s = \frac{M}{0.875h_0 f_y} \quad (11-30)$$

式中 h_0——卡盘有效高度；

f_y——钢筋强度设计值；

0.875——根据经验确定的内力臂系数。

图 11-13 卡盘内力计算简图

当设计剪力 $V \leqslant 0.7f_t bh_0$ 时，按基础构造要求配置箍筋。否则按式（11-31）配置箍筋。

$$\frac{nA_{sv1}}{S} \geqslant \frac{V - 0.7f_t bh_0}{1.5f_{yv}h_0} \quad (11-31)$$

式中 n——在同一截面内箍筋的肢数；

A_{sv1}——单肢箍筋的截面面积；

S——沿卡盘长度方向上箍筋的间距；

V——剪力设计值；

f_t——混凝土抗拉强度设计值；

f_{yv}——箍筋抗拉强度设计值。

为了便于对卡盘的选用和材料的估算，将常用的卡盘规格列于表 11-8 中。

表 11-8 钢筋混凝土卡盘的常用规格

规格 $L\times b\times h$ (m×m×m)	质量 (kg)	体积 (m^3)	钢筋（Ⅰ级）		允许力 (kN)
			数量	质量（kg）	
0.8×0.3×0.2	115	0.048	6ϕ12	4.2	52
1.0×0.3×0.2	144	0.060	6ϕ14	4.2	65
1.2×0.3×0.2	173	0.072	6ϕ14	7.5	54
1.4×0.3×0.2	202	0.084	6ϕ18	8.8	67
1.6×0.3×0.2	231	0.096	6ϕ18	17.3	59
1.8×0.3×0.2	259	0.108	6ϕ18	18.2	52

注 1. 表中允许力为卡盘的强度值。
2. 混凝土强度等级为 C20。

二、窄基铁塔基础的倾覆稳定计算

如图 11-14 窄基铁塔基础倾覆稳定计算简图。基础为整体式基础，可分为无阶梯和有一个阶梯型两种型式。应用条件必须满足分层夯实（每回填 300mm，夯实为 200mm），且基础的埋深与宽度之比大于 3。

1. 无阶梯型倾覆基础

如图 11-14（a）所示，作用在基础上的力有：极限抗倾覆力 $S_J = x_2 - x_1$，x_1 产生侧面

摩擦力 x_1f，x_2 产生侧面摩擦力 x_2f，地面垂直反力 y，地面垂直反力 y 产生的摩擦力 yf。

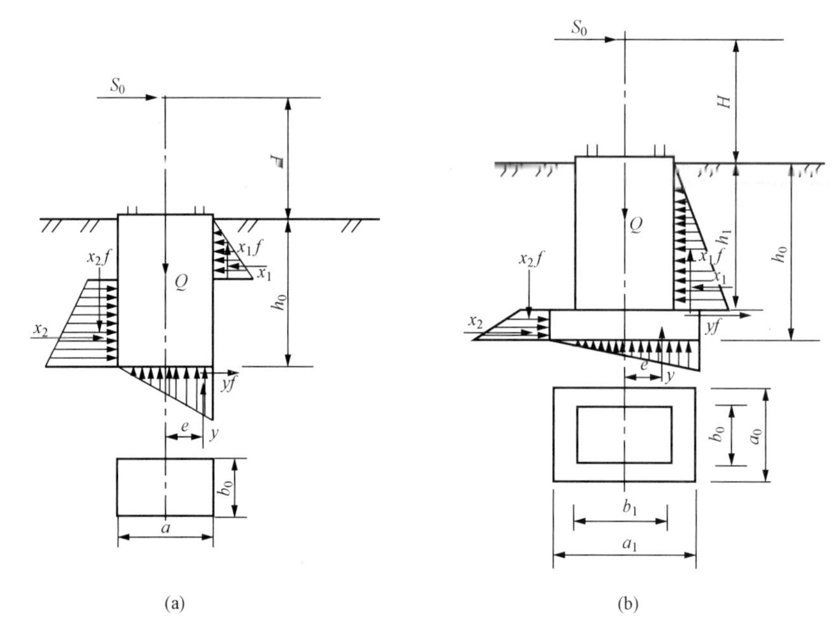

图 11-14　整体式倾覆基础

（a）无阶梯型倾覆基础；（b）有一个阶梯型倾覆基础

由基础受力平衡方程式$\sum x=0$，$\sum y=0$，得

$$yf+x_2-x_1+\gamma_f S_0=0$$

$$y-x_2f+x_1f-Q=0$$

两式联立求解得

$$y=\frac{Q-\gamma_f S_0 f}{1+f^2}\leqslant 0.8ab_0f_a \quad 且\ y>0 \tag{11-32}$$

当基础的埋深和截面尺寸确定后，无阶梯型倾覆基础极限倾覆力矩应满足的条件为

$$M_J+ye+yfh_0+\frac{a}{2}x_1f+\frac{a}{2}x_2f\geqslant \gamma_f S_0 H_0$$

$$\frac{2}{3}Eh_0(1-2\theta^3)+ye+yfh_0+\frac{a}{2}x_1f+\frac{a}{2}x_2f\geqslant \gamma_f S_0 H_0$$

整理得

$$\frac{2}{3}Eh_0(1-2\theta^3)+y(e+fh_0)+\frac{a}{2}fE\geqslant \gamma_f S_0 H_0 \tag{11-33}$$

$$E=\frac{1}{2}mb_Jh_0^2$$

$$\theta^2=\frac{\gamma_f S_0+Qf}{2E(1+f^2)}+\frac{1}{2}<1$$

$$b_J=K_0b_0$$

式中　E——被动土抗力总和；

e——地基垂直反力 y 的偏心距，可近似取 $e=0.4a$，m；

f——被动土摩擦系数；

Q——杆塔和基础的全部重力，kN；

b_J——基础受力面的计算宽度；

K_0——基础宽度增大系数；

b_0——基础受力面的实际宽度。

2. 有一个阶梯型倾覆基础

如图 11-14（b）所示，有一个阶梯型倾覆基础倾覆稳定计算简图。

由基础受力平衡方程式$\sum X=0$，$\sum Y=0$，得

$$y=\frac{Q+G-\gamma_f S_0 f}{1+f^2}\leqslant 0.8a_1a_0f_a \quad 且\ y>0 \tag{11-34}$$

式中 y——地基垂直反力；

G——阶梯正上方土的重力，kN；

Q——杆塔和基础的全部重力，kN；

f——被动土摩擦系数；

γ_f——基础附加分项系数，按表 11-1 查取；

a_0——基础侧面的实际宽度，m；

f_a——修正后的地基承载力特征值。

当基础埋深和阶梯截面尺寸确定后，其极限倾覆力矩应满足下式条件

$$\frac{mh_0^3}{3}[a-\theta^3(b+a)]+y(e+fh_0)+\frac{E}{2}\left[(1-\theta^2)fa_1+\theta^2 f\frac{bb_1}{a}\right]\geqslant\gamma_f S_0 H_0 \tag{11-35}$$

$$\theta^2=\frac{[\gamma_f S_0+(Q+G)f]a}{(1+f^2)(a+b)E}+\frac{a}{a+b}<1$$

$$a=\frac{K_0h_0^2-K_0'h_1^2}{h_0^2-h_1^2}a_0$$

$$b=K_0b_0$$

式中 a——基础底板侧面的计算宽度，m；

b——基础柱子受力面的计算宽度，m；

K_0、K_0'——按 h_0/a_0、h_1/a_0 的值确定基础宽度增大系数，按式（11-15）计算或查表 11-5。

【例 11-2】 某线路选用 35A02-Z3 型电杆，电杆根部直径 $D=0.47$m，埋深 $h_0=3$m。已知当地土壤为中砂上，其容重 $\gamma_s=17\text{kN/m}^3$，计算内摩擦角 $\beta=35°$，土压力参数 $m=63\text{kN/m}^3$。大风情况作用在电杆上水平合力设计值 $S_0=7.37$kN，作用点距地面高度 $H_0=14.85$m，试计算电杆基础稳定。

解 （1）计算基础极限抗倾覆力矩。

1）计算基础的计算宽度 b_J。

$$\frac{h_0}{b_0}=\frac{3}{0.47}=6.38$$

$$K_0=1+\frac{2}{3}\xi\tan\beta\cos\left(45°+\frac{\beta}{2}\right)\frac{h_0}{b_0}$$

$$=1+\frac{2}{3}\times 0.38\times\tan 35°\cos\left(45°+\frac{35°}{2}\right)\times 6.38=1.52$$

$$b_J = K_0 b_0 = 1.52 \times 0.47 = 0.71(\text{m})$$

2）计算 μ。

$\eta = \dfrac{H_0}{h_0} = \dfrac{14.85}{3} = 4.95$，根据 η 值查表 11－6 得 $\mu = 11.8$。

3）计算基础极限抗倾覆力矩

$$M_J = \frac{m b_J h_0^3}{\mu} = \frac{63 \times 0.71 \times 3^3}{11.8} = 102.35(\text{kN} \cdot \text{m})$$

$$S_J = \frac{M_J}{H_0} = \frac{102.35}{14.85} = 6.89(\text{kN})$$

4）抗倾覆稳定验算。查 11－1 得基础附加分项系数 $\gamma_f = 1.1$。

$$\gamma_f H_0 S_0 = 1.1 \times 14.85 \times 7.37 = 120.39(\text{kN} \cdot \text{m}) > M_J = 102.35(\text{kN})$$

故需要加卡盘。

（2）加上卡盘后的抗倾覆稳定验算。

1）上卡盘位置 $y_1 = \dfrac{h_0}{3} = \dfrac{3}{3} = 1.0$（m），并选择卡盘截面为 $b \times h = 0.3\text{m} \times 0.2\text{m}$。

2）求 θ。由于

$$F = \frac{\gamma_f S_0 (1 + 3\eta)}{m b_J h_0^2} = \frac{1.1 \times 7.37 \times (1 + 3 \times 4.95)}{63 \times 0.71 \times 3^2} = 0.319$$

查表 11－7 得 $\theta = 0.69$。

3）计算 E。

$$E = \frac{1}{2} m b_J h_0^2 = \frac{1}{2} \times 63 \times 0.71 \times 3^2 = 201.29(\text{kN})$$

4）计算基础的极限抗倾覆力。

$$S_J = E(2\theta^2 - 1) = 201.29 \times (2 \times 0.69^2 - 1) = -9.62(\text{kN})$$

5）计算上卡盘的抗倾覆力 P_K。

$$P_K = \gamma_f S_0 - S_J = 1.1 \times 7.37 - (-9.62) = 17.73(\text{kN})$$

6）计算卡盘长度。

卡盘的截面尺寸为 $b \times h = 0.3\text{m} \times 0.2\text{m}$。

$$l_1 = \frac{P_K}{y_1 (mb + 2\gamma h \tan\beta)} = \frac{17.73}{1.0 \times (63 \times 0.3 + 2 \times 17 \times 0.2\tan 35°)} = 0.749(\text{m})$$

7）卡盘实际长度为

$$l = l_1 + D = 0.749 + 0.47 = 1.22(\text{m})$$

从计算结果可见，用一个卡盘结构不太合理，因此加下卡盘。

（3）加上、下卡盘后的抗倾覆稳定验算。

1）上、下卡盘抗倾覆力的计算。

下卡盘的位置 $y_2 = h_0 - \dfrac{b}{2} = 3.0 - \dfrac{0.3}{2} = 2.85$（m）

上卡盘，有

$$P_A = \frac{(\gamma_f S_0 - S_J)(H_0 + y_2)}{y_2 - y_1} = \frac{(1.1 \times 7.37 - 6.89) \times (14.85 + 2.85)}{2.85 - 1.0}$$
$$= 11.64(\text{kN})$$

下卡盘，有

$$P_B = \frac{(\gamma_f S_0 - S_J)(H_0 + y_1)}{y_2 - y_1} = \frac{(1.1 \times 7.37 - 6.89) \times (14.85 + 1.0)}{2.85 - 1.0} = 10.43(\text{kN})$$

2）卡盘长度计算。

上卡盘，有

$$l_1 = \frac{P_A}{y_1(mb + 2\gamma h \tan\beta)} = \frac{11.64}{1.0 \times (63 \times 0.3 + 2 \times 17 \times 0.2\tan35^\circ)} = 0.49(\text{m})$$

卡盘实际长度为

$$l = l_1 + D = 0.49 + 0.47 = 0.96(\text{m})$$

选择规格为 1.0×0.3×0.2 的卡盘。

下卡盘，有

$$l_2 = \frac{P_B}{y_2(mb + 2\gamma h \tan\beta)} = \frac{10.43}{2.85 \times (63 \times 0.3 + 2 \times 17 \times 0.2\tan35^\circ)} = 0.155(\text{m})$$

卡盘实际长度为

$$l = l_1 + D = 0.155 + 0.47 = 0.625(\text{m})$$

选择规格为 0.8m×0.3m×0.2m 的卡盘。

（4）卡盘强度验算。

由上卡盘规格查得 1.0m×0.3m×0.2m 卡盘单面配置筋为 3ϕ14 的Ⅰ级钢筋，f_y=210N/mm^2，A_s=461mm^2。混凝土等级为 C20 级，f_t=1.1N/mm^2，f_c=9.6N/mm^2。

1）抗弯强度验算。

作用在卡盘的荷载为

$$q = \frac{P_A}{L - D} = \frac{11.64 \times 10^3}{1000 - 470} = 21.96(\text{N/mm})$$

卡盘的弯矩为

$$M = \frac{q(L^2 - D^2)}{8} = \frac{21.96 \times (1000^2 - 470^2)}{8} = 2\ 138\ 630(\text{N} \cdot \text{mm})$$

卡盘需配筋面积为

$$A_s = \frac{M}{0.875 h_0 f_y} = \frac{2\ 138\ 630}{0.875 \times 165 \times 210} = 103.5(\text{mm}^2)$$

实配 A_s=461mm^2，合格。

2）抗剪强度验算。

剪力设计

$$V = \frac{P_A}{2} = \frac{11.64}{2} = 5.82\ (\text{kN})$$

$$0.7 f_t h_0 b = 0.7 \times 1.1 \times 165 \times 300 = 38\ 115(\text{N}) = 38.115(\text{kN}) > V = 5.82(\text{kN})$$

按构造配箍筋。

下卡盘强度验算与上卡盘强度验算方法相同。

第三节　上拔基础的计算

承受上拔力的基础，如直线型铁塔和转角铁塔外侧基础等分体基础、拉线杆塔的拉线盘。此类基础按施工方法分为大开挖基础和掏挖基础。大开挖基础施工因基础周围土壤受到破坏，在计算上拔稳定时不考虑土的摩擦阻力，只计算基础本身自重及上拔倒截四棱土锥台的重量以抵抗上拔力，计算中采用土重法。掏挖基础因基础周围土壤保持原状，不受到破坏，在计算上拔稳定时除计算基础本身自重及上拔倒截四棱土锥台的重量，同时还要考虑土的摩擦阻力，计算中采用剪切法。

一、拉线盘的计算

根据地质条件，拉线盘埋入土中的深度 h_0 有两种情况，图 11 - 15（a）所示为浅埋，图 11 - 15（b）所示为深埋。

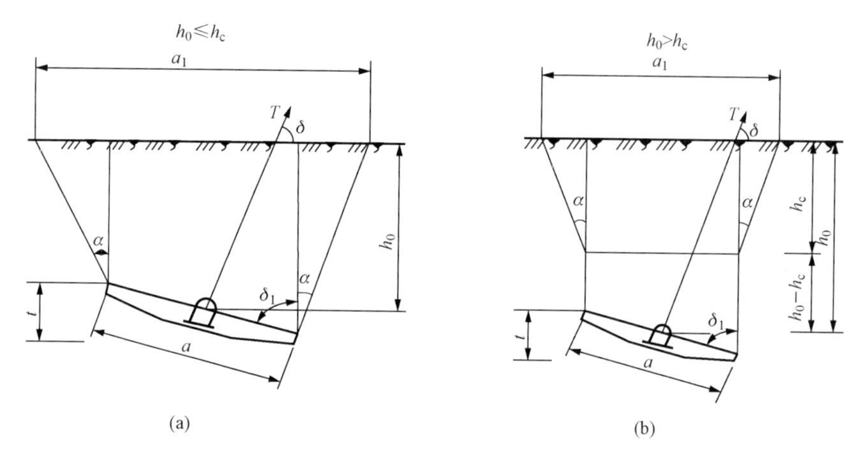

图 11 - 15 拉线盘计算简图

（a）浅埋；（b）深埋

由图 11 - 15 可知，拉线斜向受力为 T，T 可分解为垂直分力 $N_y = T\sin\delta$ 和水平分力 $N_x = T\cos\delta$，其中 δ 为拉线与地面的夹角，一般 $\delta \geqslant 45°$，不超过 60°。

1. 拉线盘上拔稳定计算

拉线盘计算极限抗拔力需满足上拔的稳定安全条件有

$$\gamma_f N_y \leqslant V_T \gamma_s + Q \tag{11 - 36}$$

式中 N_y——作用于基础顶面的设计上拔力，kN；

γ_f——基础附加分项系数，查表 11 - 1；

V_T——埋深 h_0 抗拔土的体积；

γ_s——土的计算容重；

Q——拉线盘自重 kN，$Q = V_h \gamma_h$（V_h 为拉线盘的体积，γ_h 为混凝土的容重）。

（1）当 $h_0 \leqslant h_c$（h_c 为回填土抗上拔临界深度）时。

如图 11 - 16 所示，上拔土锥体为四棱倒截土锥台，体积可分为四部分来计算，即

$$\begin{aligned} V_T &= V_1 + 2V_2 + 4V_3 + 2V_4 \\ &= h_0 ba\sin\delta_1 + 2 \times \frac{1}{2} h_0\ a\sin\delta_1 \times h_0 \tan\alpha + 2 \times \frac{1}{2} h_0\ b \times h_0 \tan\alpha \\ &\quad + 4 \times \frac{1}{3} h_0 \times h_0 \tan\alpha \times h_0 \tan\alpha \\ &= h_0 \left[ba\sin\delta_1 + (a\sin\delta_1 + b)\ h_0 \tan\alpha + \frac{4}{3} h_0^2 \tan^2\alpha \right] \end{aligned} \tag{11 - 37}$$

（2）当 $h_0>h_c$（h_c 为回填土抗上拔临界深度）时，有

$$V_T=h_c\left[ba\sin\delta_1+(a\sin\delta_1+b)h_c\tan\alpha+\frac{4}{3}h_c^2\tan^2\alpha\right]+ab(h_0-h_c)\sin\delta_1 \tag{11-38}$$

式中　δ_1——拉线盘上平面与铅垂方向的夹角，当拉线与拉线盘上平面垂直时 $\delta_1=\delta$；

α——土的计算上拔角；

a、b——拉线盘的短边和长边；

h_0——基础埋深；

h_c——回填土抗上拔临界深度，查表 11-9。

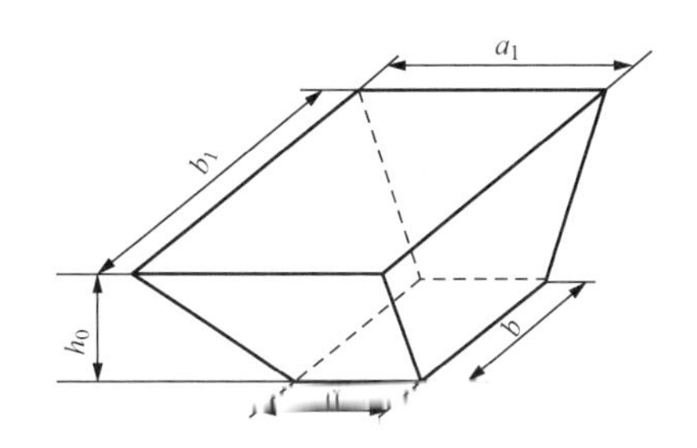

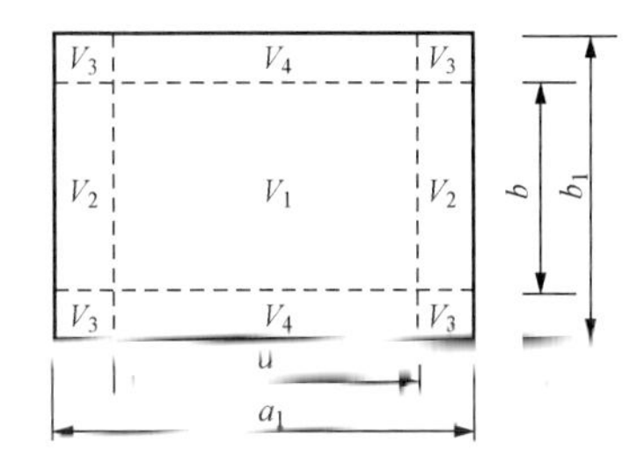

图 11-16　倒截土锥体

表 11-9　**土重法临界深度 h_c**

土的名称	土的天然状态	基础上拔临界深度 h_c	
		圆形底	方形底
砂土类、粉土	密实～稍密	2.5D	3.0B
黏土	坚硬～硬塑	2.0D	2.5B
	可塑	1.5D	2.0B
	软塑	1.2D	1.5B

注　1. 长方形底板当长边 b 与短边 a 之比不大于 3 时，取 $D=0.6(b+a)$。

2. 土的状态按天然状态确定。

3. B 为方形的边长。

2. 拉线盘水平方向的稳定验算

抵抗拉线盘水平方向位移的力由两方面组成。

（1）在拉线水平分力 N_x 的作用下，使拉线盘沿拉线方向水平移动，这时拉线盘侧面产生的被动土抗力为

$$x_1=mh_0tb=\gamma_s\tan^2\left(45^\circ+\frac{\beta}{2}\right)h_0tb$$

式中　m——被动土压系数；

h_0——拉线盘埋设深度，m；

t——拉线盘的计算厚度，$t=a\cos\delta_1$，m；

b——拉线盘长边宽度，m；

γ_s——土壤计算容重；

β——土的计算内摩擦角，(°)。

（2）由垂直分力 N_y 产生水平抗力为

$$T_1 = N_y f = N_y \tan\beta = T\sin\delta\tan\beta$$

式中　f——地基土与基础面的摩擦系数，$f=\tan\beta$。

综合水平抗力及水平稳定条件为

$$x = x_1 + T_1 \geqslant \gamma_f N_x \quad (11-39)$$

式中　γ_f——抗倾覆稳定基础附加分项系数；

x_1——拉线盘侧面产生的被动土抗力；

N_x——作用于基础侧面的设计水平力。

3. 拉线盘强度计算

（1）抗弯承载力计算。如图 11-17 为拉线盘配筋图。基础在土反力的作用下，在两个方向都要发生弯曲，所以两方向都要配筋。钢筋面积按两个方向的最大弯矩分别进行计算。

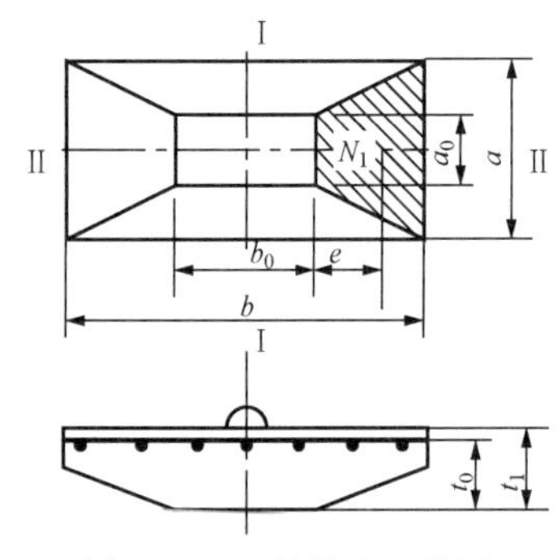

图 11-17　拉线盘配筋图

对Ⅰ-Ⅰ截面处的外力矩为

$$M_{\mathrm{I}} = N_t e = gAe$$

拉线盘平放时　　$g = \dfrac{N_y}{ab}$

拉线盘斜放时　　$g = \dfrac{T}{ab}$

$$A = \frac{1}{2}(a+a_0)\frac{b-b_0}{2} = \frac{(a+a_0)(b-b_0)}{4}$$

$$e = \frac{1}{3}\left(\frac{b-b_0}{2}\right)\left(\frac{2a+a_0}{a+a_0}\right)$$

式中　g——单位面积上的土反力，$\mathrm{N/m^2}$；

A——阴影梯形面的面积，$\mathrm{m^2}$；

e——梯形面积的重心，m。

将 g、A、e 的计算式代入 M_{I} 计算式得

$$M_{\mathrm{I}} = \frac{N_y}{24ab}(b-b_0)^2(2a+a_0) \quad (11-40)$$

同理，对Ⅱ-Ⅱ截面处的外力矩为

$$M_{\mathrm{II}} = \frac{N_y}{24ab}(a-a_0)^2(2b+b_0) \quad (11-41)$$

钢筋的面积计算式为

$$\left.\begin{aligned} A_s &= \frac{M_{\mathrm{I}}}{0.875 t_0 f_y} \\ A_s &= \frac{M_{\mathrm{II}}}{0.875 t_0 f_y} \end{aligned}\right\} \quad (11-42)$$

式中　M_{I}、M_{II}——Ⅰ-Ⅰ、Ⅱ-Ⅱ截面的设计弯矩；

t_0——截面有效高度；

f_y——钢筋强度设计值；

0.875——由经验得出的内力臂系数。

当拉线盘尺寸及配筋为已知时，可按下式验算拉线盘抗拔力。

根据Ⅰ-Ⅰ截面的外力矩等于内力矩，即

$$\frac{N_y}{24ab}(b-b_0)^2(2a+a_0)=0.865t_0A_sf_y$$

解得拉线盘允许抗上拔力为

$$N_y=\frac{21abt_0A_sf_y}{(b-b_0)^2(2a+a_0)} \tag{11-43}$$

同理得Ⅱ-Ⅱ截面处拉线盘允许抗上拔力为

$$N_y=\frac{21abt_0A_sf_y}{(a-a_0)^2(2b+b_0)} \tag{11-44}$$

为了便于选用和估算材料，将拉线盘的常用规格列于表 11-10 中。

表 11-10　钢筋混凝土拉线盘的常用规格

规格 $a\times b\times t_1$ (m×m×m)	质量 (kg)	体积 (m³)	钢筋（HPB235）		允许拉力 (kN)
			数量	质量（kg）	
0.3×0.6×0.20	80	0.032	4φ8/4φ10	10.5	94
0.4×0.8×0.20	135	0.054	6φ8/6φ10	11.6	100
0.5×1.0×0.20	210	0.084	7φ8/6φ12	14.6	122
0.6×1.2×0.20	300	0.110	8φ8/8φ12	19.0	136
0.7×1.4×0.20	410	0.165	11φ8/8φ14	28.2	161
0.8×1.6×0.20	540	0.234	13φ8/8φ14	31.3	141
0.9×1.8×0.25	695	0.290	15φ8/8φ14	34.5	162
1.0×2.0×0.25	855	0.356	15φ8/10φ14	41.9	182
1.1×2.2×0.25	1170	0.490	17φ8/10φ14	46.1	166

注　1. 表中允许拉力为拉线盘的强度计算值。
2. 表中钢筋数量栏内，分子表示宽方向的钢筋量，分母表示长方向的钢筋量。
3. 混凝土等级为 C20 级。

（2）抗剪承载力计算。拉线盘在剪力作用下，符合

$$V\leqslant 0.7f_tbt_0$$

式中　V——剪力设计值；
f_t——混凝土抗拉强度设计值；
b——截面宽度；
t_0——截面有效高度。

【例 11-3】　某拉线直线杆塔，拉线拉力设计值 $T=120$kN，埋深 2.5m，选择拉线盘规格为 0.6m×1.2m×0.2m，如图 11-18 所示。拉线盘自重 $Q=3$kN，拉线与地面夹角 $\delta=50°$，拉线盘上平面与铅垂方向的夹角 $\delta_1=\delta=50°$，土壤为可塑的黏性土，地面有 0.3m 的耕土层。验算其上拔及水平稳定和强度。

解　（1）基本参数。

上拔力：$N_y=T\sin\delta=120\sin50°=92$（kN）；

水平力：$N_x=T\cos\delta=120\cos50°=77$（kN）；

基础附加分项系数：$\gamma_f=1.1$；

土的计算容重：$\gamma_s=16\text{kN/m}^3$；

上拔角：$\alpha=20°$；

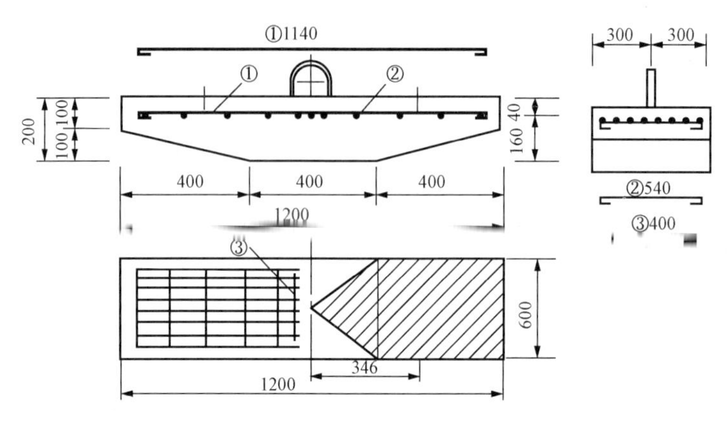

图 11 - 18　拉线盘钢筋布置图

土压力参数：$m=48\text{kN/m}^3$；

计算内摩擦角：$\beta=30^\circ$。

（2）上拔稳定验算。

上拔深度为

$$h_0 = 2.5-0.3 = 2.2(\text{m})$$

临界深度为

$$b/a = 1.2/0.6 = 2 < 3$$

查表 11 - 9，又因 $D=0.6(b+a)$，则

$$h_c = 1.5D = 1.5\times0.6\times(1.2+0.6) = 1.62(\text{m}) < h_0 = 2.2(\text{m})$$

采用式（11 - 37）计算抗拔土的体积 V_T 为

$$V_T = h_0\left[ba\sin\delta_1 + (a\sin\delta_1 + b)\ h_0\tan\alpha + \frac{4}{3}h_0^2\tan^2\alpha\right] + ab(h_0 - h_c)\sin\delta_1$$

$$=2.2\times\left[1.2\times0.6\sin50^\circ + (0.6\sin50^\circ + 1.2)\times2.2\tan20^\circ + \frac{4}{3}\times2.2^2\tan^2 20^\circ\right]$$

$$+0.6\times1.2\times(2.2-1.62)\sin50^\circ$$

$$=6.01+0.32 = 6.33(\text{m}^3)$$

$$\gamma_f N_y = 1.1\times92 = 101.2(\text{kN}) < V_T\gamma_s + Q = 6.33\times16+3 = 104.3(\text{kN})$$

故上拔验算合格。

（3）水平稳定验算。

被动土抗力为

$$x_1 = mh_0bt = 48\times2.2\times1.2\times0.6\cos50^\circ = 48.87(\text{kN})$$

由垂直分力 N_y 产生水平抗力为

$$T_1 = N_y f = N_y\tan\beta = T\sin\delta\tan\beta = 120\sin50^\circ\tan30^\circ = 53.07(\text{kN})$$

$$x = x_1 + T_1 = 48.87+53.07 = 102.0(\text{kN}) \geqslant \gamma_f N_x = 1.1\times77 = 84.7(\text{kN})$$

故水平验算合格。

（4）强度验算。

由拉线盘规格查得 0.6m×1.2m×0.2m 拉线盘长边配置筋为 8ϕ12 的 HPB235 钢筋，$f_y=210\text{N/mm}^2$，$A_s=904\text{mm}^2$。混凝土等级为 C20 级，$f_t=1.1$，$f_c=9.6\text{N/mm}^2$。

1）作用在拉线盘上单位面积的力为

$$q=\frac{t}{ab}=\frac{120\times10^3}{600\times1200}=0.17(\mathrm{N/mm^2})$$

2）弯矩为

$$M=qAe=0.17\times(400\times600+200\times300)\times346=17\ 646\ 000(\mathrm{N\cdot mm})$$

3）配筋的为

$$A_s=\frac{M}{0.875h_0f_y}=\frac{17.646\times10^6}{0.875\times570\times210}=168.5(\mathrm{mm^2})<A_s=904(\mathrm{mm^2})$$

故合格。

二、大开挖基础上拔稳定计算

大开挖基础上拔稳定应满足稳定安全条件的要求，即

$$\gamma_f T_{Ey}\leqslant\gamma_E\gamma_{\delta1}(V_t-\Delta V-V_0)\gamma_s+Q_f \tag{11-45}$$

式中　γ_f——基础附加分项系数，查表11-1。

T_{Ey}——基础上拔力设计值，kN。

γ_E——水平力影响系数，根据水平力N_E与上拔力T_E的比值按表11-11确定。

$\gamma_{\delta1}$——基础刚性角影响系数，当刚性角$\delta<45°$时，取$\gamma_{\delta1}=0.8$，当刚性角$\delta\geqslant45°$时，取$\gamma_{\delta1}=1.0$。

γ_s——土壤的计算容重。

Q_f——基础自重。

ΔV——相邻基础重复部分土的体积，按式（11-50）～式（11-53）计算。

V_0——h_0深度内的基础体积，m^3。

V_t——深度h_0内土和基础的体积，m^3。

表11-11　水平荷载影响系数γ_E

水平力H_E与上拔力T_E的比值	水平荷载影响系数γ_E
0.15～0.40	1.0～0.9
0.40～0.70	0.9～0.8
0.70～1.00	0.8～0.75

1. 深度h_0内土和基础体积计算

（1）当$h_0\leqslant h_c$时，如图11-19（a）所示。

方形底板，有

$$V_t=h_0\left(B^2+2Bh_0\tan\alpha+\frac{4}{3}h_0^2\tan^2\alpha\right) \tag{11-46}$$

圆形底板，有

$$V_t=\frac{\pi}{4}h_0\left(D^2+2Dh_0\tan\alpha+\frac{4}{3}h_0^2\tan^2\alpha\right) \tag{11-47}$$

（2）当$h_0>h_c$时，如图11-19（b）所示。

方形底板，有

$$V_t=h_c\left(B^2+2Bh_c\tan\alpha+\frac{4}{3}h_c^2\tan^2\alpha\right)+B^2(h_0-h_c) \tag{11-48}$$

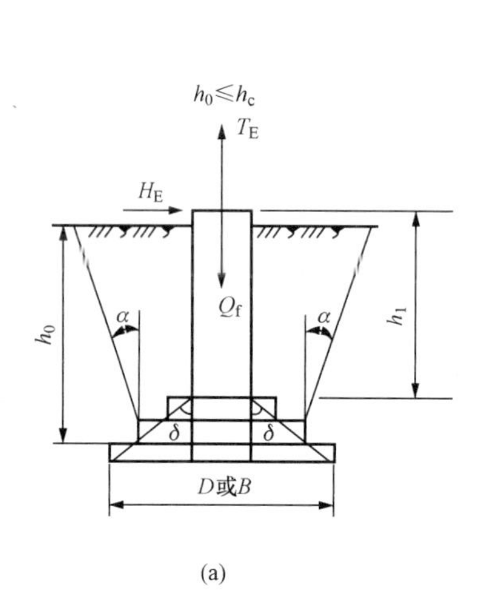

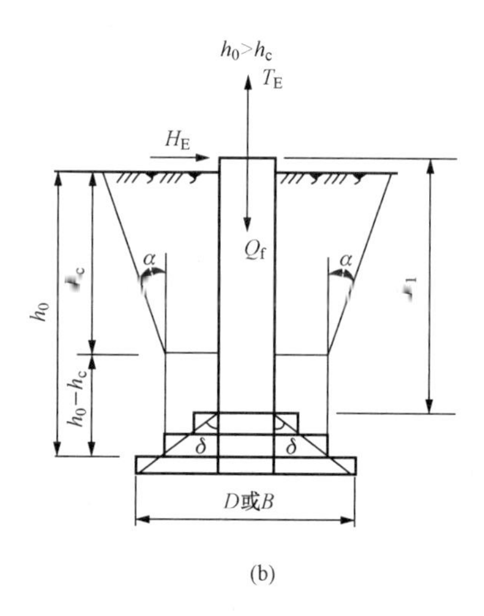

图 11-19　单个上拔基础

（a）$h_0 \leqslant h_c$；（b）$h_0 > h_c$

圆形底板，有

$$V_t = \frac{\pi}{4}\left[h_c\left(D^2 + 2Dh_c\tan\alpha + \frac{4}{3}h_c^2\tan^2\alpha\right) + D^2(h_0 - h_c)\right] \tag{11-49}$$

式中　B——方形底板边长；

D——圆形底板直径；

h_0——基础埋深；

α——土的计算上拔角；

h_c——回填土的临界深度，查表 11-9。

2. 相邻基础重复部分土的体积计算

当相邻基础同时受上拔力，两柱中间距离 $L < B + 2h_0\tan\alpha$ 时，则计算上拔土锥体的体积时，应减去其重叠部分土的体积 ΔV，如图 11-20 所示。ΔV 按下述条件计算。

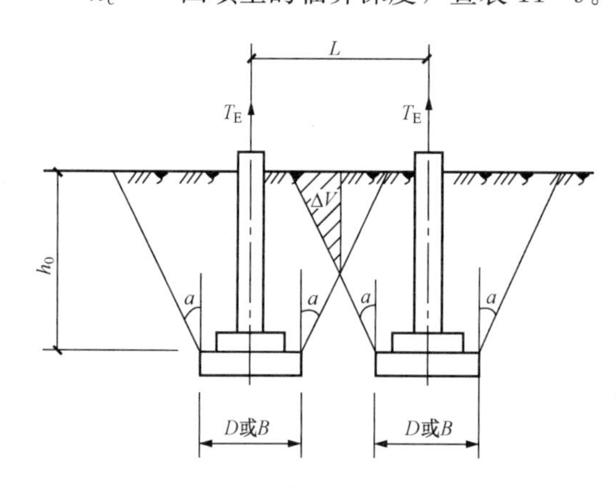

图 11-20　两相邻上拔基础计算简图

（1）正方形底板，当 $L < B + 2h_0\tan\alpha$ 时，有

$$\Delta V = \frac{(B + 2h_0\tan\alpha - L)^2}{24\tan\alpha}(2B + 4h_0\tan\alpha + L) \tag{11-50}$$

（2）长方形底板，当 $L < b + 2h_0\tan\alpha$ 或 $L < l + 2h_0\tan\alpha$ 时，有

$$\Delta V = \frac{(b + 2h_0\tan\alpha - L)^2}{24\tan\alpha}(3l + 4h_0\tan\alpha + L - b) \tag{11-51}$$

或

$$\Delta V = \frac{(l + 2h_0\tan\alpha - L)^2}{24\tan\alpha}(3b + 4h_0\tan\alpha + L - l) \tag{11-52}$$

（3）圆形底板，当 $L<D+2h_0\tan\alpha$ 时，有

$$\Delta V=\frac{(D+2h_0\tan\alpha)^2}{12}\left(\frac{D}{2\tan\alpha}+h_0\right)K_V \tag{11-53}$$

式中 B——正方形底板边长；

b、l——长方形底板的短边和长边；

D——底板直径；

K_V——土重法圆形底板相邻上拔基础影响系数，按表 11-12 查取。

表 11-12　土重法圆形底板相邻上拔基础影响系数

$L/(D+2h_0\tan\alpha)$	1.0	0.9	0.8	0.7	0.6	0.5	0.4	0.3	0.2
K_V	0	0.02	0.05	0.10	0.33	0.35	0.55	0.85	1.0

注　当 $h_0>h_c$ 时，取 $h_0=h_c$。

三、掏挖基础上拔稳定计算

1. 上拔稳定计算

上拔稳定计算公式为

$$\gamma_f T_E \leqslant \gamma_E \gamma_{\delta1} R_T \tag{11-54}$$

（1）当 $h_0\leqslant h_c$ 时，如图 11-21（a）所示。

$$R_T=\frac{A_1ch_0^2+A_2\gamma_s h_0^3+\gamma_s(A_3h_0^3-V_0)}{2.0}+Q_f \tag{11-55}$$

（2）当 $h_0>h_c$ 时，如图 11-21（b）所示。

$$R_T=\frac{A_1ch_c^2+A_2\gamma_s h_c^3+\gamma_s(A_3h_c^3+\Delta V-V_0)}{2.0}+Q_f \tag{11-56}$$

式中 γ_f——基础的附加分项系数，查表 11-1；

T_E——基础上拔力设计值，kN；

γ_E——水平力影响系数，根据水平力 H_E 与上拔力 T_E 的比值按表 11-11 确定；

$\gamma_{\delta1}$——基础刚性角影响系数，当刚性角 $\delta>45°$ 时，取 $\gamma_{\delta1}=1.2$，当刚性角 $\delta\leqslant45°$ 时，取 $\gamma_{\delta1}=1.0$；

R_T——基础单向抗拔承载力设计值，kN；

γ_s——基础底面以上土的计算容重，按表 11-2 取值；

D——圆形底板直径，m；

C——按饱和不排水剪或相当于饱和不排水剪方法确定的土体黏聚力，按表 11-13～表 11-15 确定，kN/m^2；

h_0——基础的上拔埋置深度，m；

h_c——基础上拔临界深度，按表 11-16 取值；

A_1、A_2、A_3——无因子计算系数，由抗拔土体滑动面形态，内摩擦角 φ 和基础深径比 λ（h_0/D）确定，按附录 O 确定；

V_0——h_0 深度范围内基础体积，m^3；

ΔV——h_0～h_c 范围内柱状滑动面体积，m^3；

Q_f——基础自重力。

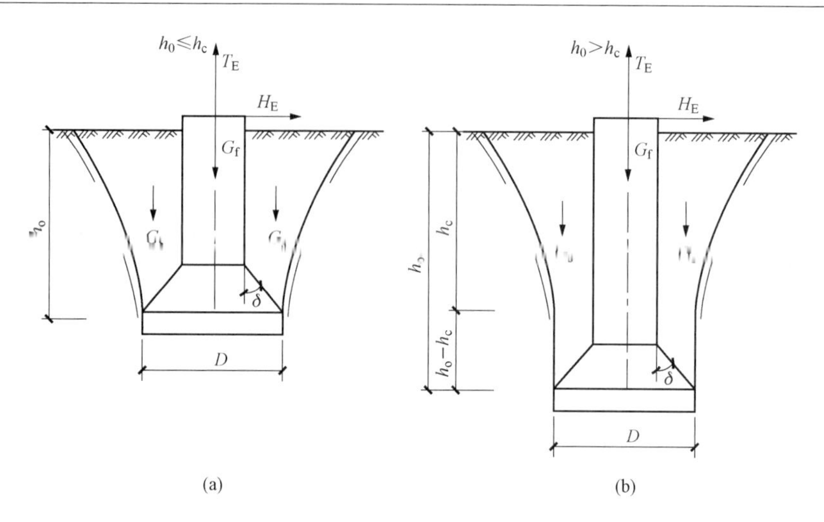

图 11-21 剪切法计算上拔稳定图

(a) $h_0 \leqslant h_c$；(b) $h_0 > h_c$

表 11-13 砂类土内摩擦角 φ

序号	土名	密实度（孔隙比 e 小者取大值）		
		密实	中密	稍密
1	砾砂、粗砂	45°～40°	40°～35°	35°～30°
2	中砂	40°～35°	35°～30°	30°～25°
3	细砂、粉砂	35°～30°	30°～25°	25°～20°

表 11-14 一般黏性土及粉土凝聚力 C 和内摩擦角 φ

序号	土壤名称	塑性指标（I_L）	剪切应力	天然孔隙比 e					
				0.6	0.7	0.8	0.9	1.0	1.1
1	粉土	3	C（kN/m²）	18	10				
			φ	31°	30°				
2		5	C（kN/m²）	28	20	13			
			φ	28°	27°	26°			
3		7	C（kN/m²）	38	30	22			
			φ	25°	24°	23°			
4		9	C（kN/m²）	47	38	31	24		
			φ	22°	21°	20°	19°		
5	粉质黏土	11	C（kN/m²）	54	45	38	31	24	
			φ	20°	19°	18°	17°	15°	
6		13	C（kN/m²）	59	51	43	36	30	
			φ	18°	17°	16°	15°	13°	
7		15	C（kN/m²）	62	55	48	41	34	27
			φ	16°	15°	14°	13°	11°	9°
8		17	C（kN/m²）	66	58	51	43	37	31
			φ	14°	13°	12°	11°	10°	8°

续表

序号	土壤名称	塑性指标（I_L）	剪切应力	天然孔隙比 e					
				0.6	0.7	0.8	0.9	1.0	1.1
9	黏土	19	C（kN/m^2）	68	60	52	45	38	32
			φ	13°	12°	11°	10°	8°	6°

表 11-15　　黏性土 C、φ 值

序号	按液性指标（I_L）分类	硬塑	可塑	软塑
1	C（kN/m^2）	40～50	30～40	20～30
2	φ	15°～10°	10°～5°	5°～0°

表 11-16　　剪切法基础上拔临界深度 h_c（m）

土的名称	土的状态	基础上拔临界深度 h_c
碎石，粗、中砂	密实～稍密	（4.0～3.0）D
细、粉砂、粉土	密实～稍密	（3.0～2.5）D
黏性土	坚硬～可塑	[illegible]
	可塑～软塑	（2.5～1.5）D

注　计算上拔时的临界深度 h_c，即为土体整体破坏的计算深度。

2. 软塑黏性土上拔稳定计算

当基础埋入软塑黏性原状土中且基础上拔埋置深度 h_0 大于基础上拔临界深度 h_c 时，上拔稳定应符合下式要求，即

$$\lambda_f T_E \leqslant 8D^2C + Q_f \tag{11-57}$$

式中　D——基础底面直径。

3. 相邻基础影响系数的确定

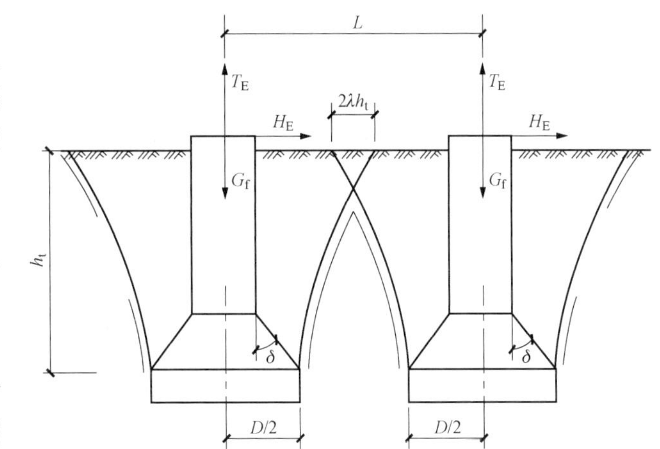

图 11-22　相邻上拔基础剪切法计算简图

尺寸相同的相邻基础，同时作用设计上拔力时，当采用如图 11-22 所示的计算简图并按式（11-54）计算上拔稳定时，公式右侧各项计算总和应乘以相邻基础影响系数 γ_{E2}、γ_{E2} 按表 11-17 确定。

表 11-17　　相邻基础影响系数 γ_{E2}

相邻上拔基础中心距离 L（m）	影响系数 γ_{E2}	相邻上拔基础中心距离 L（m）	影响系数 γ_{E2}
$L \geqslant D + 2\lambda h_0$ 或 $L \geqslant D + 2\lambda h_c$	1.0	$L = D$ 和 $3.0D < h_0$ 或 $h_c \leqslant 4.0D$	0.55
$L = D$ 和 h_0 或 $h_c \leqslant 2.5D$	0.7	$D + 2\lambda h_0$ 或 $D + 2\lambda h_c > L > D$	按插入法确定
$L = D$ 和 $2.5D < h_0$ 或 $h_c \leqslant 3.0D$	0.65		

注　λ—与相邻抗拔土体剪切面有关的系数，当 $h_0 \geqslant D$ 时，按表 11-18 查取。

L—相邻上拔基础中心的距离（m）。

表 11 - 18　与相邻抗拔土体剪切面有关的系数 λ

上体的内摩擦角 φ	相邻抗拔土体剪切面有关的系数 λ	上体的内摩擦角 φ	相邻抗拔土体剪切面有关的系数 λ
45°	0.65	20°	0.50
40°	0.60	10°	0.45
30°	0.55	0°	0.40

【例 11 - 4】 设计条件为：

（1）土壤参数：粉质黏性土可塑，其塑性指数 $I_p=13$，液性指数 $I_L=0.5$，孔隙比 $e=0.8$，计算容重 $\gamma_s=16\text{kN/m}^3$，扰动土厚度 300mm。

（2）作用在基础上的荷载设计值：上拔力 $T_E=435\text{kN}$，水平力 $T_x=34\text{kN}$，$T_y=25\text{kN}$，下压力 $N_E=360\text{kN}$，水平 $N_x=40.0\text{kN}$，$N_y=15\text{kN}$，根开 $L=6\text{m}$。

（3）材料：混凝土采用 C20；采用 HPB300 钢筋。

（4）基础型式：为掏挖式基础（图 11 - 23 所示），基础体积 $V_0=2.97\text{m}^2$，基础自重 $G_f=71.28\text{kN}$，试用剪切法进行上拔稳定计算。

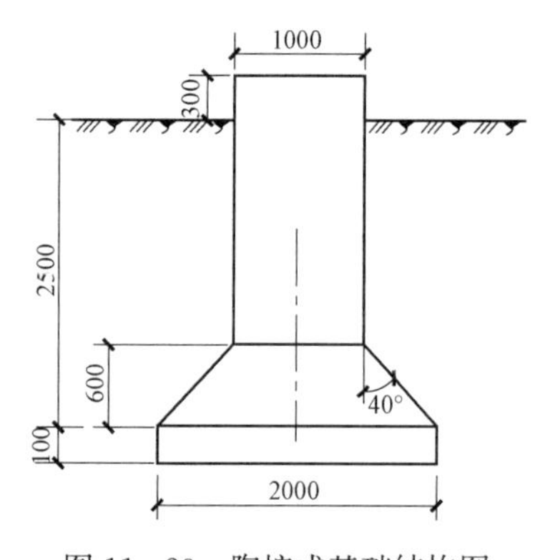

图 11 - 23　陶挖式基础结构图

解　（1）由塑性指数 $I_p=13$，孔隙比 $e=0.8$，查表 11 - 4 得内摩擦角 $\varphi=16°$，凝聚力 $C=43\text{kN/m}^2$。查表 11 - 18 得 $\lambda=0.48$，$h_0=2500-300=2200$（mm）

$h_0=2200<h_c=2.5D=2.5\times2000=5000$（mm），查

表 11 - 17，得 $L=6000>D+2\lambda h_0=2000+2\times0.48\times2200=4112$（mm），相邻基础影响系数 $\gamma_{E2}=1.0$。

（2）粉质黏性土可塑，$h_0=2200<h_c=2.5D=2.5\times2000=5000$（mm），按式（11 - 55）计算基础单向抗拔承载力设计值。

（3）计算 R_T。

已知凝聚力 $C=43\text{kN/m}^2$，$\lambda=h_0/D-2200/2000=1.1$，黏性土抗上拔土体滑动面形状参数 $n=4$，土的内摩擦角 $\varphi=16°$，查附录 O 得 $A_1=4.052$，$A_2=0.478$，$A_3=1.357$。

$$R_T=\frac{A_1ch_0^2+A_2\gamma_sh_0^3+\gamma_s(A_3h_0^3-V_0)}{2.0}+Q_f$$

$$=\frac{4.052\times43\times2.2^2+0.478\times16\times2.2^3+16\times(1.357\times2.2^3-2.97)}{2.0}+71.28$$

$$=(843.30+81.44+183.67)/2.0+71.28=625.48(\text{kN})$$

（4）验算。

查表 11 - 1 得基础附加分项系数 $\gamma_f=1.1$，$\dfrac{H_E}{T_E}=\dfrac{\sqrt{T_x^2+T_y^2}}{T_E}=\dfrac{\sqrt{34^2+25^2}}{240}=0.18$；

表 11 - 11 得 $\gamma_E=1.0$；$\gamma_{\delta1}$ 为基础刚性角影响系数，当刚性角 $\delta=40°$，取 $\gamma_{\delta1}=1.0$。

$$\gamma_fT_E\leqslant\gamma_E\gamma_{\delta1}R_T$$

$$1.1\times435=478.5<1.0\times1.0\times625.48=625.48(\text{kN})$$

基础上拔稳定满足要求。

四、钢筋混凝土基础主柱的强度计算

钢筋混凝土基础主柱强度计算，当主柱埋于回填土基坑内并与底板固接时，可不考虑侧向土压力对内力计算的影响。

1. 矩形截面钢筋混凝土柱的强度计算

钢筋混凝土矩形截面柱为双向偏心受拉（双向拉弯）构件（见图 11-24），其正截面采用双向对称配筋时，纵向受力钢筋截面面积计算公式为

$$A_s \geqslant 2T_E\left(\frac{1}{2}+\frac{e_{0x}}{Z_x}+\frac{e_{0y}}{Z_y}\right)\frac{\gamma_{ag}}{f_y} \tag{11-58}$$

$$A_{sy} \geqslant 2T_E\left(\frac{n_y}{n}+\frac{2e_{0y}}{n_x Z_y}+\frac{e_{0x}}{Z_x}\right)\frac{\gamma_{ag}}{f_y} \tag{11-59}$$

$$A_{sx} \geqslant 2T_E\left(\frac{n_x}{n}+\frac{2e_{0x}}{n_y Z_x}+\frac{e_{0y}}{Z_y}\right)\frac{\gamma_{ag}}{f_y} \tag{11-60}$$

式中 A_s——正截面的全部纵向钢筋截面面积，m^2；

A_{sx}——正截面平行于 X 轴两侧钢筋的截面面积，m^2；

A_{sy}——正截面平行于 Y 轴两侧钢筋的截面面积，m^2；

e_{0x}——T_E 沿 X 轴方向的偏心距；

e_{0y}——T_E 沿 Y 轴方向的偏心距；

Z_x——平行于 Y 轴两侧纵向钢筋截面面积重心间距，m；

Z_y——平行于 X 轴两侧纵向钢筋截面面积重心间距，m；

n——截面内纵向钢筋总根数；

n_x——平行于 X 轴方向一侧钢筋根数；

n_y——平行于 Y 轴方向一侧钢筋根数；

γ_{ag}——钢筋配筋调整系数，$\gamma_{ag}=1.1$。

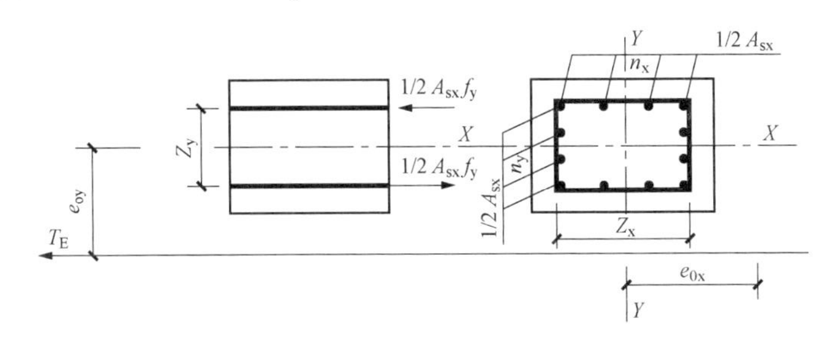

图 11-24 矩形截面双向偏心受拉正截面承载力计算简图

2. 圆形截面钢筋混凝土柱的强度计算

钢筋混凝土圆形截面柱偏心受拉（拉弯）构件（见图 11-25），其正截面受力钢筋沿周边均匀地布置在整个截面中。

（1）当 e_0 大于计算截面中心至纵向钢筋截面中心距离 1/2（$e_0>r_s/2$）时，纵向受力钢筋截面面积计算公式为

$$A_s = \gamma_{bg} a_1 \frac{A_h f_c}{f_y} \tag{11-61}$$

式中 γ_{bg}——钢筋配筋调整系数，$\gamma_{bg}=1.28$；

A_h——计算截面的混凝土面积；

f_c——混凝土轴心抗压强度设计值；

f_y——受拉区钢筋强度设计值；

a_1——按式（11-62）～式（11-64）确定。

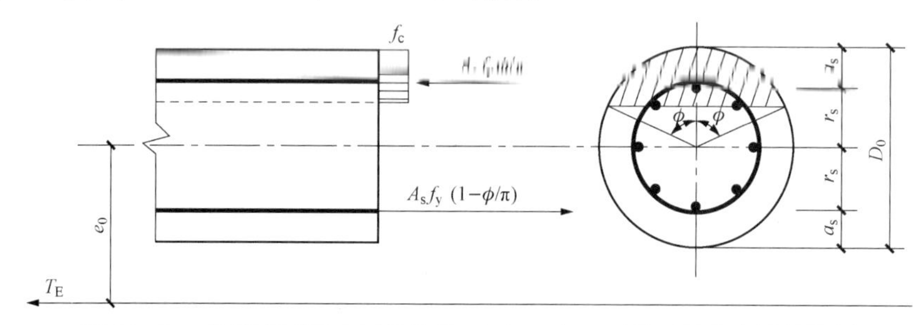

图 11-25　圆形截面偏心受拉构件（$e_0>r_s/2$）正截面承载力计算简图

$$\left[a_1\left(1-\frac{2\phi}{\pi}\right)-\frac{\phi}{\pi}+\frac{\sin2\phi}{2\pi}\right]\frac{e_0}{D_0}-a_1\left(\frac{D_0-2a_s}{D_0}\right)\frac{\sin\phi}{\pi}-\frac{\sin^3\phi}{3\pi}=0 \tag{11-62}$$

$$n_1\frac{e_0}{D_0}-a_1\left(\frac{D_0-2a_s}{D_0}\right)\frac{\sin\phi}{\pi}-\frac{\sin^3}{3\pi}=0 \tag{11-63}$$

$$n_1=\frac{0.86T_E}{A_hf_c} \tag{11-64}$$

当 $e_0/D_0=0.25\sim4.0$，$a_s=0.05D_0\sim0.1D_0$ 时，a_1 可按图 11-26 查取。

式中 a_s 截面边缘至纵向钢筋截面中心的距离，m。

（2）当 e_0 不大于计算截面中心至纵向钢筋截面中心距离 1/2（$e_0\leqslant r_s/2$）时，纵向受力钢筋截面面积按下列公式计算：

1）当不考虑钢筋应力塑性分布时（见图 11-27）

$$A_s=\frac{1.1T_E}{f_y}\left(1+\frac{2.0e_0}{\gamma_s}\right) \tag{11-65}$$

2）当考虑钢筋应力塑性分布时（见图 11-28）

$$A_s=\frac{1.1T_E}{f_y}\left(1+\frac{1.25e_0}{\gamma_s}\right) \tag{11-66}$$

式（11-62）、式（11-63）、式（11-65）和式（11-66）中的符号如图 11-25 所示。

五、混凝土基础主柱的强度计算

混凝土受拉构件（见图 11-29）的正截面强度计算式为

$$\frac{T_E}{A_h}+\frac{M_s}{\gamma_1W_0}\leqslant0.59f_t \tag{11-67}$$

式中　M_s——作用在计算截面 $X-X$ 上的弯矩（N·m）；

A_h——计算截面混凝土面积，m^2；

W_0——混凝土计算截面弹性抵抗矩，m^3；

γ_1——受拉区混凝土塑性影响系数，矩形截面时取 $1.55(0.7+120/h)$，圆形截面时取 $1.60(0.7+60/r)$；

h——截面高度，当 $h<400$mm 时取 $h=400$mm，当 $h>1600$mm 时取 $h=1600$mm；

f_t——混凝土的轴心抗拉强度设计值。

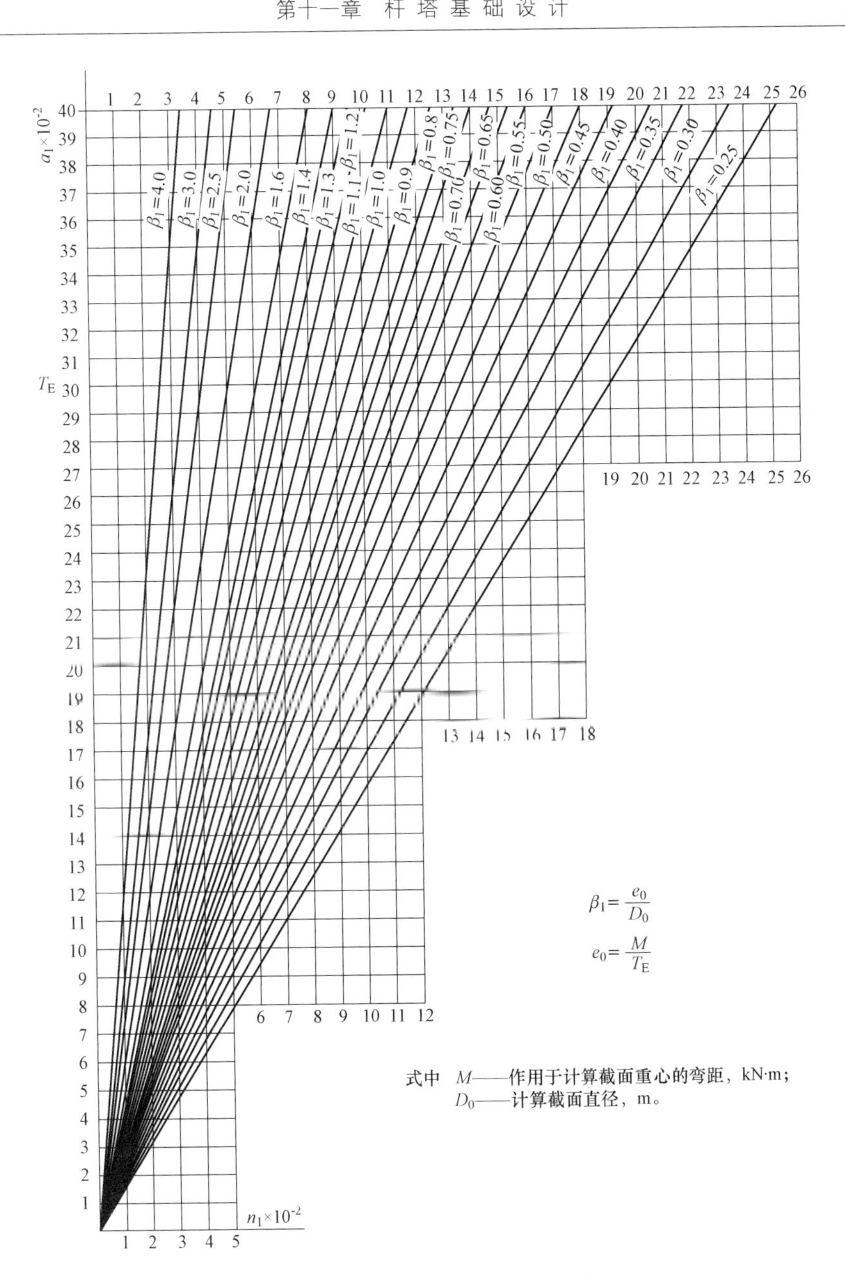

图 11-26　$a_1=(n_1, \beta_1)$ 关系图

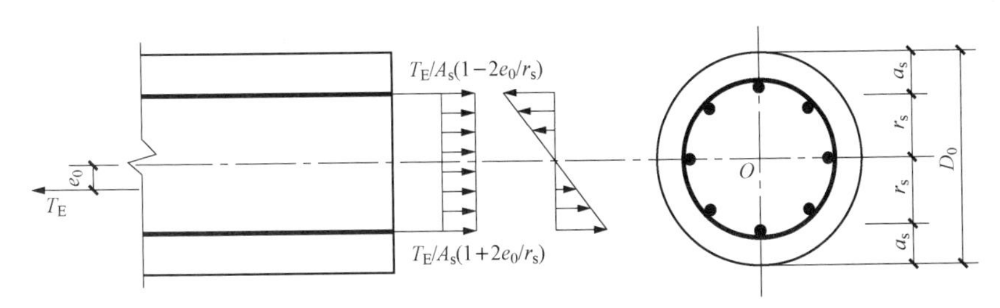

图 11-27　圆形截面偏心受拉构件（$e_0\leqslant r_s/2$）正截面承载力（不考虑塑性分布）计算简图

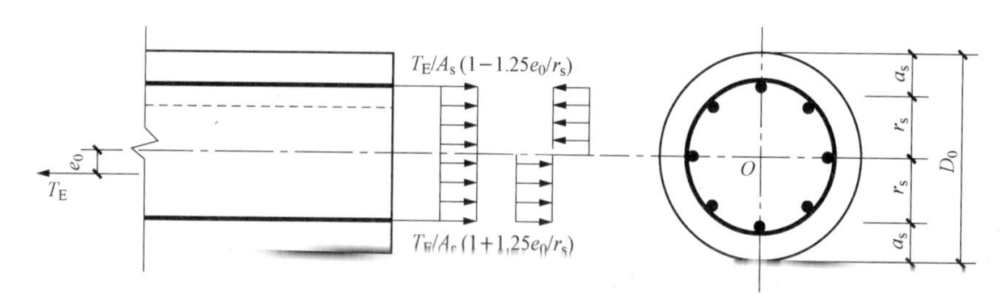

图 11-28　圆形截面偏心受拉构件（$e_0 \leqslant r_s/2$）正截面承载力（考虑塑性分布）计算简图

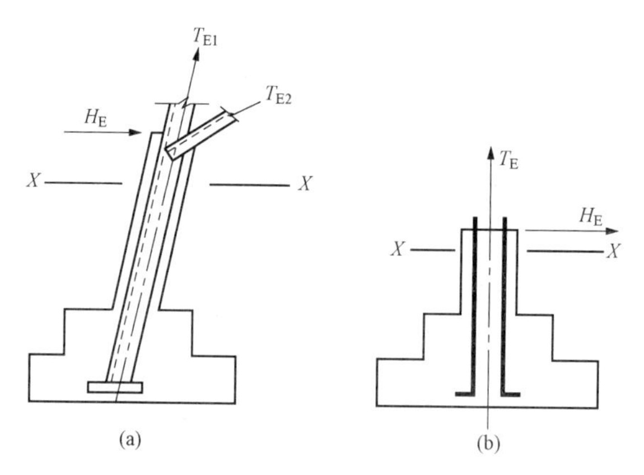

图 11-29　混凝土基础主柱正截面承载力计算简图

（a）塔脚主材锚入底板中；（b）地脚螺栓锚入底板中

第四节　下压基础的计算

承受下压力的基础有两种：一种是经常承受下压力的基础，如转角杆塔内角侧基础，带拉线的直线型、终端杆塔基础，钢筋混凝土电杆的底盘；另一种是承受反复载荷，即基础有时承受上拔力，有时承受下压力，如不带拉线的直线型杆塔。对此类基础要进行上拔和下压两种情况的稳定计算。

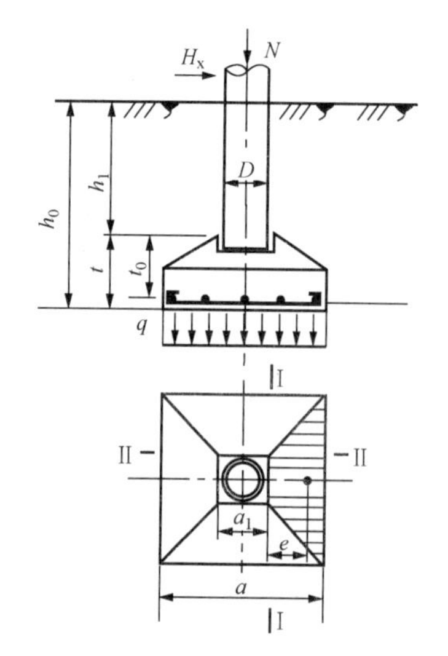

图 11-30　电杆底盘计算简图

一、电杆底盘计算

底盘常作为钢筋混凝土电杆承压基础。如图 11-30 所示，由于电杆坐落在预制的底盘上，杆柱与底盘间无连接，在结构上称为“简支”，所以，在计算上假设它不承受水平力和弯矩，按轴心受压基础计算。

1. 抗压承载力的计算

（1）底盘底面压应力为

$$P=\frac{N+\gamma_G G}{A} \tag{11-68}$$

式中　P——基础底面处的平均应力设计值；

N——基础上部结构传至基础的竖向压力设计值；

γ_G——永久荷载分项系数；

G——基础自重和基础上方土重；

A——底盘的面积。

（2）抗压承载力验算。

底盘底面的压应力应符合下列要求

$$P \leqslant f_a/\gamma_{rf} \tag{11-69}$$

式中　f_a——修正后的地基承载力特征值，按本章第一节所述计算；

γ_{rf}——地基承载力调整系数，宜取 $\gamma_{rf}=0.75$。

2. 底盘强度计算

（1）抗弯承载力计算。基础底部的压应力可看作底盘底面积的匀布荷载，即 $q=\dfrac{N+\gamma_G G}{A}$。图 11-30 所示截面Ⅰ-Ⅰ的弯矩为

$$M_{\text{I}} = qAe \tag{11-70}$$

$$A = \frac{1}{4}(a^2 - a_1^2)$$

式中　A——带阴影线的梯形面积；

a_1——梯形短边长，一般和电杆腿直径相近，按电杆直径折算，$a_1=\sqrt{\dfrac{\pi}{4}D^2}$；

e——梯形面积形心点至计算截面Ⅰ-Ⅰ的距离，$e=\dfrac{1}{6}\dfrac{(a-a_1)(2a+a_1)}{a+a_1}$。

将 q、e 代入式（11-70）得

$$M_{\text{I}} = \frac{q}{24}(a-a_1)^2(2a+a_1)$$

底盘配筋面积仍采用卡盘配筋截面面积公式计算，即

$$A_s = \frac{M}{0.875 t_0 f_y} \tag{11-71}$$

式中　t_0——底盘的有效高度。

为便于选用和估计材料，将底盘的常用规格列于表 11-19 中。

表 11-19　　底 盘 的 常 用 规 格

规格 $a\times b\times t_1$ (m×m×m)	质量 (kg)	体积 (m^3)	钢筋（HPB235）		允许力 (kN)
			数量	质量（kg）	
0.6×0.6×0.18	156	0.065	12ϕ10	6.0	110
0.8×0.8×0.18	277	0.115	16ϕ10	9.6	120
1.0×1.0×0.21	448	0.187	20ϕ10	14.0	140
1.2×1.2×0.21	597	0.249	24ϕ10	17.4	150
1.4×1.4×0.24	904	0.377	28ϕ10	25.8	180

注　1. 表中允许压力为底盘的强度计算值。

2. 混凝土为 C20 级。

（2）抗剪承载力计算。底盘在剪力作用下，符合以下条件

$$V \leqslant 0.7 f_t b t_0 \tag{11-72}$$

式中 V——剪力设计值；

f_t——混凝土抗拉强度设计值；

b——截面宽度；

t_0——截面有效高度。

二、下压基础的计算

铁塔基础一般做成混凝土阶梯式刚性基础和混凝土板式柔性基础。

混凝土阶梯式刚性基础，每一台阶高度，一般在300～600mm之间为宜，如图11-31所示。所谓刚性基础是按照扩大结构的刚性角，增加基础宽度，使阶梯式基础形成正锥形的基础（如图11-31上的虚线所示），这样基础抗压强度较大，体积也较小，底板可以不计算配筋，施工方便，但不承受拉力和弯矩。为避免刚性材料被拉裂，设计要求阶梯基础外伸宽度 b' 与基础阶梯总高度 H_1 的比值有一定限度，即

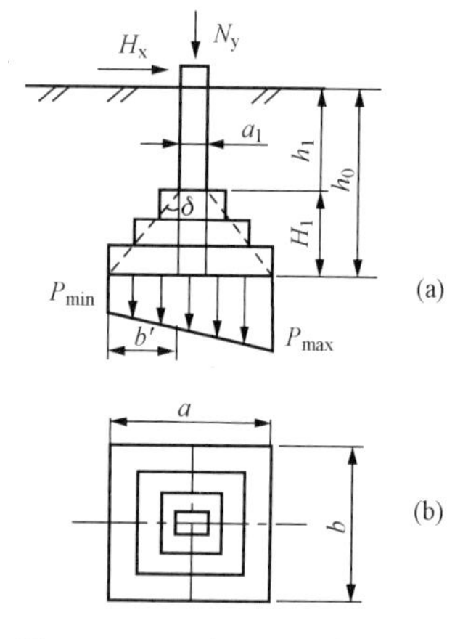

图11-31 下压基础计算简图
（a）应力分布图；（b）底板结构图

$$\frac{b'}{H_1} \leqslant \left[\frac{b'}{H_1}\right] = \tan\delta \tag{11-73}$$

式中 b'——阶梯基础外伸宽度；

H_1——阶梯总高度；

δ——刚性角，混凝土刚性角为34°～45°；

$\left[\frac{b'}{H_1}\right]$——宽高比允许值，混凝土宽高比允许值为1∶1～1∶1.5。

确定基础底面宽度的计算式为

$$a \leqslant a_1 + 2b'$$
$$a \leqslant a_1 + 2H_1\tan\delta \tag{11-74}$$

式中 a——基础底面宽度；

a_1——柱子的宽度，与铁塔座板尺寸有关。

1. 抗压承载力验算

（1）基础底面压应力。

阶梯基础要承受垂直力（中心压力）和水平力（偏心压力），偏心受压又分为受单向弯矩作用和受双向弯矩作用两种情况。根据作用力的不同，底面边缘压应力的分布有梯形（见图11-31）和三角形（见图11-32）。

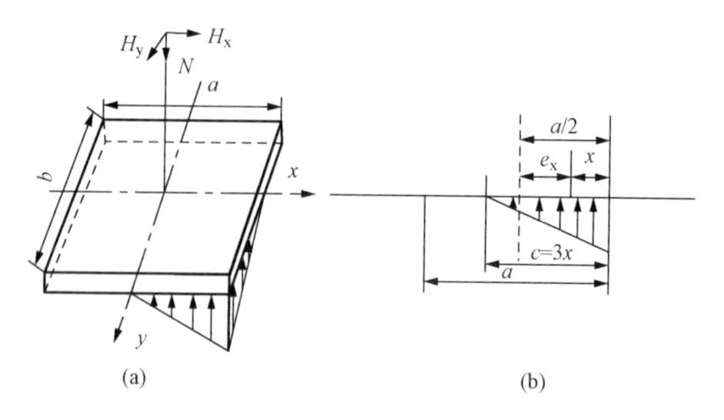

图11-32 底面边缘的压应力分布为三角形
（a）应力分布图；（b）应力分布宽度计算图

1）当轴心荷载作用时，有

$$P = \frac{N + \gamma_G G}{A} \tag{11-75}$$

式中符号含义与式（11-68）相同。

2）当偏心荷载作用基础底面边缘的压应力分布为梯形时$\left(e_x<\frac{a}{6}\right)$，有单向弯矩作用时，如图 11-31 所示，基础底面边缘的压应力为梯形，其计算式为

$$\left.\begin{aligned}P_{max}&=\frac{N+\gamma_G G}{A}+\frac{M_x}{W_y}\\P_{min}&=\frac{N+\gamma_G G}{A}-\frac{M_x}{W_y}\end{aligned}\right\}\tag{11-76}$$

式中 M_x——由水平力 H_x 产生的弯矩，$M_x=H_x h_0$；

W_y——对 y 轴的抗弯截面模量，$W_y=\frac{ba^2}{6}$；

其他符号含义与式（11-68）相同。

双向弯矩作用时，有

$$\left.\begin{aligned}P_{max}&=\frac{N+\gamma_G G}{A}+\frac{M_x}{W_y}+\frac{M_y}{W_x}\\P_{min}&=\frac{N+\gamma_G G}{A}-\frac{M_x}{W_y}-\frac{M_y}{W_x}\end{aligned}\right\}\tag{11-77}$$

式中 $M_y=H_y h_0$；$W_x=\frac{ab^2}{6}$；其余与式（11-75）相同。

3）当偏心荷载作用基础底面边缘的压应力分布为三角形时$\left(e_x>\frac{a}{6}\right)$，如图 11-32（a）所示。

单向弯矩作用时，有

$$P_{max}=\frac{2(N+\gamma_G G)}{Cb}\tag{11-78}$$

式中 C——压应力分布计算宽度［见图 11-32（b）］，$C=3\left(\frac{a}{2}-e_x\right)$，$e_x=\frac{M_x}{N+\gamma_G G}$。

双向弯矩作用时，有

$$P_{max}=0.35\,\frac{(N+\gamma_G G)}{C_x C_y}\tag{11-79}$$

式中 C_x——压应力计算宽度，$C_x=\frac{a}{2}-\frac{M_x}{N+\gamma_G G}$；

C_y——压应力计算宽度，$C_y=\frac{b}{2}-\frac{M_y}{N+\gamma_G G}$。

工程中设计受压基础时，一般不宜出现压应力呈三角形分布，除非基础底宽受到限制时才采用。基底压应力分布不出现三角形分布的条件是

$$\left.\begin{aligned}a&>6e_x\\b&>6e_y\end{aligned}\right\}\tag{11-80}$$

（2）抗压承载力验算。

1）当轴心荷载作用时，有

$$P\leqslant f_a/\gamma_{rf}\tag{11-81}$$

2）当偏心荷载作用时，有

$$P\leqslant 1.2f_a/\gamma_{rf}\tag{11-82}$$

式中　f_a——修正后的地基承载力特征值，按本章第一节所述计算；

γ_{rf}——地基承载力调整系数，宜取 $\gamma_{rf}=0.75$。

2. 基础底板的承载力计算

如果阶梯式基础已将它设计为刚性基础，在阶梯 H_1 段不须配筋；当阶梯式基础设计为柔性基础时，对基础底板要进行配筋计算。

(1) 抗弯承载力计算。矩形截面受压时弯矩的计算：

单偏心受压时［见图 11 - 33 (a)］，有

$$\left.\begin{aligned} M_1 &= \frac{\sigma_{max}+\sigma_1}{48}(b-b')^2(2l+l') \\ M_{11} &= \frac{\sigma_{max}+\sigma_{min}}{48}(l-l')^2(2b+b') \end{aligned}\right\} \tag{11 - 83}$$

双偏心受压时［见图 11 - 33 (b)］，有

$$\left.\begin{aligned} M_1 &= \frac{\sigma'_{max}+\sigma'_1}{48}(b-b')^2(2l+l') \\ M_{11} &= \frac{\sigma''_{max}+\sigma''_{min}}{48}(l-l')^2(2b+b') \end{aligned}\right\} \tag{11 - 84}$$

$$\sigma_{max}=\frac{N_{v0}}{bl}+\frac{M}{W},\quad \sigma_{min}=\frac{N_{v0}}{bl}-\frac{M}{W}$$

$$\sigma'_{max}=\frac{N_{v0}}{bl}+\frac{M_x}{W_y}$$

$$\sigma''_{max}=\frac{N_{v0}}{bl}+\frac{M_y}{W_x}$$

式中　σ_{max}、σ_{min}——基础底面边缘处，由轴向力 N_{v0} 和弯矩 M 产生的最大和最小地基净反力，kV；

N_{v0}——作用于基础底面的纵向压力，不包括基础底板和其上部土的重力，kN；

σ'_{max}——基础底面边缘处，由轴向力 N_{v0} 和弯矩 M_x 产生最大地基净反力，kN/m^2；

σ''_{max}——基础底面边缘处，由轴向力 N_{v0} 和弯矩 M_y 产生最大地基净反力，kN/m^2；

σ_1、σ_c——基础底板截面 1—1 和基柱边处，由轴向力 N_{v0} 和弯矩 M 产生地基净反力，kN/m^2；

σ'_1、σ'_c——基础底板截面 1—1 和柱边处，由轴向力 N_{v0} 和弯矩 M_x 产生地基净反力，kN/m^2；

σ''_1、σ''_c——基础底板截面 2—2 和柱边处，由轴向力 N_{v0} 和弯矩 M_y 产生地基净反力，kN/m^2；

b_1、l_1——基础底板处基柱截面的宽度和长度，圆形和环形基柱时 $b_1=l_1=0.707D$，m；

b、l——基础底面的宽度和长度，m；

b'、l'——1—1、2—2 截面的宽度和长度，m。

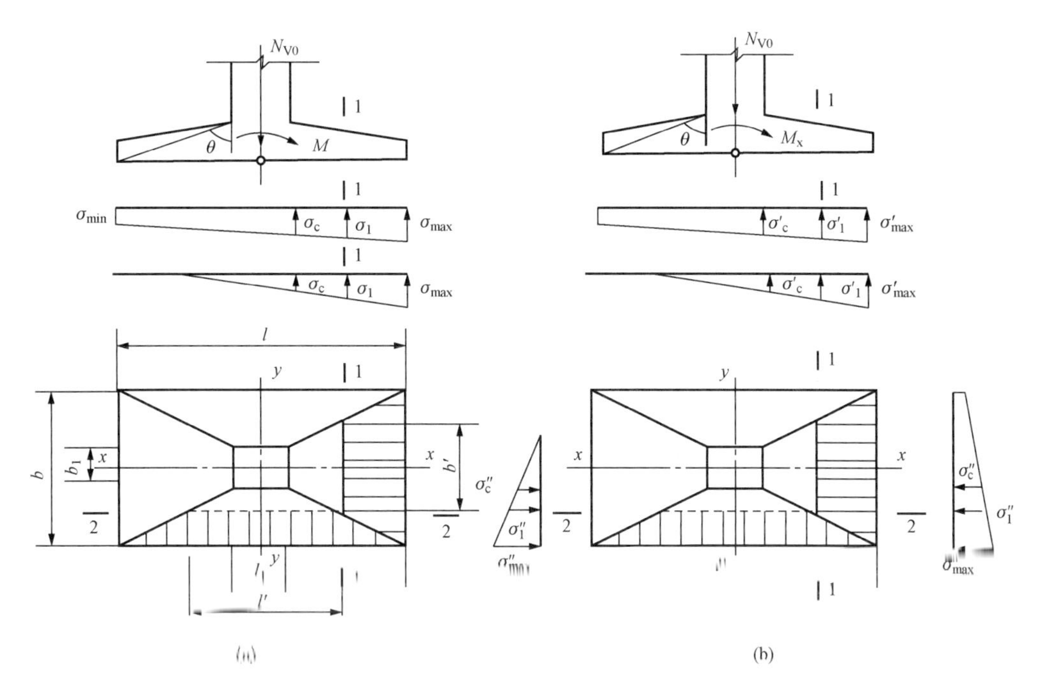

图 11-33 矩形底板内力计算简图

(a) 单向偏心受压；(b) 双向偏心受压

(2) 抗剪承载力计算。如图 11-34 所示，基础底板在基柱荷载作用下，将沿基柱周边或阶梯高度变化处发生冲切破坏，形成 45°斜裂面的角锥体，冲切力计算式为

$$V_c = A_l\sigma_t \tag{11-85}$$

$$A_l = A_{AGHF} - (A_{BGC} + A_{DHE}) = \left(\frac{l}{2} - \frac{a_t}{2} - h_0\right)b - \left(\frac{b}{2} - \frac{b_t}{2} - h_0\right)^2$$

式中 A_l——冲切验算时取用的部分基础底面积，如图 11-34 中阴影面积 $ABCDEF$；

σ_t——扣除基础自重及其上方土重后相应于荷载效应基本组合时的地基土单位面积净反力设计值，对偏心受压基础可取基础边缘处最大地基土单位面积净反力。

冲切承载力应满足以下公式

$$V_c \leqslant 0.7\beta_{np} f_t b_m h_0 \tag{11-86}$$

$$b_m = \frac{b_t + b_b}{2} = \frac{b_t + (b_t + 2h_0)}{2} = b_t + h_0$$

式中 β_{np}——受冲切承载力截面高度影响系数，当 $h \leqslant 800$mm 时，β_{np} 取 1.0；当 $h \geqslant 2000$mm 时，β_{np} 取 0.9，其间按线性内插法取用。

f_t——混凝土抗拉强度设计值。

b_m——冲切破坏锥体最不利一侧计算边长。

h_0——基础冲切破坏锥体的有效高度。

其他相关符号如图 11-34 所示。

【例 11-5】 设计条件如下：

(1) 土壤参数：土壤为黏土可塑，其计算容重 $\gamma_s = 16\text{kN/m}^3$，上拔角 $\alpha = 20°$，计算内摩擦角 $\beta = 30°$，承载力特征值 $f_a = 263\text{kN/m}^2$。

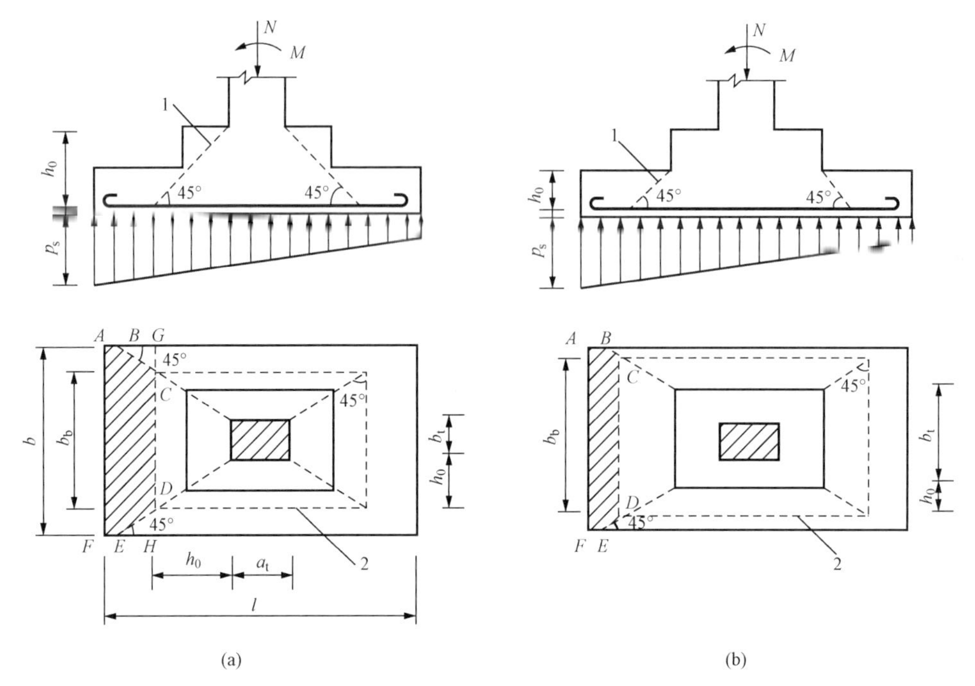

图 11-34 基础冲切破坏计算图

（a）基柱与基础交接处；（b）基础交接处

1—冲切破坏锥体最不利一侧的斜截面；2—冲切破坏锥体的底面线

（2）某直线型铁塔，正常运行大风无冰情况下作用在基础上的荷载设计值，上拔力 $T_E=250$kN，水平力 $T_x=20$kN，$T_y=19$kN，下压力 $N_E=360$kN，水平 $N_x=40.0$kN；$N_y=15$kN，根开 $L=6$m。

（3）材料：混凝土采用 C20；采用 HPB300 钢筋。

（4）基础型式：阶梯刚性基础（图 11-35 所示），基础柱子段尺寸为 $a_1=600\text{mm}\times600\text{mm}$。试确定基础的尺寸，并进行上拔、下压稳定计算和柱子强度计算。

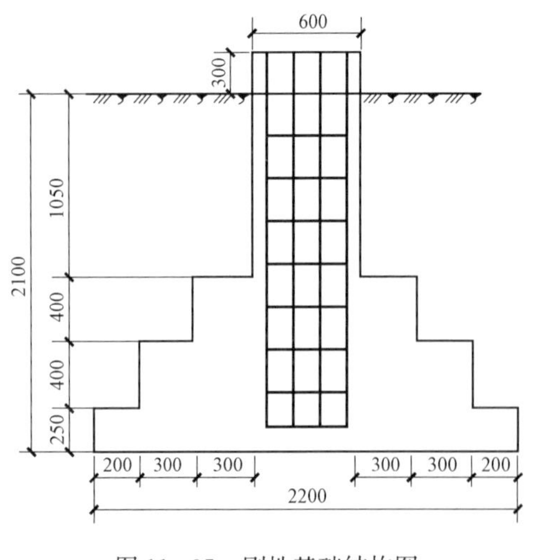

图 11-35 刚性基础结构图

解 （1）确定基础尺寸。

先假定阶梯高和风性角分别为

$$H_1=300\times3=900\ (\text{mm})$$

$$\delta=40^\circ$$

则 $1:1.5<\tan40^\circ=\dfrac{b'}{H_1}<1:1$

$$b'=H_1\tan\delta=900\tan40^\circ=755\ (\text{mm})$$

底边宽度 $B=600+2\times755=2110$（mm），取 $B=2200$mm，$H_1=1050$mm，则基础埋深为

$$h_0=2100-250=1850(\text{mm})$$

基础结构尺寸如图 11-35 所示。

（2）上拔稳定验算。

$L=6000>B+2h_0\tan\delta=2200+2\times1850\times\tan40°=5035$（mm），不计相邻基础重复部分土的体积。

土壤条件为黏土可塑，查表 11-9 得，$h_c=2.0B$。

$h_0=1850<h_c=2.0B=2\times2200=4400$，按式（11-46）计算上拔土的体积

$$V_t=h_0\left(B^2+2Bh_0\tan\alpha+\frac{4}{3}h_0^2\tan^2\alpha\right)$$

$$=1.85\times\left(2.2^2+2\times2.2\times1.85\tan20°+\frac{4}{3}\times1.85^2\tan^2 20°\right)$$

$$=17.54(\mathrm{m}^3)$$

基础体积 $V_0=3.32\mathrm{m}^3$，基础重量 $Q_f=79.68\mathrm{kN}$

查表 11-1 得 $\gamma_f=0.9$，$\dfrac{H_E}{T_E}=\dfrac{\sqrt{T_x^2+T_y^2}}{T_E}=\dfrac{\sqrt{20^2+19^2}}{250}=0.11$，查表 11-11 得 $\gamma_E=1.0$，刚性角 $\delta=40°<45°$，取 $\gamma_{\delta1}=0.8$。

$$\gamma_f N_y\leqslant\gamma_E\gamma_{\delta1}(V_t-\Delta V-V_0)\gamma_s+Q_f$$

$$0.9\times250=225<1.0\times0.8\times(17.54-3.32)\times16+79.68=261.7(\mathrm{kN})$$

上拔稳定满足要求。

（3）承载力计算（下压稳定计算）。

基础上方土重和基础重

$$G=(B_2h_0-V_0)\gamma_s+Q=(2.20^2\times1.85-3.32)\times16+79.68=169.82(\mathrm{kN})$$

$$M_x=N_xh_0=40\times2.4=96(\mathrm{kN\cdot m})$$

偏心矩 $e_x=\dfrac{M_x}{N+\gamma_G G}=\dfrac{96}{360+1.2\times189.18}=0.163(\mathrm{m})<a/6=2.2/6=0.367(\mathrm{m})$

压力为梯形分布

$$P_{max}=\frac{N+\gamma_G G}{A}+\frac{M_x}{W_x}+\frac{M_y}{W_y}$$

$$=\frac{360+1.2\times169.82}{2.2\times2.2}+\frac{40\times2.4}{\dfrac{2.2^3}{6}}+\frac{15\times2.4}{\dfrac{2.2^3}{6}}=190.86(\mathrm{kN/m^2})$$

地基承载力设计值 f_a。

土壤为黏土可塑，且基础宽度小于 3，查表 11-3 得 $\eta_d=1.0$，取 $\gamma_{rf}=0.75$。

$$f_a=f_{ak}+\eta_b\gamma(b-3)+\eta_d\gamma_s(h_0-0.5)$$

$$=263+1.0\times16\times(1.85-0.5)$$

$$=284.6(\mathrm{kN/m^2})$$

$$P_{max}=190.86<1.2f_a/\gamma_{rf}=1.2\times284.6/0.75=455.36(\mathrm{kN/m^2})$$

$$P=\frac{N+\gamma_G G}{A}=\frac{360+1.2\times169.82}{2.2\times2.2}=116.48(\mathrm{kN/m^2})<f_a/\gamma_{rf}$$

$$=284.6/0.75=379.47(\mathrm{kN/m^2})$$

基础承载力满足要求。

（4）柱子配筋计算。

主柱为矩形截面双向偏心受拉构件，正截面按双向对称配筋，纵向钢筋截面积按下列公式计算

$$A_s \geqslant 2T_E\left(\frac{1}{2}+\frac{e_{0x}}{Z_x}+\frac{e_{0y}}{Z_y}\right)\frac{\gamma_{ay}}{f_y}$$

$$A_{sy} \geqslant 2T_E\left(\frac{n_y}{n}+\frac{2e_{0y}}{n_x Z_y}+\frac{e_{0x}}{Z_x}\right)\frac{\gamma_{ay}}{f_y}$$

$$A_{sx} \geqslant 2T_E\left(\frac{n_x}{n}+\frac{2e_{0x}}{n_y Z_x}+\frac{e_{0y}}{Z_y}\right)\frac{\gamma_{ay}}{f_y}$$

拟定柱子截面内配置 12 根 ϕ16 钢筋，保护层取 $C=40$mm。C20 混凝土，HPB300 钢筋分别查附录 C 表 C-2、附录 D 表 D-2 得 $f_t=1.0\text{N/mm}^2$，$f_y=270\text{N/mm}^2$，钢筋配筋调整系数 $\gamma_{ag}=1.1$。

$$e_{0x}=\frac{M_x}{T_E}=\frac{T_x h}{T_E}=\frac{20\times1350}{250}=108(\text{mm})$$

$$e_{0y}=\frac{M_y}{T_E}=\frac{T_y h}{T_E}=\frac{19\times1350}{250}=103(\text{mm})$$

$$Z_x=Z_y=(600-2\times40)-16=504(\text{mm})$$

$$A_s \geqslant 2T_E\left(\frac{1}{2}+\frac{e_{0x}}{Z_x}+\frac{e_{0y}}{Z_y}\right)\frac{\gamma_{ay}}{f_y} \geqslant 2\times250\times10^3\times\left(\frac{1}{2}+\frac{108}{504}+\frac{103}{504}\right)\times\frac{1.1}{270}\geqslant 1870\text{mm}^2$$

$$A_{sy} \geqslant 2T_E\left(\frac{n_y}{n}+\frac{2e_{0y}}{n_x Z_y}+\frac{e_{0x}}{Z_x}\right)\frac{\gamma_{ay}}{f_y} \geqslant 2\times250\times10^3\times\left(\frac{4}{12}+\frac{2\times103}{4\times504}+\frac{108}{504}\right)\times\frac{1.1}{270}\geqslant 1298\text{mm}^2$$

$$A_{sx} \geqslant 2T_E\left(\frac{n_x}{n}+\frac{2e_{0x}}{n_y Z_x}+\frac{e_{0y}}{Z_y}\right)\frac{\gamma_{ay}}{f_y} \geqslant 2\times250\times10^3\times\left(\frac{4}{12}+\frac{2\times108}{4\times504}+\frac{103}{504}\right)\times\frac{1.1}{270}\geqslant 1288\text{mm}^2$$

$(45f_t/f_y)\%=(45\times1.1/270)\%=0.182\%<0.2\%$，最小配筋 $\rho_{min}=0.2\%$。

为满足截面内钢筋种相同，均按平行 Y 轴两侧计算值配筋。

配筋为 ϕ16，$\rho=(201.1\times4)/600^2=0.22\%>\rho_{min}=0.2\%$，因此正截面配置 12$\phi$16 钢筋 $A_s=2413.2\text{mm}^2$ 符合要求。

（5）基础底板承载力计算。

为了说明柔性底板的计算方法，将本例题基础改为柔性基础，并对底板进行承载力计算（注按下压力和水平力共同作用计算）。

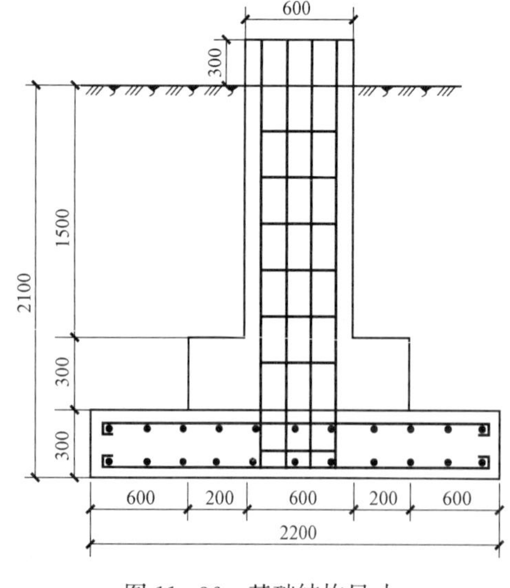

图 11-36 基础结构尺寸

已知条件：基础作用力按正常大风，参数及材料见本题设计条件，基础结构尺寸如图 11-36 所示。

1）抗弯承载力计算

$$\sigma_{max}=\frac{N_{v0}}{bl}+\frac{M}{W}=\frac{N'+\gamma_G(V_1+V_2)\gamma_S}{bl}+\frac{M}{W}$$

$$=\frac{360+1.2\times(0.6^2\times1.8+1.0^2\times0.3)\times24}{2.2\times2.2}+\frac{40\times2.4}{\frac{2.2^3}{6}}=80.02+54.09$$

$$=134.11(\text{kN/m}^2)$$

$$\sigma_{min}=80.02-54.09=25.93(\text{kN/m}^2)$$

柱边截面 $M_1=\dfrac{\sigma_{max}+\sigma_1}{48}(b-b')^2(2l+l')$

$$=\frac{134.11+94.77}{48}\times(2.2-0.6)^2(2\times2.2+0.6)=61.06(\text{kN}\cdot\text{m})$$

变阶截面　$M_1=\frac{\sigma_{max}+\sigma_1}{48}(b-b')^2(2l+l')=\frac{134.11+104.61}{48}\times(2.2-1.0)^2(2\times2.2+1.0)$

$$=41.99(\text{kN}\cdot\text{m})$$

保护层取45mm，纵向钢筋为$\phi10$的HPB300，$f_y=270\text{N/mm}^2$。

柱边截面配筋　$A_s=\frac{M}{0.875h_0f_y}=\frac{61.06\times10^6}{0.875\times550\times270}=469.92(\text{mm}^2)$

变阶截面配筋　$A_s=\frac{M}{0.875h_0f_y}=\frac{41.99\times10^6}{0.875\times250\times270}=710.94(\text{mm}^2)$

最小配筋面积：

柱边截面　$A_s=bh_0\rho_{min}=(1000\times550+2\times600\times250)\times0.2\%=1700(\text{mm}^2)$

变阶截面　$A_s=bh_0\rho_{min}=(2200\times250)\times0.1\%=1100(\text{mm}^2)$

按最小配率计算出配筋面积均大于计算配筋面积，因此按构造要求配筋。

基础底板上、下均按最小配筋率配筋$12\phi14$，$A_s=1845\text{mm}^2>1700\text{mm}^2$。

2）冲切强度计算。

基柱与基础交接处冲切的计算

$$V_c=A_l\sigma_t$$

$$A_l=\left(\frac{l}{2}-\frac{a_t}{2}-h_0\right)b-\left(\frac{b}{2}-\frac{b_t}{2}-h_0\right)^2$$

$$=\left(\frac{2200}{2}-\frac{600}{2}-550\right)\times2200-\left(\frac{2200}{2}-\frac{600}{2}-550\right)^2=487\,500(\text{mm}^2)$$

$$\sigma_t=\frac{N'}{bl}+\frac{M}{W}=\frac{360}{2.2^2}+\frac{40\times2.4}{\frac{2.2^3}{6}}=74.38+54.09=128.47(\text{kN/m}^2)$$

$$V_c=A_l\sigma_t=0.487\,5\times128.47=62.63(\text{kN})$$

$b_m=b_t+h_0=600+550=1150(\text{mm})$，$h<800\text{mm}$，取$\beta_{np}=1.0$。

$0.7\beta_{np}f_tb_mh_0=0.7\times1.0\times1.1\times1150\times550=478.03\text{kN}>V_c=62.63(\text{kN})$，冲切强度满足要求。

第五节　灌注桩基础

灌注桩基础是一种能适应各种地质条件的基础，具有承载力大、稳定性好、耗材少、施工简单等优点，因此在输电杆塔中得到了应用。

一、桩基荷载计算

1. 竖向力

（1）轴心竖向力作用下

$$N_k=\frac{F_k+G_k}{n}\tag{11-87}$$

（2）偏心竖向力作用下

$$N_{ik}=\frac{F_k+G_k}{n}\pm\frac{M_{xk}y_i}{\sum y_i^2}\pm\frac{M_{yk}x_i}{\sum x_i^2}\tag{11-88}$$

2. 水平力

$$H_{ik}=\frac{H_{k}}{n} \tag{11-89}$$

式中 N_{k}——荷载效应标准组合轴心竖向力作用下，基桩或复合基桩的平均竖向力；

F_{k}——荷载效应标准组合下，作用于桩基顶面的竖向力，kN；

G_{k}——桩基承台和承台上土自重标准值，对稳定的地下水位以下部分应扣除水的浮力，kN；

n——桩基中的桩数；

N_{ik}——荷载效应标准组合偏心竖向力作用下，第 i 基或复合基桩的竖向力，kN；

M_{xk}、M_{yk}——荷载效应标准组合下，作用于承台底面，绕通过桩基形心的 x、y 主轴的力矩，kN·m；

x_{i}、x_{j}、y_{i}、y_{j}——第 i、j 基桩或复合基桩至 y 轴、x 轴的距离，m；

H_{k}——荷载效应标准组合下，作用于桩基承台底面的水平力，kN；

H_{ik}——荷载效应标准组合下，作用于第 i 基桩或复合基桩的水平力，kN。

二、桩基下压承载力验算

桩基竖向承载力计算应符合下列要求。

1. 荷载效应标准组合

（1）轴心竖向力作用下

$$\gamma_{f}N_{k}\leqslant R \tag{11-90}$$

（2）偏心竖向力作用下除满足上式外，尚应满足下式的要求：

$$\gamma_{f}N_{kmax}\leqslant 1.2R \tag{11-91}$$

2. 地震作用效应和荷载效应标准组合

（1）轴心竖向力作用下

$$\gamma_{f}N_{Ek}\leqslant 1.25R \tag{11-92}$$

（2）偏心竖向力作用下除满上式外，尚应满足下式的要求

$$\gamma_{f}N_{Ekmax}\leqslant 1.5R \tag{11-93}$$

式中 N_{k}——荷载效应标准组合轴心竖向力作用下，基桩或复合基桩的平均竖向力，kN；

N_{kmax}——荷载效应标准组合偏心竖向力作用下桩顶最大竖向力，kN；

N_{Ek}——地震作用效应和荷载效应标准组合下，基桩或复合基桩的平均竖向力，kN；

N_{Ekmax}——地震作用效应和荷载效应标准组合下，基桩或复合基桩的最大竖向力，kN；

R——基桩或复合基桩竖向承载力特征值，kN。

三、基桩竖向承载力特征值的计算

1. 单桩竖向承载力标准值的计算

设计采用的单桩下压极限承载力标准值按 DL/T 5219—2014《架空输电线路基础设计技术规程》规定确定。当根据土的物理指标与承载力参数之间的经验关系，确定单桩竖向极限承载力标准值，可按下式估算

$$Q_{uk}=Q_{sk}+Q_{pk}=u\sum q_{sik}l_{i}+q_{pk}A_{p} \tag{11-94}$$

式中 Q_{uk}——单桩下压极限承载力标准值；

u——桩身的设计周长，m；

q_{sik}——桩侧第 i 层土的极限侧阻力标准值，如无当地经验值时，可按表 11-20 取值；

l_i——单桩在第 i 层土中的桩长，m；

q_{pk}——极限端阻力标准值，如无当地经验时，可按表 11-21 取值；

A_p——桩身的横截面面积，m^2。

表 11-20　　桩的极限侧阻力标准值 q_{sik}（kPa）

土的名称	土的状态		混凝土预制桩	泥浆护壁钻（冲）孔桩	干作业钻孔桩
填土			22～30	20～28	20～28
淤泥			14～20	12～18	12～18
淤泥质土			22～30	20～28	20～28
黏性土	流塑	$I_L>1$	24～40	21～38	21～38
	软塑	$0.75<I_L\leqslant1$	40～55	38～53	38～53
	可塑	$0.50<I_L\leqslant0.75$	55～70	53～68	53～66
	硬可塑	$0.25<I_L\leqslant0.50$	70～86	68～84	66～82
	硬塑	$0<I_L\leqslant0.25$	86～98	84～96	82～94
	坚硬	$I_L\leqslant0$	98～105	96～102	94～104
红黏土	$0.7<a_w\leqslant1$		13～32	12～30	12～30
	$0.5<a_w\leqslant0.7$		32～74	30～70	30～70
粉土	稍密	$e>0.9$	26～46	24～42	24～42
	中密	$0.75\leqslant e\leqslant0.9$	46～66	42～62	42～62
	密实	$e<0.75$	66～88	62～82	62～82
粉细砂	稍密	$10<N\leqslant15$	24～48	22～46	22～46
	中密	$15<N\leqslant30$	48～66	46～64	46～64
	密实	$N>30$	66～88	64～86	64～86
中砂	中密	$15<N\leqslant30$	54～74	53～72	53～72
	密实	$N>30$	74～95	72～94	72～94
粗砂	中密	$15<N\leqslant30$	74～95	74～95	76～98
	密实	$N>30$	95～116	95～116	98～120
砾砂	稍密	$5<N_{63.5}\leqslant15$	70～110	50～90	60～100
	中密（密实）	$N_{63.5}>15$	116～138	116～130	112～130
圆砾、角砾	中密、密实	$N_{63.5}>10$	160～200	135～150	135～150
碎石、卵石	中密、密实	$N_{63.5}>10$	200～300	140～170	150～170
全风化软质岩		$30<N\leqslant50$	100～120	80～100	80～100
全风化硬质岩		$30<N\leqslant50$	140～160	120～140	120～150
强风化软质岩		$N_{63.5}>10$	160～240	140～200	140～220
强风化硬质岩		$N_{63.5}>10$	220～300	160～240	160～260

注　1. 对于尚未完成自重固结的填土和以生活垃圾为主的杂填土，不计算其侧阻力；

2. a_w 为含水比，$a_w=w/w_l$，w 为土的天然含水量，w_l 为土的液限；

3. N 为标准贯入击数；$N_{63.5}$ 为重型圆锥动力触探击数；

4. 全风化、强风化软质岩和全风化、强风化硬质岩系指其母岩分别为 $f_{rk}\leqslant15MPa$、$f_{rk}>30MPa$ 的岩石。

表 11-21 桩的极限端阻力标准值 q_{pk}（kPa）

土名称	土的状态	桩型	混凝土预制桩桩长 l（m）				泥浆护壁钻（冲）孔桩桩长 l（m）				干作业钻孔桩桩长 l（m）		
			$l \leqslant 9$	$9<l \leqslant 16$	$16<l \leqslant 30$	$l>30$	$5 \leqslant l<10$	$10 \leqslant l<15$	$15 \leqslant l<30$	$30 \leqslant l$	$5 \leqslant l<10$	$10 \leqslant l<15$	$15 \leqslant l$
黏性土	软塑	$0.75<I_L \leqslant 1$	210～850	650～1400	1200～1800	1300～1900	150～250	250～300	300～450	300～450	200～400	400～700	700～950
	可塑	$0.50<I_L \leqslant 0.75$	850～1700	1400～2200	1900～2800	2300～3600	350～450	450～600	600～750	750～800	500～700	800～1100	1000～1600
	硬可塑	$0.25<I_L \leqslant 0.50$	1500～2300	2300～3300	2700～3600	3600～4400	800～900	900～1000	1000～1200	1200～1400	850～1100	1500～1700	1700～1900
	硬塑	$0<I_L \leqslant 0.25$	2500～3800	3800～5500	5500～6000	6000～6800	1100～1200	1200～1400	1400～1600	1600～1800	1600～1800	2200～2400	2600～2800
粉土	中密	$0.75 \leqslant e \leqslant 0.9$	950～1700	1400～2100	1900～2700	2500～3400	300～500	500～650	650～750	750～850	800～1200	1200～1400	1400～1600
	密实	$e<0.75$	1500～2600	2100～3000	2700～3600	3600～4400	650～900	750～950	900～1100	1100～1200	1200～1700	1400～1900	1600～2100
粉砂	稍密	$10<N \leqslant 15$	1000～1600	1500～2300	1900～2700	2100～3000	350～500	450～600	600～700	650～750	500～950	1300～1600	1500～1700
	中密、密实	$N>15$	1400～2200	2100～3000	3000～4500	3800～5500	600～750	750～900	900～1100	1100～1200	900～1000	1700～1900	1700～1900
细砂	中密、密实	$N>15$	2500～4000	3600～5000	4400～6000	5300～7000	650～850	900～1200	1200～1500	1500～1800	1200～1600	2000～2400	2400～2700
中砂			4000～6000	5500～7000	6500～8000	7500～9000	850～1050	1100～1500	1500～1900	1900～2100	1800～2400	2800～3800	3600～4400
粗砂			5700～7500	7500～8500	8500～10000	9500～11000	1500～1800	2100～2400	2400～2600	2600～2800	2900～3600	4000～4600	4600～5200
砾砂	中密、密实	$N>15$	6000～9500		9000～10500		1400～2000		2000～3200		3500～5000		
角砾、圆砾		$N_{63.5}>10$	7000～10000		9500～11500		1800～2200		2200～3600		4000～5500		
碎石、卵石		$N_{63.5}>10$	8000～11000		10500～13000		2000～3000		3000～4000		4500～6500		
全风化软质岩		$30<N \leqslant 50$	4000～6000				1000～1600				1200～2000		
全风化硬质岩		$30<N \leqslant 50$	5000～8000				1200～2000				1400～2400		
强风化软质岩		$N_{63.5}>10$	6000～9000				1400～2200				1600～2600		
强风化硬质岩		$N_{63.5}>10$	7000～11000				1800～2800				2000～3000		

注 1. 砂土和碎石类土中桩的极限端阻力取值，宜综合考虑土的密实度，桩端进入持力层的深径比 h_b/d，土越密实，h_b/d 越大，取值越高；

2. 预制桩的岩石极限端阻力指桩端支承于中、微风化基岩表面或进入强风化岩、软质岩一定深度条件下极限端阻力；

3. 全风化、强风化软质岩和全风化、强风化硬质岩指其母岩分别为 $f_{rk} \leqslant 15MPa$ 、$f_{rk}>30MPa$ 的岩石。

当桩尖进入硬土层且进入端部二次注浆扩径时，可计入桩端承载力。扩径长度应不小于扩径的 2.5 倍，其单桩承载力设计值由现场静载荷试验确定。

桩端置于完整、较完整基岩的嵌岩桩单桩下压极限承载力标准值，可按照现行标准 JGJ94—2008《建筑桩基技术规范》关于嵌岩桩的规定执行。

对于桩身周围有液化土层的桩基，按 DL/T 5219—2014《架空输电线路基础设计技术规程》规定确定进行抗震验算。

2. 单桩竖向承载力特征值的计算

（1）不宜考虑承台效应时单桩竖向承载力特征值的计算。

对于端承型桩基、桩数少于 4 根的摩擦型桩基或由于地层土性、使用条件等因素不宜考虑承台效应时，基桩竖向承载力特征值应取单桩竖向承载力特征。不宜考虑承台效应时单桩竖向承载力特征值计算式为

$$R_a = \frac{Q_{uk}}{K} \tag{11-95}$$

式中 Q_{uk}——单桩竖向极限承载力标准值；

K——安全系数，取 $K=2$。

（2）考虑承台效应的复合基桩竖向承载力特征值的计算。

对于考虑承台效应的复合基桩竖向承载力特征值可按下式计算：

1）当不考虑地震作用时

$$R = R_a + \eta_c f_{ak} A_c \tag{11-96}$$

2）当考虑地震作用时

$$R = R_a + \frac{\zeta_a}{1.25}\eta_c f_{ak} A_c \tag{11-97}$$

$$A_c = \frac{(A - nA_{ps})}{n}$$

式中 η_c——承台效应系数，可按表 11-22 取值。当承台底为可液化土、湿陷性土、高灵敏度软土、欠因结土、新填土时，沉桩引起超孔隙水压力和土体隆起时，不考虑承台效应，取 $\eta_c=0$；

f_{ak}——地基承载能力特征值，承台下 1/2 承台宽度且不超过 5m 深度范围内各层土的地基承载力特征值按厚度加权的平均值；

A_c——计算基桩所对应的承台底净面积；

A_{ps}——桩身截面面积；

A——承台计算域面积，对于杆塔桩基，A 为承台总面积；

ζ_a——地基抗震承载力调整系数，应按现行 GB 50011—2010《建筑抗震设计规范》取值。

表 11-22　承台效应系数 η_c

B_c/l \ S_a/d	3	4	5	6	>6
≤0.4	0.06～0.08	0.14～0.17	0.22～0.26	0.32～0.38	0.50～0.80
0.4～0.8	0.08～0.10	0.17～0.20	0.26～0.30	0.38～0.44	

续表

S_a/d \ B_c/l	3	4	5	6	>6
>0.8	0.10～0.12	0.20～0.22	0.30～0.34	0.44～0.50	0.50～0.80
单排桩条形承台	0.15～0.18	0.25～0.30	0.38～0.45	0.50～0.60	

注　1. 表中 S_a/d 为桩中心距与桩径之比，B_c/l 为承台宽度与桩长之比，当基桩为非正方形排列时 $S_a=\sqrt{A/n}$（A 为承台计算域面积，n 为总桩数）；

2. 对于桩布置于墙下的箱、筏承台、η_c 可按单排桩条基取值；
3. 对于单排桩条形承台，当承台宽度小于 1.5d 时，η_c 按非条形承台取值；
4. 对于采用后注浆灌注桩的承台、η_c 宜取低值；
5. 对于饱和黏性土中的挤土桩基、软土地基上的桩基承台、η_c 宜取低值的 0.8 倍。

四、基桩上拔承载力的计算

对于承受上拔力的单桩，应进行单桩抗上拔稳定验算。对于整体受上拔的桩基，应进行整体抗上拔验算。

1. 单桩及桩基中基桩的上拔承载力计算极限状态计算表达式

（1）荷载效应标准组合：

单桩

$$\gamma_f T_k \leqslant T_{uk}/K + G_p \tag{11-98}$$

桩基中的基桩同时应满足下列要求

$$\gamma_f T_{kmax} \leqslant T_{uk}/K + G_p \tag{11-99}$$

$$\gamma_f T_k \leqslant T_{gk}/K + G_{gp} \tag{11-100}$$

式中　T_k——按荷载效应标准值组合计算的单桩或基桩上拔力；

T_{gk}——群桩呈整体破坏时基桩的抗拔极限承载力标准值；

T_{uk}——单或群桩呈非整体破坏时基桩的抗拔极限承载力标准值；

G_{gp}——群桩基础所包围体积的桩土总自重除以总桩数，地下水位以下取浮重度；

G_p——基础自重，地下水位以下取浮重度，对于扩底桩应按表 11-23 确定桩、土柱体周长，计算桩、土自重；

K——安全系数，取 $K=2$。

表 11-23　　扩底桩破坏表面周长 u_i（m）

自桩底起算的长度 l_i	≤（4～10）d	>（4～10）d
u_i	πD	πd

注　l_i 对软土取低值，对卵石、砾石取高值；l_i 取值随内摩擦角增大而增加。

（2）地震作用效应组合：

单桩

$$\gamma_f T_k \leqslant 1.25(T_{uk}/K + G_p) \tag{11-101}$$

桩基中的基桩同时应满足下列要求

$$\gamma_f T_{kmax} \leqslant 1.25(T_{uk}/K + G_p) \tag{11-102}$$

$$\gamma_{f}T_{k}\leqslant 1.25(T_{gk}/K+G_{gp}) \tag{11-103}$$

当进行抗震验算时，应按 DL/T 5219—2014《架空输电线路基础设计技术规程》规定计算 T_{uk}和 T_{gk}。

2. 单桩、群桩基础及其基桩的抗拔极限承载力标准值的计算

（1）当无当地经验时，群桩基础及设计等级为丙级的桩基，基桩的抗拔极限承载力标准值按下式计算。

1）群桩呈非整体破坏时，基桩的抗拔极限承载力标准值按下式计算

$$T_{uk}=\sum\lambda_{i}q_{sik}u_{i}l_{i} \tag{11-104}$$

式中　T_{uk}——单桩或基桩抗拔极限承载力标准值；

u_i——桩身周长，对于等直径桩取 $u_i=\pi d$，对于扩底桩按表 11-23 取值；

λ_i——抗拔系数，按表 11-24 取值。

表 11-24　抗拔系数 λ_i

土类	λ_i 值
砂土	0.50～0.70
黏性土、粉土	0.70～0.80

注　1. 桩长 l 与桩径 d 之比小于 20 时，λ_i 取小值；

2. 对于微型桩基础，砂土可取 0.5，黏性土、粉土可取 0.6。

2）群桩呈整体破坏时，基桩的抗拔极限承载力标准值按下式计算

$$T_{gk}=\frac{1}{n}u_{1}\sum\lambda_{i}q_{sik}l_{i} \tag{11-105}$$

式中　u_1——桩群外围周长。

（2）对于微型桩基础，如无当地经验时，基桩的抗拔极限承载力标准值可按下式估算

$$T_{uk}=\sum\lambda_{i}\delta_{Ti}q_{sik}u_{i}l_{i} \tag{11-106}$$

$$T_{gk}=u_{1}\sum\lambda_{i}\delta_{Ti}q_{sik}l_{i} \tag{11-107}$$

式中　q_{sik}——桩侧第 i 层土的极限侧阻力标准值，如无当地经验值时可按表 11-20 取值；

δ_{Ti}——注浆工艺抗拔调整系数，宜取 1.0，当采用二次浆工艺时可取 1.1～12。

五、桩水平承载力与位移计算

水平荷载作用下桩的内力、位移计算按 DL/T 5219—2014《架空输电线路基础设计技术规程》规定和 JGJ94—2008《建筑桩基技术规范》确定。

【例 11-6】 某承台下设置 3 根直径为 400mm 混凝土预制桩，桩长 10.5m，桩侧土层自上而下依次为：淤泥，厚 6m，$q_{sik}=14$kPa；粉土稍密，厚 2.5m，$q_{sik}=26$kPa；黏土可塑，厚 2m，$q_{sik}=55$kPa，$q_{pa}=1550$kPa。试计算单桩竖向承载力标准值和特征值。

解　（1）承载力标准值

$$\begin{aligned}Q_{uk}&=u\sum q_{sik}l_{i}+q_{pk}A_{p}\\&=\pi\times 0.40\times(14\times 6+26\times 2.5+55\times 2)+1550\times\frac{\pi}{4}\times 0.40^{2}\\&=325.30+194.68=519.98(\text{kN})\end{aligned}$$

（2）承载力特征值。

桩数少于 4 根，不考虑承台效应

$$R = R_a = \frac{Q_{uk}}{K} = \frac{519.98}{2} = 259.99(\text{kN})$$

思考题

1. 杆塔基础分哪些类？

2. 地基土（岩）的允许承载力即地基承载力特征值如何确定？

3. 写出无拉线单杆不带卡盘时抗倾覆稳定条件的两种表达式，并分析抗倾覆力矩是如何形成的。

4. 窄基铁塔整体式倾覆基础计算公式的适应条件是什么？

5. 整体无阶梯型倾覆基础的抗倾覆力由哪几方面组成？

6. 上拔基础稳定计算包括哪些内容，拉线盘与阶梯基础在上拔验算时有何不同点？

7. 下压基础根据作用力的不同，底边应力分布有哪几种情况？满足底边应力不出现三角形公布的条件是什么？

8. 下压基础承载能力计算应满足什么要求？

1. 试对某输电线路无拉线单杆直线电杆基础进行倾覆稳定验算。已知土壤为黏土可塑，其容重 $\gamma_s=16\text{kN/m}^3$，计算内摩擦角 $\beta=30°$，土压力参数 $m=48\text{kN/m}^3$。大风情况下，水平荷载的合力 $S_0=6.0\text{kN}$，其合力作用点高度 $H_0=5\text{m}$，电杆埋深 $h_0=3.0\text{m}$，电杆腿部外径 $D=0.4\text{m}$。

2. 电杆拉线拉力 $T=121.6\text{kN}$，拉线与地面夹角 $\beta=60°$，拉线盘埋深为 2.0m，平放，土质为黏土软塑。试选拉线盘尺寸并进行稳定验算。

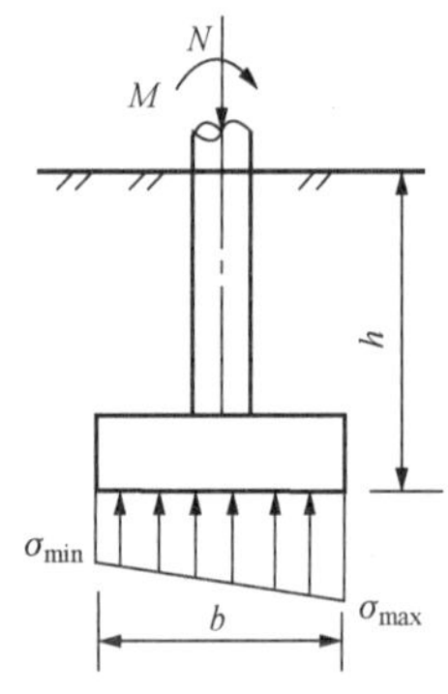

图 11-37　习题 3 图

3. 某杆塔基础结构尺寸及受力如图 11-37 所示，埋深 $h=1.5\text{m}$，基础长 $b=3.6\text{m}$，宽 $a=1.2\text{m}$，上部传来的轴向压力 $N=500\text{kN}$，弯矩 $M=160\text{kN}\cdot\text{m}$。土壤特性为黏土，液性指数 $I_L=1.00$，空隙比 $e=0.7$。试进行基础承载能力验算。

4. 某铁塔基础如图 11-38 所示，基础柱子段截面尺寸为长×宽$=500\text{mm}\times500\text{mm}$，受上拔力 $N_y=410\text{kN}$，受水平力 $H_x=1.3\text{kN}$，$h_1=2.0\text{m}$，$h_2=0.9\text{m}$，混凝土等级为 C20 级，钢筋采用 HPB235。试对柱子段进行配筋计算。

5. 设直线杆塔的基础尺寸如图 11-39 所示，上拔力为 250kN，下压力为 360kN，垂直线路方向和顺线路方向的水平力 $H_x=H_y=30\text{kN}$，土壤为可塑黏土，计算容重 $\gamma_t=16\text{kN/m}^3$，计算上拔角 $\alpha=20°$，地基承载力特征 $f_a=200\text{kN/m}^2$。试进行基础上拔和下压稳定计算。

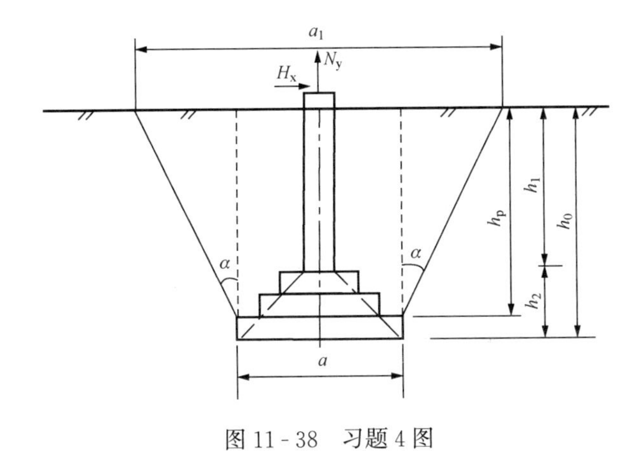

图 11-38 习题 4 图

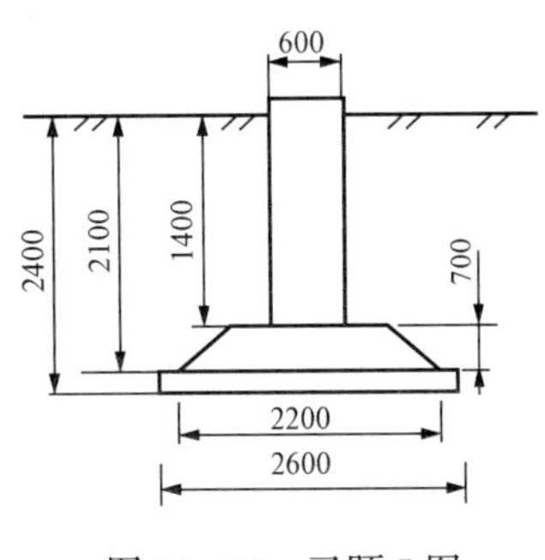

图 11-39 习题 5 图

第十二章　杆塔其他部件的计算

第一节　铁塔节点的计算

铁塔中的各杆件在节点处多数是采用螺栓连接，少数情况采用焊接。节点的构造应符合受力要求和便于制造，保证连接质量（铁塔节点如图12-1所示）。

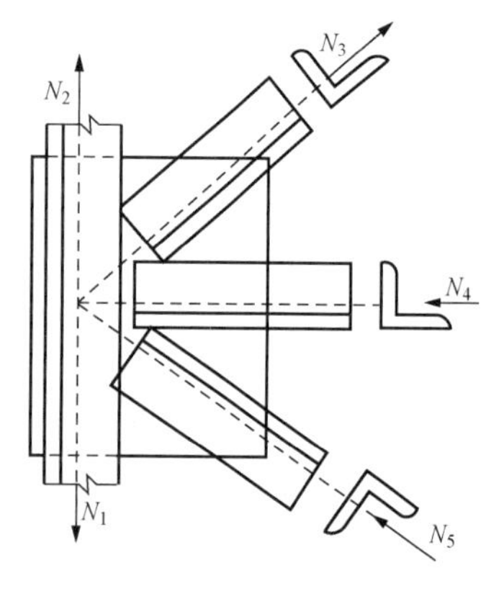

图12-1　铁塔节点

1. 杆件的轴线

各杆件轴线应汇交于节点形成的节点中心。理论上各杆轴线应是型钢的形心轴线，但杆件用双角钢时，因角钢的形心与边部的距离常不是整数，为了制造上的方便，对螺栓连接时应该用角钢的最小线距（见表6-7）来汇交，对焊接连接应将此距离调整5mm的倍数（小角钢除外）来汇交。这样汇交时给杆件轴线带来的偏心都很小，计算中可略去不计。

2. 节点板的结构尺寸

节点板的作用主要是通过它将交汇在一点上的斜材连接到主材上，并传递和平衡节点上各杆内力。因此节点板的形状和尺寸的合理性对于节点传力的安全可靠具有重要意义。节点板的形状应尽量简单，一般采用矩形、梯形或平行四边形等。其尺寸根据构造上要求的螺栓的数目及布置，以及焊接连接的焊缝尺寸来确定。

节点板上应力分布非常复杂，既有压应力、拉应力，也有剪应力，分布极不均匀且有较大的局部应力，因而精确计算一般不可能。在铁塔设计中，中间节点板的厚度可根据料材最大内力参照表12-1中经验数据来确定（此表用Q235号钢的节点板，如用Q345钢或Q390钢可将其厚度减薄1～2mm）。

表12-1　节点板厚度的经验数据

材料中最大内力（kN）	≤150	160～250	260～400	410～600	610～900
中间节点板厚度（mm）	6	8	10	12	14

3. 斜材角钢的切割

角钢切割线通常垂直于轴线；当角钢肢较宽时为减小节点板尺寸，可将角钢与节点相连的一肢切去一个角［见图12-2（a）］，但不能切肢背［见图12-2（b）］。

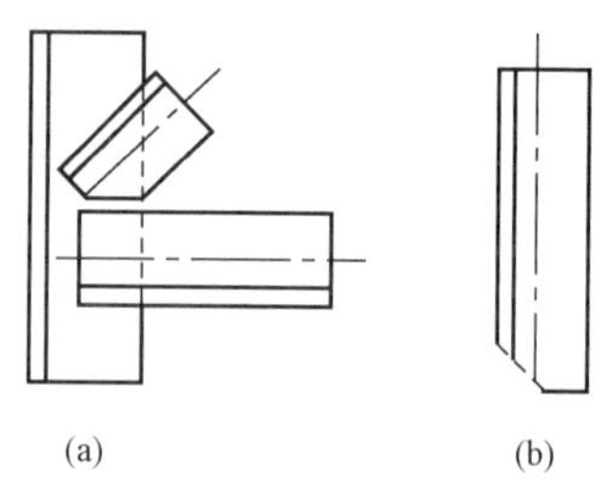

图12-2　角钢切割示意图
（a）正确；（b）不正确

第二节　铁塔靴板及座板的计算

一、铁塔座板的构造

铁塔座板是靴板与基础的连接构件，座板、地脚螺栓的布置应与铁塔主材的重心线成对称布置［见图 12-3（a)］，以保证各地脚螺栓受力均匀。考虑到加工和施工误差，地脚螺栓孔径一般可取地脚螺栓直径的1.3～1.5倍。但为防止铁塔受力后塔脚发生侧移使塔腿部分产生次应力，地脚螺栓与螺孔之间的孔隙，可采用堵塞的方法予以堵塞。在布置加劲肋时，要考虑拧紧地脚螺栓帽时放置扳手的方便，并留一定的余地。

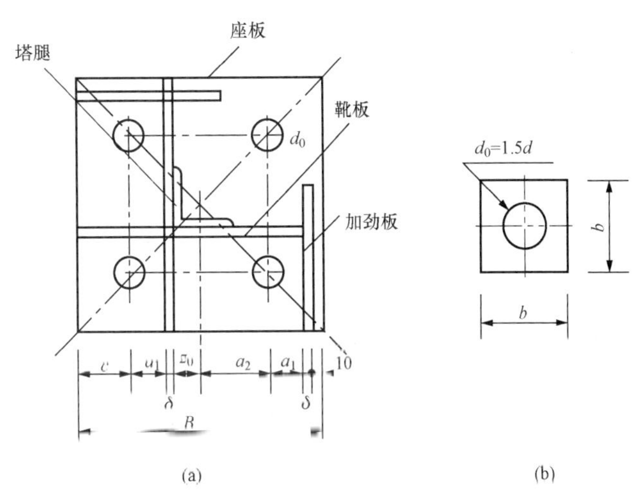

图 12-3　铁塔座板的构造

（a）平面图；（b）方垫板

二、铁塔座板的计算

1. 座板尺寸的确定

（1）按构造要求确定座板的尺寸。

一般在地脚螺栓帽下应设置方垫板［见图 12-3（b)］，方垫板宽度 $b\geqslant 2.5\sim 3.0d$（d 为地脚螺栓直径)，地脚螺栓中心至加劲板边缘的最小距离 $a_1>\frac{b}{2}+\left(\frac{d_0-d}{2}\right)+10\sim 20\text{mm}$，故座板的总宽度 $B\geqslant 2(z_0+\delta+a_1+c)$，其中 $c\geqslant\frac{b}{2}+10\sim 20\text{mm}$。

（2）按基础混凝土抗压强度确定座板尺寸，有

$$A_j\geqslant\frac{N}{f_c} \tag{12-1}$$

$$A_j=B^2-\pi d_0^2$$

式中　A_j——铁塔座板面积；

B——铁塔座扳的宽度；

d_0——地脚螺栓孔径；

N——塔腿压力设计值；

f_c——混凝土轴心抗压强度设计值。

2. 座板强度计算

当座板的面积 A_j 确定后，基础对座板的实际反力为

$$q=\frac{N}{A_j} \tag{12-2}$$

在计算中可以把靴板加劲肋看作座板的支承，这样就形成了四边支承板、三边支承板和悬臂板等三种受力状态的区格［见图 12-3（a)］。

根据弹性薄板理论的研究，1cm 宽的板条，各种不同支承情况下的最大弯矩如下：

四边简支板，最大弯矩为

$$M=\alpha q a_1^2 \tag{12-3}$$

式中 α——系数，由长边 b_1 与短边 a_1 之比值而定，由表 12-2 查得；

a_1——四边支承板的短边长度。

表 12-2　　四边支承板的系数 α

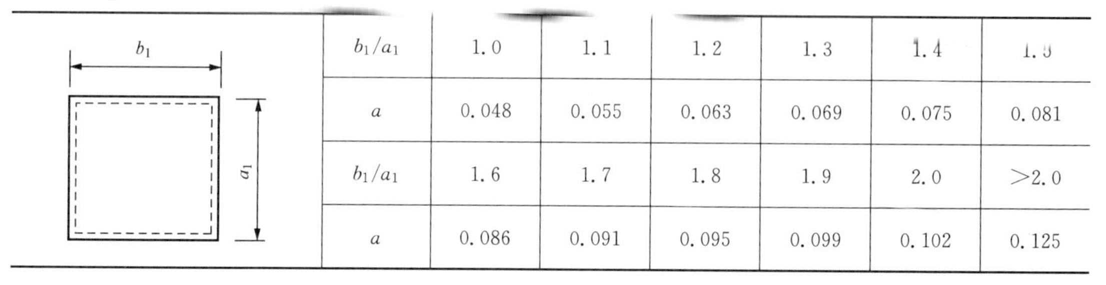

b_1/a_1	1.0	1.1	1.2	1.3	1.4	1.5
α	0.048	0.055	0.063	0.069	0.075	0.081
b_1/a_1	1.6	1.7	1.8	1.9	2.0	>2.0
α	0.086	0.091	0.095	0.099	0.102	0.125

三边简支一边自由，或两相邻边简支另两边自由时，最大弯矩为

$$M=\beta q a_2^2 \tag{12-4}$$

式中 β——系数，根据 b_2/a_2 的值而定，由表 12-3 查得；

a_2——当三边简支时，a_2 为自由边的长度；当两相邻边简支时，a_2 为两简支边的对角线长度；

b_2——当三边简支时，b_2 为自由边到对边的距离；当两相邻边简支时，b_2 为支承边交点到对角线的距离。

表 12-3　　三边和两相邻边支承板的系数 β

b_2/a_2	0.3	0.4	0.5	0.6	0.7	0.8
β	0.027	0.044	0.060	0.075	0.087	0.097
b_2/a_2	0.9	1.0	1.2	1.4	2.0	>2.0
β	0.106	0.112	0.121	0.126	0.132	0.133

悬臂板，最大弯矩为

$$M=0.5qc^2 \tag{12-5}$$

式中 c——板的悬伸长度。

座板的厚度应按各区格求得的弯矩中最大值决定，即

$$t=\frac{1}{1.2}\sqrt{\frac{6M_{\max}}{f}} \qquad (12-6)$$

式中　$M_{\max}$——取式（12-3）～式（12-5）计算中的最大值；

f——钢材强度设计值；

1.2——根据试验结果取的经验系数。

设计时应尽量使各区格的弯矩值基本接近，这可通过调整座板尺寸和加设劲肋等办法来实现。

座板厚度 t 通常采用 20～40mm，以保证必要的刚度。

3. 对于受拉的座板计算

对于受拉的铁塔座板，可以假定每个地脚螺栓所承受的拉力平均分配在各靠近的加劲肋或靴板上，故弯矩为

$$M=\frac{1}{n}NS \qquad (12-7)$$

式中　N——一个地脚螺栓所承受的拉力；

n——一个地脚螺栓周围的加劲肋和靴板数；

S——某一加劲肋或靴板至地脚螺栓中心的距离。

注：当 $b_2/a_2<0.3$ 时，应按悬伸长度为 b_2 的悬臂板计算。

三、靴板的计算

靴板是铁塔主材与座板的连接构件，铁塔座板受压时，座板、地脚螺栓的布置应与铁塔主材的重心线成对称布置［见图 12-3（a）］，以保证每块靴板承受由两靴板交点处成 45°压力分布线范围内的全部反力，因此靴板承受一个按三角形规律分布的荷载，最大反力在塔脚板边缘（见图 12-4）。

靴板所受的剪力为

$$V=\int_0^A q_x d_x=\frac{1}{2}A\sigma B \qquad (12-8)$$

靴板所受的弯矩为

$$M=\int_0^A q_x x d_x=\frac{1}{3}A^2\sigma B \qquad (12-9)$$

当铁塔座板受拉时，可近似假定每个地脚螺栓所受的拉力平均向各邻近的靴板和加劲肋脚分布。靴板所承受的弯矩即为此靴板和加劲肋所分担的拉力，此力到靴板与主材角钢连接螺栓线之间距离的乘积。

靴板所需要的高度为

$$h=\sqrt{\frac{6M}{\delta f}} \qquad (12-10)$$

式中　δ——靴板厚度；

f——材料强度设计强度。

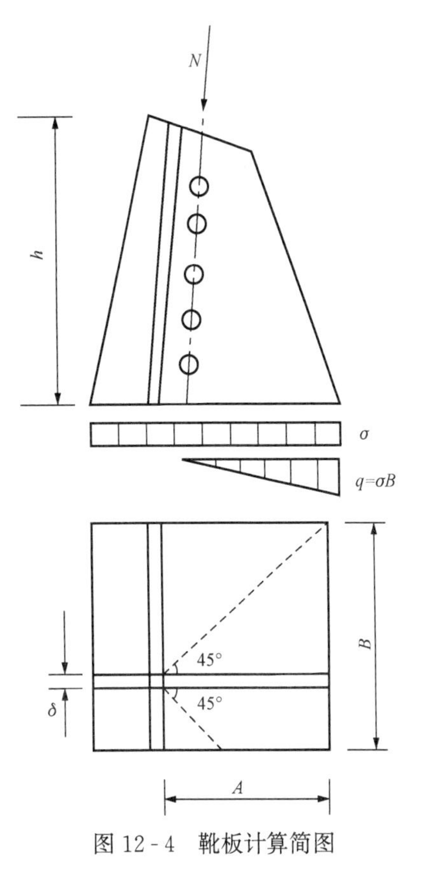

图 12-4　靴板计算简图

第三节 法兰盘连接的计算

一、法兰盘螺栓的计算

当法兰盘承受轴心压力时，则假定由法兰盘底板传递全部压力，连接螺栓的数量可按构造设置，但不宜少于8个；当法兰盘承受轴心拉力时，假定每个连接螺栓均匀承担全部拉力。

1. 受轴心拉力法兰盘的一个螺栓受拉极限承载能力

$$N_{max}^{b} \leqslant N_{t}^{b} = A_{e} f_{t}^{b} \tag{12-11}$$

式中 N_{max}^{b}——一个螺栓受到的最大拉力；

N_{t}^{b}——一个螺栓受拉承载能力；

A_{e}——螺栓螺纹处的有效截面积；

f_{t}^{b}——螺栓抗拉强度设计值，查表6-2。

受轴心拉力法兰盘螺栓的个数为

$$n \geqslant \frac{N}{N_{max}^{b}} \tag{12-12}$$

式中 n——螺栓个数；

N——法兰盘所受轴心力设计值；

N_{max}^{b}——一个螺栓受到的最大拉力。

2. 承受弯矩的法兰盘连接螺栓的受力

计算承受弯矩的法兰盘连接螺栓受力时，可假定其中和轴的位置在圆管外壁与底板接触点的切线上（见图12-5），则距中和轴 y_i 处的螺栓所受到的拉力 N_i^b（单位为N）为

$$N_i^b = \frac{M y_i}{\sum y_i^2} \tag{12-13}$$

式中 M——法兰所受弯矩设计值（单位宽度）；

y_i——任一螺栓中心到中和轴的距离，cm；

$\sum y_i^2$——所有受拉螺栓中心到中和轴距离的平方和，cm²。

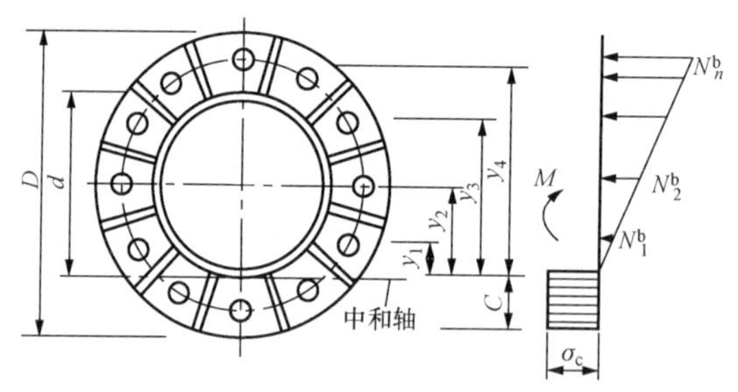

图12-5 圆形法兰盘计算简图

二、法兰盘底板厚度的计算

法兰盘底板厚度的计算式为

$$t \geqslant \sqrt{\frac{6M_{max}}{f}} \quad (cm) \tag{12-14}$$

式中　f——材料强度设计值；

M_{max}——底板单位宽度的最大弯矩设计值，N·m。

M_{max}值可根据底板反力和支承条件计算，有加劲肋时可近似按三边支承板计算，无加劲肋时应按悬臂板计算。详见上一节铁塔座板计算，且其厚度一般不宜小于18mm。

三、法兰盘底板反力计算

法兰盘受轴心压力时，底板的反力为

$$\sigma_c = \frac{N}{A_n} \quad (\text{N/cm}^2) \tag{12-15}$$

法兰盘受弯时，底板的反力为

$$\sigma_c = \frac{MC}{I} = \frac{MC}{\frac{\pi}{64}(D^4 - d^4)} \quad (\text{N/cm}^2) \tag{12-16}$$

式中　A_n——法兰盘底板的净面积，cm²；

N——法兰盘所受轴心力设计值；

C——中和轴到法兰盘受压边缘的距离，cm；

D、d——法兰盘底板的外径和内径，cm。

法兰盘同时受压、受弯时的应力，可近似取式（12-15）和式（12-16）之和。

四、法兰盘加劲肋的计算

假定每块法兰盘加劲肋所受的力R是压力分布角45°范围内的底板反力（见图12-6）之和，其作用点在距法兰盘外边缘1/3C处，则加劲肋所受的弯矩为

$$M_c = \frac{2}{3}CR \quad (\text{N·cm}) \tag{12-17}$$

加劲肋所需高度为

$$h_c = \sqrt{\frac{6M_c}{\delta f}} \quad (\text{cm}) \tag{12-18}$$

式中　δ——加劲肋的厚度，cm。

加劲肋的焊缝应力按承受剪力R和弯矩M_c验算。

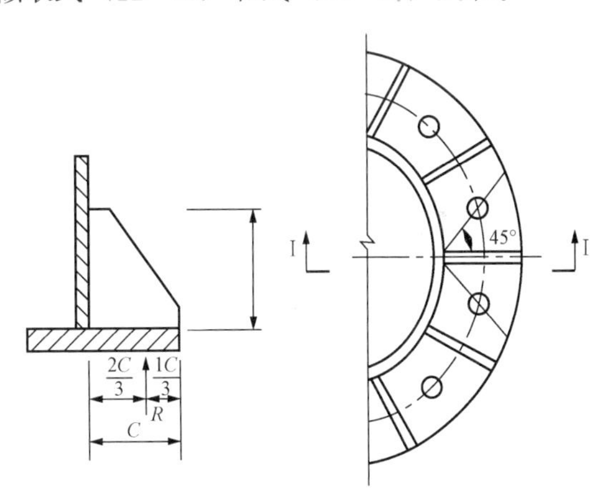

图12-6　法兰盘加劲肋计算简图

第四节　拉线板的计算

拉线杆塔的拉线板、导线的挂板等，由于受金具连接尺寸的限制，其最小端距、边距不能满足螺栓间距的要求，此时可按下面的方法进行强度验算。

一、截面A—A的强度

如图12-7（a）所示，A—A截面孔边受应力集中的影响，孔边最大拉应力为

$$\sigma = \frac{T}{(b-d_0)t}\alpha_j \leqslant f \tag{12-19}$$

式中　T——拉板所受的拉力设计值；

b——拉板宽；

d_0——螺栓孔直径；

t——拉板厚度；

α_j——应力集中系数，查图 12 - 7（b）。

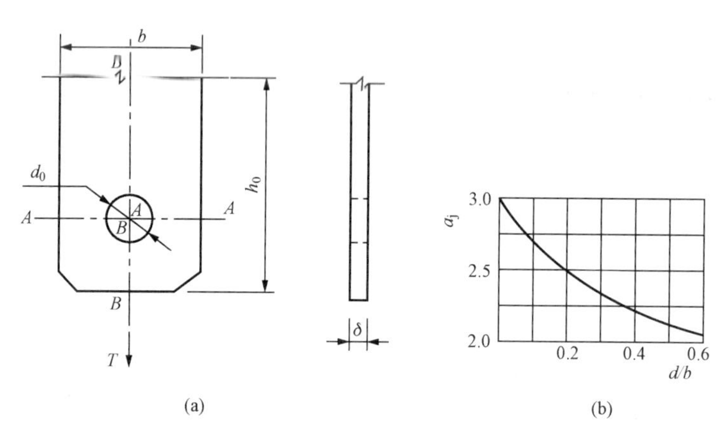

图 12 - 7　拉线板计算图

（a）拉线板计算简图；（b）应力集中系数

二、垂直截面 $B—B$ 的强度

孔边处最大拉应力为

$$\sigma=\frac{T(h_0^2+0.25d_0^2)}{dt(h_0^2-0.25d_0^2)}\leqslant f \tag{12 - 20}$$

式中　T——拉板所受的拉力设计值；

h_0——栓孔中心至边缘的距离；

d_0——螺栓孔径；

d——螺栓直径；

t——拉板厚度。

三、孔壁承压应力

孔壁承压应力为

$$\sigma=\frac{T}{dt}\leqslant f_c^b \tag{12 - 21}$$

式中　f_c^b——孔壁承压强度设计值，查表 6 - 2；

其他符号含义与式（12 - 20）相同。

第五节　叉梁抱箍的计算

一、抱箍 U 形螺栓的拉力

在叉梁轴力 N 作用下，叉梁抱箍 U 形螺栓中将产生拉力 T_1、T_2，如图 12 - 8 所示。由于抱箍板的刚性很大，受力时不变形，而只有 U 形螺栓发生弹性伸长变形，因而抱箍板绕某旋转中心发生刚性旋转。假定旋转中心在抱箍板下端与电杆接触弧线的形心 A 点处，则该点距电杆截面中心的距离 e 为

$$e=\frac{r\sin\varphi}{\varphi} \qquad (12-22)$$

式中　r——电杆半径；

φ——弧线所对圆心角的半角。

U 形螺栓所受拉力与螺栓到旋转中心轴的距离成正比，则 U 形螺栓的拉力为

$$2T_2=\frac{Mb}{\sum y_i^2} \qquad ①$$

$$2T_1=\frac{M(a+b)}{\sum y_i^2} \qquad ②$$

其中

$$\sum y_i^2=(a+b)^2+b^2 \qquad ③$$

$$M=Q\left(\frac{a}{2}+b\right)+GH \qquad ④$$

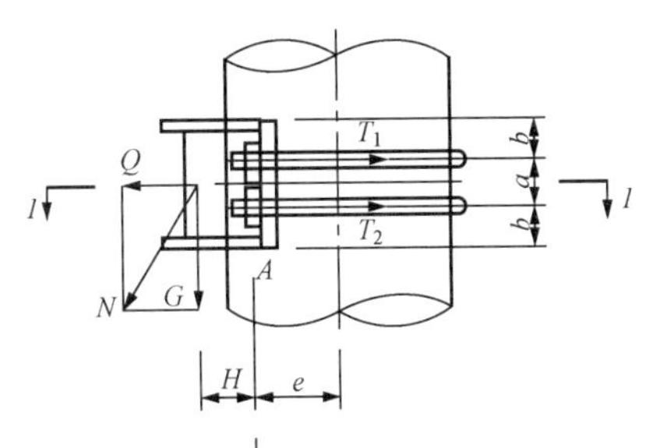

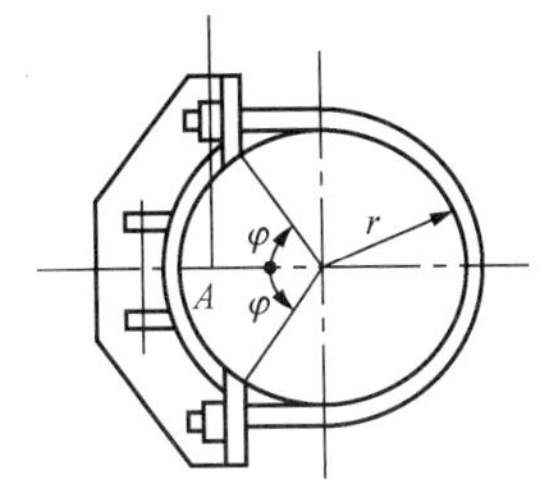

图 12-8　叉梁抱箍计算图

把式③、式④代入式①得一个 U 形螺栓最大受力为

$$T_1=\frac{Q\left(\frac{a}{2}+b\right)+GH}{2\left[(a+b)+\frac{b^2}{a+b}\right]} \qquad (12-23)$$

式中　Q、G——轴力在 x、y 轴上投影。

选择抱箍 U 形螺栓应满足下列条件

$$T_1\leqslant N_t^b \qquad (12-24)$$

式中符号同式（12-10）。

二、抱箍拉板栓孔承压强度

抱箍拉板栓孔承压强度应满足

$$f_c^b\geqslant\frac{N}{2d_0t} \qquad (12-25)$$

式中　f_c^b——孔壁承压强度设计值，查表 6-2；

t——板厚；

d_0——栓孔直径；

N——叉梁的轴向拉力或压力设计值。

第六节　拉线抱箍的计算

一、抱箍板内力的计算

假定一侧抱箍板上拉线张力为零，另一侧抱箍板拉线拉力为 R_x，如图 12-9 所示。在 R_x 的作用下，右侧抱箍板 ab 受到电杆反力作用，合力点在弧 ab 中心线上。合反力大小等于左侧拉线合力的大小，即

$$F=\frac{2R_x\sqrt{2}}{2}=\sqrt{2}R_x \qquad (12-26)$$

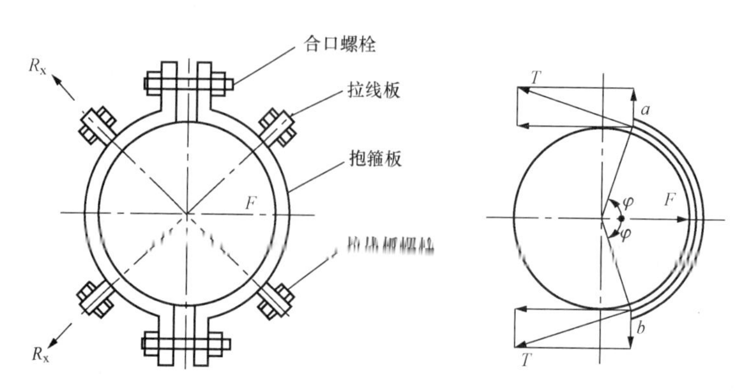

图 12-9 拉线抱箍受力计算图

二、合口螺栓内力的计算

取右侧抱箍板为脱离体，列平衡方程$\sum X=2T\sin\varphi-F=0$得

$$T=\frac{\sqrt{2}R_x}{2\sin\varphi} \tag{12-27}$$

式中 φ——抱箍板圆弧 ab 所对的圆心角的半角，一般 $2\varphi=165°$。

$$T=\frac{\sqrt{2}R_x}{2\sin(165°/2)} \tag{12-28}$$

式中 R_x——一根拉线的水平力。

一般需对 T 乘以一个 1.05 的系数。合口螺栓所受的拉力也按 T 来计算。抱箍板和合口螺栓均按受拉构件选择截面积。

第七节 地线眼圈螺栓的计算

直线单杆一般用眼圈螺栓来悬挂地线，此构件属受弯构件，如图 12-10 所示。Ⅰ-Ⅰ截面处的弯曲应力与剪应力为

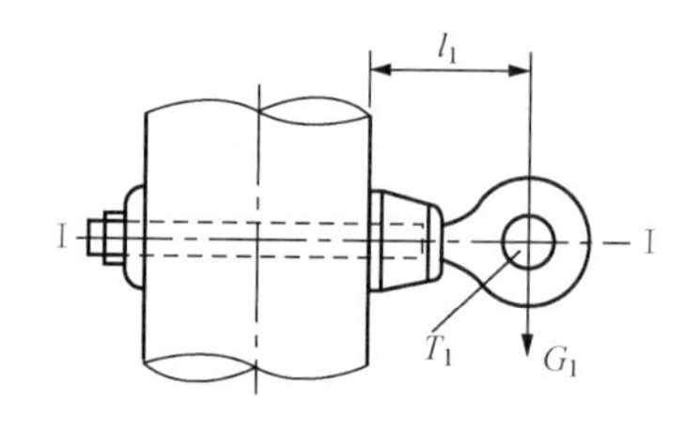

图 12-10 地线眼圈螺栓受力图

$$\sigma=\frac{\psi\sqrt{G_1^2+T_1^2}l_1}{W}\leqslant f \tag{12-29}$$

$$\tau=\frac{\sqrt{G_1^2+T_1^2}}{\pi d^2/4}\leqslant f_v \tag{12-30}$$

式中 W——截面有效抵抗矩，$W\approx0.1d^3$；

d——眼圈螺栓直径；

ψ——荷载组合系数。

思考题

1. 铁塔节点结构设计应注意些什么？
2. 铁塔靴板及座板结构设计应注意些什么？
3. 分析法兰盘螺栓的受力状况及其破坏形式。

第十三章　计算机在杆塔及基础设计中的应用

目前，国内输电线路设计软件一般分为线路电气设计软件和线路结构设计软件两种。常用的平断面处理软件、杆塔优化排位软件等为线路电气设计软件；杆塔结构设计软件、基础结构设计软件等为线路结构设计软件。杆塔结构设计软件主要有钢筋混凝土电杆、钢管杆、铁塔结构设计等类型。常用铁塔结构设计软件主要有东北电力设计院的自立式铁塔内力分析软件（TTA）、北京道亨公司的自立式多种塔高、多种塔腿连接满应力分析软件、深圳市立方科技开发有限公司的自立式可视化铁塔应力分析软件（VTLA）等。

第一节　结构设计软件的功能及特点

一、杆塔结构设计软件

1. 道亨NSA钢管杆优化设计软件

该设计软件可计算单杆、双杆及多杆。其采用有限元计算方法，能准确计算结构的强度及变形；适用于各种电压等级钢管杆设计，是目前国内技术领先的钢管杆设计软件之一；支持使用管状横担、直线型横担、雁翅型横担设计，并最大限度地辅助用户输入非管状横担的计算参数，便于用户操作。该设计软件运行界面如图13-1所示。

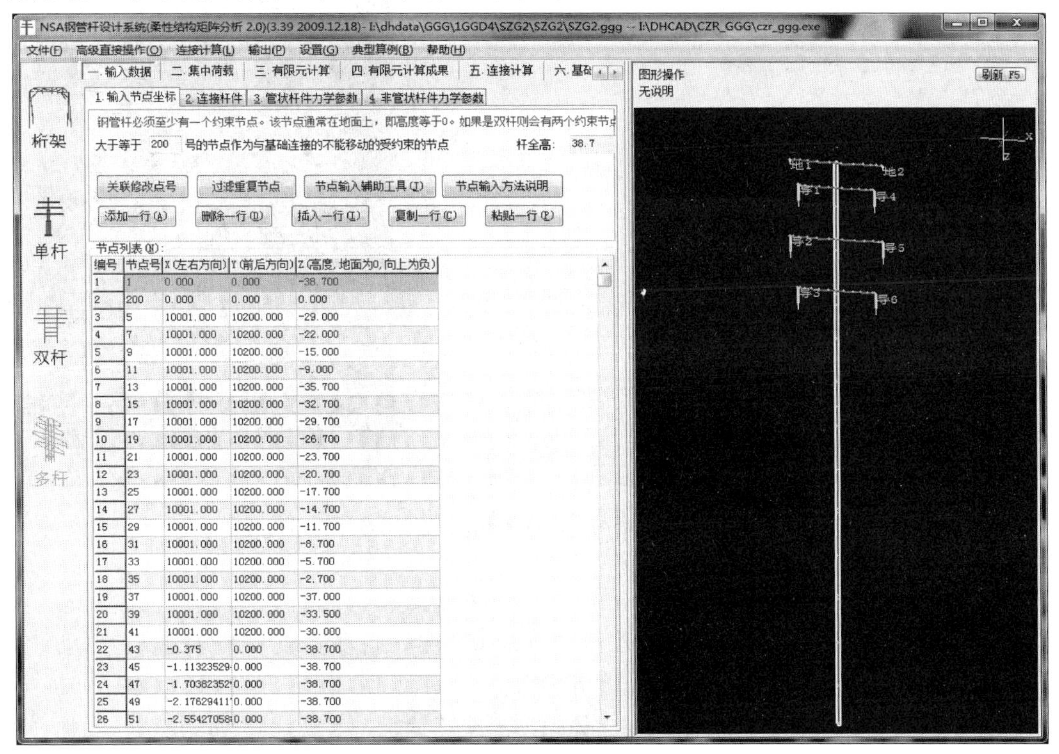

图13-1　道亨NSA钢管杆优化设计软件运行界面

该设计软件具有以下功能特点：

（1）快速输入主杆、横担模型，主杆可以支持圆形、多边形，横担可以支持管状、箱形及槽形雁翅形。

（2）采用有限元非线性迭代法计算钢管杆挠度，准确计算二次效应的影响。

（3）支持根部法兰计算，杆身法兰、插接计算，横担槽钢连接计算。

（4）荷载计算接口。可根据导地线型号、安全系数、气象条件、档距等参数，计算各种工况下的集中荷载，并自动导入到钢管杆计算程序中。

2. 自立式多种塔高、多种塔腿连接满应力分析软件

自立式多种塔高、多种塔腿连接满应力分析，适用于各种自立式角钢塔和钢管塔线性空间桁架的受力分析和自动选材设计。该软件与 TTA 软件相比，具有操作直观、计算速度快等优点。软件运行界面如图 13-2 所示。

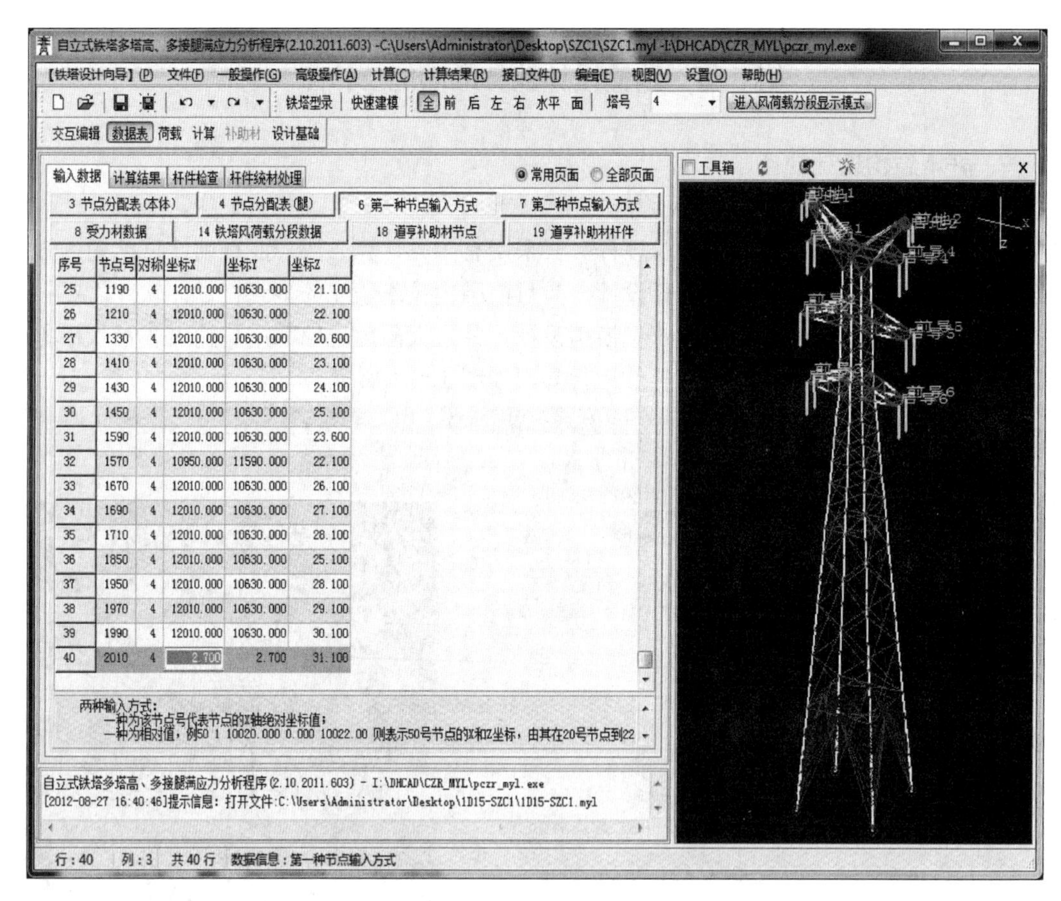

图 13-2 自立式多种塔高、多种塔腿连接满应力分析运行界面

该设计软件具有以下功能特点：

（1）“积木式”快速输入建模，程序自动分配节点号，自动生成节点分配表，自动计算杆件工作条件系数、失稳方向、计算长度等参数。

（2）铁塔编辑工具箱，支持用户在立体模型上交互编辑，直观地修改塔结构，添加、删除节点和杆件。

（3）内力计算准确。计算结果与东北电力设计院 TTA 程序基本相同，输入数据文件格式可相互转化。

（4）支持角钢、钢管混合选材，并支持 Q235/345/390/420/460 等高强钢、多材质（可以 5 种材质）同时优选或验算。

（5）支持分段计算杆塔风荷载调整系数 β_z，准确计算塔身风荷载。

（6）支持节点平衡法计算辅助材。

3. 自立式可视化铁塔应力分析软件（VTLA）

VTLA 是基于 AutoCAD 平台进行二次开发的软件，使用面向对象的高级计算机语言，以有限元分析为铁塔应力分析的主要方法，采用参数化、可视化的塔架空间力学计算图形建模方式，提供了多种典型的模板和布杆向导，采用智能化的杆件单元定义和相关信息定义的方法，给铁塔结构设计者提供了方便、快捷的专业设计平台。VTLA 运行界面如图 13 - 3 所示。

图 13 - 3　VTLA 运行界面

VTLA 具有如下功能特点：

（1）采用参数化可视化塔架空间力学计算图形建模方式。

（2）不需手工编写节点号与节点坐标输入。

（3）不需手工定义杆件选材信息。

（4）具有很高的专业化、智能化与自动化（可人工干预）。

（5）方便新老规范数据自动转换、新老规范计算比较和老规范基础作用力计算。

（6）灵活的节点坐标修改功能，快速修改铁塔模型，便于重复利用资源。

（7）具有钢管法兰及插板连接螺栓强度计算和构造分析模块。

二、基础结构设计软件

目前国内的基础设计软件较多，功能大同小异，因此下面只对常用的道亨基础设计软件作简单介绍。道亨基础设计软件包含多个模块，主要有钢管杆基础优化计算及绘图软件、铁塔刚性台阶基础优化计算及绘图软件、铁塔柔性台阶基础优化计算及绘图软件、铁塔掏挖式基础优化计算及绘图软件、铁塔斜插式基础优化计算及绘图软件、铁塔联合基础优化计算及绘图软件、铁塔桩基础优化计算及绘图软件等。该软件部分模块运行界面如图 13 - 4～图 13 - 7 所示。

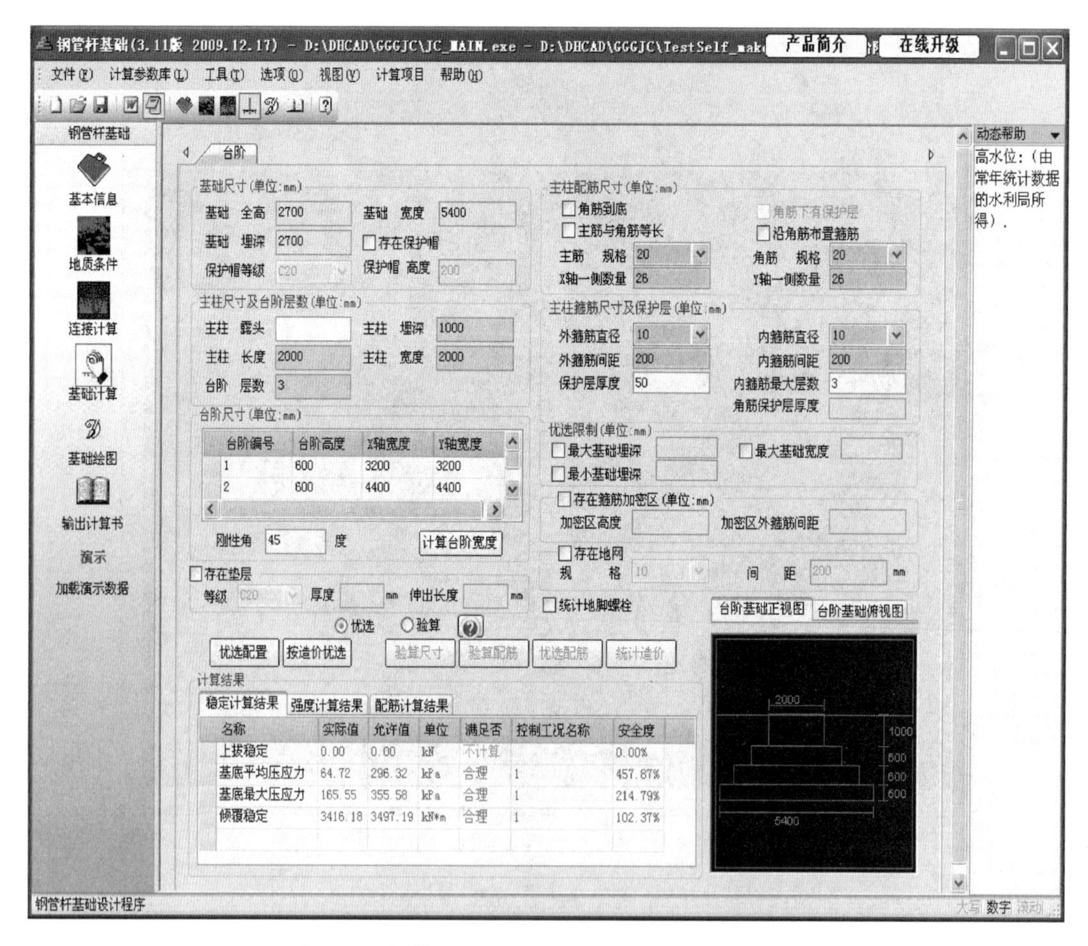

图 13 - 4　钢管杆基础优化计算及绘图软件运行界面

该设计软件具有以下功能特点：

（1）能对基础进行上拔、下压稳定计算，对主柱进行强度配筋及斜截面抗剪计算，对台阶底板进行剪切、冲切、强度配筋计算。

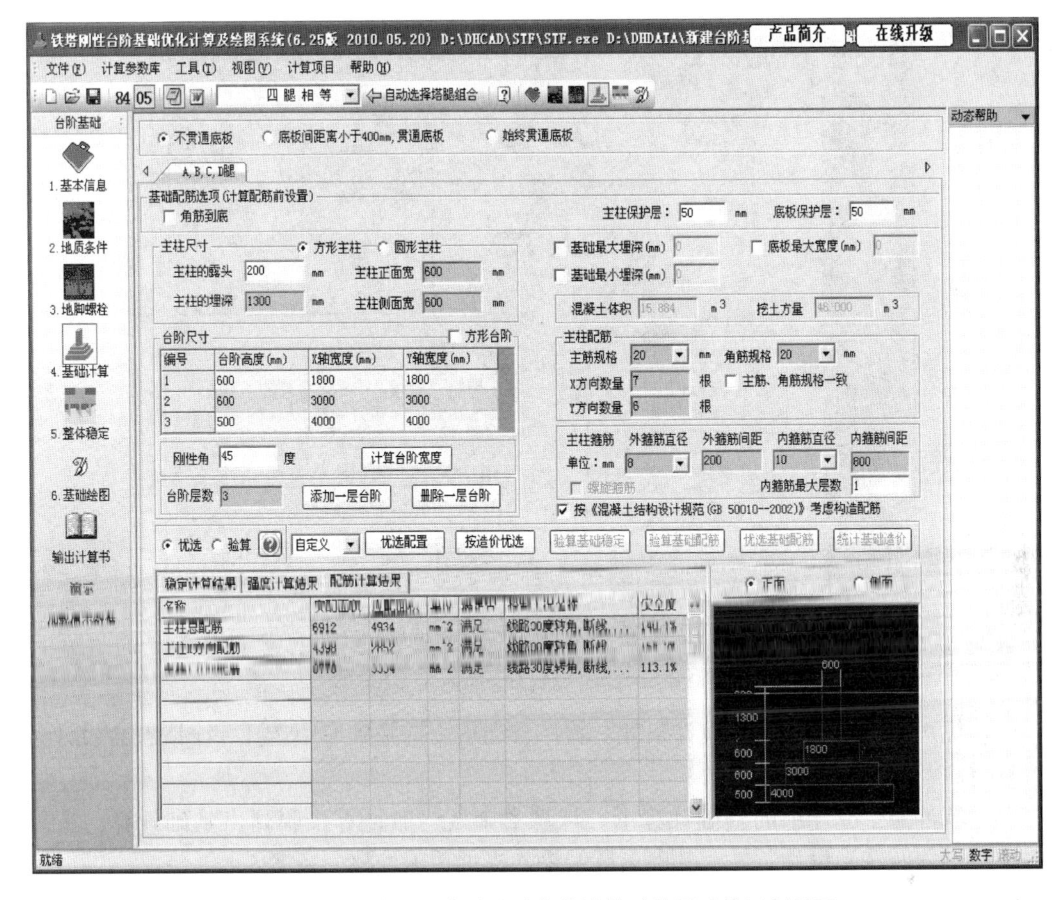

图 13-5　铁塔刚性台阶基础优化计算及绘图系统运行界面

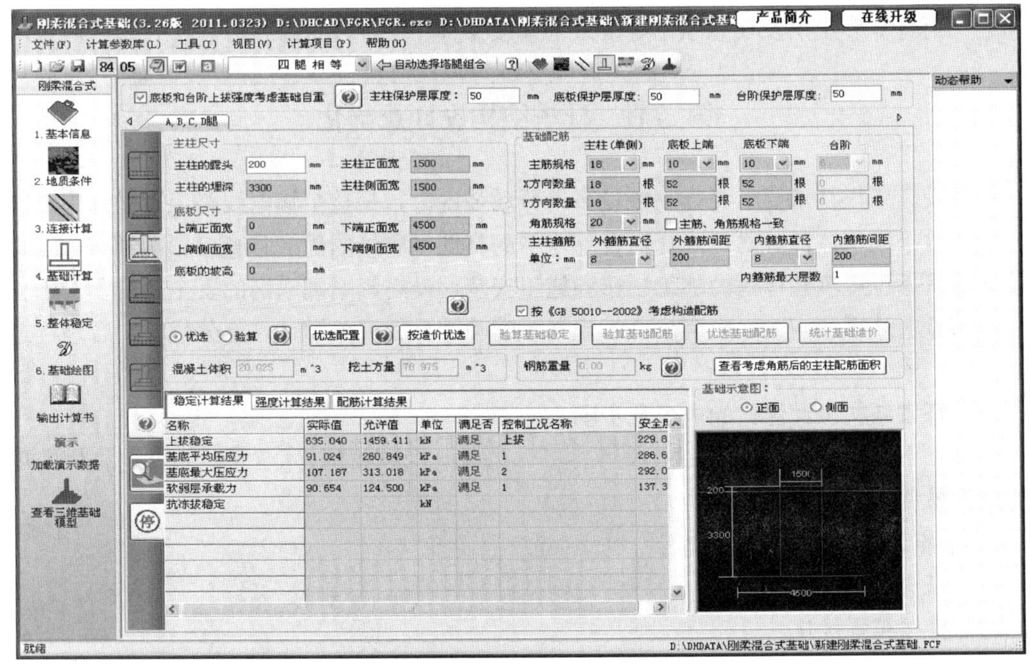

图 13-6　铁塔柔性台阶基础优化计算及绘图系统运行界面

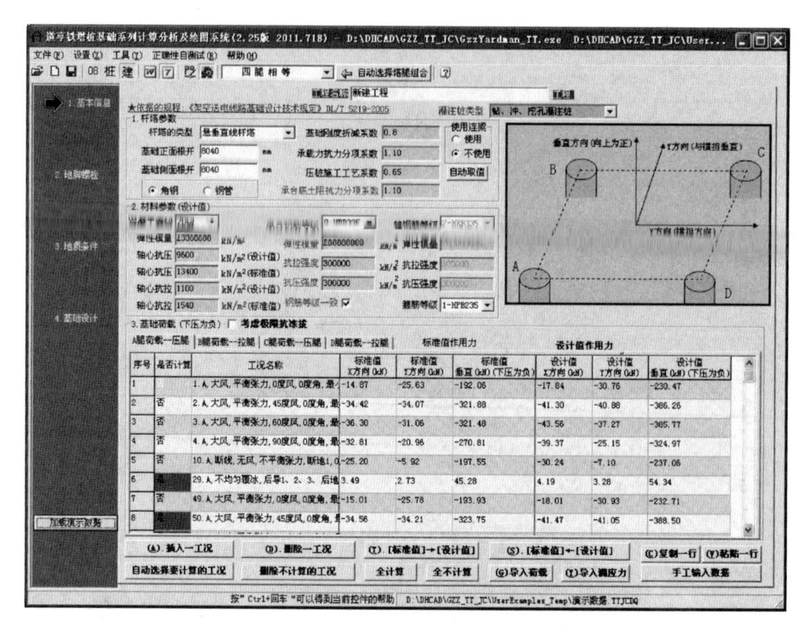

图 13-7　铁塔桩基础优化计算及绘图系统运行界面

（2）优选基础。用户输入设计条件，软件自动从用户基础库中选择一个既符合设计条件又节省材料及施工费用的基础。

（3）软件能生成详细的基础计算书。计算书中按一般计算步骤列出基础计算的主要公式、中间过程及基础设计条件、基础设计结果，提供手工校核、备案。

（4）开放的数据结构。计算过程中的各种参数，甚至基础尺寸优化方案等都向用户开放，给用户以极大的灵活性。

（5）可计算多土层及任意水位等复杂的地质条件。

第二节　杆塔结构设计及优化

杆塔设计工作技术要求高，工作量多，劳动强度大，是整个输电线路工程设计中最能够体现设计水平的主体部分之一。杆塔设计水平的高低、质量的优劣将直接影响到整个工程的质量、造价，也影响到杆塔的加工制造和施工安装，最终影响到电网的安全运行。对于杆塔选型、布置、计算和构造，应遵循科学规划、准确计算、规范设计、充分优化、合理构造的原则。

一、杆塔结构设计优化的内容及步骤

通过以下过程的一系列优化和研究，进一步提升了设计的技术含量，最终将杆塔的单基指标做到最优、可靠度做到最佳。

1. 杆塔结构优化的主要内容

（1）塔头选型优化。

（2）横担布置优化。

（3）塔身坡度优化。

（4）开口和根开尺寸优化。

（5）塔身断面型式优化。

（6）结构布置及节间优化。

（7）斜材及隔面布置优化。

（8）节点构造优化。

（9）高强度钢材应用。

2. 杆塔结构设计优化的步骤（见图 13-8）

二、杆塔结构设计及优化原则

1. 设计原则

杆塔的结构计算和设计遵循以下原则：

（1）杆塔设计采用以概率理论为基础的极限状态设计法；

（2）基本风速、设计冰厚重现期按规范要求考虑；

（3）结构重要性系数 γ_0 选取符合工程实际；

（4）满足适用于电力输电线路工程项目的法令、法规、标准、规程、规范、规定等的最新有效版本。

2. 优化原则

杆塔优化设计按照从宏观到微观、从整体到局部的顺序进行，即从杆塔型式到外形，再到结构细部构造的顺序开展工作。在保证杆塔的强度、可靠度、稳定性和必要的刚度、满足变形要求的前提下，通过杆塔结构优化设计，力求满足以下原则：

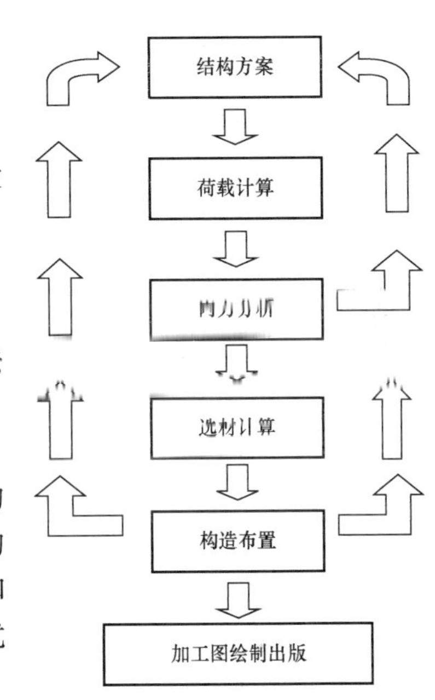

图 13-8　杆塔结构设计优化步骤

（1）结构形式简洁，杆件受力明确，结构传力路线清晰；

（2）结构构造简单，节点处理合理，利于加工安装和安全运行；

（3）结构布置紧凑，尽量减少线路走廊宽度，节约有限的土地资源；

（4）结构节间划分和构件布置合理，充分发挥构件的承载能力；

（5）结构选材合理，降低杆塔钢材耗量，使杆塔造价经济合理。

三、风荷载计算优化

一般直线塔的外荷载主要由风荷载控制，风荷载由导线、地线风荷载和塔身风荷载组成，而塔身风荷载占直线塔风荷载的比例在 50%左右，当塔高较高时这个比例还要高。因此，风荷载计算相关参数的选取，对直线塔的塔重指标将产生较大的影响。

以往在风荷载计算时，往往导线和地线的荷载取同一个高度的风压调整系数，而对于塔身风荷载的计算从上到下也是取一个风振系数定值，但这种计算往往是偏保守的。对于塔高较高的塔会出现塔重增加而安全度没有提高，甚至反而降低的现象，因为实际的风振系数沿塔高方向是不均匀的，其中塔头部分要远远大于塔身或塔腿部分。较高的杆塔（如高跨塔），其塔头部分如果用风振系数 1.6 来计算，部分构件可能会不满足满应力设计的要求，影响杆塔结构的安全性。所以在实际工程中应根据不同的风压高度系数，计算出不同高度塔段的风荷载，来分别计算不同呼高下的杆塔结构，从而使杆塔自上而下的构件状况更符合实际的受力情况，避免产生头部不够而身部浪费的现象，以控制杆塔结构的安全性、合理性。同时，还可以减小基础作用力，从而减小基础的本体工程量。

在计算杆塔构件的实际挡风面积时，按实际选材和统材结果多次循环计算挡风面积是目前最有效的方法。以往设计中由于考虑到连接板的影响和实际构件在绘制施工图的过程中可能会加大等原因，往往将挡风面积放大系数取 1.1 以上，一般这个系数可以控制在 1.05～1.10 之间，同时在绘制施工图的过程中通过角钢内插、切角处理，减小角端等措施使得节点更加紧凑，从而减小实际挡风面积。

四、杆塔结构布置优化

1. 塔身主材节间长度优化

杆塔构件的承载能力与构件的计算长度、截面面积及材料的屈服点有关。当构件的规格由强度控制时，构件需要选取的截面净面积与其所承担的内力成正比，内力越大，构件截面面积越大。当构件的规格由稳定控制时，构件规格的选取则不仅仅与所承担的内力有关，还与构件本身的计算长度有关。内力一定，构件的计算长度越长，构件规格越大。而计算长度一定时，内力越大，所需规格也越大。因此，对于承受外荷载一定的结构，构件计算长度确定合适与否会严重影响其截面的选择。

因节间长度的确定还受塔身分段、接腿及外形尺寸等因素的制约，同时考虑到节间长度对斜材、辅助材的影响以及腹杆的布置形式对主材内力的影响，往往很难理想地使主材长度达到按稳定计算的承载力与按强度计算的承载力相当。但以此为目的，按照杆件材质、规格大小的不同，根据使用经验确定某一长度作为拟定节间长度的参考值，对构件布置形式、节间长度的进一步优化，对降低塔重指标具有重要的意义。

2. 塔身坡度、瓶口宽和塔脚根开优化

针对不同塔型的受力特点，在给定荷载和电气间隙条件下，采用多方案设计优化，以确定塔头控制尺寸和塔身合理坡度。塔身坡度及根开大小将直接影响到塔身主材和斜材规格、杆塔重量及基础作用力。在进行杆塔结构布置和内力分析的时候，应根据电气荷载条件、气象条件和杆塔形式，找出合适的坡度和根开，使塔重指标做到最小，并综合考虑杆塔单基指标、基础工程量、占地面积、植被等情况，力求达到最佳的综合经济效益。

塔身瓶口宽和根开取值与塔身坡度的改变紧密相关，而塔身的平均宽度的大小直接影响塔身的重量，瓶口宽度甚至影响到整个杆塔的刚度、塔头的稳定性和全塔的重量。合理的塔身坡度应使塔身主材的应力分布的变化与材料规格的变化相协调，使主材受力均匀。

3. 塔身布材优化

斜材节间的布置应先确定合适的主材节间，工程中主材取值是根据荷载的大小来确定，长细比 λ 值一般取值在 40～70 之间。

在具体设计和选用的过程中，一般按照结构最优、受力最佳的原则进行布置。其中，斜材和水平面夹角的大小将直接决定斜材抵抗外荷载的能力。从国内外科研成果、工程设计实际经验以及铁塔真型试验来看，塔身斜材与水平面的夹角取 35°～45°为宜，不宜小于 30°，同时不得大于 50°；塔腿主斜材夹角不得小于 18°，宜控制在 20°以上。同时斜材的布置形式还和塔身的宽度有关。在杆塔设计时应仔细分析控制选材的条件，并考虑塔身主材节间分段情况、主材的计算长度，以及不同的接腿配置不同的塔身段等多种因素后，合理确定塔身斜材的布置方式。

4. 塔身断面优化

直线塔是输电线路工程中使用最多的塔型，根据直线塔所受荷载的特点（主要是以横向荷载为主），其塔身断面在工程中往往设计为方形与矩形两种断面形式，它们各有优缺点。方形断面的直线塔刚度好；在山区坡度大的塔位，为避免基面大开挖而采用长短腿时，方形断面直线塔的长度腿的种类少，便于制造和安装，但是钢材用量要多一些。矩形断面适合于直线塔的受力特点，钢材用量较省；但采用长短腿时，因为塔身的正、侧面尺寸和构件长度不同，加工制造工作量要大得多，由于正、侧面长短腿的尺寸不同，安装工作也复杂一些。此外，在大档距荷载条件下，矩形塔显得纵向刚度薄弱。根据工程经验，塔身断面采用矩形断面与采用方形断面相比，矩形断面全塔的重量可降低3%左右。但为保证杆塔在纵向的刚度，提高输电线路在抵抗冰灾、雪灾和风灾以及防止串倒的能力，推荐采用方形断面塔身的结构形式。

5. 横隔面的设置及其优化

合理地设置塔身横隔面，对向下传递由结构上部外荷产生的扭力、减小塔重、均匀塔身构件内力、减小塔身扭转效应具有一定的作用。一般在变坡处，集中荷载及力处等必须设置受力横隔面，但对于可设可不设的构造横隔面一般不予设置，以减小塔重指标。在实际工程中，为了确保铁塔的抗扭刚度，横隔面设置按不大于5倍平均宽和4个主材节间分段，并采用刚性横隔面。

6. 塔腿布置优化

选取合适杆塔的全方位长短腿方案和长短腿级差，满足线路工程丘陵、山区等不同地形地貌情况，以达到保护自然生态环境、降低工程造价、减小施工难度和缩短施工周期的目的。

对塔腿结构布置形式进行优化，采用合理的节间布置和构件布置（包括研究角钢主材组合断面、次应力、主斜材夹角、节间分隔等对塔腿承载能力的影响），使杆塔传力路径清晰，主、斜材刚度协调、强度匹配，全塔结构受力均匀，充分发挥材料性能，达到节省塔材的目的。

7. 节点设计优化

（1）避免相互连接杆件夹角过小，减少杆件的负端距，达到优化杆件受力同时减小节点板尺寸。

（2）节点连接要紧凑、刚度强、节点板面积小，可采用GB 50017—2017《钢结构设计规范》建议的有效宽度法进行承载力计算。

（3）尽量减少杆件偏心连接，减少偏心弯矩对杆件承载力的不利影响，上下段主材螺栓采用双剪连接，采取内包角钢与外贴钢板方式。

（4）双面连接的杆件避免对孔布置，减小杆件断面损失。

（5）合理确定杆件长度，减少包角钢连接数量，进一步降低耗钢量。

五、内力分析和选材计算的优化控制

内力分析时，根据构件（斜材、辅助材与主材）连接支撑约束条件和偏心条件准确合理设置计算参数。一般，除了横担上平面主材、吊杆等受拉杆件和长细比较小的主材是由强度控制外，铁塔的绝大部分构件是由受压稳定控制的。DL/T 5154—2012《架空输电线路杆塔结构设计技术规定》提供的受压稳定计算公式为

$$\sigma=\frac{N}{m_{N}\varphi A}\leqslant f \tag{13-1}$$

稳定系数 φ 是根据构件长细比 λ 和长细比修正系数 K（$K\lambda$ 越大，φ 越小，对构件越不利）查附录 L 表 L-1、表 L-2，长细比修正系数 K 见附录 J 表 J-1、表 J-2。

从表 J-1、表 J-2 可以看出，对于长细比超过 120 的交叉斜材和主材连接时，若能够将斜材直接和主材搭接，那么就可以按照一端有约束的情况进行计算。特别是对于横担主材来说，当和塔身主材连接时，可以通过构造上的处理，将横担主材根部的构件按照两端中心受力进行计算可以大大减小该构件的规格并且改善构件的受力性能。

铁塔安全可靠度的保障措施，不是机械地加大构件规格，在构造上、连接上和节点处理上进行优化有时候往往会起到很好的效果。一般满应力计算程序的计算控制条件可以人为地进行更改。铁塔内力计算时，通过对钢材强度的人为折减或对选材结果的任意放大都会造成铁塔重量的增加。其实钢材是弹性材料，其平均强曲比一般在 1.3～1.7 之间，而钢材本身的材料分项系数又达到 1.1，也就是说具有 10%的安全储备。另外，按照概率论的极限强度设计理论，并通过铁塔结构真型试验来看，确实没有必要人为地加大构件规格来提高铁塔的可靠度。只要周全地考虑各种工况条件，准确判断构件的受力、连接、约束特点，将构件应力按照 100%作为控制条件选材是完全能够满足受力要求和材料特性要求的，从而达到充分利用构件承载能力、降低塔重的目的。

第三节　铁塔建模分析及计算

本节以一个具体的工程实例着重介绍铁塔设计的过程。

一、铁塔设计的设计条件

铁塔型式为某工程的 110kV 双回路直线鼓形塔，塔型为 SZC1，位于山地（海拔 1000m 以下），采用全方位长短腿设计，呼称高度 15～24m，水平档距 $L_p=350$m，垂直档距 $L_v=450$m，代表档距 $L_r=350$m，摇摆角系数 $K_v=0.85$。为提高防雷水平，采用零度防雷保护角设计。

1. 气象条件

该塔型主要应用于沿海大风速区域，设计离地 10m 高的基本风速为 37m/s，覆冰厚度为 10mm。具体气象组合见表 13-1。

表 13-1　设计气象条件组合

设计条件	气温（℃）	风速（m/s）	覆冰（mm）
最高气温	40	0	0
年平均气温	10	0	0
最低气温	−20	0	0
基本风速	−5	37.0	0
线条风速	−5	39.5	0
覆冰	−5	10	10

续表

设计条件	气温（℃）	风速（m/s）	覆冰（mm）
安装情况	−10	10	0
雷电过电压	15	15	0
操作过电压	10	20	0
冰的比重（g/cm³）	0.9		
年均雷暴日数（天）	50		

2. 导线和地线

本工程杆塔导线采用 JL/G1A-300/40（兼 JL/G1A-240/40）钢芯铝绞线，安全系数取 2.5，地线采用 JLB20A-100 铝包钢绞线，安全系数取 4.0。

导线、地线的物理参数见表 13-2。

表 13-2　导线、地线物理参数

导线和地线型号		JL/G1A-300/40	JL/G1A-240/40	JLB20A-100
结构（根数/直径）	铝	24/3.99	26/3.42	19×2.60
	钢	7/2.66	7/2.66	
计算截面积（mm²）	铝	300.09	238.85	25.22
	钢	38.90	38.90	75.66
	总	338.99	277.75	100.88
外径（mm）		23.90	21.66	13.00
单位质量（kg/m）		1131.0	964.3	674.1
额定抗拉力（kN）		92.36	83.37	121.66
弹性模量（N/mm²）		73 000	76 000	147 200
线膨胀系数（1/℃）		19.6×10^{-6}	18.9×10^{-6}	13.0×10^{-6}
20℃直流电阻（Ω/km）		0.096 14	0.1209	0.8524

3. 绝缘配合

线路位于中污区，色标爬距 2.8cm/kV，悬垂绝缘子串采用合成绝缘子。悬垂串型式采用单联、双联 I 型，悬垂串绝缘子采用机械强度 70kN 的合成绝缘子。绝缘子串长度按 1.8m 考虑。

二、塔头尺寸确定

塔头尺寸一般由间隙圆及线间距离控制，线间距离控制取决于杆塔的最大使用档距。

1. 计算风偏角

计算直线塔悬垂串风偏角时，以下导线为基准高度（对于 110kV 线路一般取 15m），由此分别推算下、中、上导线风压高度系数。当基本风速 $v \geqslant 27$m/s 时，风压不均匀系数取 0.61；当 20m/s$\leqslant v<$27m/s 时，取 0.75；当 $v<$20m/s 时，取 1.0。

按 JL/G1A-240/40 导线，计算 SZC1 塔上、中、下相导线在工频电压、操作过电压、雷电过电压、带电作业下的风偏角度，见表 13-3。

表 13-3 SZC1 塔各工况下的风偏角计算值

工　况	工频电压	操作过电压	雷电过电压	带电作业
上导线风偏角	64.1°	36.9°	22.8°	10.5°
中导线风偏角	65.7°	39.0°	24.4°	11.3°
下导线风偏角	67.1°	40.8°	25.8°	12.0°

2. 计算线间距离

铁塔的单侧最大使用档距应根据工程的实际情况合理确定，过大将大大增加铁塔塔头尺寸，造成指标浪费，过小将影响铁塔的使用范围。SZC1 直线塔的单侧最大使用档距取 600m（一般取水平档距的 1.6～1.8 倍）。根据悬链线方程计算可得，最大弧垂发生在高温工况下，此时导线的弧垂 $f_{\max}=27.41$m。根据 GB 50545—2010《110kV～750kV 架空输电线路设计规范》规定，对 1000m 以下档距，水平线间距离计算公式见式（13-2），垂直线间距离计算公式见式（13-3）。

$$D_{\mathrm{m}}=k_1\lambda+\frac{U}{110}+0.65\sqrt{f_{\max}} \tag{13-2}$$

$$D_{\mathrm{V}}=D_{\mathrm{m}}75\% \tag{13-3}$$

按式（13-2）计算得到导线的水平线间距离 $D_{\mathrm{m}}=5.12$m。另根据 GB 50545—2010《110kV～750kV 架空输电线路设计规范》规定，双回路及多回路杆塔的不同相导线间的水平或垂直距离应增大 0.5m。因此，考虑 SZC1 塔导线最小水平距离取 5.62m。

按式（13-3）计算得到导线垂直排列的最小垂直线间距 $D_{\mathrm{V}}=D_{\mathrm{m}}75\%=3.84$m。

3. 绘制间隙图

绘制铁塔间隙圆图时，应考虑塔头宽带的影响，在导线下方应增加垂直下偏量 Δf 和水平偏移量，然后在此基础上绘制间隙圆。各塔型的垂直偏移量应根据具体规划条件经计算合理确定。SZC1 塔型位于山区，垂直下偏量取 300mm，水平偏移量取 200mm。另因角钢准线及脚钉的影响，还需考虑适当的结构裕度，对本直线塔取 150mm。110kV 线路带电部分与杆塔构件（包括拉线、脚钉等）的最小间隙见表 13-4。

表 13-4 110kV 线路带电部分与杆塔构件的最小间隙 m

工频电压	操作过电压	雷电过电压	带电作业
0.25	0.70	1.00	1.00+0.50

注　带电作业应考虑操作人员活动范围 0.5m。

按照以上计算数据，绘制塔头间隙图，如图 13-9 所示。

由图 13-9 可知，SZC1 直线塔的塔头间隙由间隙圆控制，最小水平线间距离 6.4m，最小垂直线间距离 3.9m，因此计算线间距离不控制塔头间隙。

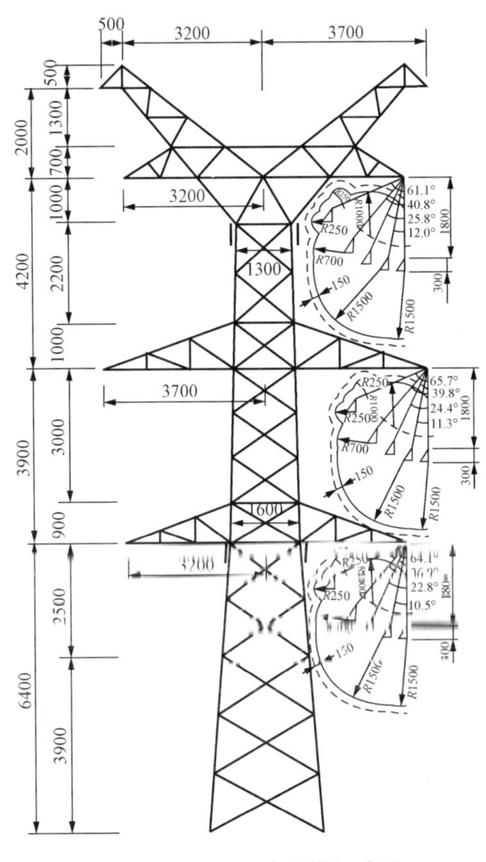

图 13-9　SZC1 直线塔间隙图

三、建模分析计算

1. 塔身布材

塔身斜材的布置形式也是铁塔设计中很重要的一项工作，在具体设计和选用的过程中，一般按照结构最优、受力最佳的原则进行塔材布置。一般来说，塔身斜材与水平面的夹角取35°～45°为宜，不宜小于30°，同时不得大于50°；塔腿主斜材夹角不小于18°，宜控制在20°以上；横担末端夹角在15°以上。SZC1 直线塔塔材布置情况如图 13-10 所示。

2. 建立满应力模型

根据铁塔单线图（见图 13-10），以北京道亨公司自立式铁塔多种塔高、多种接腿满应力分析系统为例建立铁塔满应力模型。通过该软件的快速建模功能建立该塔的三维模型，如图 13-11 所示。然后将模型数据导入到主程序中，并定义导线和地线荷载挂点，如图 13-2 所示。

3. 计算杆塔荷载

利用道亨公司大院版荷载计算模块，计算导地线的荷载，首先进入输入界面，如图 13-12 所示。

然后，利用组合工况模块对杆塔荷载进行工况组合，见图 13-13。

最后，将组合好的工况导入满应力模型中，即完成导地线荷载计算，如图 13-14 所示。

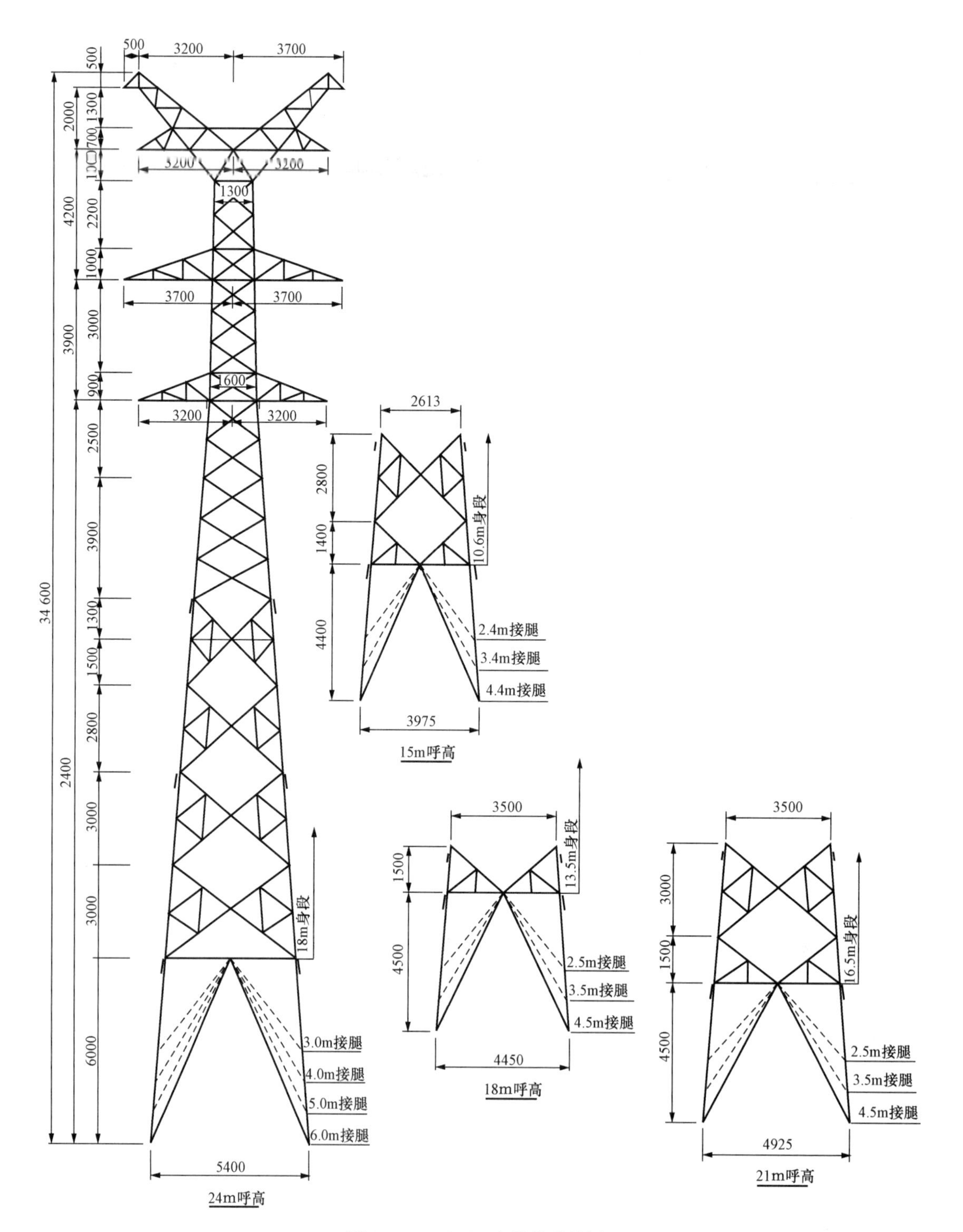

图 13-10 SZC1 直线塔单线图

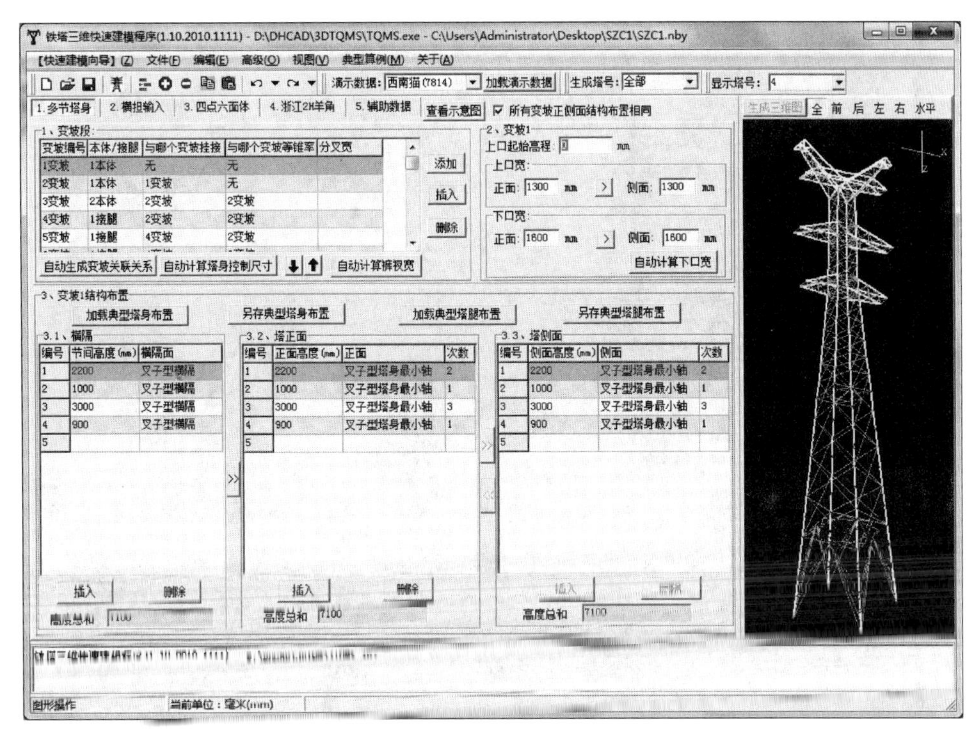

图 13-11　SZC1 直线塔三维建模界面

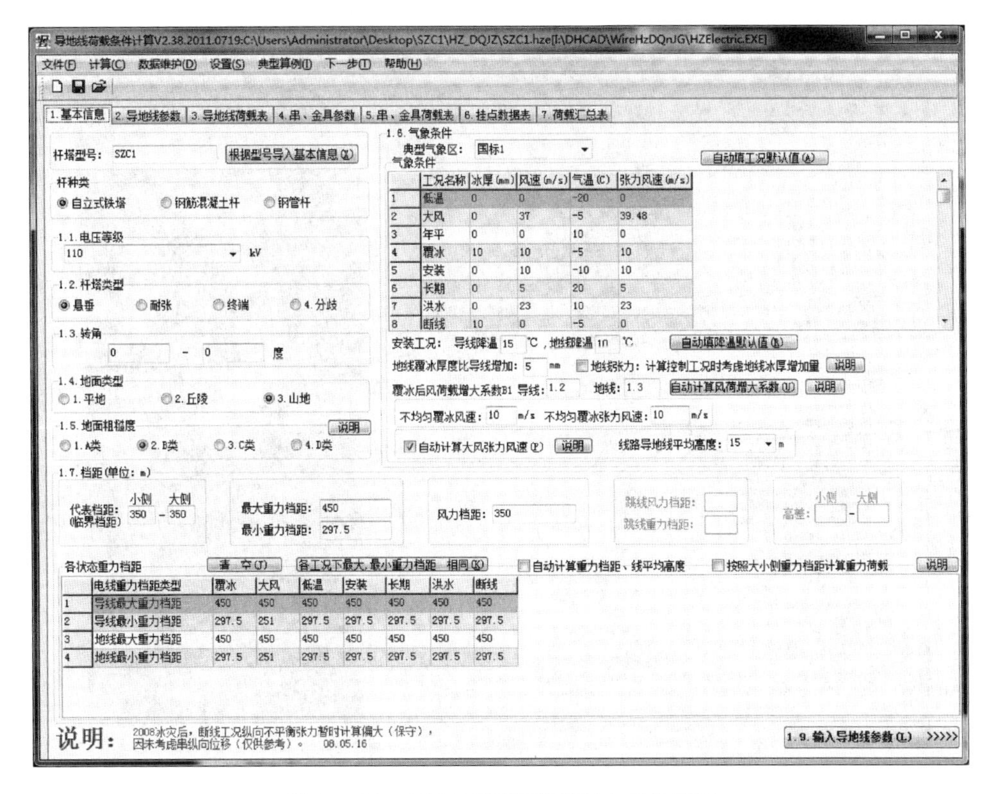

图 13-12　SZC1 直线塔荷载输入条件界面

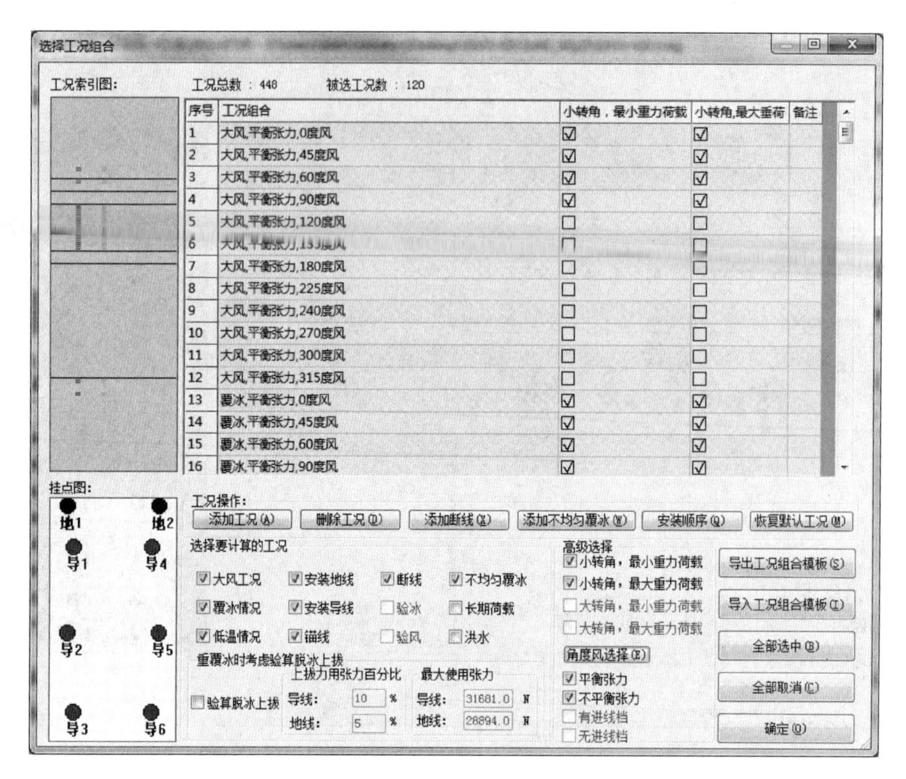

图 13-13　荷载工况组合界面

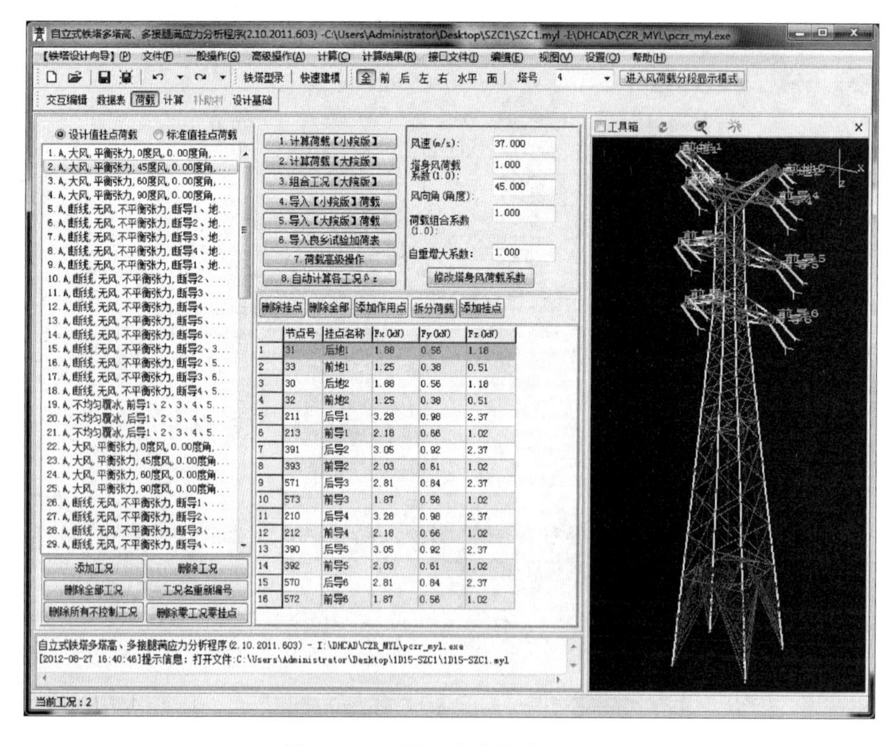

图 13-14　导地线荷载导入界面

4. 满应力自动优化选材

首先应进行统材，统材目的是将若干个计算分段材料规格设置成同一规格，为了便于塔材运输，一般控制分段长度为 5～9m。

然后设置杆件的计算参数，如杆件类型（TYPE）、工作条件系数（M）、最小轴系数（L1）、平行轴系数（L2）、同时受压（SMC）等，挡风面积、自重增大系数及铁塔塔身及横担风振系数 β_Z（见图 13-15）。

序号	形状代号	节点1	节点2	节点3	节点4	所属段号	正面风增大	侧面风增大	自重增大	风振 β_z (塔身)	风振 β_z (基础)
1	1	290	330	0	0	1	110	110	130	130	100
2	1	330	450	0	0	1	110	110	130	130	100
3	1	450	510	0	0	1	110	110	130	130	100
4	1	510	630	0	0	1	110	110	130	130	100
5	1	630	730	0	0	1	110	110	130	130	100
6	1104	390	450	330	0	1	130	130	120	130	100
7	1104	570	630	510	0	1	130	130	120	130	100
8	103	290	270	250	0	1	130	130	120	130	100
9	1104	210	250	130	0	1	130	130	120	130	100
10	102	150	130	250	270	1	130	130	120	130	100
11	102	70	50	130	150	1	130	[illegible]	[illegible]	[illegible]	[illegible]
[illegible]	1104	30	[illegible]	10	0	1	130	130	[illegible]	[illegible]	[illegible]
[illegible]	[illegible]	[illegible]	[illegible]	[illegible]	[illegible]	1	[illegible]	[illegible]	[illegible]	130	100
14	1	730	850	0	0	[illegible]	[illegible]	[illegible]	140	130	100
15	1	850	950	0	0	[illegible]	[illegible]	[illegible]	[illegible]	[illegible]	[illegible]
[illegible]	1	[illegible]	[illegible]	[illegible]	[illegible]	[illegible]	[illegible]	[illegible]	141	130	100
17	1	1090	1210	0	0	3	155	155	150	130	100
18	1	950	1330	0	0	4	137	137	140	130	100
19	1	1330	1450	0	0	4	158	158	149	130	100
20	1	950	1590	0	0	5	136	136	140	130	100
21	1	1590	1710	0	0	5	161	161	151	130	100
22	1	950	1850	0	0	6	133	133	140	130	100
23	1	1850	2010	0	0	6	169	169	158	130	100

图 13-15　挡风面积、自重增大系数及风振系数界面

最后再设置一些计算选项（见图 13-16）后，即可进行优选。通过软件的自动优化坡度功能，可以得到该塔塔重指标最优的塔身坡度。

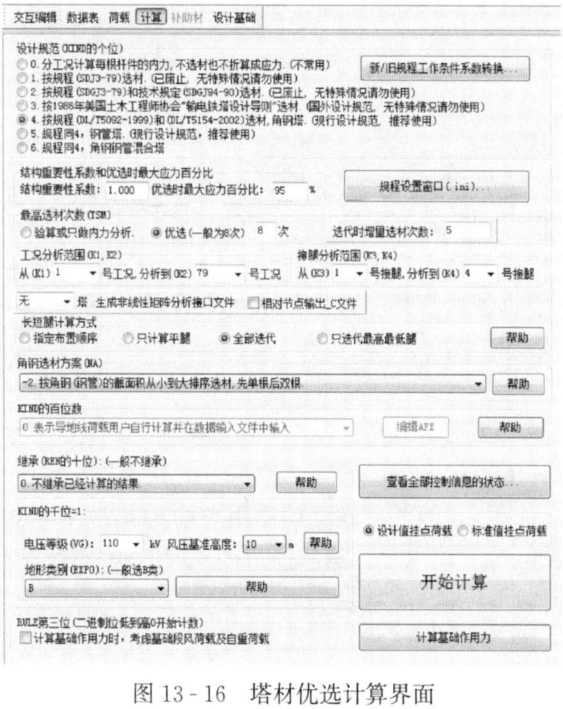

图 13-16　塔材优选计算界面

5. 规格手动调整优化

软件自动优化选材后，可能会出现上下段规格不协调（如上段主材角钢肢宽或厚度大于下段的情况）、某些杆件不满足构造要求等情况。此时，需要手工调整这些杆件规格（见图13-17），然后进行满应力验算，直到所有杆件均满足设计要求为止。

3 节点分配表(本体)　4 节点分配表(腿)　8 受力材数据　14 铁塔风荷载分段数据　18 道亨补助材节点　19 道亨补助材杆件　常用页面　全部页面

序号	起点	终点	对称	TYPE	M	L1	L2	SMC	统材号	验算用规格	构件类型
135	850	890	4	3	10	0	100	0	111	L56x4S	0
136	870	910	4	3	10	0	200	0	112	L56x4S	0
137	890	910	4	3	10	0	200	0	112	L56x4H	0
138	850	910	4	3	20	100	0	0	113	L56x5S L56x5H	0
139	910	911	2	3	20	100	0	0	114	L63x4S L63x4H	0
140	910	912	1	3	20	100	0	0	115	L63x5S L63x5H	0
141	730	850	4	1	0	100	0	0	-21	L100x10H	0
142	730	870	4	3	10	0	100	0	116	L56x4S	0
143	730	890	4	3	10	0	100	0	117	L56x4S	0
144	850	930	4	1	0	100	0	0	-21	L100x10H	0
145	930	870	4	3	10	0	100	0	116	L56x4S	0
146	930	890	4	3	10	0	100	0	117	L56x4S	0
147	930	950	4	1	0	50	0	0	-21	L100x10H	0
148	950	931	4	3	10	0	-25	1	118	L63x4S	0
149	930	952	4	3	10	0	-26	2	119	L63x4S	0
150	730	1070	4	1	0	50	0	0	-17	L110x8H	0
151	1070	731	4	3	10	0	-25	1	91	L56x5S	0
152	730	1072	4	3	10	0	-26	2	92	L56x5S	0
153	1070	1090	4	1	0	100	0	0	-17	L110x8H	0
154	1070	1110	4	3	20	0	100	0	93	L56x4S	0
155	1070	1130	4	3	20	0	100	0	94	L56x4S	0
156	1090	1110	4	3	10	0	100	0	95	L56x4S	0
157	1090	1130	4	3	10	0	100	0	96	L56x4S	0
158	1110	1150	4	3	10	0	200	0	97	L45x4S	0
159	1130	1150	4	3	10	0	200	0	97	L45x4S	0

用于非继承性的验算或分工况计算内力。控制信息中优化继承信息的十位填成0或空缺且最高选材次数=0(表示验算)，这时验算角钢规格必须是材料表中的角钢，这时统材号无意义，验算角钢规格必须在DATA.INI文件中规定的材料中，其中S代表Q235钢，H代表Q345钢，A代表Q390钢，B代表Q420钢，C代表Q460钢。

图13-17　手工调整杆件规格界面

四、结果输出

1. 输出铁塔司令图

通过满应力软件的输出功能，即可输出AutoCAD版司令图。输出司令图中的螺栓数量为软件计算的最少数量，可根据实际情况作适当的增加。根据基础作用力（见表13-5）计算塔脚板连接板厚度及地脚螺栓规格。最终形成的司令图如图13-18所示。根据司令图通过制图软件即可绘制铁塔加工图。

2. 输出基础作用力

规范规定设计基础时，当杆塔全高不超过60m，杆塔风荷载调整系数β_Z应取1.0；当杆塔全高超过60m，宜采用由下到上逐段增大的数值，但其加权平均值对直立式铁塔不应小于1.3。SZC1直线塔全高34.6m，因此计算基础作用力的β_Z应取1.0，将该数值填入图13-15的相应位置（软件中的数值为百分数），然后通过图13-16中的计算基础作用力功能即可计算得到基础作用力设计值，计算结果见表13-5。

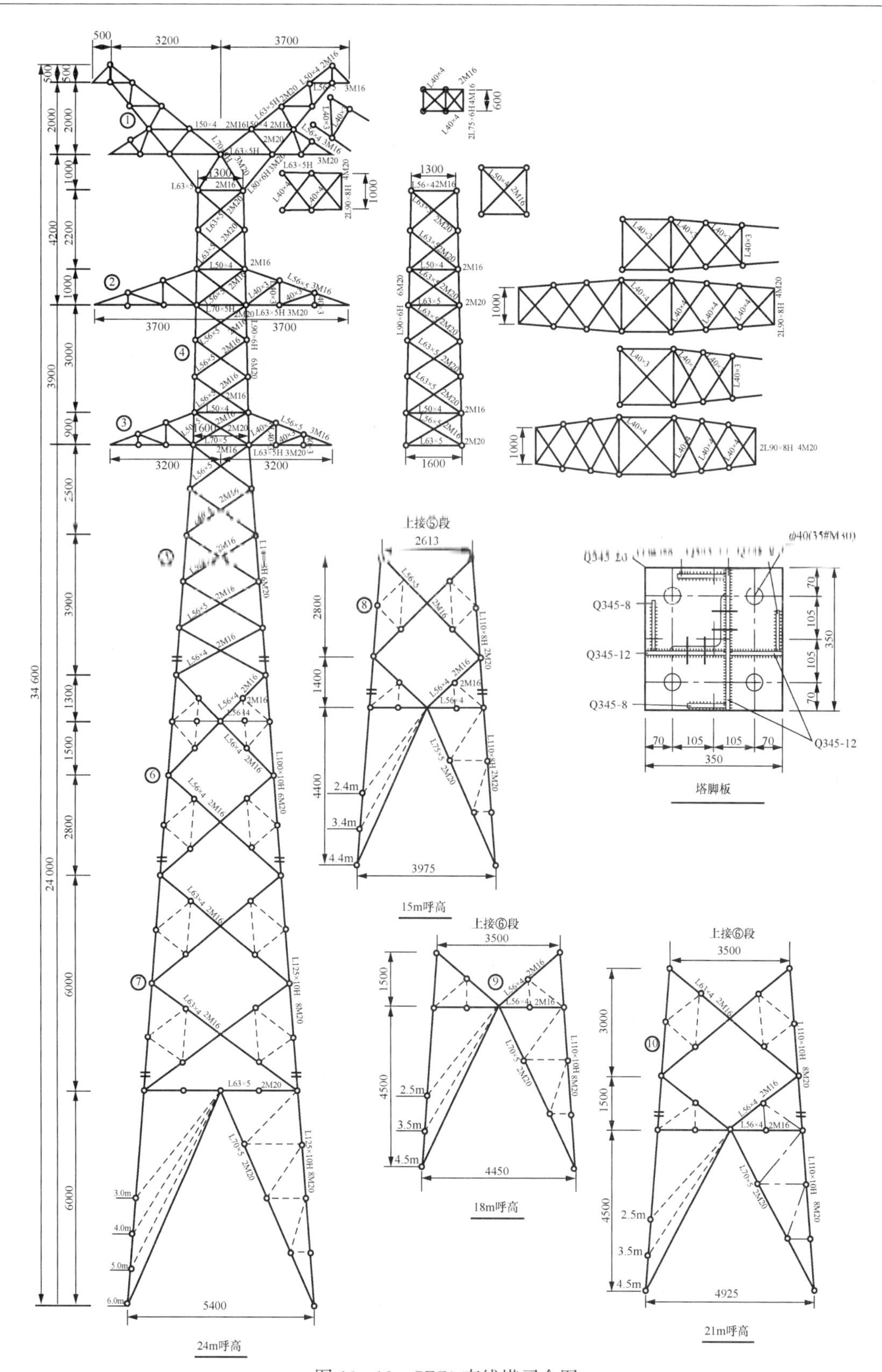

图 13-18　SZC1 直线塔司令图

表 13-5 **SZC1 塔基础作用力设计值**

呼高（m）	上拔作用力（kN）			下压作用力（kN）		
	T_{max}	T_x	T_y	N_{max}	N_x	N_y
15	303.41	35.20	32.48	345.85	39.96	34.88
18	325.34	38.00	35.01	371.02	42.90	38.07
21	339.46	39.58	35.78	388.31	44.43	38.75
24	361.56	41.89	37.77	413.34	47.18	41.13

第四节 基础设计及优化

与民用建筑相比，输电线路杆塔基础在设计、施工与试验检测等方面都具有明显的行业特点，主要表现在以下几方面。

(1) 输电线路距离长，跨越区域广，沿线地形、水文地质条件和地基土物理力学性质差异大，基础设计和施工时需要考虑的因素较多。

(2) 杆塔基础所承受的荷载特性复杂，基础在承受上拔力和下压力相互变化荷载作用的同时，也承受较大的水平荷载作用（水平荷载约占竖向荷载的 20%）。荷载特性（如荷载的大小、分布和偏心程度以及出现频率等）决定着基础受力状态，而荷载分布、地基土或岩土的工程特性、基础材料特性等决定了基础的工作特性。

(3) 输电线路杆塔基础施工现场具有分散性，受地形、地质、运输条件等限制和影响。例如在鱼塘、小岛、高山地区，大型施工设备和机具难以进入塔位施工现场，基础原材料运输困难。因此，基础设计时需考虑施工的实际情况。

(4) 输电线路基础呈点、线分布，地形地貌及地质情况复杂，传统建筑地基基础的检测方法与手段会受到不同程度的限制，采用何种基础检测方法也是设计中应考虑的问题。

在输电线路基础设计时既要满足抗上拔承载力和下压承载力的要求，还需满足侧向稳定性的要求；而在建筑等其他行业，基础下压稳定性往往才是其设计的控制条件，两者有较大差异。另外，杆塔基础设计时，既要利用地基土的承载力承受下压荷载，又要利用土的剪切强度（或重力）抵抗上拔力，只有充分发挥岩土的工程特性，设计的基础才是最优的。

一、基础选型及优化研究的意义

1. 控制工程造价的要求

基础工程是输电线路工程体系的重要组成部分之一，它的造价、工期和劳动消耗量在整个线路工程中占很大比重。根据统计，输电线路基础工程施工工期约占整个工期的 50%，运输工程量约占整个工程的 80%，费用约占工程本体造价的 15%～20%。选择合适的基础方案并进行优化设计，将有效降低输电线路的工程投资。

2. 线路安全运行的要求

输电线路基础设计的优劣关系整条线路的运行安全，一旦某个铁塔基础出现塌陷、滑坡、拔出等安全事故，整条线路运行将面临瘫痪。因此，针对不同的基础负荷、地质及地形条件因地制宜选择基础形式，对保障线路的安全运行更是至关重要的。

3. 环境保护的要求

不同的基础型式具有不同的特点，承载能力、材料耗量、土石方量以及对环境的影响等各不相同。对输电线路而言，各个塔位的微地形复杂且不尽相同，而工程建设会加剧自然环境破坏，因此需要根据塔位不同的地质、地形及周边环境因地制宜选择基础型式，充分利用每个基础的优点，减少土石方量，将工程对环境的影响程度降至最低。

二、杆塔基础设计的基本内容

杆塔基础的主要设计荷载包括竖向力（即上拔力和下压力）、横向水平力、纵向水平力以及由此产生的弯矩等。一般情况下，杆塔基础设计内容包括上拔稳定性、下压稳定性、倾覆稳定性和基础自身强度等。

三、影响杆塔基础设计的因素

基础设计是一个自始至终综合其适用性、经济性、环保性和施工可行性的过程，而影响基础设计的因素主要有以下几方面。

1. 地形地貌及水文地质条件

地形地貌及水文地质条件是杆塔基础设计的前提，主要包括塔位处的地形地貌、有无不良地质作用及危害程度、地层结构及其均匀性、地基土层的物理力学性质、地下水埋藏及变化规律以及施工时地基土（岩）的变化特性等。地基土（岩）的工程评价是进行杆塔基础设计的关键。

2. 基础荷载特性

基础设计时，荷载的主要变量不仅是其大小、加载的快慢和出现的频率，还要考虑荷载的分布和偏心程度等。因此，设计中不同类型的荷载需采用不同的分项系数或可靠性指标。

3. 地基承载特性

地基土（岩）的承载特性直接取决于它们在不同载荷条件（如转角塔或直线塔）下的强度和变形特性。通常情况下，地基对长期荷载和短期荷载（包括施工荷载和检修荷载）的反应不同。例如，黏土在长期荷载作用下，将处于排水状态；而在短期荷载作用下，则处于不排水状态。地基土参数是确定地基土（岩）的承载特性的主要依据，因此，如何测定和选取土体参数，是保证基础设计合理可靠的前提条件。

4. 基础承载特性

地基和杆塔基础是相互作用的共同承载体。不同的荷载特性、地基土（岩）的承载特性（如有无软弱夹层或潜在破坏面）、基础材料等，都将影响基础的承载特性以及向地基传递荷载的方式。合理分析基础的承载特性对基础选型及优化是十分必要的。

5. 施工方法

施工方法也是杆塔基础设计中需要考虑的一个重要因素，它直接影响基础的极限承载能力。随着对土体结构性的研究人们逐渐认识到，大多数土体由于在沉积过程中受到物理和化学等成岩作用而具有一定的结构强度。合适的施工方法可以避免或减少对土体结构性的破坏，从而可以充分利用地基土体的承载能力；反之，如果施工方法不当，则会降低地基土的承载力。

四、基础型式选择的基本原则

杆塔基础设计的基本要求是确保基础的稳定性、安全性和经济性。基础设计包括两部分内容：

“设”是综合地形地貌、水文、地质条件和基础受力性能等外部因素，对基础类型进行规划的过程；

“计”是对规划的基础型式进行细化和量化的过程，也是对基础选型合理性的验证过程。

基础的“设”与“计”是相辅相成、不可分割的两个方面。

因此，在基础方案选择时，应遵循以下原则：

(1) 结合本工程地形、地质特点及运输条件，综合分析比较，充分发挥各种基础型式的特点，选择适宜的基础型式；

(2) 在安全、可靠的前提下，重视环境保护和可持续发展战略，基础型式的选择做到经济、环保，减少施工对环境的破坏；

(3) 对特殊地基条件，选用合适的基础型式和相应的处理措施；

(4) 基础选型应注重施工的可操作性和质量的可控制性；

(5) 结合工程沿线的地质水文条件，积极开展新型基础的研究。

五、基础优化的基本原则

基础优化是对规划的基础型式进行细化和量化。对选定的基础型式，通过经济性、环保性和耐久性等多方面的分析，在基础埋深、基础尺寸、与铁塔的连接方式、施工工艺、承载力计算模式等方面进行优化，优选出适合具体塔型、地形地貌及地基土（岩）的基础型式。

在基础优化时应遵循以下原则：

(1) 充分考虑各种地形地貌、水文条件和地基土特性，优化基础埋深、底板和立柱尺寸等；

(2) 针对基础受力特点，采取立柱倾斜、地脚螺栓预偏心等有效措施，减少水平荷载对基础产生的弯矩，改善基础受力状态；

(3) 考虑到各塔位的微地形、水文地质条件的差异性和离散性，分别采取针对性措施，降低基础的工程量和工程投资。

六、基础设计优化

1. 地脚螺栓预偏心设置

对于采用地脚螺栓与铁塔连接的直柱基础，为减少水平荷载对基础产生的基底弯矩，可预先给地脚螺栓设置一定的偏心值，使下压或上拔力产生的弯矩抵消一部分水平力产生的弯矩，改善立柱及基底受力，从而降低基础混凝土量和钢筋量。

2. 基础立柱倾斜

输电线路铁塔基础除承受较大的竖向下压或上拔荷载外，还同时承受着较大的水平荷载（水平力占上拔力或下压力的20%左右）。为满足基础的下压和上拔稳定性，基础底板较宽，埋深也较大，水平荷载对基础产生较大的倾覆力矩。为减少水平荷载的影响，改善基础受力状态，除采用地脚螺栓预偏心外，倾斜基础立柱则是另一种常用手段。

立柱倾斜时，一般控制斜柱基础中心的斜率与铁塔塔身坡度相同，使基础水平荷载对基础底板的影响降至最低。经计算分析和过往相关工程经验，在相同荷载情况下，基础采用斜柱式后，一般与基础轴线垂直的水平力减少50%以上（多则可减少70%～80%），而轴向基础作用力仅增大1%～2%，从而大大改善了基础立柱、底板的受力状况，基础的侧向稳定性得到显著提高，同时也较大地降低了混凝土和钢筋用量。

3. 基础尺寸优化

(1) 基础埋深。

影响基础埋深的主要因素有：①基础作用力的大小；②地下水位；③冻土深度；④基础稳定要求；⑤地基持力层；⑥施工工艺的要求。

最佳基础埋深是优化基础设计的一项主要内容。由于线路工程的特殊性，基础大部分由上拔控制，当地质条件较好时，适当加深基础埋深（不超过临界埋深为宜），充分利用土重抗上拔，可减小基础底板的尺寸，从而大幅度减少混凝土用量，虽然深埋基础会导致主柱钢筋、基坑开挖量有所增加，但基础底板尺寸的减小可以使总的钢筋量和混凝土量得到减少。

对不同类型铁塔基础最佳埋深须视地质条件、受力大小及基坑开挖情况，来进行计算，并分析优化。

(2) 基础底板尺寸。

基础底板尺寸包括底板的宽度和高度。基础底板宽度应与基础埋深综合考虑，由上述方法综合确定一组最优基础埋深和底板宽度。

底板高度的取值主要考虑冲切承载力要求和构造要求，一般由两个方面来控制：①基础冲切计算；②宽高比小于 2.5。一般为减少基础混凝土量，先取宽高比为 2.5，进行冲切承载力验算，求出最优的底板厚度。

(3) 基础立柱断面尺寸。

一般情况下，基础立柱高度较高。基础立柱断面尺寸的选择对基础的经济指标也有较大影响。在满足构造要求的前提下，应尽量减小立柱断面尺寸，以达到减少混凝土量和立柱配筋量的目的。

基础与铁塔采用不同的连接方式，立柱的构造要求也不同。

对于塔座板式连接方式，立柱的最小宽度主要由以下三个条件控制：

1) 塔座板大小。塔座板边缘至基础边缘的距离不应小于 100mm；

2) 地脚螺栓间距及型式。地脚螺栓中心至基础边缘的距离不应小于 4 倍地脚螺栓直径，且不应小于 150mm。地脚螺栓下部带锚板的还需校核锚板与立柱主筋间的净距（一般不应小于 50mm）；

3) 地脚螺栓偏心。地脚螺栓偏心的基础，在上述考虑的前提下还应加上地脚螺栓偏心值。

对于斜柱式插入角钢基础，国内现行规范、规定没有说明，可按下述原则及结合各塔型负荷计算取值如下：

1) 基础立柱截面必须满足 DL/T 5219—2014《架空输电线路基础设计技术规程》要求“现场浇制的立柱，其截面尺寸不宜小于 450mm”；

2) 在满足计算取值的前提下，截面尺寸必须保证插入角钢和主柱钢筋之间合理距离，避免由于插入角钢和主柱钢筋过于接近而导致插入角钢在混凝土浇筑时偏移；

3) 基础立柱截面尺寸应满足插入角钢锚固强度的构造要求，即截面宽度大于 $L+4d$（d 为锚固螺栓的直径，L 为插入角钢的肢宽）或大于 $L+b$（其中 b 为锚固角钢的肢宽，L 为插入角钢的肢宽）。

4. 铁塔与基础连接方式

线路工程中铁塔与基础的连接方式主要有塔座板式和插入式，两种连接方式各有利弊。

采用塔座板式连接方式，施工精度容易满足，施工技术也比较成熟，但塔座板厚度较大，焊接难度及工作量较大，同时基础水平力对基础立柱断面大小、配筋都有较大影响。

采用插入式连接方式，杆塔荷载通过插入角钢传入基础，结构简单，传力直接，但插入角钢的加工必须与基础施工同步，同时施工精度要求较高。从传力原理和经济性角度而言，插入式连接方式具有一定的优势。

第五节　工程上常用基础建模计算

通过杆塔荷载计算软件或满应力软件计算可得到杆塔的基础作用力，然后按照基础作用力及地质条件可对适用的基础进行结构设计。

输电线路杆塔基础类型较多，不同类型的基础设计计算法不同，因此基础设计软件一般包含多个设计模块。但每种基础的设计步骤基本相同，且设计过程相对简单，以第三节中SZC1-24 直线塔为例进行基础设计。

线路位于沿海平地，典型软土地基，表层为 1m 厚的回填土，第二层是厚度 10m 的淤泥质黏土。根据杆塔所在位置的地质条件，一般可采用板式基础、刚性基础及桩基础。对这三种基础的经济性分析，确定该塔采用开挖回填型柔性平板基础。以北京道亨公司的铁塔柔性台阶基础优化计算及绘图系统为例进行直柱式板式基础设计，具体设计过程如下：

1. 输入基本信息

基本信息主要包含杆塔参数、基础材料参数、荷载工况等。荷载工况可以从道亨的荷载计算系统、杆塔满应力计算系统中导入，也可以采用手工输入。输入界面如图 13-19 所示。

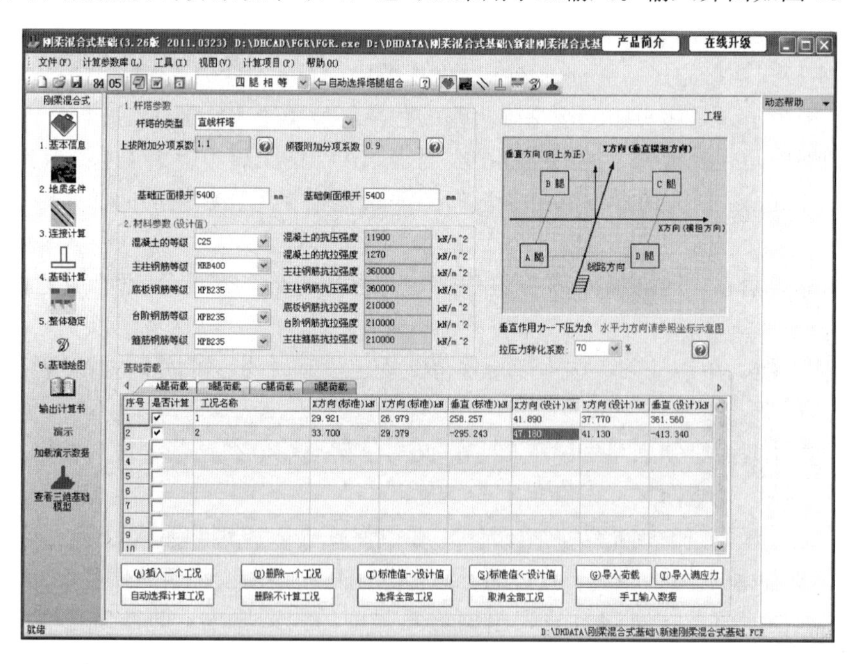

图 13-19　基础设计基本信息输入界面

2. 输入地质条件

输入水位影响（高水位、低水位）、土壤参数，如图 13-20 所示。土壤参数应根据实际工程的岩土工程勘察资料来填写。

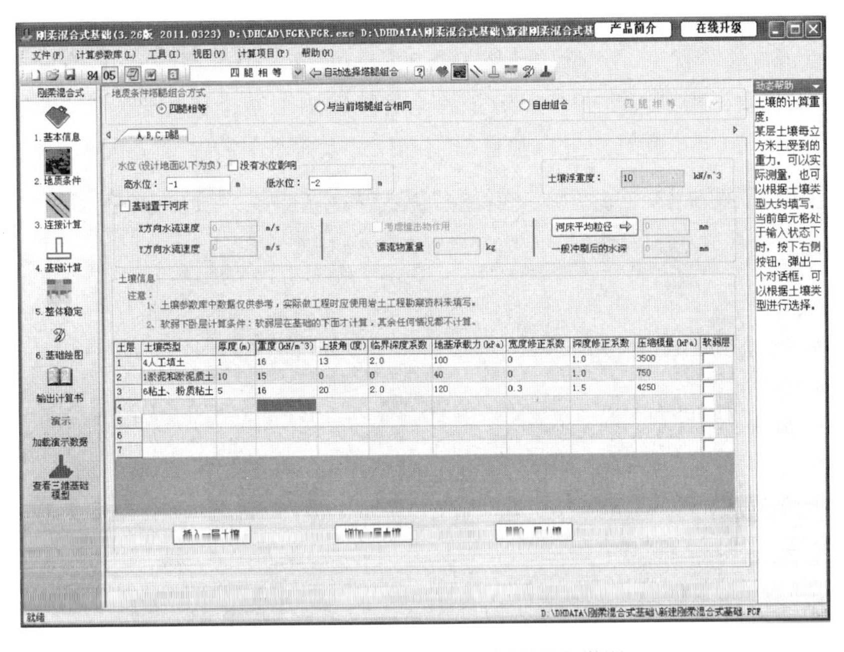

土层	土壤类型	厚度(m)	重度(kN/m^3)	上拔角(度)	临界深度系数	地基承载力(kPa)	宽度修正系数	深度修正系数	压缩模量(kPa)	软弱层
1	4人工填土	1	16	13	2.0	100	0	1.0	3500	
2	1淤泥和淤泥质土	10	15	0	0	40	0	1.0	750	
3	6粘土、粉质粘土	5	16	20	2.0	120	0.3	1.5	4250	
4										
5										
6										
7										

图 13-20　基础设计地质条件输入界面

3. 地脚螺栓连接计算

在图 13-21 所示界面中填写地脚螺栓的材质、螺栓间距、螺栓数量等参数，可优选地脚螺栓规格，同时可对地脚螺栓的锚固长度及锚固类型进行计算，并可以生成地脚螺栓加工图。

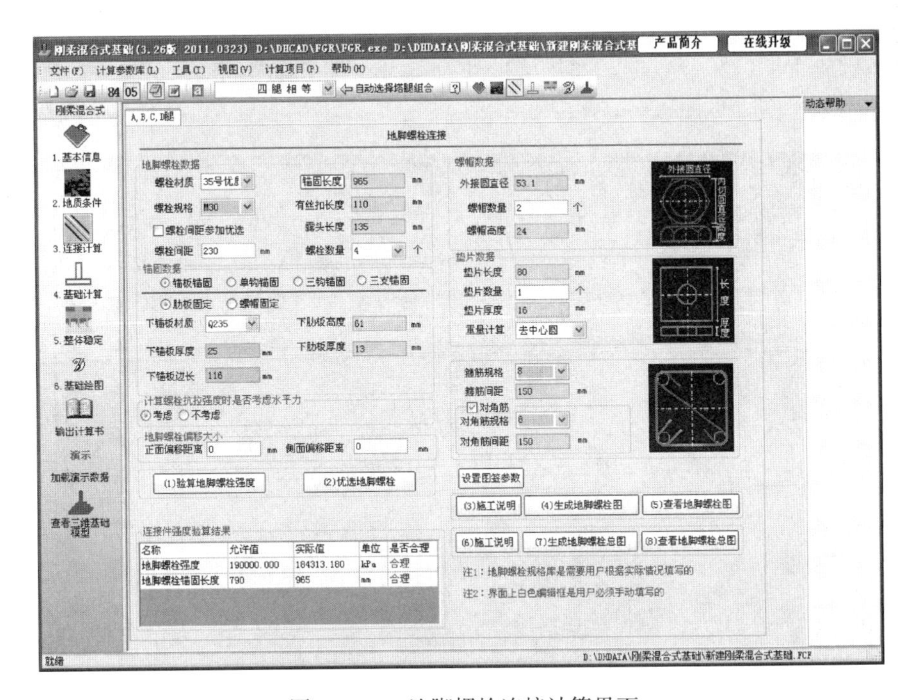

名称	允许值	实际值	单位	是否合理
地脚螺栓强度	190000.000	184313.180	kPa	合理
地脚螺栓锚固长度	790	965	mm	合理

图 13-21　地脚螺栓连接计算界面

4. 基础尺寸及配筋优选

首先应选择板式基础的类型，明确基础立柱的露头高度，然后按不同的优选配置方案进行优化，一般可按造价优选，经优选该塔的基础底板宽度 3.7m，基础立柱宽度 1.0m，基础埋深 1.8m。优选后可得到基础的基本尺寸，再对基础的配筋进行优选。当然也可以根据实际情况，输入基础的尺寸及配筋进行验算。基础尺寸及配筋计算界面如图 13-22 所示。

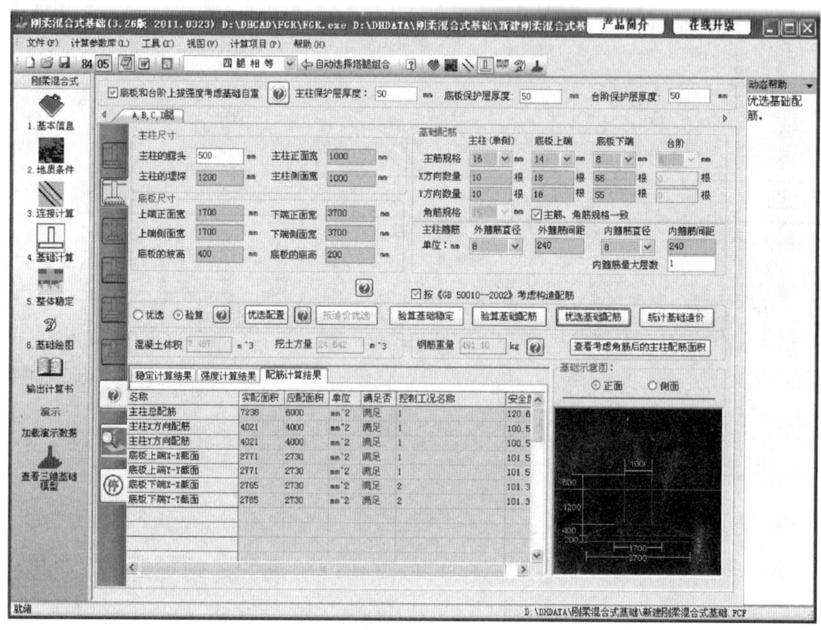

图 13-22　基础尺寸及配筋计算界面

5. 绘制施工图

设置基础施工图的相关数据，如垫层尺寸及类型、架立筋类型等（见图 13-23），然后即可输出基础施工图（见图 13-24）。

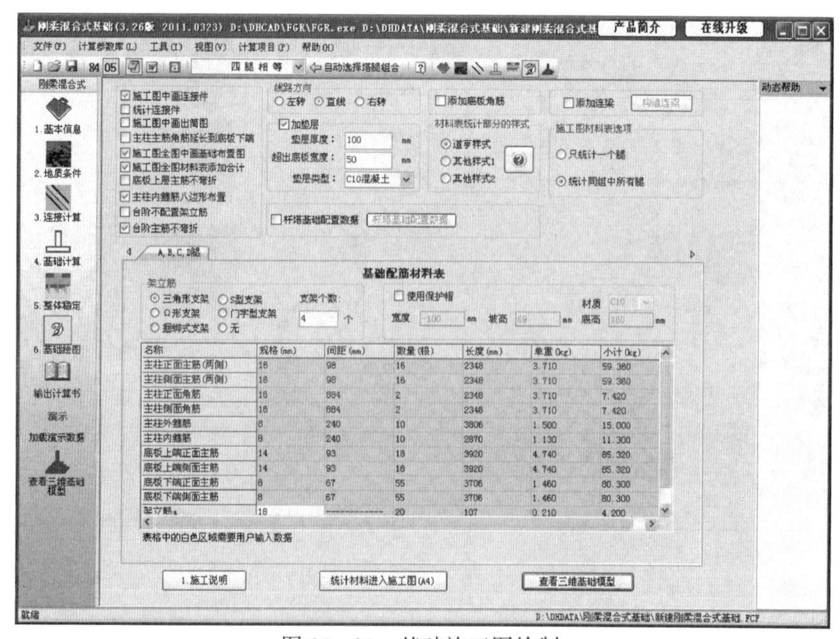

图 13-23　基础施工图绘制

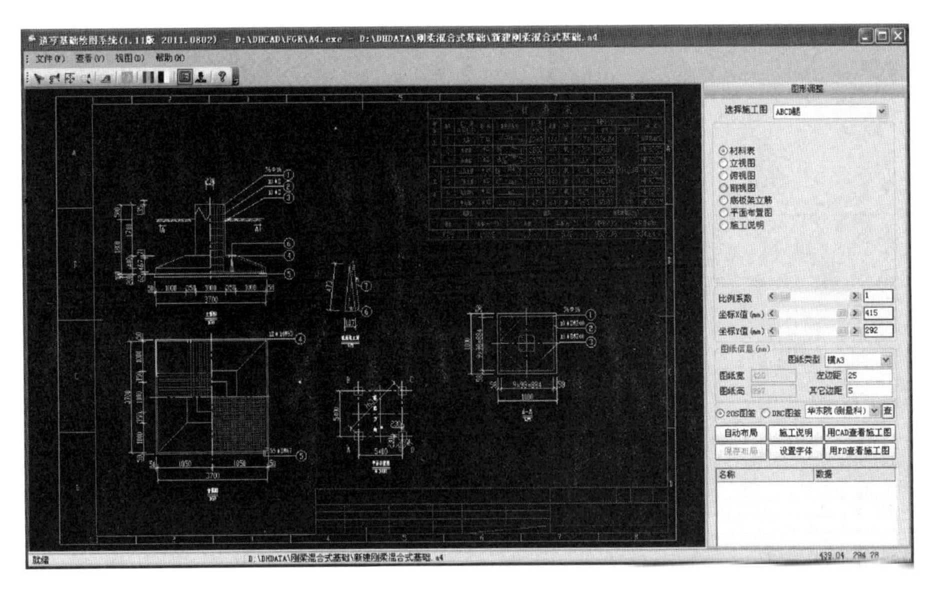

图 13-24 基础施工图界面

6. 输出计算书

输出基础计算书便于设计校审及存档，如图 13-25 所示。

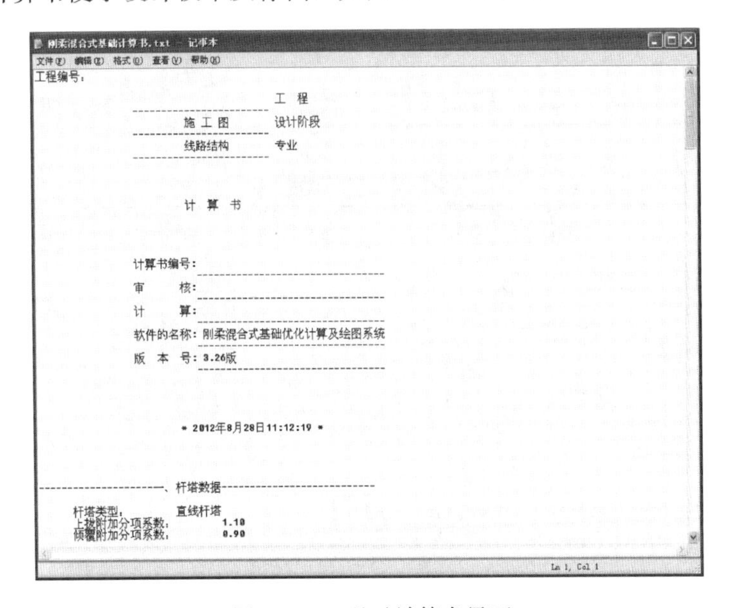

图 13-25 基础计算书界面

思考题

1. 输电线路设计软件有哪些，是如何分类的？
2. 杆塔结构优化设计的主要内容及原则是什么？
3. 基础优化设计主要从哪些方面进行？

附录A　高海拔地区悬垂绝缘子串

表 A-1　　各种绝缘子的 m_1 参考值

试品	材料	盐密 0.05mg/cm²	盐密 0.2mg/cm²	平均值
1号	瓷	0.66	0.64	0.65
2号				
3号		0.42	0.34	0.38
4号		0.28	0.35	0.32
		0.22	0.40	0.31
5号	玻璃	0.54	0.37	0.45
6号		0.36	0.36	0.36
7号		0.45	0.59	0.52
8号		0.30	0.19	0.25
9号	复合	0.18	0.42	0.30

表 A-2　　瓷和玻璃绝缘子试品的尺寸

试品	材料	盘径 D (mm)	结构高度 H (mm)	爬电距离 (cm)	表面积 (cm²)	质量 (kg)	机械强度 (kN)
1号	瓷	280	170	33.2	1730.27	8.5	210
2号		300	170	45.9	2784.86	11.5	210
3号		320	195	45.9	3025.98	13.5	300
4号		340	170	53.0	3627.04	12.1	210
5号	玻璃	280	170	40.6	2283.39	7.2	210
6号		320	195	49.2	3087.64	10.6	300
7号		320	195	49.3	3147.4	11.3	300
8号		380	145	36.5	2476.67	6.2	120

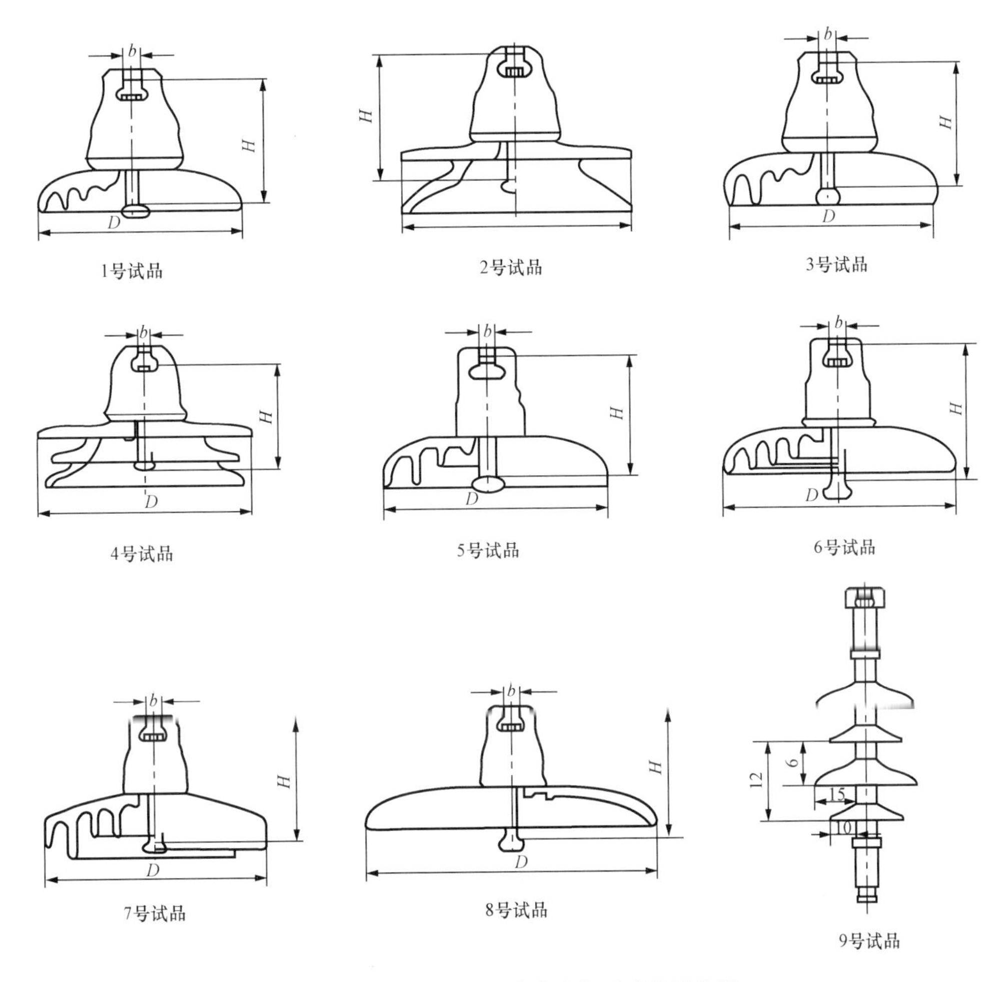

图A-1　瓷绝缘子和玻璃绝缘子试品形状图

附录B 110kV 输电线路通用设计模块的主要技术条件

表 B-1 110kV 输电线路通用设计模块的主要技术条件

序号	模块编号	子模块编号	回路数	导线型号	地线型号	设计风速(m/s)	覆冰(mm)	塔型	地形	海拔(m)
1	1A	1A1	单回路	1×LGJ-300/40 兼 1×240/30	JLB-100	25	10	猫头	山区、平地	≤1000
2		1A2	单回路	1×LGJ-300/40 兼 1×240/30	JLB-100	25	10	猫头/干字	山区、平地	1000～2500
3		1A3	单回路	1×LGJ-300/40 兼 1×240/30	JLB-100	27	10	猫头/干字(兼 1A1)	山区、平地	≤1000
4		1A4	单回路	1×LGJ-300/40 兼 1×240/30	JLB-100	27	10	猫头/干字(兼 1A2)	山区、平地	1000～2500
5		1A5	单回路	1×LGJ-300/40 兼 1×240/30	JLB-100	27	10	猫头/干字	山区、平地	2500～4000
6		1A6	单回路	1×LGJ-300/40 兼 1×240/30	JLB-100	27	15	猫头/干字	山区、平地	2500～4000
7		1A7	单回路	1×LGJ-300/40 兼 1×240/30	JLB-100	33	0	猫头/干字	山区、平地	≤1000
8		1A8	单回路	1×LGJ-300/40 兼 1×240/30	JLB-100	23.5	15	猫头/干字	山区、平地	≤1000
9	1B	1B1	单回路	2×LGJ-240/30 兼 1×400/35	JLB-100	25	10	猫头	山区、平地	≤1000
10		1B2	单回路	2×LGJ-240/30 兼 1×400/35	JLB-100	27	10	猫头/干字(兼 1B1)	山区、平地	≤1000
11		1B3	单回路	2×LGJ-240/30 兼 1×400/35	JLB-100	27	10	猫头/干字	山区、平地	1000～2500
12		1B4	单回路	2×LGJ-240/30 兼 1×400/35	JLB-100	27	10	猫头/干字	山区、平地	2500～3500
13		1B5	单回路	2×LGJ-240/30 兼 1×400/35	JLB-100	25	15	猫头	山区、平地	≤1000
14		1B6	单回路	2×LGJ-240/30 兼 1×400/35	JLB-100	27	15	猫头/干字(兼 1B5)	山区、平地	≤1000
15		1B7	单回路	2×LGJ-240/30 兼 1×400/35	JLB-100	35	10	猫头/干字	山区、平地	≤1000
16		1B8	单回路	2×LGJ-240/30 兼 1×400/35	JLB-100	37	10	猫头/干字	山区、平地	≤1000

续表

序号	模块编号	子模块编号	回路数	导线型号	地线型号	设计风速(m/s)	覆冰(mm)	塔型	地形	海拔(m)
17	1C	1C1	单回路	2×LGJ-300/40	JLB-100	25	10	猫头	山区、平地	≤1000
18		1C2	单回路	2×LGJ-300/40	JLB-100	27	10	猫头/干字(兼1C1)	山区、平地	≤1000
19		1C3	单回路	2×LGJ-300/40	JLB-100	27	10	猫头/干字	山区、平地	1000～2500
20		1C4	单回路	2×LGJ-300/40	JLB-100	27	10	猫头/干字	山区、平地	2500～3500
21		1C5	单回路	2×LGJ-300/40	JLB-100	25	15	猫头	山区、平地	≤1000
22		1C6	单回路	2×LGJ-300/40	JLB-100	27	15	猫头/干字(兼1C5)	山区、平地	≤1000
23	1D	1D1	双回路	1×LGJ-300/40兼1×240/40	JLB-100	23.5	10	直线	山区、平地	≤1000
24		1D2	双回路	1×LGJ-300/40兼1×240/40	JLB-100	25	10	直线/耐张(兼1D1)	山区、平地	≤1000
25		1D3	双回路	1×LGJ-300/40兼1×240/40	JLB-100	27	10	直线	山区、平地	≤1000
26		1D4	双回路	1×LGJ-300/40兼1×240/40	JLB-100	27	10	直线/耐张	山区、平地	2500～4000
27		1D5	双回路	1×LGJ-300/40兼1×240/40	JLB-100	29	10	直线/耐张(兼1D3)	山区、平地	≤1000
28		1D6	双回路	1×LGJ-300/40兼1×240/40	JLB-100	29	10	直线/耐张	山区、平地	1000～2500
29		1D7	双回路	1×LGJ-300/40兼1×240/40	JLB-100	31	10	直线	山区、平地	≤1000
30		1D8	双回路	1×LGJ-300/40兼1×240/40	JLB-100	33	10	直线/耐张(兼1D7)	山区、平地	≤1000
31		1D9	双回路	1×LGJ-300/40兼1×240/40	JLB-100	23.5	15	直线	山区、平地	≤1000
32		1D10	双回路	1×LGJ-300/40兼1×240/40	JLB-100	25	15	直线/耐张(兼1D9)	山区、平地	≤1000
33		1D11	双回路	1×LGJ-300/40兼1×240/40	JLB-100	27	15	直线/耐张	山区、平地	≤1000
34		1D12	双回路	1×LGJ-300/40兼1×240/40	JLB-100	33	[illegible]	直线/耐张	山区、平地	≤1000
35		1D13	双回路	1×LGJ-300/40兼1×240/40	JLB-100	35	[illegible]	直线/耐张	山区、平地	≤1000

注　表中只列出110kV部分模块技术条件，剩余部分技术条件及220、330、500kV模块技术条件详见《国家电网公司输变电工程通用设计》220、330、500kV输电线路分册。

附录C　混凝土强度和弹性模量

表C-1　混凝土强度标准值　N/mm²

强度种类	混凝土强度等级													
	C15	C20	C25	C30	C35	C40	C45	C50	C55	C60	C65	C70	C75	C80
f_{ck}	10.0	13.4	16.7	20.1	23.4	26.8	29.6	32.4	35.5	38.5	41.5	44.5	47.4	50.2
f_{tk}	1.27	1.54	1.78	2.01	2.20	2.39	2.51	2.64	2.74	2.85	2.93	2.99	3.05	3.11

表C-2　混凝土强度设计值　N/mm²

强度种类	混凝土强度等级													
	C15	C20	C25	C30	C35	C40	C45	C50	C55	C60	C65	C70	C75	C80
f_c	7.2	9.6	11.9	14.3	16.7	19.1	21.1	23.1	25.3	27.5	29.7	31.8	33.8	35.9
f_t	0.91	1.10	1.27	1.43	1.57	1.71	1.80	1.89	1.96	2.04	2.09	2.14	2.18	2.22

注　1. 计算现浇钢筋混凝土轴心受压及偏心受压构件时，如截面的长边或直径小于300mm，则表中混凝土的强度设计值应乘以系数0.8；当构件质量（如混凝土成型、截面和轴线尺寸等）确有保证时，可不受此限制。

2. 离心混凝土的强度设计值应按专门标准取用。

表C-3　混凝土弹性模量　$\times 10^4$ N/mm²

混凝土强度等级	C15	C20	C25	C30	C35	C40	C45	C50	C55	C60	C65	C70	C75	C80
E_c	2.20	2.55	2.80	3.00	3.15	3.25	3.35	3.45	3.55	3.60	3.65	3.70	3.75	3.80

附录D 普 通 钢 筋 强 度

表 D-1 普通钢筋强度标准值 N/mm^2

牌号	符号	公称直径 d（mm）	屈服强度标准值 f_{yk}	极限强度标准值 f_{ptk}
HPB300	ϕ	6～22	300	420
HRB335 HRBF335	Φ ΦF	6～50	335	455
HRB400 HRBF400 RRB400	Φ ΦF ΦR	6～50	400	540
HRB500 HRBF500	Φ ΦF	6～50	500	630

表 D-2 普通钢筋强度设计值 N/mm^2

牌号	抗拉强度设计值 f_y	抗压强度设计值 f'_y
HPB300	270	270
HRB335、HRBF335	300	300
HRB400、HRBF400、RRB400	360	360
HRB500、HRBF500	435	410

附录 E 钢筋的计算截面面积及理论重量

表 E-1 **钢筋的计算截面面积及理论重量**

直径 (mm)	计算截面面积 (mm^2)									理论重量 (N/m)
	钢筋根数									
	1	2	3	4	5	6	7	8	9	
2.5	4.9	9.8	14.7	19.6	24.5	29.4	34.3	39.2	44.1	0.390
3	7.1	14.1	21.2	23.3	35.3	42.4	49.5	56.5	63.6	0.550
4	12.6	25.1	37.7	50.2	62.8	75.4	87.9	100.5	113	0.990
5	19.6	39	59	79	98	118	138	157	177	1.540
6	28.3	57	85	113	142	170	198	226	255	2.220
7	38.5	77	115	154	192	231	269	308	346	3.020
8	50.3	101	151	201	252	302	352	402	453	3.950
9	63.5	127	191	254	318	382	445	509	572	4.990
10	78.5	157	236	314	393	471	550	628	707	6.170
11	95.0	190	285	380	475	570	665	760	855	7.500
12	113.1	226	339	452	565	678	791	904	1017	8.880
13	132.7	265	398	531	664	796	929	1062	1195	10.400
14	153.9	308	461	615	769	923	1077	1230	1387	12.080
15	176.7	353	530	707	884	1050	1237	1414	1512	13.900
16	201.1	402	603	804	1005	1206	1407	1608	1809	15.780
17	227.0	454	681	908	1135	1305	1589	1816	2043	17.800
18	254.5	509	763	1017	1272	1526	1780	2036	2290	19.980
19	283.5	567	851	1134	1418	1701	1985	2263	2552	22.300
20	314.2	628	941	1256	1570	1884	2200	2513	2827	24.660
21	346.4	693	1039	1385	1732	2078	2425	2771	3117	27.200
22	380.1	760	1140	1520	1900	2281	2661	3041	3412	29.840
23	415.5	831	1246	1662	2077	2493	2908	3324	3739	32.600
24	452.4	904	1356	1808	2262	2714	3167	3619	4071	35.510
25	490.9	982	1473	1964	2454	2945	3436	3927	4418	38.500
26	530.9	1062	1593	2124	2655	3186	3717	4247	4778	41.700
27	572.6	1144	1716	2291	2865	3435	4008	4580	5153	44.950
28	615.3	1232	1847	2463	3079	3695	4310	4926	5542	48.300
30	706.9	1413	2121	2827	3634	4241	4948	5655	6363	55.500
32	804.3	1609	2418	3217	4021	4826	5630	6434	7238	63.100
34	907.9	1816	2724	3632	4540	5448	6355	7262	8171	71.300
35	962.0	1924	2886	3848	4810	5772	6734	7696	8653	75.000
36	1017.9	2036	3054	4072	5089	6107	7125	8143	9161	79.900
40	1356.1	2513	3770	5027	6283	7540	8796	10 053	11 310	98.650

附录 F　预应力钢筋强度和钢筋弹性模量

表 F-1　　**预应力筋强度标准值**　　N/mm²

种类		符号	公称直径 d (mm)	屈服强度标准值 f_{pyk}	极限强度标准值 f_{ptk}
中强度预应力钢丝	光面螺旋肋	ϕ^{PM} ϕ^{HM}	5、7、9	620	800
				780	970
				980	1270
预应力螺纹钢筋	螺纹	ϕ^{T}	18、25、32、40、50	785	980
				930	1080
				1080	1230
消除应力钢丝	光面	ϕ^{P}	5	—	1570
					1860
			7	—	1570
	螺旋肋	ϕ^{H}	9	—	1470
				—	1570
钢绞线	1×3（三股）	ϕ^{S}	8.6、10.8、12.9	—	1570
				—	1860
				—	1960
	1×7（七股）		9.5、12.7、15.2、17.8	—	1720
				—	1860
				—	1960
			21.6	—	1860

注　极限强度标准值为 1960N/mm² 的钢绞线作后张预应力配筋时，应有可靠的工程经验。

表 F-2　　**预应力筋强度设计值**　　N/mm²

种类	极限强度标准值 f_{ptk}	抗拉强度设计值 f_{py}	抗压强度设计值 f'_{py}
中强度预应力钢丝	800	510	410
	970	650	
	1270	810	
消除应力钢丝	1470	1040	410
	1570	1110	
	1860	1320	
钢绞线	1570	1110	390
	1720	1220	
	1860	1320	
	1960	1390	

续表

种类	极限强度标准值 f_{ptk}	抗拉强度设计值 f_{py}	抗压强度设计值 f'_{py}
预应力螺纹钢筋	980	650	410
	1080	770	
	1230	900	

注　当预应力筋的强度标准值不符合表 F-2 的规定时，其强度设计值应进行相应的比例换算。

表 F-3　　钢筋的弹性模量　　$\times 10^5 N/mm^2$

牌号或种类	弹性模量 E_s
HPB300 钢筋	2.10
HRB335、HRB400、HRB500 钢筋 HRBF335、HRBF400、HRBF500 钢筋 RRB400 钢筋 预应力螺纹钢筋	2.00
消除应力钢丝、中强度预应力钢丝	2.05
钢绞线	1.95

注　必要时可采用实测的弹性模量。

附录G　裂缝控制等级、混凝土拉应力限制系数及最大裂缝宽度允许值

表G-1　　裂缝控制等级、混凝土拉应力限制系数及最大裂缝宽度允许值

结构工作条件 \ 钢筋种类		钢筋混凝土结构	预应力混凝土结构	
		Ⅰ级钢筋 Ⅱ级钢筋 Ⅲ级钢筋	冷拉Ⅱ级钢筋 冷拉Ⅲ级钢筋 冷拉Ⅳ级钢筋	碳素钢丝 刻痕钢丝 钢绞丝 热处理钢筋 冷拉低碳钢丝
室内正常环境条件	一般构件	三级 0.[illegible]mm (0.4mm)	三级 0.2	二级 0.5
	屋面梁、托梁	三级 0.3mm	三级 α=1.0	二级 α=0.5
	中级工作制吊车梁	三级 0.3mm	三级 α=0.5	二级 α=0.25
	屋架、托架	三级 0.2mm	三级 α=0.50	二级 α=0.25
	重级工作制吊车梁	三级 0.2mm	二级 α=0.25	一级
露天或室内潮湿环境条件		三级 0.2mm	二级 α=0.5	一级

注　1. 属于露天或室内潮湿环境一栏的构件，是指直接受雨淋的构件、无维护结构的房屋中经常受雨淋的构件，或经常受蒸汽或凝结水作用的室内构件（如浴室等）以及与土壤直接接触的构件。

2. 对处于年平均相对湿度小于60%地区且可变荷载标准值与恒载标准值之比大于0.5的构件，其最大裂缝宽度允许值可采用括弧内数字。

3. 对承受两台及两台以上的相同吨位，且起重量不大于500kN的中级工作制吊车的预应力混凝土等高度吊车梁，当采用冷拉Ⅱ、Ⅲ、Ⅳ级钢筋时，可根据使用要求，选用允许出现裂缝的预应力混凝土构件，其正截面的裂缝控制等级为三级，其最大裂缝宽度允许值采用0.1mm。

4. 采用冷拉Ⅱ、Ⅲ、Ⅳ级钢筋的承受重级工作制吊车的预应力混凝土吊车梁，当处于露天或室内高湿度环境时，其裂缝控制等级不变，仍采用α=0.25。

5. 烟囱、用以储存松散体的筒仓处于液体压力下的构件应符合现行专门规范的有关规定。

6. 表中预应力结构构件的混凝土拉应力限制系数及最大裂缝宽度允许值仅适合于正截面，斜截面的验算条件应符合前面的规定。

附录H 热轧等边角钢规格

表 H-1 热轧等边角钢规格（一）

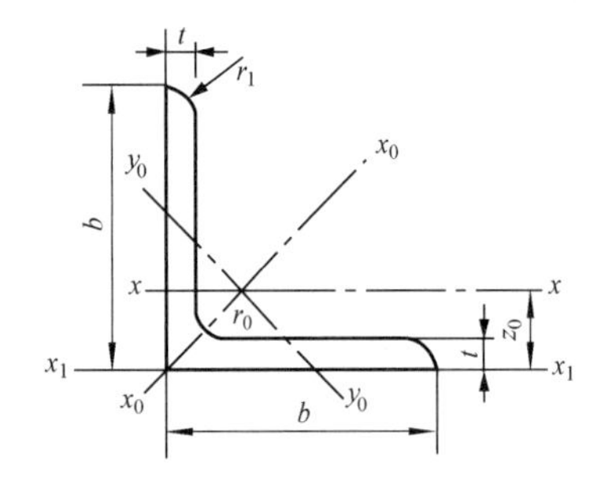

b—肢宽 I_x、I_{x0}、I_{y0}—惯性矩

t—肢厚 W_x、W_{x0}、W_{y0}—抵抗矩

r_0—内圆弧半径 i_x、i_{x0}、i_{y0}—回转半径

r_1—边端外弧半径 z_0—重心距离

角钢号数	尺寸 (mm)			截面面积A (cm²)	理论重量 10N/m (kg/m)	参考数值										z_0 (cm)
						$x-x$			x_0-x_0			y_0-y_0			x_1-x_1	
	b	t	r_0			I_x (cm⁴)	i_x (cm)	W_x (cm³)	I_{x0} (cm)	i_{x0} (cm)	W_{x0} (cm³)	I_{y0} (cm)	i_{y0} (cm)	W_{y0} (cm³)	I_{x1} (cm)	
2	20	3	3.5	1.13	0.889	0.40	0.59	0.29	0.63	0.75	0.45	0.17	0.39	0.20	0.81	0.60
		4		1.46	1.145	0.50	0.58	0.36	0.78	0.73	0.55	0.22	0.38	0.24	1.09	0.64
2.5	25	3		1.43	1.124	0.82	0.76	0.46	1.29	0.95	0.73	0.34	0.49	0.33	1.57	0.73
		4		1.86	1.459	1.03	0.74	0.59	1.62	0.93	0.92	0.43	0.48	0.40	2.11	0.76
3.0	30	3	4.5	1.75	1.373	1.46	0.91	0.68	2.31	1.15	1.09	0.61	0.59	0.51	2.71	0.85
		4		2.28	1.786	1.84	0.90	0.87	2.92	1.13	1.37	0.77	0.58	0.62	3.63	0.90
3.6	36	3		2.11	1.656	2.58	1.11	0.99	4.09	1.39	1.61	1.07	0.71	0.76	4.68	1.00
		4		2.76	2.163	3.29	1.09	1.28	5.22	1.38	2.05	1.37	0.70	0.93	6.25	1.04
		5		3.38	2.654	3.95	1.08	1.56	6.24	1.36	2.45	1.65	0.70	1.09	7.84	1.07
4.0	40	3	5	2.36	1.852	3.59	1.23	1.23	5.69	1.55	2.01	1.49	0.79	0.96	6.41	1.09
		4		3.09	2.422	4.60	1.22	1.60	7.29	1.54	2.58	1.91	0.79	1.19	8.56	1.13
		5		3.79	2.976	5.53	1.21	1.96	8.76	1.52	3.10	2.30	0.78	1.39	10.74	1.17
4.5	45	3	5	2.66	2.088	5.17	1.40	1.58	8.20	1.76	2.58	2.14	0.90	1.24	9.12	1.22
		4		3.49	2.736	6.65	1.38	2.05	10.56	1.74	3.32	2.75	0.89	1.54	12.18	1.26
		5		4.29	3.369	8.04	1.37	2.51	12.74	1.72	4.00	3.33	0.88	1.81	15.25	1.30
		6		5.08	3.985	9.33	1.36	2.95	14.76	1.70	4.64	3.89	0.88	2.06	18.36	1.33
5	50	3	5.5	2.97	2.332	7.18	1.55	1.96	11.37	1.96	3.22	2.98	1.00	1.57	12.50	1.34
		4		3.90	3.059	9.26	1.54	2.56	14.70	1.94	4.16	3.82	0.99	1.96	16.69	1.38
		5		4.80	3.770	11.21	1.53	3.13	17.79	1.92	5.03	4.64	0.98	2.31	20.90	1642
		6		5.69	4.465	13.05	1.52	3.68	20.68	1.91	5.85	5.42	0.98	2.63	26.14	1.46

续表

角钢号数	尺寸(mm)			截面面积A (cm²)	理论重量 10N/m (kg/m)	参考数值										z_0 (cm)
						$x-x$			x_0-x_0			y_0-y_0			x_1-x_1	
	b	t	r_0			I_x (cm⁴)	i_x (cm)	W_x (cm³)	I_{x0} (cm)	i_{x0} (cm)	W_{x0} (cm³)	I_{y0} (cm)	i_{y0} (cm)	W_{y0} (cm³)	I_{x1} (cm)	
5.6	56	3	6	3.34	2.624	10.19	1.75	2.48	16.14	2.20	4.08	4.24	1.13	2.02	17.56	1.48
		4		4.39	3.446	13.18	1.73	3.24	20.92	2.18	5.28	5.46	1.11	2.52	23.43	1.53
		5		5.42	4.251	16.02	1.72	3.97	25.42	2.17	6.42	6.61	1.10	2.98	29.33	1.57
		6		8.37	6.568	23.63	1.68	6.03	37.37	2.11	9.44	9.89	1.09	4.16	47.24	1.68
6.3	63	4	7	4.98	3.907	19.03	1.96	4.13	30.17	2.46	6.78	7.89	1.26	3.29	33.35	1.70
		5		6.14	4.822	23.17	1.94	5.08	36.77	2.45	8.25	9.57	1.25	3.90	41.73	1.74
		6		7.29	5.721	27.12	1.93	6.00	43.03	2.43	9.66	11.20	1.24	4.46	50.14	1.78
		8		9.52	7.469	34.46	1.90	7.75	54.56	2.40	12.25	14.33	1.23	5.47	67.11	1.85
		10		11.66	9.151	41.09	1.88	9.39	64.85	2.36	14.56	17.33	1.22	6.36	84.31	1.93
7	70	4	8	5.57	4.372	26.39	2.18	5.14	41.80	2.74	8.44	10.99	1.40	4.17	45.74	1.86
		5		6.88	5.397	32.21	2.16	6.32	51.08	2.73	10.32	13.34	1.39	4.95	57.21	1.91
		6		8.16	6.406	37.77	2.15	7.48	59.93	2.71	12.11	15.61	1.38	5.67	68.73	1.95
		7		9.42	7.398	43.09	2.14	8.59	68.35	2.69	13.81	17.82	1.38	6.34	80.29	1.99
		8		10.67	8.373	48.17	2.12	9.68	76.37	2.68	15.43	19.98	1.37	6.98	91.92	2.03
7.5	75	5	9	7.37	5.818	39.97	2.33	7.32	63.30	2.92	11.94	16.63	1.50	5.77	70.56	2.04
		6		8.80	6.905	46.95	2.31	8.64	74.38	2.90	14.02	19.51	1.49	6.67	84.55	2.07
		7		10.16	7.976	53.57	2.30	9.93	84.96	2.89	16.02	22.18	1.48	7.44	98.71	2.11
		8		11.50	9.030	59.96	2.28	11.20	95.07	2.88	17.93	24.86	1.47	8.19	112.97	2.15
		10		14.13	11.089	71.98	2.26	13.64	113.92	2.84	21.48	30.05	1.46	9.56	141.71	2.22
8	80	5	9	7.91	6.211	48.8	2.48	8.34	77.33	3.13	13.67	20.25	1.60	6.66	85.36	2.15
		6		9.40	7.376	57.4	2.47	9.87	90.98	3.11	16.08	23.72	1.59	7.65	102.50	2.19
		7		10.86	8.525	65.58	2.46	11.37	104.07	3.10	18.40	27.09	1.58	8.58	119.70	2.23
		8		12.30	9.658	73.5	2.44	12.83	116.60	3.08	20.61	30.39	1.57	9.46	136.97	2.27
		10		15.13	11.874	88.4	2.42	15.64	140.09	3.04	24.76	36.77	1.56	11.08	171.74	2.35
9	90	6	10	10.64	8.350	82.8	2.79	12.61	131.26	3.51	20.63	34.28	1.80	9.95	145.87	2.44
		7		12.30	9.656	94.8	2.78	14.54	150.46	3.50	23.64	39.18	1.78	11.19	170.30	2.48
		8		13.94	10.946	106.5	2.76	16.42	168.97	3.48	26.55	43.97	1.78	12.35	194.80	2.52
		10		17.17	13.476	128.6	2.74	20.07	203.90	3.45	32.04	53.26	1.76	14.52	244.07	2.59
		12		20.31	15.940	149.2	2.71	23.57	236.21	3.41	37.12	62.22	1.75	16.49	293.76	2.67
10	100	6	12	11.93	9.366	115.0	3.10	15.68	181.98	3.90	25.74	47.92	2.00	12.69	200.07	2.67
		7		13.80	10.830	131.9	3.09	18.10	208.97	3.89	29.55	54.74	1.99	14.26	233.54	2.71
		8		15.64	12.276	148.2	3.08	20.47	235.07	3.88	33.24	61.41	1.98	15.75	267.09	2.76
		10		19.26	15.120	179.5	3.05	25.06	284.68	3.84	40.26	74.35	1.96	18.54	334.48	2.84
		12		22.80	17.898	208.9	3.03	29.48	330.95	3.81	46.80	86.84	1.95	21.08	402.34	2.91
		14		26.26	20.611	236.5	3.00	33.73	347.06	3.77	52.90	99.00	1.94	23.44	470.75	2.99
		16		29.63	23.257	262.5	2.98	37.82	414.16	3.74	58.57	100.89	1.94	25.63	539.80	3.06

续表

角钢号数	尺寸(mm)			截面面积A (cm²)	理论重量 10N/m (kg/m)	参考数值										z_0 (cm)
						$x-x$			x_0-x_0			y_0-y_0			x_1-x_1	
	b	t	r_0			I_x (cm⁴)	i_x (cm)	W_x (cm³)	I_{x0} (cm)	i_{x0} (cm)	W_{x0} (cm³)	I_{y0} (cm)	i_{y0} (cm)	W_{y0} (cm³)	I_{x1} (cm)	
11	110	7	12	15.20	11.928	177.2	3.41	22.05	280.94	4.30	36.12	73.38	2.20	17.51	310.64	2.96
		8		17.24	13.532	199.5	3.40	24.95	316.49	4.28	40.69	82.42	2.19	19.39	355.20	3.01
		10		21.26	16.690	242.2	3.38	30.60	384.39	4.25	49.42	99.98	2.17	22.91	444.65	3.09
		12		25.20	19.782	282.6	3.35	36.05	448.17	4.22	57.62	116.93	2.15	26.15	534.60	3.16
		14		29.06	22.809	320.7	3.32	41.31	508.01	4.18	65.31	133.40	2.14	29.14	625.16	3.24
12.5	125	8	14	19.75	15.504	297.0	3.88	32.52	470.89	4.88	53.28	123.16	2.50	25.86	521.01	3.37
		10		24.37	19.133	316.7	3.85	39.97	573.89	4.85	64.93	149.46	2.48	30.62	651.93	3.45
		12		28.91	22.696	423.2	3.83	41.17	671.44	4.82	75.96	174.88	2.46	35.03	783.42	3.53
		14		33.37	26.193	481.7	3.80	54.16	763.73	4.78	86.41	199.57	2.45	39.13	915.61	3.61
14	140	10	14	27.37	21.488	541.7	4.34	50.58	817.3	5.46	82.56	212.0	2.78	39.20	915.1	3.82
		12		32.51	25.522	603.7	4.31	59.80	958.8	5.43	96.85	248.6	2.76	45.02	1099	3.90
		14		37.57	29.490	688.8	4.28	68.75	1094	5.40	110.47	284.1	2.75	50.45	1284	3.98
		16		42.54	33.393	770.2	4.26	77.46	1222	5.36	123.42	318.7	2.74	55.55	1470	4.06
16	160	10	16	31.50	24.729	779.5	4.98	66.70	1237	6.27	109.36	321.8	3.20	52.76	1365	4.31
		12		37.44	29.391	916.6	4.95	78.98	1456	6.24	128.67	377.5	3.18	60.74	1640	4.39
		14		43.30	33.987	1048.4	4.92	90.95	1665	6.20	147.17	431.7	3.16	68.24	1915	4.47
		16		49.07	38.518	1075.1	4.89	102.63	1866	6.17	164.89	484.6	3.14	75.31	2191	4.55
18	180	12	16	42.24	33.159	1321	5.59	100.82	2100	7.05	165.00	542.6	3.58	78.41	2333	4.89
		14		48.90	38.383	1514	5.56	116.25	2407	7.02	189.14	621.5	3.56	88.38	2723	4.97
		16		55.47	43.542	1701	5.54	313.13	2703	6.98	212.40	698.6	3.55	97.83	3115	5.05
		18		61.96	48.634	1875	5.50	145.64	2988	6.94	234.78	762.0	3.51	105.14	3502	5.13
20	200	14	18	54.64	42.894	2104	6.20	144.70	3343	7.82	236.40	863.8	3.98	111.82	3734	5.46
		16		62.01	48.680	2366	6.18	163.65	3761	7.79	265.93	971.4	3.96	123.96	4270	5.54
		18		69.30	54.401	2621	6.15	182.22	4165	7.75	294.48	1077	3.94	135.52	4808	5.62
		20		76.51	60.056	2867	6.12	200.42	4555	7.72	322.06	1180	9.93	146.55	5348	5.69
		24		90.66	71.168	3338	6.07	236.17	5295	7.64	374.41	1382	3.90	166.55	6457	5.87

表 H-2　热轧等边角钢规格（二）

角钢号数	长度（m）	角钢号数	长度（m）
2～4	3～9	9～14	4～19
4.5～8	4～12	16～20	6～19

表 H-3　钢材和铸钢件的物理性能指标

弹性模量E（N/mm²）	剪变模量G（N/mm²）	线膨胀系数α（以每℃计）	质量密度ρ（kg/m³）
206×10^3	79×10^3	12×10^{-6}	7850

附录Ⅰ 轴心受压构件的截面分类

表Ⅰ-1 **轴心受压钢构件的截面分类**

截面类别	截面形式和对应轴线
a类	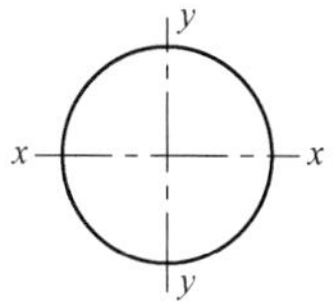 轧制
b类	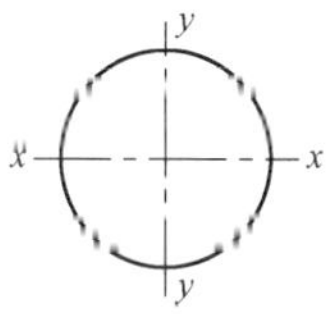 焊接；轧制四角钢；轧制双角钢；轧制双角钢；轧制等边角钢；轧制等边角钢；格构式；格构式；格构式 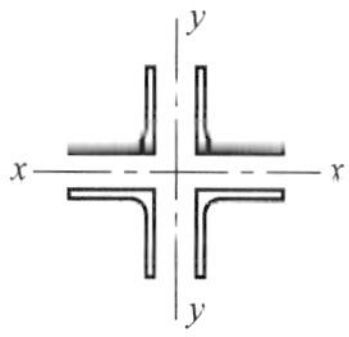 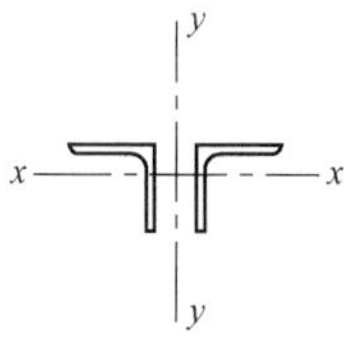 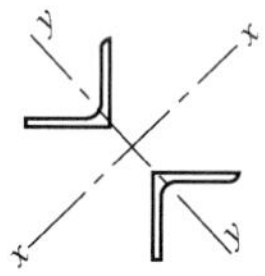 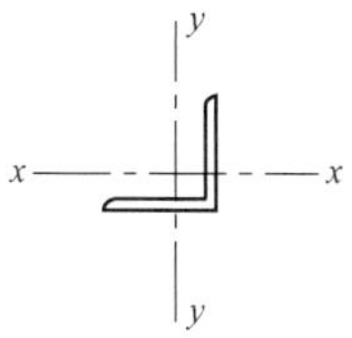 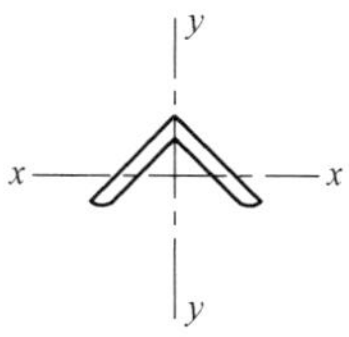 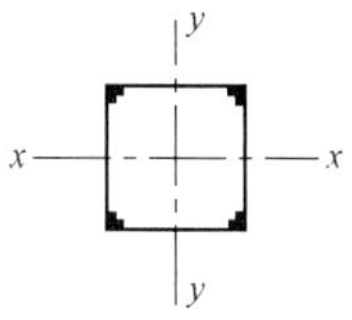 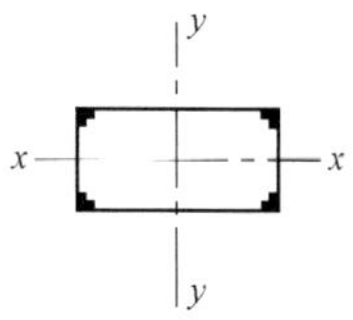 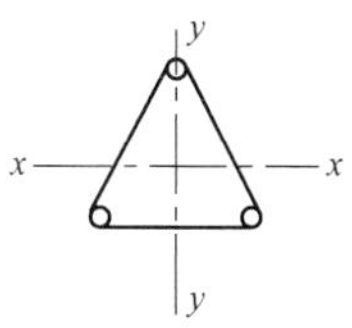

附录J 角钢构件长细比修正系数 K

表 J-1 受压构件长细比修正系数 K

序号	杆件端部受力状况	长细比	长细比修正系数 K	适用构件举例
1	两端中心受压	$0<L_0/r<120$	1	双肢连接的构件
2	一端中心另端偏心受压	$0<L_0/r<120$	$0.75+30/(L_0/r)$	（1）一端双肢连接另端单肢连接的构件；（2）交叉斜材
3	两端偏心受压	$0<L_0/r<120$	$0.5+60/(L_0/r)$	两端单肢连接的构件
4	两端无约束	$120\leqslant L_0/r\leqslant 200$	1	单个螺栓连接的交叉斜材和单斜材
5	一端有约束	$120\leqslant L_0/r\leqslant 225$	$0.762+28.6/(L_0/r)$	两个以上螺栓连接的交叉斜材
6	两端有约束	$120\leqslant L_0/r\leqslant 250$	$0.615+46.2/(L_0/r)$	两端均有两个以上螺栓连接的构件

表 J-2 辅助材长细比修正系数 K

序号	杆件端部受力状况	长细比	长细比修正系数 K	适用构件举例
1	两端偏心受压	$0<L_0/r<120$	1	两端单肢连接的构件
2	两端无约束	$120\leqslant L_0/r\leqslant 250$	1	单个螺栓连接的交叉斜材和单斜材
3	一端有约束	$120\leqslant L_0/r\leqslant 290$	$0.762+28.6/(L_0/r)$	两个以上螺栓连接的交叉斜材
4	两端有约束	$120\leqslant L_0/r\leqslant 330$	$0.615+46.2/(L_0/r)$	两端均有两个以上螺栓连接的构件

附录K 主材及斜材计算长度

表K-1 主材计算长度表

序号	结构型式	计算长度 L_0	计算回转半径 r
1	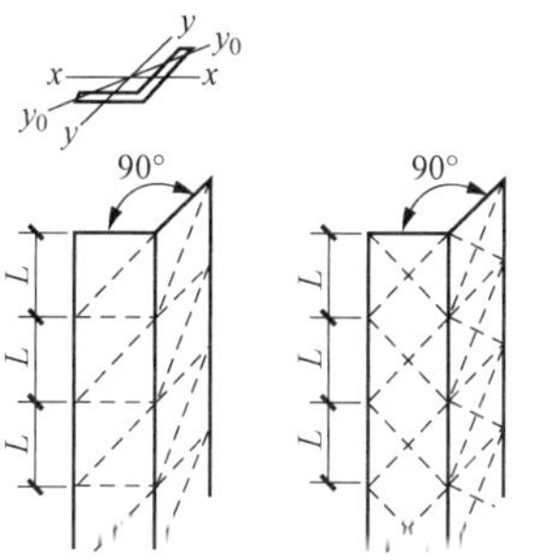	L	r_{y0}
2	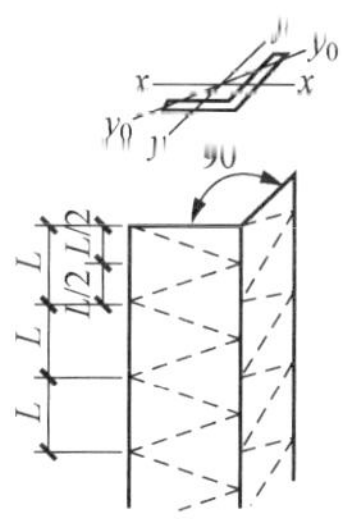	$1.2L$	r_x
3	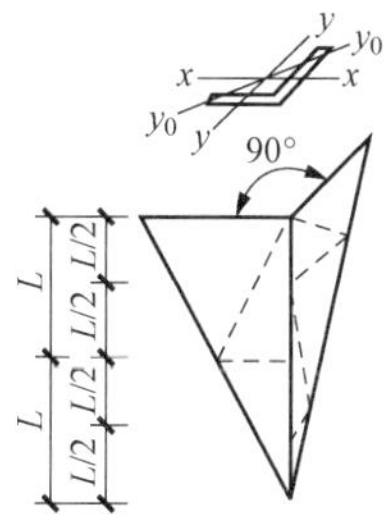	$1.2L$	r_x
4	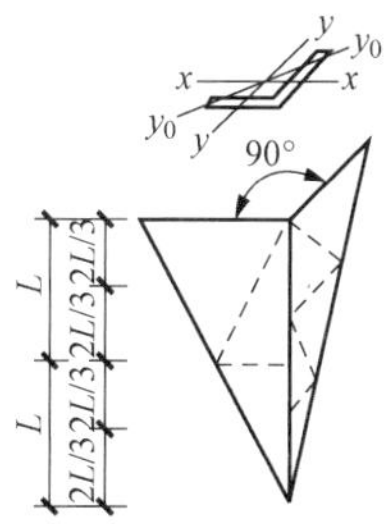	$2L/3$	r_{y0}

注 角钢为等边角钢。

表 K-2 **交叉斜材计算长度表**

序号	结构型式	两根斜材为一拉一压且拉杆内力大于或等于20%压杆内力时		两根斜材为一拉一压且拉杆内力小于20%压杆内力或两根斜材同时受压时	
		计算长度 L_0	计算回转半径 r	计算长度 L_0	计算回转半径 r
1	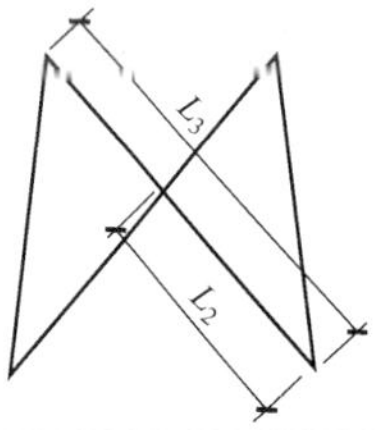	L_2	r_{y0}	KL_3	r_x
2	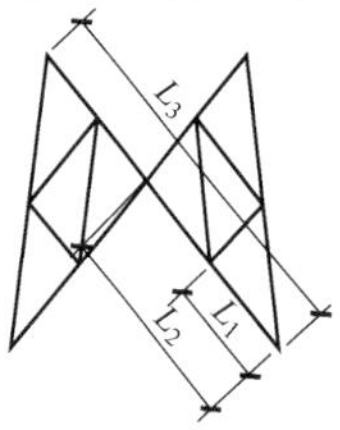	$1.1L_2$	r_x	KL_3	r_x
3	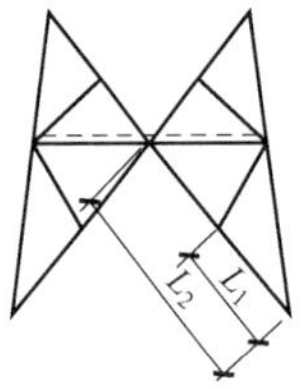	L_2	r_x	—	—
4	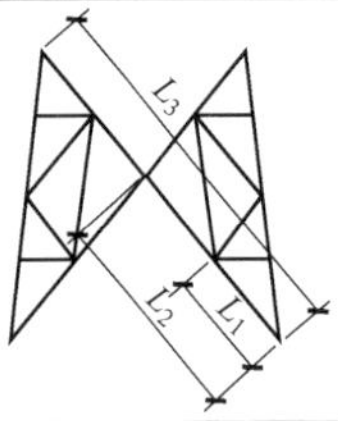	$1.1L_2$	r_x	KL_3	r_x
5	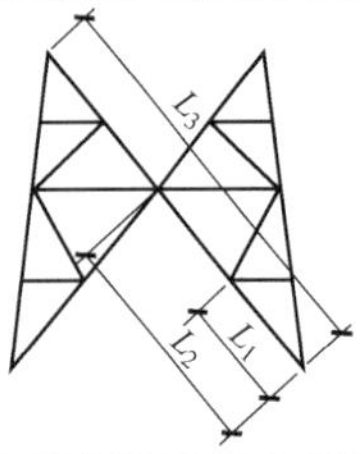	$1.1L_2$	r_x	KL_3	r_x

注 1. 角钢为等边角钢。

2. 图例1、2、4、5交叉斜材在交叉处均不允许断开，图例3交叉斜材在交叉处可以断开。

3. K为交叉斜材计算长度修正系数，按下式计算确定：

两根斜材一拉一压时

$$K = \sqrt{(L_2/L_3)(1-3N_0/4N)} \geqslant 0.5$$

两根斜材同时受压时

$$K = \sqrt{0.5(1+N_0/N)}$$

式中 N——所计算杆的内力（N），取绝对值；

N_0——相交另一杆的内力（N），取绝对值；两根斜材同时受压时，取$N_0 \leqslant N$。

表 K-3　K 型斜材计算长度表

序号	结构形式	两根斜材为一拉一压时		交于主材同一点的相邻斜材为压杆时	
		计算长度 L_0	计算回转半径 r	计算长度 L_0	计算回转半径 r
1	L_2　L_1	L_1	r_{y0}	$0.65L_2$	r_x
2	L_1	L_1	r_{y0}	—	—
3	L_4　L_3　L_1	L_1	r_{y0}	$0.55L_3$ ($a\geqslant0.25$)	r_x
4	L_4　L_2　L_3　L_1	L_1	r_{y0}	$0.55L_3$ ($a\geqslant0.4$) $0.65L_2$ ($a\geqslant1.0$)	r_x

注　1. 角钢为等边角钢。

2. 塔腿斜材计算长度应乘以 1.2 增大系数。

3. 当交于主材同一点的相邻斜材均为压杆时，斜材选材容许长细比可取同辅助材。

4. 图例 3 和图例 4 所示平连杆应视作受力构件与塔体同时计算，其中 a 为平连杆与斜材的刚度比。

附录L 杆塔轴心受压构件稳定系数 φ

表 L-1 **a类截面轴心受压构件的稳定系数 φ**

$K\lambda\sqrt{\frac{f_y}{235}}$	0	1	2	3	4	5	6	7	8	9
0	1.000	1.000	1.000	1.000	0.999	0.999	0.998	0.998	0.997	0.996
10	0.995	0.994	0.993	0.992	0.991	0.989	0.988	0.986	0.985	0.983
20	0.981	0.979	0.977	0.976	0.974	0.972	0.970	0.968	0.966	0.964
30	0.963	0.961	0.959	0.957	0.955	0.952	0.950	0.948	0.946	0.944
40	0.941	0.939	0.937	0.934	0.932	0.929	0.927	0.924	0.921	0.919
50	0.916	0.913	0.910	0.907	0.904	0.900	0.897	0.894	0.890	0.886
60	0.883	0.879	0.875	0.871	0.867	0.863	0.858	0.854	0.849	0.844
70	0.839	0.834	0.829	0.824	0.818	0.813	0.807	0.801	0.795	0.789
80	0.783	0.776	0.770	0.763	0.757	0.750	0.743	0.736	0.728	0.721
90	0.714	0.706	0.699	0.691	0.684	0.676	0.668	0.661	0.653	0.645
100	0.638	0.630	0.622	0.615	0.607	0.600	0.592	0.585	0.577	0.570
110	0.563	0.555	0.548	0.541	0.534	0.527	0.520	0.514	0.507	0.500
120	0.494	0.488	0.481	0.475	0.469	0.463	0.457	0.451	0.445	0.440
130	0.434	0.429	0.423	0.418	0.412	0.407	0.402	0.397	0.392	0.387
140	0.383	0.378	0.373	0.369	0.364	0.360	0.356	0.351	0.347	0.343
150	0.339	0.335	0.331	0.327	0.323	0.320	0.316	0.312	0.309	0.305
160	0.302	0.298	0.295	0.292	0.289	0.285	0.282	0.279	0.276	0.273
170	0.270	0.267	0.264	0.262	0.259	0.256	0.253	0.251	0.248	0.246
180	0.243	0.241	0.238	0.236	0.233	0.231	0.229	0.226	0.224	0.222
190	0.220	0.218	0.215	0.213	0.211	0.209	0.207	0.205	0.203	0.201
200	0.199	0.198	0.196	0.194	0.192	0.190	0.189	0.187	0.185	0.183
210	0.182	0.180	0.179	0.177	0.175	0.174	0.172	0.171	0.169	0.168
220	0.166	0.165	0.164	0.162	0.161	0.159	0.158	0.157	0.155	0.154
230	0.153	0.152	0.150	0.149	0.148	0.147	0.146	0.144	0.143	0.142

表 L-2　　b 类截面轴心受压构件的稳定系数 φ

$K\lambda\sqrt{\frac{f_y}{235}}$	0	1	2	3	4	5	6	7	8	9
0	1.000	1.000	1.000	0.999	0.999	0.998	0.997	0.996	0.995	0.994
10	0.992	0.991	0.989	0.987	0.985	0.983	0.981	0.978	0.976	0.973
20	0.970	0.967	0.963	0.960	0.957	0.953	0.950	0.946	0.943	0.939
30	0.936	0.932	0.929	0.925	0.922	0.918	0.914	0.910	0.906	0.903
40	0.899	0.895	0.891	0.887	0.882	0.878	0.874	0.870	0.865	0.861
50	0.856	0.852	0.847	0.842	0.838	0.833	0.828	0.823	0.818	0.813
60	0.807	0.802	0.797	0.791	0.786	0.780	0.774	0.769	0.763	0.757
70	0.751	0.745	0.739	0.732	0.726	0.720	0.714	0.707	0.701	0.694
80	0.688	0.681	0.675	0.668	0.661	0.655	0.648	0.641	0.635	0.628
90	0.621	0.614	0.608	0.601	0.594	0.588	0.581	0.575	0.568	0.561
100	0.555	0.549	0.542	0.536	0.529	0.523	0.517	0.511	0.505	0.499
110	0.493	0.487	0.481	0.475	0.470	0.464	0.458	0.453	0.447	0.442
120	0.437	0.432	0.426	0.421	0.416	0.411	0.406	0.402	0.397	0.392
130	0.387	0.383	0.378	0.374	0.370	0.365	0.361	0.357	0.353	0.349
140	0.345	0.341	0.337	0.333	0.329	0.326	0.322	0.318	0.315	0.311
150	0.308	0.304	0.301	0.298	0.294	0.291	0.288	0.285	0.282	0.279
160	0.276	0.273	0.270	0.267	0.265	0.262	0.259	0.256	0.254	0.251
170	0.249	0.246	0.244	0.241	0.239	0.236	0.234	0.232	0.229	0.227
180	0.225	0.223	0.220	0.218	0.216	0.214	0.212	0.210	0.208	0.206
190	0.204	0.202	0.200	0.198	0.197	0.195	0.193	0.191	0.190	0.188
200	0.186	0.184	0.183	0.181	0.180	0.178	0.176	0.175	0.173	0.172
210	0.170	0.169	0.167	0.166	0.165	0.163	0.162	0.160	0.159	0.158
220	0.156	0.155	0.154	0.153	0.151	0.150	0.149	0.148	0.146	0.145
230	0.144	0.143	0.142	0.141	0.140	0.138	0.137	0.136	0.135	0.134
240	0.133	0.132	0.131	0.130	0.129	0.128	0.127	0.126	0.125	0.124
250	0.1230	—	—	—	—	—	—	—	—	—

附录M 地基土（岩）承载力特征值

表 M-1 岩石承载力特征值 kN/m²

岩石类别 \ 风化程度	强 风 化	中 等 风 化	微 风 化
硬质岩石	500～1000	1500～2500	≥4000
软质岩石	200～500	700～1200	1500～2000

表 M-2 碎石土承载力特征值 kN/m²

类别 \ 密实度	稍 密	中 密	密 实
卵石	300～400	500～800	800～1000
碎石	200～300	400～700	700～900
圆砾	200～300	300～500	500～700
角砾	150～200	200～400	400～600

注 1. 表中数值适用于骨架颗粒空隙全部由中砂、粗砂或硬塑、坚硬状态的黏性土所填充。

2. 当颗粒为中等风化或强风化时，适当降低承载力标准值［R］值，当颗粒间呈半胶结状时，可适当提高承载力标准值。

表 M-3 粉土承载力特征值 kN/m²

孔隙比 e \ 含水量 W（%）	10	15	20	25	30	35	40
0.5	410	390	(365)	—	—	—	—
0.6	310	300	280	(270)	—	—	—
0.7	250	240	225	215	(205)	—	—
0.8	200	190	180	170	(165)	—	—
0.9	160	150	145	140	130	(125)	—
1.0	130	125	120	115	110	105	(100)

注 1. 有括号者仅供内插用。

2. 有湖、槽、沟、谷与河漫滩地段，新近沉积的粉土的工程性质一般较差，应根据当地实践经验取值。

表 M-4 黏性土承载力特征值 kN/m²

孔隙比 e \ 液性指数 I_L	0	0.25	0.50	0.75	1.00	1.20
0.5	475	430	390	(360)	—	—
0.6	400	360	325	295	(265)	—
0.7	325	295	265	240	210	170
0.8	275	240	220	200	170	135

续表

孔隙比 e \ 液性指数 I_L	0	0.25	0.50	0.75	1.00	1.20
0.9	230	210	190	170	135	105
1.0	200	180	160	135	115	—
1.1	—	160	135	115	105	—

注　有括号者按插入法使用。

表 M-5　　**沿海地区淤泥和淤泥质土承载力特征值**

天然含水量 W（%）	36	40	45	50	55	65	75
f_0（kN/m²）	100	90	80	70	60	50	40

注　对内陆淤泥和淤泥质土可参照使用。

表 M-6　　**红黏土承载力特征值**　　kN/m²

类别	液塑指数 \ 含水比 u	0.5	0.60	0.70	0.80	0.90	1.00
红黏土	≤1.7	380	270	210	180	150	140
	≥2.3	280	200	160	130	110	100
次生红黏土		250	190	150	130	110	100

注　本表为地区性黏土，可参考采用。

表 M-7　　**素填土承载力特征值**

压缩模量（×10⁶N/m²）	7	5	4	3	2
f（kN/m²）	160	135	115	85	65

注　本表只适用堆填时间超过10年的黏性土，以及超过5年的粉土。

表 M-8　　**压实填土地基承载力特征值**

填　土　类　别	压实系数 λ_c	承载力标准值 f_k（kN/m²）
碎石、卵石	0.94～0.97	200～300
砂夹石（其中碎石、卵石重占30%～50%）		200～250
土夹石（其中碎石、卵石重占30%～50%）		150～200
粉质黏土、粉土（8<I_p<14）		130～180

表 M-9　　**混合土承载力特征值（可按土的干密度 ρ_d 或孔隙比 e 确定）**

干密度 ρ_d（t/m³）	1.6	1.7	1.8	1.9	2.0	2.1	2.2	×
f_k（kN/m²）	170	200	240	300	380	480	620	×
孔隙比 e	0.65	0.60	0.55	0.50	0.45	0.40	0.35	0.30
f_k（kN/m²）	190	200	210	230	250	270	320	400

附录N　地基土（岩）的分类

地基土（岩）可分为岩石、碎石土、砂土、粉土、黏性土、冻土、填土等。岩石应为颗粒间牢固联结，呈整体或具有节理裂隙的岩体。岩石根据其坚固性可分为硬质岩石和软质岩石。

表N-1　岩石坚固性的划分

岩石类别	代表性岩石
硬质岩石	花岗岩、花岗片麻岩、闪长岩、玄武岩、石灰岩、石英砂岩、石英岩、硅质砾岩等
软质岩石	页岩、黏土岩、绿混石片岩、云母片岩等

注　1. 新鲜岩石的单轴极限抗压强度大于或等于30MPa，可按硬质岩石考虑。
2. 新鲜岩石的单轴极限抗压强度小于30MPa，可按软质岩石考虑。

碎石土应为粒径大于2mm的颗粒含量超过全重50%的土。

表N-2　碎石土的分类

土的名称	颗粒形状	粒组含量
漂石	圆形及亚圆形为主	粒径大于200mm的颗粒超过全重的50%
块石	棱角形为主	
卵石	圆形及亚圆形为主	粒径大于20mm的颗粒超过全重的50%
碎石	棱角形为主	
圆砾	圆形及亚圆形为主	粒径大于20mm的颗粒超过全重的50%
角砾	棱角形为主	

注　分类时应根据粒组含量由大到小以最先符合者确定。

砂土应为粒径大于2mm的颗粒含量不超过全重50%、粒径大于0.075mm的颗粒超过全重的50%的土。

表N-3　砂土的分类

土的名称	粒组含量	土的名称	粒组含量
砾砂	粒径大于2mm的颗粒占全重的25%～50%	细砂	粒径大于0.075mm的颗粒超过全重的85%
粗砂	粒径大于0.5mm的颗粒超过全重的50%	粉砂	粒径大于0.075mm的颗粒超过全重的50%
中砂	粒径大于0.25mm的颗粒超过全重的50%		

注　分类时应根据粒组含量由大到小以最先符合者确定。

砂土的密实度，可分为松散、稍密、中密、密实。

黏性土应为塑性指数I_p大于10的土，可分为黏土、粉质黏土。

淤泥应为在静水或缓慢的流水环境中沉积，并经生物、化学作用形成，其天然含水量大于液限、天然孔隙比大于或等于1.5的黏性土。当天然孔隙比小于1.5但大于或等于1.0的土应为淤泥质土。

表 N-4 砂土的密实度

标准贯入试验锤击数 N	密实度
$N \leqslant 10$	松散
$10 < N \leqslant 15$	稍密
$15 < N \leqslant 30$	中密
$N > 30$	密实

表 N-5 黏性土的分类

塑性指数 I_p	土的名称
$I_p > 17$	黏土
$10 < I_p \leqslant 17$	粉质黏土

注 1. 塑性指数由相应于76g圆锥体沉入土样中深度为10mm时测定的液限计算而得。
2. 黏性土的状态，可分为坚硬、硬塑、可塑、软塑、流塑。

表 N-6 黏性土的状态

液性指数 I_L	状态
$I_L \leqslant 0$	坚硬
$0 < I_L \leqslant 0.25$	硬塑
$0.25 < I_L \leqslant 0.75$	可塑
$0.75 < I_L \leqslant 1$	软塑
$I_L > 1$	流塑

表 N-7 花岗岩类的风化岩与残积土的划分按标准贯入试验击数确定

标准贯入试验击数	风化程度
$50 \leqslant N$	为强风化岩
$30 \leqslant N < 50$	为全风化岩
$N < 30$	为残积土

红黏土应为碳酸盐岩系的岩石经红土化作用形成的高塑性黏土。其液限一般大于50。经再搬运后仍保留红黏土基本特征，液限大于45的土应为次生红黏土。

粉土应为塑性指数小于或等于10的土。其性质介于砂土与黏性土之间。

人工填土根据其组成和成因，可分为素填土、杂填土、冲填土。素填土应为由碎石土、砂土、粉土、黏性土等组成的填土。杂填土应为含有建筑垃圾、工业废料、生活垃圾等杂物的填土。冲填土应为由水力冲填泥砂形成的填土。

冻土名称与分类，一般按持续时间分为季节性冻土与多年冻土。季节性冻土是指地表层冬季冻结，夏季全部融化的土（岩）。多年冻土是指冻结状态持续两年或两年以上的土（岩）。

当需要更细化分类时，应参照中华人民共和国行业标准JGJ 118—2011《冻土地区建筑地基基础设计规范》确定。

基础底面必须位于冻土中时，其冻土地基承载力设计值应按JGJ 118—2011有关条文确定。

附录O 原状土基础“剪切法”抗拔计算参数表

λ	φ (°)	$n=1$			$n=1.5$			$n=2$			$n=3$			$n=4$		
		A_1	A_2	A_3	A_1	A_2	A_3	A_1	A_2	A_3	A_1	A_2	A_3	A_1	A_2	A_3
1.0	5	5.327	0.197	2.172	4.917	0.184	1.875	4.648	0.175	1.692	4.343	0.165	1.495	4.198	0.160	1.405
	10	5.684	0.416	2.293	5.164	0.381	1.960	4.829	0.359	1.758	4.454	0.334	1.542	4.277	0.322	1.445
	15	6.002	0.654	2.421	5.361	0.588	2.049	4.954	0.547	1.826	4.506	0.501	1.591	4.297	0.480	1.485
	20	6.272	0.909	2.559	5.498	0.801	2.143	5.016	0.735	1.896	4.495	0.663	1.640	4.256	0.630	1.525
	25	6.481	1.177	2.706	5.566	1.014	2.240	5.009	0.916	1.969	4.417	0.813	1.690	4.149	0.766	1.566
	30	6.618	1.453	2.865	5.557	1.221	2.343	4.926	1.086	2.044	4.270	0.945	1.740	3.978	0.883	1.607
	35	6.669	1.729	3.035	5.462	1.415	2.451	4.763	1.236	2.122	4.053	1.055	1.792	3.744	0.976	1.648
	40	6.620	1.999	3.219	5.273	1.589	2.563	4.517	1.361	2.202	3.769	1.137	1.843	3.449	1.041	1.689
	45	6.455	2.252	3.417	4.985	1.731	2.681	4.188	1.453	2.284	3.421	1.185	1.895	3.101	1.073	1.730
1.5	5	3.781	0.135	1.146	3.435	0.124	0.956	3.247	0.118	0.860	3.081	0.112	0.779	3.027	0.111	0.754
	10	3.993	0.281	1.211	3.574	0.254	1.002	3.349	0.239	0.896	3.154	0.226	0.808	3.090	0.222	0.781
	15	4.168	0.435	1.281	3.671	0.386	1.049	3.409	0.360	0.933	3.184	0.338	0.838	3.111	0.331	0.808
	20	4.297	0.595	1.354	3.720	0.518	1.097	3.422	0.478	0.971	3.168	0.444	0.867	3.087	0.434	0.835
	25	4.374	0.756	1.430	3.718	0.644	1.147	3.385	0.588	1.010	3.105	0.541	0.897	3.017	0.526	0.862
	35	4.340	1.061	1.595	3.539	0.864	1.252	3.150	0.769	1.089	2.835	0.692	0.958	2.737	0.668	0.917
	40	4.214	1.195	1.684	3.358	0.948	1.306	2.952	0.832	1.129	2.629	0.739	0.988	2.529	0.710	0.945
	45	4.006	1.306	1.777	3.113	1.007	1.362	2.702	0.871	1.170	2.380	0.763	1.018	2.282	0.731	0.971

注 λ为基础深径比值；n为抗上拔土体滑动面形状参数，随土体的物理力学特性变化而异，可根据试验确定，黏土宜取$n=4$，沙类土宜取$n=2\sim3$，戈壁滩碎石土宜取$n=1.0\sim1.5$；φ为土的内摩擦角。

参 考 文 献

[1] 国家电力公司东北电力设计院．电力工程高压送电线路设计手册．北京：中国电力出版社，2003.
[2] 代国忠．土力学与基础工程（第二版）．北京：机械工业出版社，2014.
[3] 陈希哲．土力学地基基础（第五版）．北京：清华大学出版社，2013.
[4] 刘振亚．国家电网公司输变电工程通用设计：110（66）kV 输电线路分册．北京：中国电力出版社，2011.
[5] 沈忠侃．钢管式电力及照明杆塔结构设计手册．北京：中国电力出版社，2002.
[6] 赵光泰．架空输电线路杆塔普通基础设计．北京：中国电力出版社，2017.